“十三五”江苏省高等学校重点教材（编号：2020-1-032）
普通高等教育系列教材

工程材料

主　编　倪红军　黄明宇
副主编　张福豹　朱　昱
参　编　杨建春　万晓峰
　　　　钱爱平　汪兴兴

机械工业出版社

本书根据教育部高等学校工科基础课程教学指导委员会于2019年颁布的《高等学校工科基础课程教学基本要求》，并吸取多年课程改革成果与实践经验编写而成，以工程材料的化学成分、组织结构、工艺、性能与应用的基本理论及其相互关系为主线，简化了工程材料的基本理论，突出了工程材料的性能及其在工程实践中的应用。

本书共12章，包括绪论、工程材料的性能、材料的结构与组织、金属材料的塑性变形与强化、钢的热处理、工业用钢、铸铁材料、有色金属材料、非金属材料、复合材料、新型工程材料、工程材料的选用。每章都附有适量的思考题，附录部分节选了工程实践中常用的相关资料，可供读者学习和应用时参考。

本书可作为普通高等学校机械类和近机械类专业的教材，也可供有关工程技术人员学习、参考。

图书在版编目（CIP）数据

工程材料/倪红军，黄明宇主编．—北京：机械工业出版社，2021.8（2023.12重印）

“十三五”江苏省高等学校重点教材　普通高等教育系列教材

ISBN 978-7-111-68619-4

Ⅰ.①工…　Ⅱ.①倪…②黄…　Ⅲ.①工程材料－高等学校－教材　Ⅳ.①TB3

中国版本图书馆CIP数据核字（2021）第133242号

机械工业出版社（北京市百万庄大街22号　邮政编码100037）

策划编辑：赵亚敏　刘小慧　责任编辑：赵亚敏

责任校对：樊钟英　封面设计：张　静

责任印制：单爱军

北京虎彩文化传播有限公司印刷

2023年12月第1版第3次印刷

184mm×260mm·16.5印张·409千字

标准书号：ISBN 978-7-111-68619-4

定价：48.00元

电话服务　网络服务

客服电话：010-88361066　机 工 官 网：www.cmpbook.com

010-88379833　机 工 官 博：weibo.com/cmp1952

010-68326294　金 书 网：www.golden-book.com

封底无防伪标均为盗版　机工教育服务网：www.cmpedu.com

前言

工程材料课程是高等院校机械类和近机械类本科专业十分重要的一门专业基础课。该课程讲授的工程材料基础理论、基本知识和工程应用等内容是机械类和近机械类工程技术人员必须掌握的基础知识。该课程的教学目的是从机械工程应用的角度出发，阐明工程材料的基本理论，介绍常用的工程材料及其应用，使学生了解材料的化学成分、加工工艺、微观组织结构及性能之间的关系。

本书根据教育部高等学校工科基础课程教学指导委员会于2019年颁布的《高等学校工科基础课程教学基本要求》编写。在结构设计上，按照工程材料基本理论→工程材料基本知识→工程材料应用的课程体系，以工程材料的化学成分、组织结构、工艺、性能与应用的基本理论及其相互关系为主线，致力于科学性、系统性和实用性相结合，既体现教材的理论特点，又尽可能使其具有工程参考价值。在教材内容上，密切结合工程设计的实际需要，简化了工程材料的基本理论，突出了工程材料的性能及其在工程实践中的应用，列举了许多在实际生产过程中具有较大参考价值和借鉴意义的应用实例，介绍了工程材料领域的新材料和新进展，以培养学生对新材料技术的兴趣，拓展学生的创新能力。深入贯彻党中央和教育部会议和文件精神，全面落实“立德树人”根本任务，通过二维码引入了“新中国第一枚金属国徽”“中国创造：大跨径拱桥技术”“见证钢铁强国的铁矿石”“新中国最早的万吨水压机”“风力发电”等视频，培养学生的家国情怀和科技自立自强意识，成为德智体美劳全面发展的高级工程技术人才。

本书在编写过程中尽可能采用当前最新收集的数据和资料，采用现行国家标准规定的名词术语与法定计量单位，以便于教师和学生掌握最新技术信息。附录部分节选了工程实践中常用的相关资料，以供读者在学习和应用时参考。

本书可作为普通高等学校机械类和近机械类专业的教材，也可供有关工程技术人员学习、参考。

参加本书编写的有南通大学倪红军（第4章）、南通大学黄明宇（第8章、第9章）、南通大学张福豹（第3章、第7章、附录）、南通大学朱昱（第1章、第10章）、南通理工学院杨建春（第6章）、南通大学万晓峰（第2章）、南通大学钱爱平（绪论、第11章）、南通大学汪兴兴（第5章）。

本书的编写参阅了许多文献资料，在此向相关文献的作者表示感谢。

由于编者水平有限，书中不妥之处在所难免，恳请广大读者批评指正。

编　者

目　录

第0章 绪论

0.1 材料概述

工程材料导读

材料是人类一切生产和生活活动的物质基础，人类的衣、食、住、行都离不开材料；交通运输、医疗卫生、机械制造、国防建设、科学研究等各行各业都在大量使用各种材料。

材料是衡量人类社会文明程度及生产力发展水平的标志。人类社会的发展按其使用的材料类型可划分为石器时代、青铜器时代、铁器时代。目前社会正处于铁器时代向新材料过渡的时代。因此，从某种意义上说，人类文明史也可以称之为世界材料发展史。

材料的发展为近代科学技术的发展做出了卓越的贡献。每一种新材料的发现和每一种新材料技术的应用，都给社会生产和人类生活带来了巨大改变，人类也因此而拥有了今天丰富多彩、璀璨夺目的物质与文化生活。没有半导体单晶硅材料，便不可能有今天的微电子工业；没有低损耗的光导纤维材料，便没有当今世界蓬勃发展的光纤通信。在知识经济新时代，材料、能源、信息并列为现代科学技术的三大支柱。

材料的种类很多，可按其化学性质、使用性能及应用领域进行分类，见表0-1。

表0-1　材料的分类

分类方法	内容	
按化学性质分类	金属材料	黑色金属：主要包括钢和铸铁
		有色金属：指黑色金属以外的金属材料。按照特性不同，可分为轻金属、重金属、贵金属、稀有金属和放射性金属等
	非金属材料	高分子材料：包括塑料、橡胶、合成纤维、胶黏剂、涂料等
		无机非金属材料：包括陶瓷材料等。按其原料不同，陶瓷材料可分为：普通陶瓷（硅酸盐材料）和特种陶瓷（人工合成材料）
	复合材料	由两种以上物理性质和化学性质不同的物质结合起来而得到的一种多相固体材料。按其基体材料不同，可分为树脂基复合材料、金属基复合材料、陶瓷基复合材料及其他类型复合材料等
按使用性能分类	结构材料	工程上要求具有一定的力学性能要求，用来制造承受载荷、传递动力的零件和构件的材料，如机器结构材料、建筑工程结构材料等
	功能材料	以光、电、声、磁、热等物理性能为指标，用来制造具有特殊性能的元件的材料，如大规模集成电路材料、信息记录材料、充电材料、激光材料、超导材料、传感器材料、储氢材料等
按应用领域分类	可分为机械工程材料、建筑工程材料、电子工程材料、航空材料等	

21 世纪以来，随着科学技术和现代工业的迅猛发展，人们对材料提出了更为严格的要求，新材料是材料科学发展的新趋势。新材料是指新出现的或正在发展中的，具有传统材料所不具备的优异性能和特殊功能的材料；或采用新技术（新工艺、新装备），使传统材料性能有明显提高或产生新功能的材料。新材料是高新技术进步的关键，纳米材料、超导材料、新能源材料、智能材料、生物医用材料、形状记忆合金、光学材料、航空航天材料等，是发展信息、航空航天、生物、能源等高新技术的重要物质基础。

在世界范围内，新材料技术的发展已成为高科技发展的一个关键领域。我国新材料的发展也已成为推动优势和重点产业发展的重点领域。沪苏通长江公铁大桥是世界上首座跨度超千米的公铁两用斜拉桥，它的建成创造了当时多项世界之最。为实现大桥超千米的跨度，建设者们为其“量身定制”了强度达500MPa的高强度钢和2000MPa的斜拉索，这标志着我国在新材料的研发和应用方面取得了重大突破。

0.2 材料与机械工程

拓展视频

新中国第一枚金属国徽

机械工程是一个广泛的概念，它几乎涉及国民经济各个领域中所有的机械产品。优质的机械产品是合理的材料、优良的设计、正确的加工工艺这三者的互相配合。

合理的材料为产品提供了必要的基本功能，是产品质量的重要保证。工程设计人员依据经验来套用或是盲目的随意取用工程材料，而造成的产品质量与寿命问题，已被大量的产品事故所证实。

优良的设计是实现产品造型及其使用功能的重要前提。在设计某一具体产品时，设计者首先进行的是功能设计和结构设计，通过精确的计算和必要的试验确定决定产品功能的技术参数，整机及零件的形状、尺寸。设计结果及设计质量如何，往往比较直观且容易评定和校检。

正确的加工工艺是设计和制造之间的桥梁。所谓加工工艺，是指零件制造加工的步骤，即采用机械加工的方法，直接改变毛坯的形状、尺寸和表面质量等，使其成为合格成品或半成品的加工过程。机械产品一般都是由多种不同性能的材料加工成的零件组装而成的，每个零件的制造又是一个独立的过程，其加工工艺路线一般为：下料→毛坯成形→预备热处理→机械粗加工、半精加工→最终热处理→机械精加工→成品零件。

设计的可行性往往会受到加工工艺的制约，不是所有设计的产品都能加工出来，也不是所有设计的产品通过加工都能达到预定的技术性能要求，工艺往往会成为“瓶颈”。材料与工艺的关系更加紧密，不同的材料有着各自适宜的加工工艺，而材料加工的难易程度（即工艺性能）既受材料性能的影响，反过来加工过程又会不同程度地影响到零件的内部组织，进而影响材料的使用性能。因此，机器零件的设计不单是结构设计，还应该包括材料与工艺的设计。

0.3 本课程的内容、学习目的和要求

工程材料课程是高等院校机械类及近机械类专业必修的专业基础课，它是以研究材料的成分、组织、性能、应用之间关系及其变化规律为主要内容的一门学科，其目的是使学生获

得有关材料科学的基本理论知识，从而具有合理选用材料、正确选择加工方法和安排加工工艺路线的能力，同时为后续有关课程的学习奠定必要的材料学基础。

为帮助学生系统地学习和掌握相关知识，本书将所有章节内容分成了材料科学基础理论、热处理、常用材料及材料选用四大课程模块，并列举了各课程模块中的关键知识点，见表 0-2。

表 0-2 本课程主要内容

<table>
<tr><th>课程模块</th><th>章 节</th><th>关键知识点</th></tr>
<tr><td rowspan="3">材料科学基础理论</td><td>第 1 章 工程材料的性能</td><td>力学性能及其应用；材料的工艺性能</td></tr>
<tr><td>第 2 章 材料的结构与组织</td><td>晶体结构与缺陷理论；金属凝固与结晶；铁碳合金相图</td></tr>
<tr><td>第 3 章 金属材料的塑性变形与强化</td><td>材料的塑性变形；回复与再结晶；金属强化理论及方法</td></tr>
<tr><td>热处理</td><td>第 4 章 钢的热处理</td><td>热处理原理；普通热处理；表面热处理</td></tr>
<tr><td rowspan="6">常用材料</td><td>第 5 章 工业用钢</td><td rowspan="6">常用材料的牌号、性能及应用</td></tr>
<tr><td>第 6 章 铸铁材料</td></tr>
<tr><td>第 7 章 有色金属材料</td></tr>
<tr><td>第 8 章 非金属材料</td></tr>
<tr><td>第 9 章 复合材料</td></tr>
<tr><td>第 10 章 新型工程材料</td></tr>
<tr><td>材料选用</td><td>第 11 章 工程材料的选用</td><td>零件失效的概念；材料选用的原则；典型零件的选材及工艺分析</td></tr>
</table>

本课程是一门理论性和实践性均很强的课程，学习课程前，学生应经过金工实习方面的基本训练，在工程材料方面有一定的感性认识。教师在讲授过程中应结合生产应用实例，配合试验及多媒体教学手段，辅以课堂讨论，加深学生对课程内容的理解。学生在学习时应把握重点、理清思路、善于归纳；应抓住材料成分→加工工艺→组织结构及性能变化的规律这条主线，建立相关知识的横向联系，在理解的基础上记忆，避免死记硬背。

材料科学在社会生产中占有举足轻重的地位，材料的品种、数量和质量是衡量一个国家科学技术和国民经济水平及国防实力的重要标志之一。学好本课程，学生可获得材料科学基础方面的基本理论知识和基本技能，提高实践能力和创新意识，为工程材料的应用和创新打好基础，更好地适应社会和经济发展的需要。

第1章

工程材料的性能

章前导读

工程材料的
性能导读

工程材料的性能主要包括使用性能和工艺性能。使用性能是指材料的力学性能、物理性能和化学性能；工程材料使用性能的好坏，决定了它的使用范围和寿命。对绝大多数工程材料来说，其力学性能是最重要的使用性能。工艺性能是指材料适应实际生产工艺要求的能力，包括锻造性能、铸造性能、焊接性能、热处理性能及可加工性等。

1.1 材料的力学性能

1.1.1 材料的静载力学性能

静载荷是指大小不变或变化过程缓慢的载荷。材料的静载力学性能指标主要有强度、刚度、塑性和硬度等。

1. 强度

（1）$R-e$ 曲线　材料在载荷作用下抵抗变形和破坏的能力称为强度。根据材料受载方式和变形形式不同，可将强度分为抗拉强度、抗压强度和剪切强度等。不同材料抵抗载荷作用和变形方式的能力是不同的，因此有不同的强度指标，并且不同材料的强度差别很大。

材料承受静拉伸时的力学性能指标通过拉伸试验测定。其过程为：将被测材料按 GB/T 228.1—2010 要求制成标准拉伸试样，在拉伸试验机上夹紧试样两端，缓慢地对试样施加轴向拉伸力，使试件被逐渐拉长，最后被拉断。为消除试样几何尺寸对试验结果的影响，将拉伸试验过程中试样所受拉伸力转化为试件单位截面积上所受的力称为应力，用 R 表示（N/mm^2）即

$$R = F/S_0 \tag{1-1}$$

式中　F——试件受到的拉伸载荷（N）；

S_0——试件原始横截面积（mm^2）。

将试样伸长量 ΔL 转化为试样伸长量 ΔL 与试样拉伸前的初始长度 L_0 之比的百分率，称为延伸率，用 e 表示，即 $e=\Delta L/L_0$，从而得到应力 R 与延伸率 e 之间的关系曲线，图 1-1 所

示为低碳钢缓慢加载单向静载 $R-e$ 曲线。

在拉伸载荷的作用下，材料内部产生变形，一般经过弹性变形、塑性变形和断裂三个阶段。如图 1-1 所示的 $R-e$ 曲线主要分为以下几个阶段：

Oab：弹性变形阶段。Oa 为直线阶段，当载荷不超过 a 点对应载荷时，载荷与伸长量成正比，此时试样产生弹性变形；当外力卸载后，试样恢复到原来的尺寸。这种能够完全恢复的变形称为弹性变形。变形不能完全恢复而产生的永久变形称为塑性变形。当载荷超过 a 点载荷而不大于 b 点对应载荷时，载荷与伸长量已不再成正比关系，试样发生极微量塑性变形（0.001% ~0.005%），但仍属于弹性变形阶段。

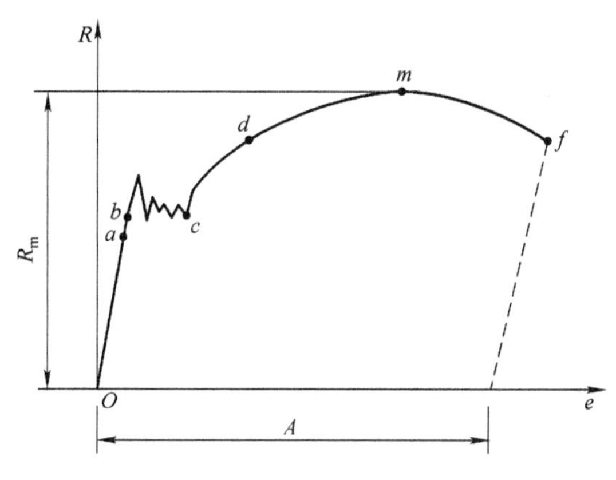

图 1-1　低碳钢的 $R-e$ 曲线

bc：屈服阶段。当载荷超过 b 点对应载荷后，试样不仅发生弹性变形，还发生了塑性变形，在曲线上出现了水平的或锯齿形的线段，这种现象称为屈服。

cdm：均匀塑性变形阶段。随着载荷的不断增加，塑性变形增大，材料的变形抗力也逐渐增加。m 点对应的载荷为材料所能承受的最大载荷，材料所承受的最大应力称为抗拉强度（R_m）。

mf：缩颈阶段。当载荷超过最大载荷后，试件的局部截面缩小，产生所谓的缩颈现象。由于试件的局部截面逐渐缩小，变形所需的载荷也逐渐降低，当达到曲线的 f 点时，试件随即断裂。

图 1-2 所示为不同类型材料的 $R-e$ 曲线。

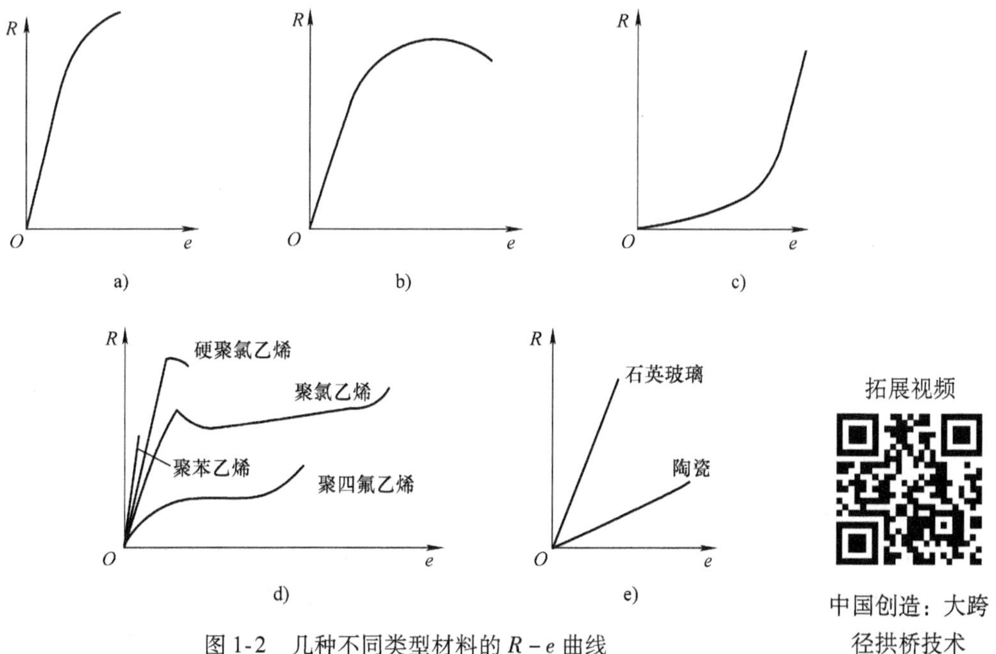

图 1-2　几种不同类型材料的 $R-e$ 曲线

a）铸铁　b）铜　c）天然橡胶　d）塑料　e）陶瓷

拓展视频

中国创造：大跨径拱桥技术

（2）屈服强度　屈服强度是指当金属材料呈现屈服现象时，在试验期间发生塑性变形而力不增加的应力点，区分上屈服强度 R_{eH}和下屈服强度 R_{eL}，如图 1-3 所示。它表示材料抵抗微量塑性变形的能力，是设计和选材的主要依据之一。上屈服强度 R_{eH}是指试件发生屈服而力首次下降前的最大应力；下屈服强度 R_{eL}是指在屈服期间，不计初始瞬间效应时的最小应力。屈服强度越大，其抵抗塑性变形的能力越强，越不容易发生塑性变形。

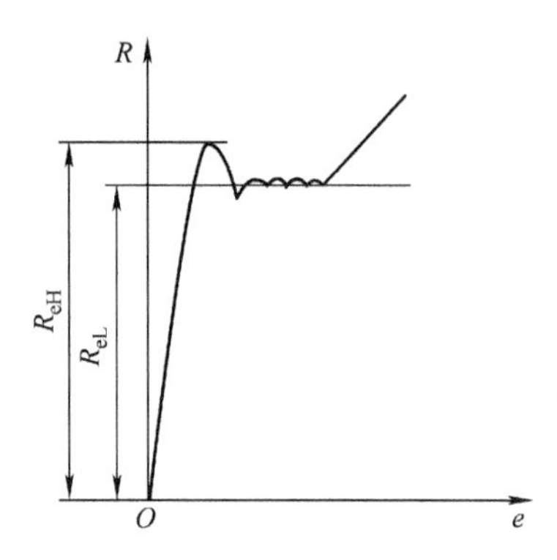

图 1-3　$R-e$ 曲线的上屈服强度和下屈服强度

对于无明显屈服现象发生的材料，应测定规定塑性延伸强度 R_p，用塑性延伸率等于规定的引伸计标距延伸百分率时的应力表示，即用规定塑性延伸强度 R_p表示该类材料的屈服强度。如 $R_{p0.2}$表示规定塑性延伸率为 0.2% 时对应的应力。

影响材料屈服强度的内在因素主要有结合键、组织和结构等。与陶瓷、高分子材料相比，可看出结合键对金属材料屈服强度的影响是根本性的。固溶强化、形变强化、沉淀强化、弥散强化和细晶强化是工业合金中提高材料屈服强度的最常用手段。温度、应变速率和应力状态是影响材料屈服强度的外在因素。随着温度的降低与应变速率的增大，材料的屈服强度也增大，尤其是体心立方金属对温度和应变速率特别敏感，这导致了钢的低温脆化。应力状态不同，屈服强度值也不同。通常给出的材料屈服强度一般是指在单向拉伸时的屈服强度，三向拉伸应力状态下的材料屈服强度会提高。

屈服强度是工程上最重要的力学性能指标之一，其工程意义在于：对于绝大多数零件，如紧固螺栓、汽车连杆、机床丝杠等，在工作中不允许发生明显的塑性变形，否则将丧失其自身精度或影响其与其他零件的相对配合。因此，屈服强度（一般为下屈服强度）是防止材料因过量塑性变形而导致机件失效的设计和选材依据。

（3）抗拉强度　材料在常温载荷作用下发生断裂前的最大应力称为抗拉强度，用符号 R_m表示，单位为 MPa，计算式为

$$R_m = F_m/S_0 \tag{1-2}$$

式中　F_m——试件在屈服阶段之后所能抵抗的最大力（N），对于无明显屈服的金属材料，为试验期间的最大力；

S_0——试件原始截面积（mm^2）。

抗拉强度表示材料抵抗断裂的能力。R_m越大，材料抵抗断裂的能力越强。

抗拉强度是工程上最重要的力学性能指标之一。对塑性较好的材料，R_m表示了材料对最大均匀变形的抗力；而对塑性较差的材料，一旦达到最大载荷，材料即发生断裂，故 R_m也是其断裂强度指标。无论何种材料，R_m均是标志其在承受拉伸载荷时的实际承载能力，是高分子材料和陶瓷材料选材的重要依据。对塑性变形要求不严而仅要求不发生断裂的金属零件，如钢丝绳、建筑结构件等，为减轻自重，R_m也常作为其设计与选材的依据。

此外，根据屈服强度与抗拉强度之比（简称屈强比）的大小衡量材料进一步产生塑性变形的倾向，可作为金属材料冷塑性变形加工和确定机件缓解应力集中，防止脆性断裂的参考依据。提高材料的屈服强度，虽可以减轻机件质量，不易使机件产生塑性变形失效，但如果材料屈强比增大，则不利于某些应力集中部位通过局部塑形变形使应力重新分布、缓解应

力集中，从而可能导致脆性断裂。因此，对于具体机件，应根据其形状、尺寸及服役条件而定，不宜一味追求高的屈服强度。

比强度（强度与密度之比）也是衡量材料承载能力的一个重要指标，比强度越高，同一零件的自重越小。铝、钛合金的比强度高于钢材，因而在飞机、火箭等结构中得到广泛应用。

常温下强度指标根据不同的试验还有抗压强度、抗弯强度和抗剪强度（剪切强度）。

2. 刚度

材料受载荷作用时立即引起变形，当载荷去除，变形立即消失而恢复至原来状态的性能称为弹性。弹性变形是指去除载荷后，形状和尺寸能恢复至原来的变形。刚度是指材料抵抗弹性变形的能力。在弹性变形范围内，施加载荷与其所引起的变形量成正比关系，其比例常数为

$$E = R/e \tag{1-3}$$

E 称为弹性模量。弹性模量 E 仅与材料有关，反映了材料刚度的大小。E 越大，则弹性越小，刚度越大；反之，E 越小，则弹性越大，刚度越小。

材料的弹性模量主要取决于结合键和原子间的结合力，而材料的成分和组织对它的影响不大，所以说它是一个对组织不敏感的性能指标。因此，改变材料的成分和组织会对材料的强度（如屈服强度、抗拉强度）产生显著影响，但对材料的刚度影响不大。

零件的刚度与材料的刚度不同，它除了取决于材料的刚度外，还与零件的截面尺寸、形状以及载荷作用的方式有关。如材料的刚度不够，只有增加截面尺寸或改变截面形状以提高零件的刚度。当既要提高材料的刚度，又要求减轻零件的质量时，就要以材料的比刚度（弹性模量与密度之比）来评定。材料的比刚度依载荷形式而定，杆件拉伸时，其比刚度以 E/ρ 来计算，ρ 为材料的密度。

3. 塑性

材料在载荷作用下产生塑性变形而不被破坏的能力，称为塑性。材料塑性好坏可通过拉伸试验来测定。

塑性大小用断后伸长率 A 和断面收缩率 Z 来表示，即

$$A = \frac{L_u - L_0}{L_0} \times 100\% \tag{1-4}$$

式中　L_0——试样拉伸前的初始长度；

　　L_u——试样拉断后最终标距长度。

$$Z = \frac{S_0 - S_u}{S_0} \times 100\% \tag{1-5}$$

式中　S_0、S_u——分别为试样加载前、断裂后的断面面积。

工程上通常根据材料断裂时塑性变形的大小来确定材料类型。将 $A \geqslant 5\%$ 的材料称为塑性材料，将 $A < 5\%$ 的材料称为脆性材料。一方面良好的塑性可使材料顺利地实现成形，金属材料应具有一定的塑性才能进行各种变形加工；另一方面，材料具有一定塑性，可以提高零件使用的可靠性，防止突然断裂。

4. 硬度

材料抵抗其他物体压入其表面的性能，称为硬度。材料硬度越高，其他物体压入其表面

越困难。硬度是材料的重要力学性能之一，它表示材料表面抵抗局部塑性变形和破坏的能力。因此，硬度也是材料强度的一种表现形式。常用的硬度有布氏硬度、洛氏硬度和维氏硬度。

（1）布氏硬度　布氏硬度的测定原理是在直径为 D 的钢珠上施加一定载荷，压入被测试金属的表面（图 1-4），保持规定的时间后卸除载荷，根据金属表面压痕的直径，计算其硬度值。根据 GB/T 231.1—2018 规定，布氏硬度的符号以 HBW（硬质合金球压头）来表示，取消了旧的国家标准中的 HBS（钢球压头）。

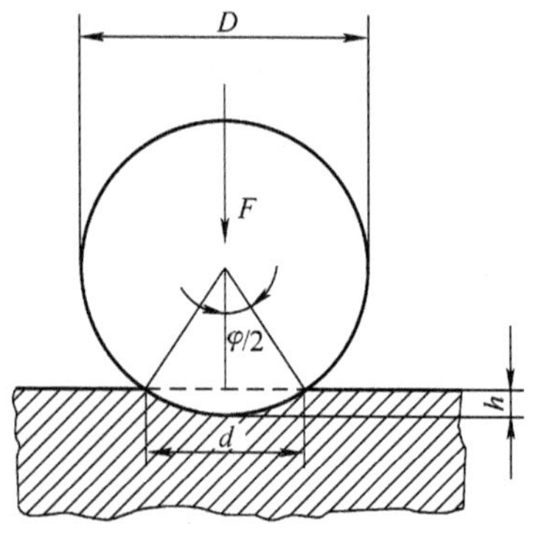

图 1-4　布氏硬度试验方法示意图

布氏硬度值计算式为

$$布氏硬度 = \frac{2F/g}{\pi D(D - \sqrt{D^2 - d^2})} \tag{1-6}$$

式中　F——载荷（N）；

D——硬质合金球直径（mm）；

d——压痕平均直径（mm），压痕深度 $h = \dfrac{D - \sqrt{D^2 - d^2}}{2}$；

g——重力加速度。

由式（1-6）可知，在 F 和 D 一定时，硬度值的高低取决于压痕深度 h 的大小，二者呈反比。h 大说明金属形变抗力低，故硬度值小，反之则硬度值大。

布氏硬度一般采用“硬度值 + HBW（硬度符号）+ 数字/数字/数字”的形式来标记。硬度符号后的数字依次表示钢球直径、载荷大小及载荷保持时间等试验条件，如 280HBW10/3000/30 表示试验力为 3000N 保持时间为 30s，采用的硬质合金球直径为 10mm，试件的布氏硬度值为 280。

布氏硬度法优点是测定结果较准确，缺点是压痕大，不适于成品检验。目前布氏硬度一般均以硬质合金球为压头，主要用于测量较软的金属材料，如未经淬火的钢、铸铁、有色金属或质地轻软的轴承合金。

（2）洛氏硬度　洛氏硬度试验原理和布氏硬度类似，它是以顶角为 120° 的金刚石圆锥体（图 1-5）或直径为 1.588mm 的淬火钢球作为压头，以一定的压力压入材料表面的方法。与布氏硬度不同的是，洛氏硬度是通过测量压痕深度来确定其硬度的。压痕越深，材料越软，洛氏硬度值越低；反之，洛氏硬度值越高。被测材料的硬度可直接由硬度计的刻度盘读出。

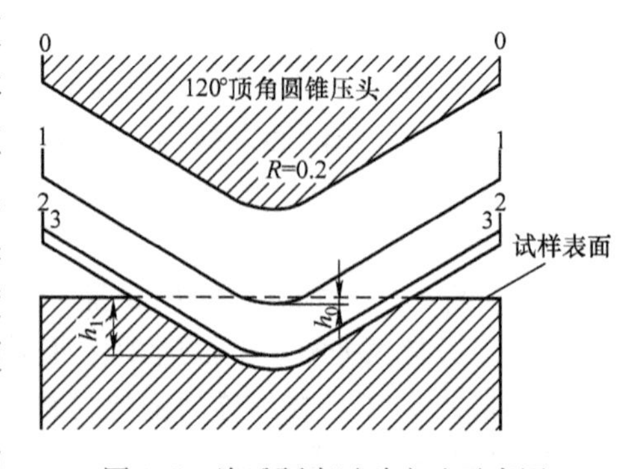

图 1-5　洛氏硬度试验方法示意图

根据 GB/T 230.1—2018 规定，洛氏硬度常用三种标尺，分别以 HRA、HRC、HRD 表示，见表 1-1。洛氏硬度的表达方法为“硬度值 + HR（硬度符号）+ 使用的标尺 + 使用球形压头的类型”，如 70HR30NW 表示用总试验力为 294.2N 的 30N 标尺测得的表面洛氏硬度值为 70，使用的球形压头为硬质合金球（用 W 表示）；球形压头为钢球时用 S 表示。

表 1-1　洛氏硬度的三种标尺

洛氏硬度标尺	硬度符号	压头类型	总试验力/N	适用范围
A①	HRA	金刚石圆锥	558	20～88HRA
C②	HRC		1471	20～70HRC
D	HRD		882	40～77HRD

① 试验允许范围可延伸至 94HRA。

② 如果压痕具有合适的尺寸，试验允许范围可延伸至 100HRC。

洛氏硬度试验避免了布氏硬度试验所存在的缺点。其优点首先是适用于各种不同硬质材料的检验，不存在压头变形问题；其次是压痕小，基本不损伤工件表面，且操作简单，能立即得出数据，效率高，适用于大量生产中的成品检验。其缺点是不同标尺的硬度值是不可比的；此外，在组成相粗大（如灰铸铁中的石墨片）或晶粒粗大的材料中，因压痕小，可能正好落在个别组成相上，使得硬度数据缺乏代表性。

（3）维氏硬度　测定维氏硬度的原理基本上和上述两种硬度的测量方法类似，其区别在于压头采用锥面夹角为 136°的金刚石正四棱锥体，压痕是四方锥形（图 1-6），以压痕的对角线长度来衡量硬度值的大小。维氏硬度用 HV 表示，单位为 N/mm^2，一般不予标出。维氏硬度可表示为“数字 + HV（硬度符号）+ 数字/数字”的形式。HV 前的数字表示硬度值，HV 后的数字表示试验所用的载荷和持续时间。如 640HV30/20 表示试验力为 294. 2N（30kgf），保持 20s，得到的维氏硬度值为 640。

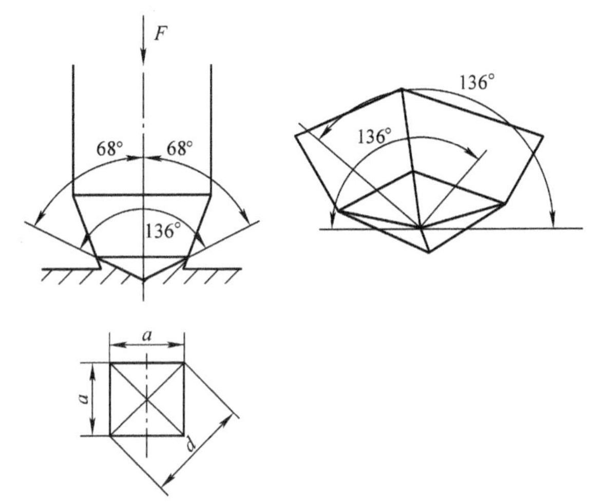

图 1-6　维氏硬度试验方法示意图

维氏硬度试验法所用载荷小，压痕深度浅，适用于测量薄零件的表面硬化层、金属镀层及薄片金属的硬度，这是布氏法和洛氏法所不及的。此外，因压头是金刚石角锥，载荷可调范围大，故对软、硬材料均适用。应当指出，各硬度试验法测得的硬度值不能直接进行比较，必须通过硬度换算表换算成同一种硬度值后，方可比较其大小。

1.1.2　材料的动态力学性能

1. 冲击性能

材料抵抗冲击载荷的能力称为材料冲击性能。冲击载荷是指以较高的速度施加到零件上的载荷。当零件在承受冲击载荷时，瞬间冲击所引起的应力和变形比静载荷时要大得多。在制造承受冲击载荷的零件时，如锻锤锤杆、冲床冲头、飞机起落架、汽车齿轮等，由于冲击载荷的加载速度大，作用时间短，机件常常因局部载荷过大而产生变形和断裂。因此，对于承受冲击载荷的机件，仅具有高强度是不够的，还必须具备足够的抵抗冲击载荷的能力，所以必须考虑到材料的冲击性能。

冲击试验是试件在冲击试验力的作用下的一种动态力学性能试验。夏比冲击试验是一种常见的评定金属材料韧性指标的动态试验方法。试验中用一个带有 V 型或 U 型缺口的标准试样（GB/T 229—2020），在摆锤式弯曲冲击试验机上弯曲折断，测定其所消耗的能量，如图 1-7 所示。试验时，把试样 2 放在试验机的两个支座 3 上，试样缺口背向摆锤冲击方向，将重量为 W(N) 的摆锤 1 放至一定高度 H(m)，释放摆锤，并测量出击断试样后向另一方向升起达到的高度 h(m)。根据摆锤重量和冲击前后摆锤的高度差，可算出击断试样所消耗的冲击吸收能量 K(J)。

$$K = W(H - h) \tag{1-7}$$

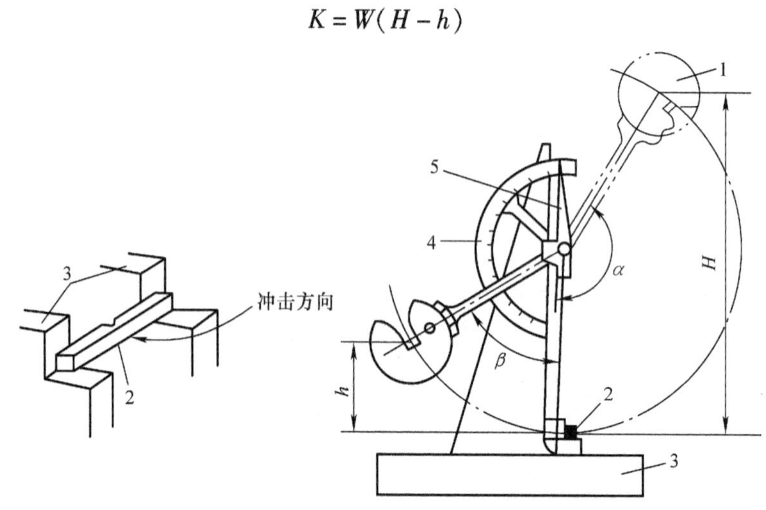

图 1-7　夏比摆锤冲击试验示意图

1—摆锤　2—试样　3—试样支座　4—刻度盘　5—指针

试验中采用的试样缺口几何形状分为 U 型、V 型两种，用下标数字 2 或者 8 表示摆锤锤刃半径，如 KU_8 表示 U 型缺口试样在 8mm 摆锤锤刃下的冲击吸收能量。

冲击试验对材料的缺陷很敏感，它能灵敏地反映出材料的宏观缺陷、显微组织的微小变化和材料的质量，因此冲击试验是生产上用来检验冶金、热加工、热处理工艺质量的有效方法。

一些材料的冲击韧性对温度是很敏感的，如低碳钢或低合金高强度钢在室温以上时韧性很好，但温度降低至 −40 ~ −20℃时就变为脆性状态，即发生韧性、脆性的转变现象。通过系列温度冲击试验可得到特定材料的韧性、脆性转变温度范围。

2. 断裂韧度

前面所述的力学性能，都是假定材料内部是完整、连续的，如图 1-8a 所示，但是实际上，内部不可避免地存在各种缺陷（夹杂、气孔等）。由于缺陷的存在，使材料内部不连续，这可看成是材料的裂纹，在裂纹尖端前沿有应力集中产生，形成一个裂纹尖端应力场，如图 1-8b 所示。

含裂纹构件的断裂控制参量取决于裂纹尖端区应力、应变场强度的参数，即应力强度因子。对于单位厚度，无限大平板中有一长度为 $2a$ 的穿透裂纹，外加应力为 σ，张开型应力强度因子 K_{I}为

$$K_I = Y\sigma\sqrt{a} \tag{1-8}$$

式中　K_I——张开型应力强度因子（$MPa \cdot m^{\frac{1}{2}}$）；

Y——零件中裂纹的几何形状因子；

σ——应力（MPa）；

a——裂纹尺寸（m）。

对于一个有裂纹的试样，在拉伸载荷作用下，当外力逐渐增大，或裂纹长度逐渐扩展时，应力强度因子也不断增大。当张开型应力强度因子K_I增大到某一值时，就可使裂纹前沿某一区域的内应力大到足以使材料产生分离，从而导致裂纹突然失稳扩展，即发生脆断。该张开型应力强度因子的临界值，称为材料的断裂韧度，用K_{IC}表示。它表明了材料有裂纹存在时抵抗脆性断裂的能力。

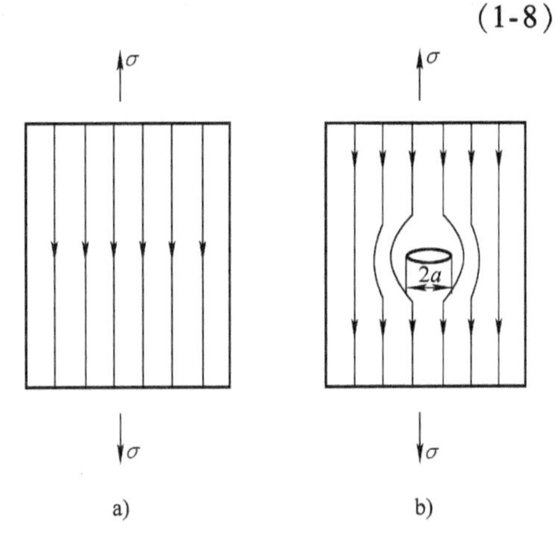

图 1-8　无裂纹和有裂纹试样的应力线

a）无裂纹试样　b）有裂纹试样

当$K_I > K_{IC}$时，裂纹失稳扩展，发生脆断；当$K_I = K_{IC}$时，裂纹处于临界状态；当$K_I < K_{IC}$时，裂纹扩展很慢或不扩展，不发生脆断。

K_{IC}可通过实验测得，它是评价阻止裂纹失稳扩展能力的力学性能指标，是材料的一种固有特性，与裂纹本身的大小、形状和外加应力等无关，而与材料本身的化学成分、热处理及加工工艺有关。断裂韧度是强度和韧性的综合体现。

3. 疲劳强度

实际应用中，许多结构或零件是在重复或交变载荷（应力）的作用下工作的，如图 1-9 所示。在交变载荷作用下，零件所承受的应力往往远小于强度极限，甚至小于屈服极限，但经过较长时间的工作会产生裂纹或突然断裂，这种现象称为材料的疲劳。零件之所以产生疲劳断裂，是由于材料表面或内部有缺陷，在交变应力的作用下产生微裂纹，随应力循环次数的增加而逐渐扩展，最终断裂。

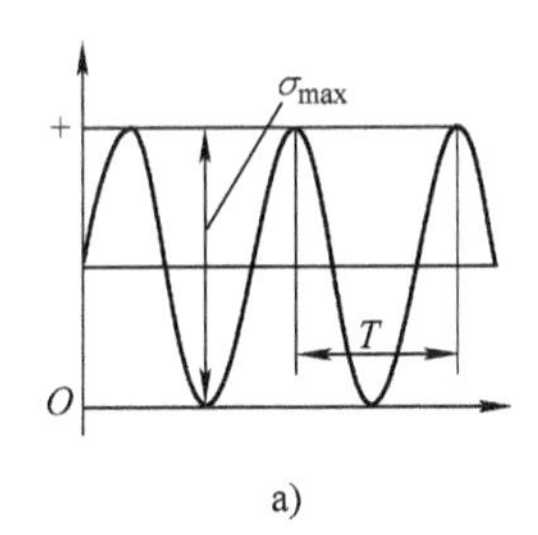

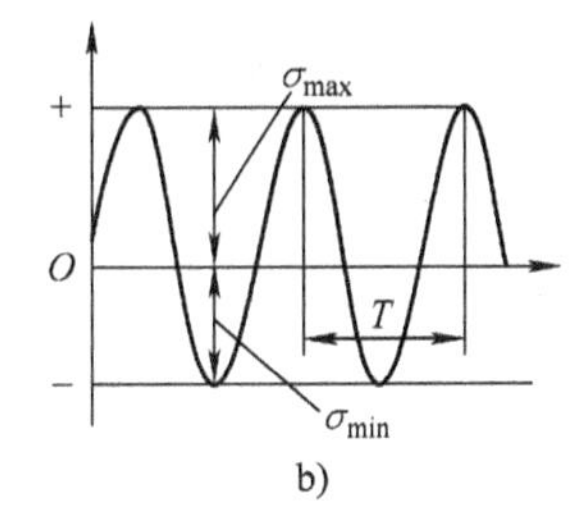

图 1-9　重复应力与交变应力曲线示意图

a）重复应力　b）交变应力

发生疲劳时的最大应力及循环周期数的关系用 $S-N$ 曲线表示，如图 1-10 所示。对应于循环周次 N，发生疲劳的最大应力为 σ_N。理论上，当应力低于某一临界值时，试样能承受无限次应力循环而不会发生疲劳断裂，曲线趋于水平，所对应的最大应力称为疲劳极限。实际上，材料测试时不可能做到无限次应力循环，并且对于某些材料，它们的疲劳曲线也没有水平部分。通常就规定某一循环周次下不发生断裂的应力水平为条件疲劳极限，也称为疲劳强度，用符号 S 表示。规定黑色金属的循环周次为 10^7，有色金属、不锈钢等的循环周次为 10^8。陶瓷、高分子材料的疲劳抗力很低，金属材料的疲劳强度较高，纤维增强复合材料也有较好的抗疲劳性能。

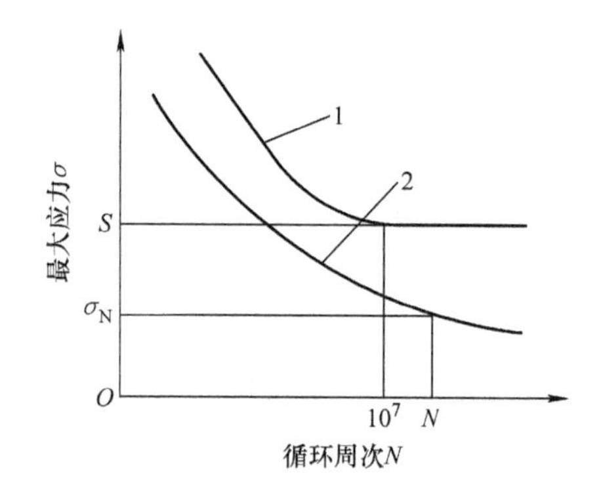

图 1-10 疲劳曲线示意图

1—中碳钢 2—铝合金

金属的疲劳强度与抗拉强度之间存在近似的比例关系：对于碳素钢，$S \approx 0.406R_m$；对于灰铸铁，$S \approx 0.4R_m$；对于有色金属，$S \approx 0.304R_m$。

4. 磨损性能

机器运转时，任何零件在接触状态下的相对运动都会产生摩擦，导致零件磨损，最后失效。按磨损的破坏机理，磨损可分为：黏着磨损、磨粒磨损、腐蚀磨损、接触疲劳。

（1）黏着磨损 黏着磨损又称咬合磨损。其实质是相对运动的两个零件表面总是凸凹不平的，在接触压力作用下，由于凸起部分首先接触，有效接触面很小。当压力较大时，凸起部分便会发生严重的塑性变形，从而使材料表面接触点发生黏着（冷焊）。随后，在相对滑动时，黏着点又被剪切而断掉，造成黏着磨损。

（2）磨粒磨损 磨粒磨损是当摩擦副一方的硬度比另一方的硬度大得多时，或者在接触面之间存在着硬质粒子时所产生的磨损，其特征是接触面上有明显的切削痕迹。

（3）腐蚀磨损 腐蚀磨损是由于外界环境引起金属表面的腐蚀产物剥落，与金属表面之间的机械磨损（磨粒磨损、黏着磨损）相结合而出现的磨损。

（4）接触疲劳 接触疲劳是滚动轴承、齿轮等零件的接触表面，经接触压应力的反复长期作用后所引起的一种表面疲劳剥落损坏现象，其损坏形式是在光滑的接触面上分布有若干深浅不同的针尖或豆状凹坑，或有较大面积的表层压碎。

1.1.3 材料的高、低温性能

1. 高温性能

材料在长时间的恒温、恒应力作用下，发生缓慢塑性变形的现象称为蠕变。蠕变的一般规律是温度越高，工作应力越大，则蠕变的发展越快，产生断裂的时间就越短。

金属材料在高于一定温度下，承受的应力即使小于屈服点，也会出现蠕变现象。因此在高温下使用的金属材料，应具有足够的抗蠕变能力。工程塑料在室温下受到应力作用就可能发生蠕变。

蠕变的另一种表现形式是应力松弛，它是指承受弹性变形的零件，在工作过程中总变形量保持不变，但随时间的延长，工作应力逐渐自行衰减的现象。如高温紧固件，若出现应力松弛，将会使紧固失效。

在高温下，材料的强度用蠕变强度和持久强度来表示。蠕变强度是指材料在一定温度下、一定时间内产生一定量永久变形所能承受的最大应力。例如，$\sigma_{0.1/1000}^{600} = 88\text{MPa}$，表示在600℃下、1000h 内，引起0.1%变形量所能承受的最大应力值为88MPa。而持久强度是指材料在一定温度下、一定时间内所能承受的最大断裂应力。例如，$\sigma_{100}^{800}=186\text{MPa}$，表示工作温度为800℃时，约100h所能承受的最大断裂应力为186MPa。

2. 低温性能

随着温度的下降，多数材料会出现脆性增加的现象，严重时甚至发生脆断。可通过材料的冲击吸收能量与温度的变化关系，来确定材料的韧、脆状态转化，如图1-11所示。当温度降到某一值时，冲击吸收能量K值会急剧减小，使材料呈脆性状态。材料由韧性状态转变为脆性状态的温度T_k称为冷脆转化温度。材料的T_k低，表明其低温韧性好。

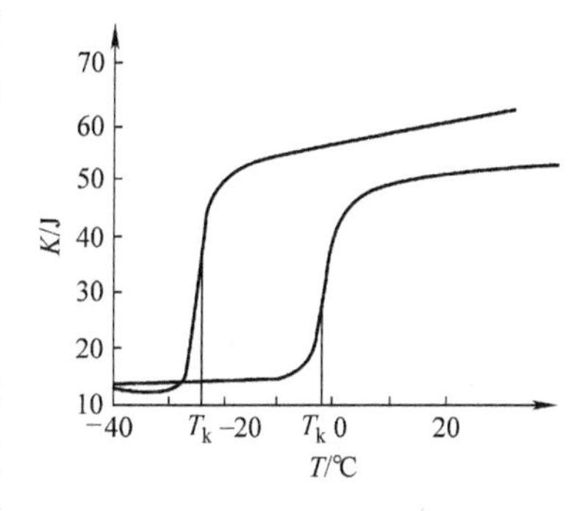

图1-11　两种材料的冲击吸收能量－温度关系曲线

1.2　材料的物理性能和化学性能

1.2.1　材料的物理性能

物理性能是指材料的密度、熔点、热膨胀性、磁性、导热性与导电性等。

1. 密度

材料的密度是指单位体积中材料的质量。一般将密度小于$5\times10^3\text{kg/m}^3$的金属称为轻金属，密度大于$5\times10^3\text{kg/m}^3$的金属称为重金属。抗拉强度R_m与密度ρ之比称为比强度；弹性模量E与密度ρ之比称为比刚度。这两者也是考虑某些零件材料性能的重要指标。如密度大的材料将增加零件的质量，降低零件单位质量的强度，即降低比强度。一般航空、航天等领域都要求材料具有高的比强度和比刚度。

2. 熔点

熔点是指材料的熔化温度。金属都有固定的熔点。陶瓷的熔点一般都显著高于金属及合金的熔点，而高分子材料一般不是完全晶体，没有固定的熔点。

合金的熔点取决于它的化学成分，是金属与合金冶炼、铸造和焊接等工艺过程重要的工艺参数。熔点高的金属称为难熔金属（如W、Mo、V等），可以用来制造耐高温零件，在燃气轮机、航空、航天等领域有广泛的应用。熔点低的金属称为易熔金属（如Sn、Pb等），可以用来制造熔丝、防火安全阀等零件。

3. 热膨胀性

材料的热膨胀性通常用线膨胀系数表征。陶瓷的线膨胀系数最低，金属次之，高分子材料最高。对精密仪器或机器零件，线膨胀系数是一个非常重要的性能指标。在异种金属焊接中，常因材料的热膨胀性相差过大而使焊件变形或破坏。

4. 磁性

材料能够导磁的性能称为磁性。磁性材料可分为软磁性材料和硬磁性材料，前者是指容易磁化，导磁性良好，但外磁场去掉后，磁性基本消失的磁性材料，如电工用纯铁、硅钢片等。后者是指去磁后仍保持磁场，磁性不易消失的磁性材料，如淬火的钴钢、稀土钴等。许多金属（如 Fe、Ni、Co 等）均具有较高的磁性，但也有不少金属（如 Al、Cu、Pb 等）是无磁性的，非金属材料一般无磁性。

5. 导热性

材料的导热性用热导率（也称导热系数）λ 来表征。材料的热导率越大，导热性越好。一般来说，金属纯度越高，其导热能力越大。金属及合金的热导率远高于非金属材料。导热性好的材料其散热性也好，可用来制造热交换器等传热设备的零部件。而导热性差的材料如高合金钢，在锻造或热处理时，加热和冷却速度过快会引起零件表面与内部产生较大的温差，产生不同程度的膨胀，形成过大的热应力，引起材料发生变形或开裂。

6. 导电性

材料的导电性一般用电阻率表征。通常金属的电阻率随温度升高而增加，非金属材料则与此相反。金属一般具有良好的导电性。导电性与导热性一样，是随合金化学成分的复杂化而降低的，因而纯金属的导电性总比合金要好。高分子材料都是绝缘体，但有的高分子复合材料也有良好的导电性。陶瓷材料虽然也是良好的绝缘体，但某些特殊成分的陶瓷却是具有一定导电性的半导体。

1.2.2 材料的化学性能

化学性能是指材料在室温或高温时抵抗各种介质化学侵蚀的能力。通常将材料因化学侵蚀而损坏的现象称为腐蚀。非金属材料的耐蚀性远高于金属材料。金属的腐蚀既容易造成一些隐蔽性和突发性的严重事故，也会损失大量的金属材料。据有关资料介绍，全世界每年由于腐蚀而报废的材料约相当于全年金属产量的 1/4 ~ 1/3。

根据金属腐蚀过程的不同特点，金属腐蚀可分为化学腐蚀和电化学腐蚀两类。

1. 化学腐蚀

金属与周围介质（非电解质）接触时单纯由化学作用而引起的腐蚀称为化学腐蚀，一般发生在干燥的气体或不导电的流体（润滑油或汽油）场合。例如，金属和干燥气体（如 O_2、H_2S、SO_2 等）接触时，在金属表面上生成氧化物、硫化物和氯化物等。

氧化是最常见的化学腐蚀，温度越高，加热时间越长，氧化越严重，如高温热处理产生的氧化和脱碳现象。如果能形成致密的氧化膜（如 Al 和 Cr 的氧化物），就具有防护作用，能有效地阻止氧化继续向金属内部发展。在实际生产中，单纯地由化学腐蚀引起的金属损耗较少，更多的是电化学腐蚀。

2. 电化学腐蚀

金属与电解质溶液（如酸、碱、盐）构成原电池而引起的腐蚀，称为电化学腐蚀。任意两种金属在电解质溶液中互相接触时，就会形成原电池，并产生电化学腐蚀。其中较活泼的金属（电极电位较低的金属）被不断地溶解而腐蚀掉，并伴随电流的产生。如金属在海水中发生的腐蚀、地下金属管道在土壤中的腐蚀等均属于电化学腐蚀。金属的腐蚀绝大多数是由电化学腐蚀引起的，电化学腐蚀比化学腐蚀快得多，危害性也更大。

为了提高金属的耐腐蚀能力，防止金属腐蚀，原则上应保证以下三点：一是尽可能使金属保持均匀的单相组织，即无电极电位差；二是尽量减少两极之间的电极电位差，并提高阴极的电极电位，以减缓腐蚀速度；三是尽量不与电解质溶液接触，减小甚至隔断腐蚀电流。

工程上经常采用的防腐蚀方法主要有：①改变金属的化学成分，提高合金的耐蚀性，如不锈钢，表面渗铬、渗铝等处理；②通过覆盖法将金属与腐蚀介质隔离，如金属表面镀层、覆层和发蓝处理等；③改善腐蚀环境，如干燥气体封存和密封包装等；④阴极保护法，即将被保护的金属作为原电池的阴极，牺牲阳极金属，使阴极金属不遭受腐蚀的方法，或用外加电流法，保护阴极金属。

1.3 材料的工艺性能

工艺性能是指材料在成形或加工的过程中，对某种加工工艺的适应能力。它是决定材料能否进行加工或如何进行加工的重要因素。包括铸造性能（材料是否易于成形并获得优质铸件的性能）、锻造性能（材料是否易于进行压力加工的性能）、焊接性能（材料是否易于焊接在一起并能保证焊缝质量的性能）、热处理性能（材料进行热处理的难易程度）及可加工性能（材料在切削加工时的难易程度）等。材料工艺性能的好坏，会直接影响制造零件的工艺方法、质量及其制造成本。

1. 铸造性能

铸造性能是指材料用铸造方法获得优质铸件的性能。它取决于材料的流动性和收缩性。流动性好的材料，充填铸模的能力强，易获得完整而致密的铸件。收缩率小的材料，铸造冷却后，铸件缩孔小，表面无空洞，也不会因收缩不均匀而引起开裂，尺寸比较稳定。

金属材料中铸铁、青铜具有较好的铸造性能，可以铸造一些形状复杂的铸件。工程塑料在某些成型工艺（如注射成型）方法中要求流动性好和收缩率小。

2. 锻造性能

锻造性能主要是指金属进行锻造时，其塑性的好坏和变形抗力的大小。变形抗力小的材料在不太大的外力作用下就可进行变形。金属材料中铜、铝、低碳钢具有较好的塑性和较小的变形抗力，因此容易通过塑性加工成形；而铸铁、硬质合金不能进行塑性加工成形。热塑性塑料可通过挤压和压塑成形。

3. 焊接性能

焊接性能是指两种或两种以上相同或不同的材料，通过加热、加压或两者并用的方法，焊接成设计要求所规定的构件并满足预定服役要求的能力。影响焊接性能的因素很多，导热系数过高或过低、线膨胀系数大、塑性低或焊接时容易氧化的材料，焊接性能一般较差。焊接性能差的材料焊接后，焊缝强度低，还可能会出现变形、开裂现象。选择特殊工艺不仅可以使金属与金属焊接，还可以使金属与陶瓷焊接、陶瓷与陶瓷焊接以及塑料与烧结材料焊接。

4. 热处理性能

热处理性能指金属经过热处理后其组织和性能改变的能力，包括淬硬性、淬透性、回火脆性等。热处理是强化钢材的重要工艺，可提高零件的强度、硬度等力学性能；也可改善零件的可加工性能，降低加工成本，在机械制造工业中占有十分重要的地位，应用非常广泛。

5. 可加工性能

可加工性能是指材料用切削刀具进行加工时所表现出来的性能，它决定了刀具使用寿命和被加工零件的表面粗糙度。凡使刀具使用寿命长且加工后表面粗糙度值低的材料，其可加工性能好；反之，可加工性能差。

金属材料的可加工性能主要与材料种类、成分、硬度、韧性和导热性等因素有关。一般钢材的理想切削硬度为160~230HBW。钢材硬度太低，切削时容易“粘刀”，表面粗糙度值高；硬度太高，切削时易磨损刀具。

思 考 题

1-1 分析材料的比强度与比刚度在结构设计中的实际意义。

1-2 零件设计时，选取 $R_{p0.2}$ 还是选取 R_m，应以什么情况为依据？

1-3 有一碳钢制支架刚度不足，有人要用热处理强化方法，有人要另选合金钢，有人要通过改变零件的截面形状来解决，哪种方法合理？为什么？

1-4 在下面几种情况下该用什么方法来测试硬度，写出硬度符号。

1）检查锉刀、钻头成品的硬度。

2）检查材料库中钢材的硬度。

3）检查薄壁工件的硬度或工件表面很薄的硬化层。

4）黄铜轴套。

5）硬质合金刀片。

1-5 一铜试件的矩形截面尺寸为15.2mm×19.1mm，受拉伸力（44500N）作用，拉伸过程中只发生弹性变形，试计算产生的伸长率（E=110GPa）。

1-6 Ti-6Al-4V 的力学性能指标如下：E=110GPa，R_{eL}=825MPa，R_m=895MPa，断裂时的 A 为10%。试画出相应的应力-应变曲线。

1-7 一棒料长500mm，直径为12.7mm，工况下受拉伸力作用。设计该棒料使之工作时不发生塑形变形，最大伸长率不能超过1.3mm。试问载荷为29000N时，下表中四种金属或合金材料哪几种可选用？

表1-2 题1-7表

材料	弹性模量/GPa	屈服强度/MPa	抗拉强度/MPa
铝合金	70	225	420
铜合金	100	345	420
纯铜	110	210	275
合金钢	207	450	550

第2章

材料的结构与组织

章前导读

材料的结构与组织导读

铁的强度、硬度比铜高，而导电和导热性能比铜差。即使同样成分的金属，由于冷却条件或加工处理方式不同，其性能也会有差异。这说明，材料的性能与内部组织、结构有关，而内部组织与结构的形成，又与材料的凝固和结晶过程密切相关。因此，有必要了解材料内部原子、离子、分子或其他结构要素的相互结合方式、聚集状态和分布规律，以及材料的凝固和结晶过程等。

2.1 材料的结构

固态物质可分为晶体和非晶体两大类。原子或分子在空间呈长程有序、周期性规则排列的物质称为晶体，如金刚石、石墨和多数固态金属及其合金等。晶体一般具有规则的外形，有固定的熔点，且具有各向异性。原子或分子呈无规则排列或短程有序排列的物质称为非晶体，如塑料、玻璃、沥青等。非晶体没有固定的熔点，热导率和热膨胀系数均小，组成的变化范围大，在各个方向上原子的聚集密度大致相同，具有各向同性。

2.1.1 晶体结构的基本概念

为了便于研究晶体中原子的排列情况，把组成晶体的原子（离子、分子或原子团）抽象成质点，这些质点在三维空间内呈有规则的、重复排列的阵式就形成了空间点阵。用一些假想的空间直线将这些质点连起来所构成的空间格架，称为晶格。从晶格中取出一个反映空间点阵几何特征的最小的空间几何单元，称为晶胞。晶胞在三维空间的重复排列构成晶格。晶胞的基本特性即反映该晶体结构（晶格）的特点，如图 2-1 所示。

晶胞的几何特征可以用晶胞的三条棱边长 a、b、c 和三条棱边之间的夹角 α、β、γ 六个参数来描述，其中 a、b、c 为晶格常数。不同元素组成的金属晶体因晶格形式及晶格常数的不同，表现出不同的物理、化学和力学性能。金属的晶体结构可用 X 射线衍射分析技术进行测定。

在晶格中由一系列原子组成的平面称为晶面，晶面又是由一行行的原子列组成的，晶格

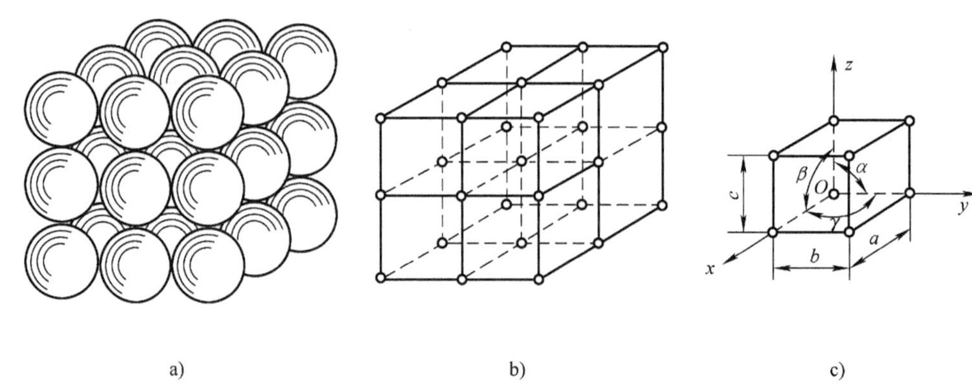

a) b) c)

图 2-1 简单立方晶格与晶胞示意图

a) 晶体 b) 晶格 c) 晶胞

中各原子列的位向称为晶向。按照一定规则将晶格任意一个晶面或晶向用特定的表征符号表示出它们的方位或方向，这就是晶面指数或晶向指数。如图 2-2 所示的晶面（010）、（110）、（111）是立方晶格中具有重要意义的三种晶面。如图 2-3 所示的晶向 *OC*[100]、*OB*[110]、*OA*[111] 是立方晶格中具有重要意义的三种晶向。

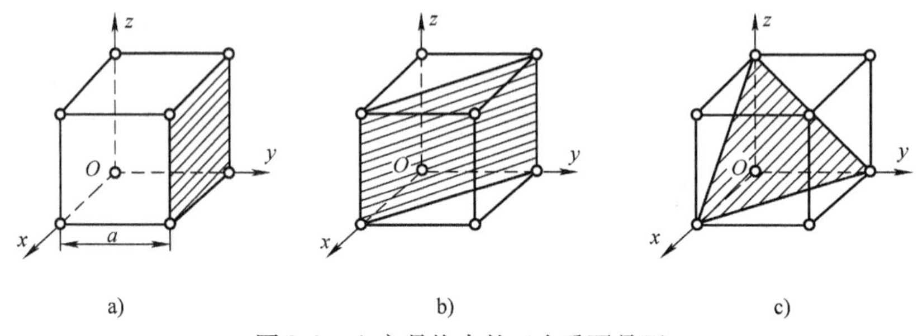

a) b) c)

图 2-2 立方晶格中的三个重要晶面

a)（010）晶面 b)（110 ）晶面 c)（111）晶面

晶胞中所包含的原子总体积与晶胞体积 V 的比值，称为晶体致密度。若晶胞中原子数为 n、原子体积为 U，则致密度 $K=nU/V$。晶格中与任一原子处于相等距离并相距最近的原子数目，称为晶体的配位数。配位数和致密度表征了晶体中原子在空间堆垛的紧密程度，它们的数值越大，表示晶体中原子排列越紧密。

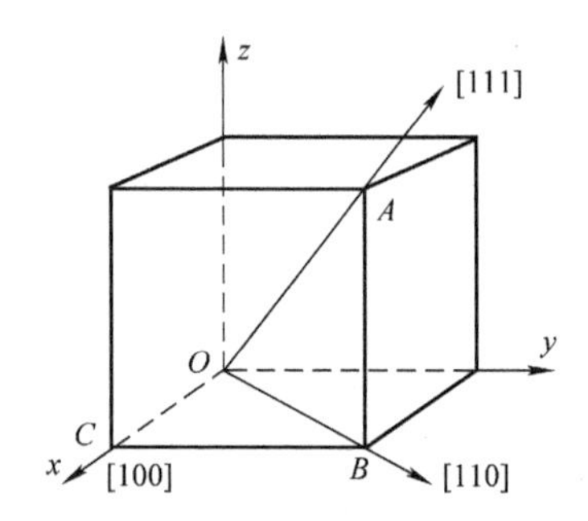

图 2-3 立方晶格中的三个重要晶向

2.1.2 常见的晶体结构类型

金属中由于原子间通过较强的金属键结合，因而金属原子趋于紧密排列，构成少数几种高对称性的简单晶体结构。在金属元素中，约有 90% 以上的金属晶体结构都属于如下三种紧密排列的晶格形式。

1. 体心立方晶格

体心立方晶格的晶胞是一个立方体，如图 2-4 所示，在立方体的八个角上各有一个与相邻晶胞共有的原子，并在立方体中心有 1 个原子。因其晶格常数 $a=b=c$，故通常只用一个常数 a 即可表示。这种晶胞在其立方体对角线方向上的原子是彼此紧密接触排列的。立方体对角线的长度为$\sqrt{3}a$，等于 4 个原子半径的长度，故体心立方晶胞中的原子半径 $r=\frac{\sqrt{3}}{4}a$。在此晶胞中，因每个顶点上的原子同时属于周围 8 个晶胞所共有，故实际上每个体心立方晶胞中仅包含：$\frac{1}{8}\times8+1=2$ 个原子。每个原子的最邻近原子数为 8，所以配位数为 8。因 $n=2$、$r=\frac{\sqrt{3}}{4}a$、$V=a^3$，故可求得致密度 $K=0.68$。此值表明，在体心立方结构的金属中，有 68% 的体积被原子所占据，其余 32% 的体积则为空隙。

属于体心立方晶格的金属有 α－Fe、Cr、Mo、W、V、Nb、β－Ti、Na、K 等。

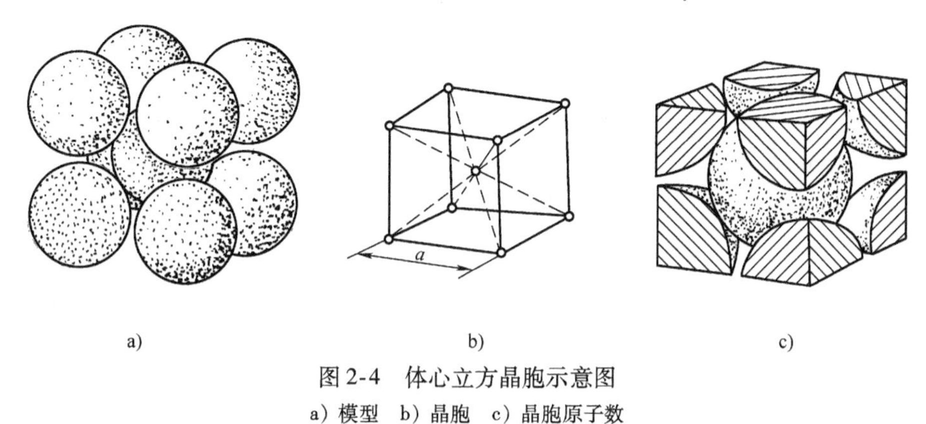

图 2-4　体心立方晶胞示意图

a）模型　b）晶胞　c）晶胞原子数

2. 面心立方晶格

面心立方晶格的晶胞如图 2-5 所示，在立方体的 8 个角的顶点和 6 个面的中心各有 1 个与相邻晶胞共有的原子。在这种晶胞中，每个面的对角线上各原子彼此相互接触，因而其原子半径 $r=\frac{\sqrt{2}}{4}a$。又因每一面心位置上的原子是同时属于两个晶胞所共有的，故每个面心立方晶胞中包含：$\frac{1}{8}\times8+\frac{1}{2}\times6=4$ 个原子。每个原子最近邻且等距离的原子数为 12，故配位数为 12。用上述致密度计算公式可求出面心立方晶格的致密度为 0.74。属于面心立方晶格的金属有 γ－Fe、Cu、Al、Ni、Au、Ag、Pt、β－Co 等。

3. 密排六方晶格

密排六方晶格的晶胞是一个正六面柱体，如图 2-6 所示。由图 2-6 可见，在上下两个面的角顶点和中心上，各有 1 个与相邻晶胞共有的原子，并在上、下两个面的中间有 3 个原子。晶格常数用六方晶胞底面的边长 a 和上下底面间距 c 表示，在上述紧密排列情况下，$c/a\approx1.633$。最近邻原子间距为 a，其原子半径 $r=\frac{1}{2}a$。每个角上的原子同时为六个晶胞所共有，上下底面中心的原子同时为两个晶胞所共有，再加上晶胞内的 3 个原子，故密排六方

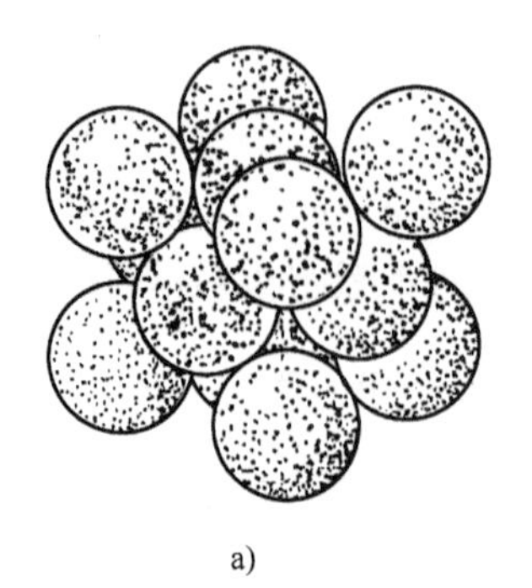

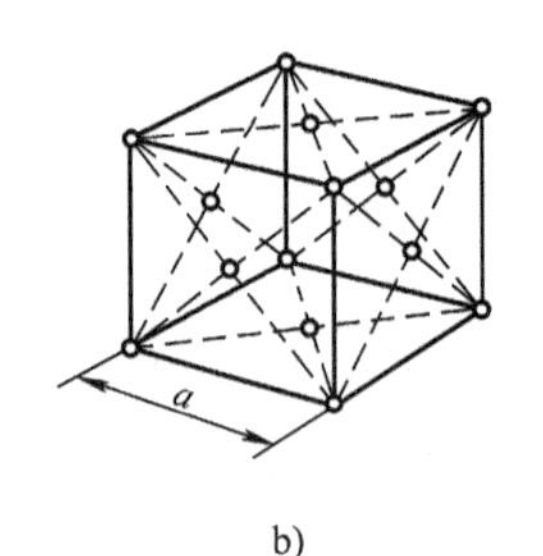

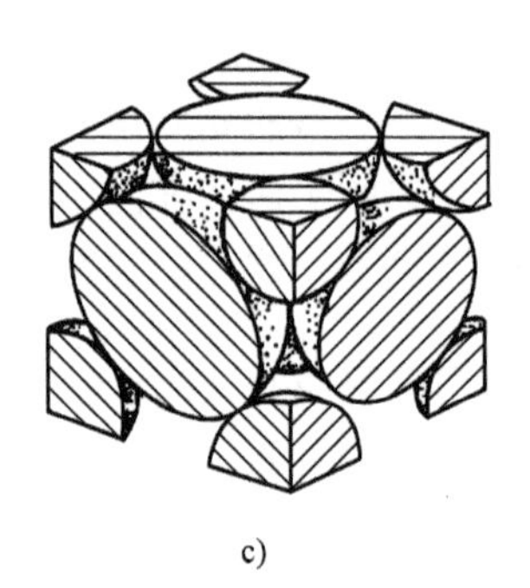

a)　　b)　　c)

图 2-5　面心立方晶胞示意图

a）模型　b）晶胞　c）晶胞原子数

晶胞的原子数为：$\frac{1}{6}\times 12+\frac{1}{2}\times 2+3=6$。同样可得出其配位数为 12，致密度为 0.74。

属于密排六方晶格的金属有 Be、Mg、Zn、Cd、α－Co、α－Ti 等。

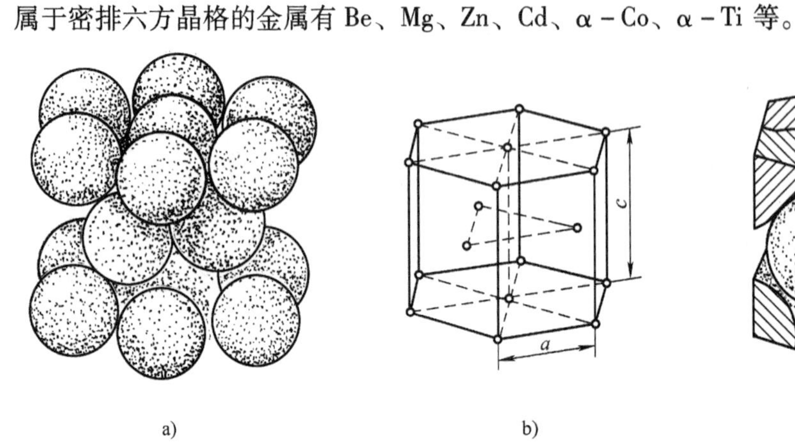

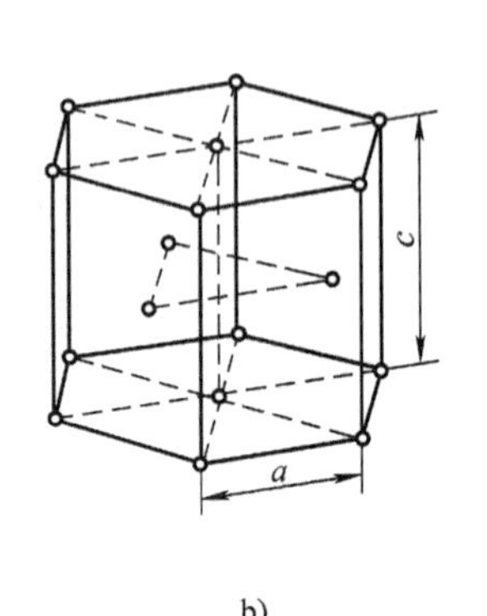

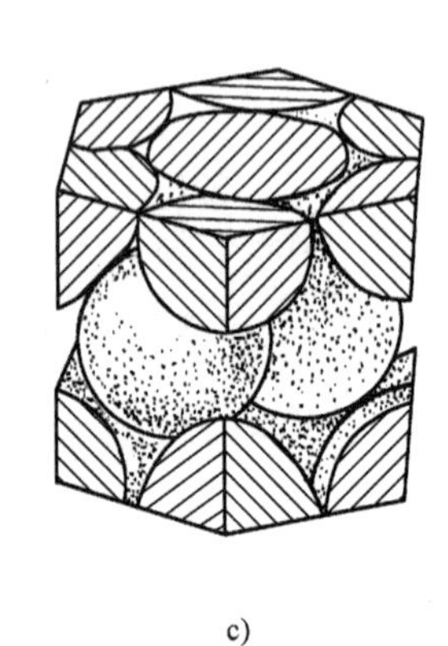

a)　　b)　　c)

图 2-6　密排六方晶胞示意图

a）模型　b）晶胞　c）晶胞原子数

三种晶体结构的特征参数见表 2-1。由表可见：面心立方晶格和密排六方晶格中原子排列紧密程度完全一样，在空间是最紧密排列的两种形式。体心立方晶格中原子排列紧密程度要差些。因此当一种金属（如 Fe）从面心立方晶格向体心立方晶格转变时，将伴随着体积的膨胀。

表 2-1　常见金属的晶体结构

特征参数	晶体结构		
	体心立方	面心立方	密排六方
晶格常数	a	a	a、c
原子半径	$\frac{\sqrt{3}}{4}a$	$\frac{\sqrt{2}}{4}a$	$\frac{1}{2}a$
原子个数	2	4	6
配位数	8	12	12
致密度	0.68	0.74	0.74
常见金属	α－Fe、Cr、W 等	γ－Fe、Al、Ni 等	Mg、Zn 等

由于晶体中不同晶向上的原子排列紧密程度及不同晶面的面间距是不相同的，所以不同方向上原子结合力也不同，从而导致晶体在不同方向上的物理、化学、力学性能出现一定的

差异，此特性称为晶体的各向异性。例如，单晶体 α－Fe 的弹性模量，在体对角线［111］方向上为 2.90×10^5MPa，而在沿立方体边长［100］方向上只有 1.35×10^5MPa。晶体性能的方向性，在以后研究金属塑性变形时，将是一个重要理论基础。

2.1.3　实际晶体与缺陷

一块晶体内部的晶格位向完全一致的晶体称为单晶体，如图 2-7a 所示。单晶体除具有各向异性以外，还有较高的强度、耐蚀性、导电性和其他特性，因此日益受到人们的重视。目前在半导体元件、磁性材料、高温合金材料等方面，单晶体材料已得到开发和应用。

测定实际金属的性能时，在各个方向上的数值却基本一致，即具有各向同性。这是因为实际金属并非单晶体，而是由许多位向不同的微小晶体组成的多晶体，如图 2-7b 所示。这些呈多面体颗粒状的小晶体称为晶粒，晶粒与晶粒间的边界称为晶界。一个晶粒的各向异性在许多位向不同的晶粒之间可以互相抵消或补充，故实际金属呈现出各向同性。例如，工业纯铁（α－Fe）的弹性模量 E 在任何方向上测定大致都为 2.0×10^5MPa。

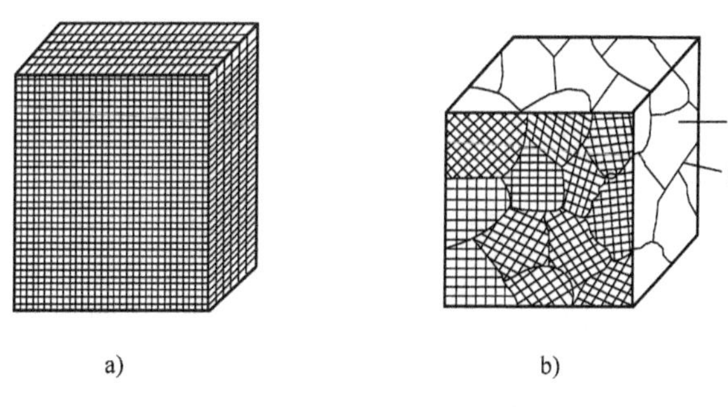

图 2-7　单晶体和多晶体示意图

a）单晶体　b）多晶体

1—晶粒　2—晶界

在多晶体的实际金属中，对于单个晶粒并非是晶胞重复排列的理想结构，其内部局部区域的原子规则性排列受到破坏。这种实际晶体中原子排列不规则的区域称为晶体缺陷。按照几何特征，晶体缺陷主要可分为面缺陷、线缺陷和点缺陷等。这些缺陷对金属的物理、化学和力学性能有显著的影响。

1. 点缺陷

点缺陷是指在三维尺度上都很小的、不超过几个原子直径的缺陷。主要有晶格空位、间隙原子以及置换原子，如图 2-8 所示。晶格中某个原子脱离了平衡位置，形成了空结点，称为空位；某个晶格间隙挤进了原子，称为间隙原子；取代原来原子位置的外来原子称为置换

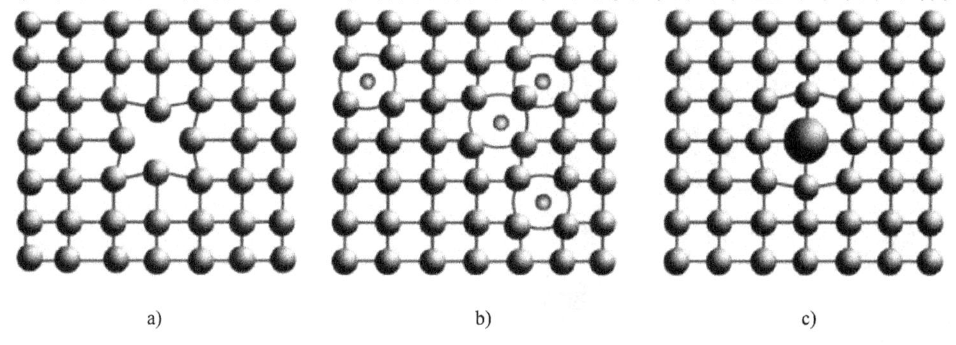

图 2-8　晶体点缺陷示意图

a）空位　b）间隙原子　c）置换原子

原子。点缺陷的出现破坏了原子间的平衡状态，使晶格发生扭曲，称为晶格畸变。晶格畸变将使晶体性能发生改变，如强度、硬度等。

晶体中的点缺陷处于不断的运动和变化之中，在一定温度下，空位和原子的运动，是金属中原子扩散的主要方式，对金属材料的热处理过程极为重要。

2. 线缺陷

线缺陷是指在一个方向上尺寸较大，而在另外两个方向上尺寸很小的缺陷，呈线状分布，其具体形式是各种类型的位错，所谓位错是指晶格中一列或数列原子发生了某种有规律错排的现象。位错有许多类型，刃型位错是最简单的一种位错形式。其几何模型如图 2-9 所示，规则排列的晶体中间错排了半列多余的原子面，像是加进去半个原子面，而且不延伸到原子未错动的下半部晶体中，犹如切入晶体的刀片，刀片的刃口线为位错线，这就是刃型位错。刃型位错线是晶格畸变的中心线，在其周围的原子位置错动很大，即晶格的畸变很大，且距它越远畸变越小。

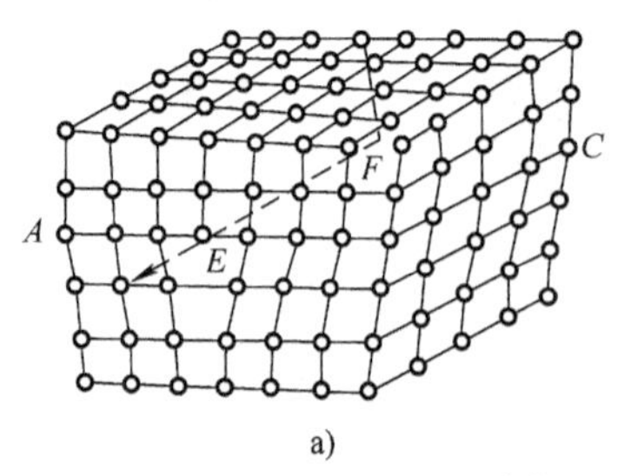

a)

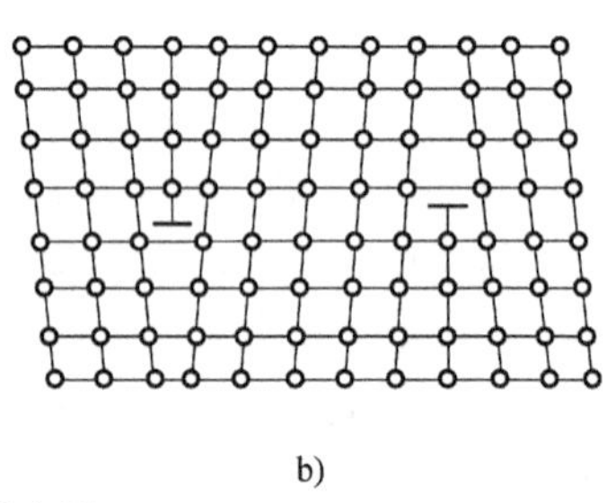

b)

图 2-9　刃型位错示意图

实际金属中的位错线数量很多，呈空间曲线分布，有时会连接成网，甚至缠结成团。位错可在金属凝固时形成，更容易在塑性变形中产生，在温度和外力作用下还能够不断地运动，数量随外界作用情况的不同而发生变化，钛合金中的位错线如图 2-10 所示。常用位错密度 ρ（cm/cm^3）表示位错数量。金属中位错数量一般为 $10^4 \sim 10^{12} cm/cm^3$，在退火时为 $10^6 cm/cm^3$ 左右，冷变形金属中可达 $10^{12} cm/cm^3$。位错引起晶格畸变，对金属性能的影响很大。图 2-11 所示为金属的屈服强度与位错密度的关系。没有缺陷的晶体强度很高，但这样理想的晶体很难得到，工业上生产的金属晶须只是理想晶体的近似状态。位错的存在使晶体强度降低，但当位错大量产生后，强度反而提高，故生产中可通过增加位错的办法来对金属进行强化，但强化后其塑性有所降低。

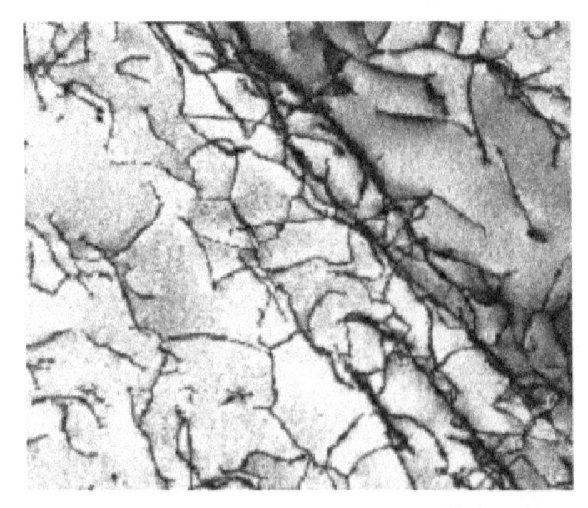

图 2-10　透射电镜下钛合金中的位错线（黑线）

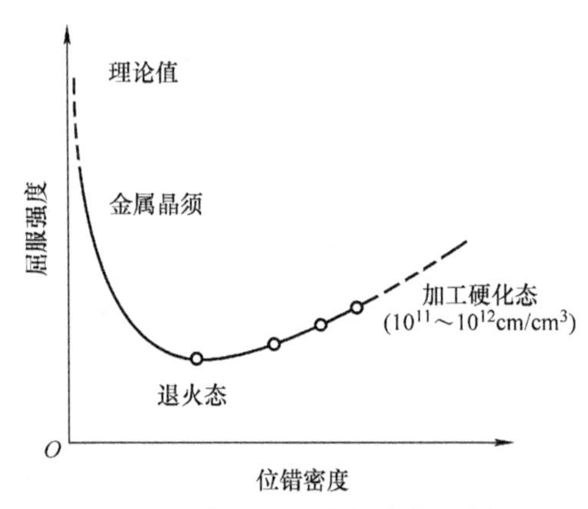

图 2-11　金属的屈服强度与位错密度的关系

3. 面缺陷

面缺陷是指二维尺度很大而第三维尺度很小的缺陷。金属晶体的面缺陷主要有晶界和亚晶界两种，如图2-12所示。

晶界就是金属中各个晶粒相互接触的边界。由于各晶粒的位向不同，相邻晶粒晶界原子的排列是不规则的，即从一种位向到另一种位向的过渡状态，这种不同位向相邻晶粒的过渡部位，宽度为5～10个原子间距，位向差一般在15°以上，称之为大角度晶界。在一个晶粒内部，还可能存在许多位向相差很小的所谓亚晶粒，又称为晶块（或嵌镶块），如图2-13所示的金－镍合金的亚晶粒。亚晶粒之间的位向差非常小，最多为1°～2°。亚晶粒之间的边界称为亚晶界。亚晶界实际上是由一系列刃型位错规则排列构成的小角度晶界。

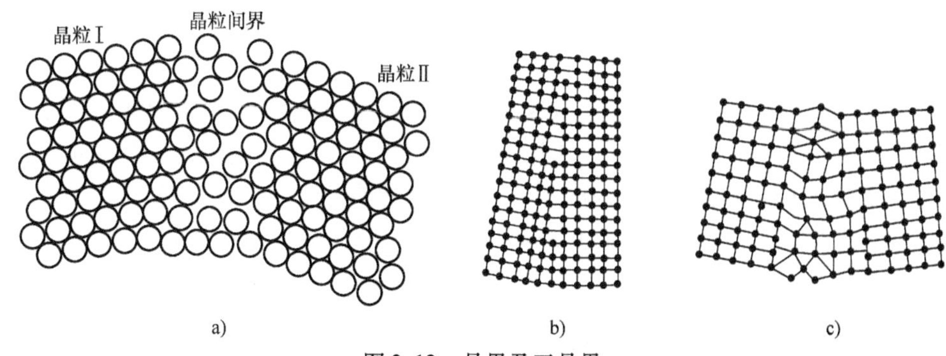

图2-12　晶界及亚晶界

a）晶界原子排列　b）晶界晶格　c）亚晶界晶格

在晶界、亚晶界处原子排列不规则，偏离平衡位置，晶格畸变较大，因而使晶界处能量比晶体内部要高，原子的活性较大，引起晶界的性能与晶粒内部不同。例如，晶界比晶内易受腐蚀、熔点低，强度和硬度高等。

晶体缺陷及其附近均有明显的晶格畸变，对金属的塑性变形、固态相变以及扩散等过程都起着重要的作用，金属晶体缺陷及对性能的影响见表2-2。在实际晶体结构中，上述晶体缺陷并不是静止不变的，而是随着一定的温度和加工过程等各种条件的改变而不断变化的。它们可以产生、扩展、运动和交互作用，而且能合并和消失。

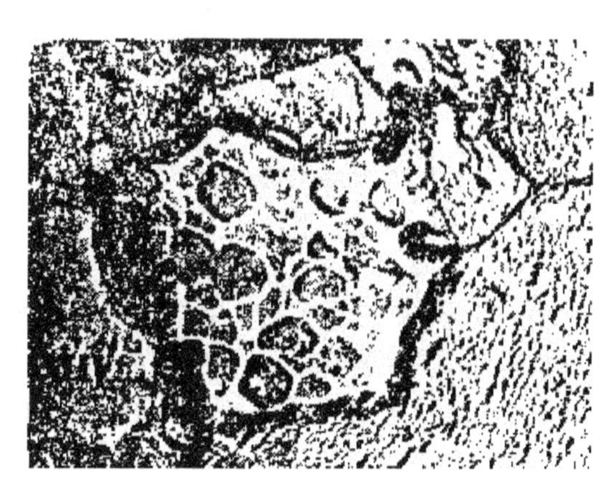

图2-13　金－镍合金的亚晶粒

表2-2　金属晶体缺陷及对性能的影响

缺陷种类（按晶体缺陷几何特征分）	名称	对金属性能的影响
点缺陷	晶格空位	点缺陷造成局部晶格畸变，使金属的强度、硬度和电阻发生变化。点缺陷的运动是金属中原子扩散的主要方式
	间隙原子	
	置换原子	
线缺陷	位错	减少或增加位错密度都可以提高金属的强度
面缺陷	晶界	晶界和亚晶界均可提高金属的强度。晶界越多，晶粒越细，金属的塑性变形能力越强，塑性越好
	亚晶界	

2.2 金属的凝固与结晶组织

中国第一块
铂铱25合金

金属材料的生产一般都是要经过由液态到固态的凝固过程，如果凝固的固态物质是晶体，则这种凝固又称为结晶。由于固态金属大都是晶体，所以金属凝固的过程通常也称为结晶过程。金属结晶后获得的原始组织称为铸态组织，它对金属的工艺性能及使用性能有直接影响。因此，了解金属从液态结晶为固态的基本规律是十分必要的。

2.2.1 金属的结晶

在液态金属的冷却过程中，可以用热分析法来测定其温度的变化规律，即冷却曲线。图2-14所示为热分析测试装置。将液态金属放入坩埚中加热熔化成液态，然后插入热电偶以测量温度。使液态金属缓慢而均匀地冷却，与之相连的热分析记录仪同时显示出坩埚中金属温度随时间变化的曲线，并打印在纸上，这就是温度－时间冷却曲线（或称为热分析曲线）。

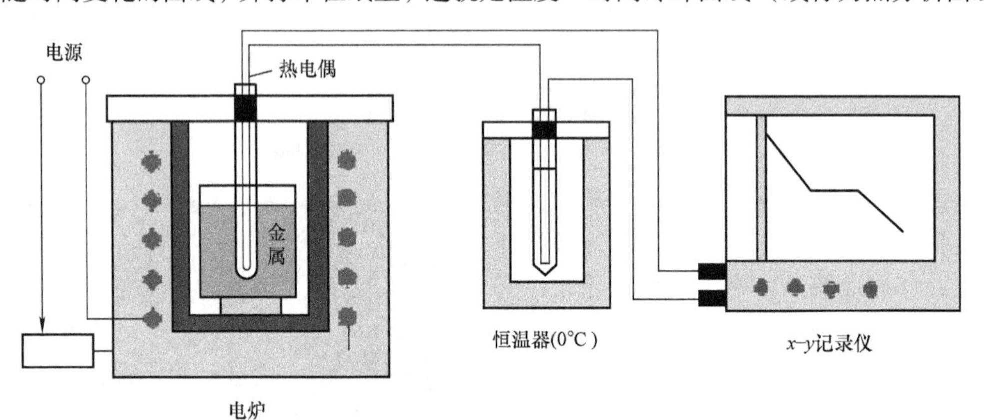

图2-14 热分析测试装置

液态纯金属的冷却曲线如图2-15所示。液态纯金属从高温开始冷却并向环境散热，温度均匀下降。纯金属都有一定的熔点 T_0，从理论上讲，在以相当缓慢的冷却速度冷却至 T_0 温度时液体会结晶出固体，但在实际上很难实现，这只是一种理想状态。通常把金属的熔点 T_0 称为理论结晶温度，也称为平衡温度。实际上必须把温度下降至 T_0 温度以下，冷却至 T_n 后金属才开始结晶。结晶时放出结晶潜热，抵消了金属向四周散发的热量而达到平衡，系统温度保持不变，冷却曲线出现了“平台”。持续一段时间至结晶完毕后，温度继续下降直至室温为止。该平台所对应的温度 T_n 称为实际结晶温度，其与理论结晶温度的差就是过冷度 ΔT（$\Delta T = T_0 - T_n$）。

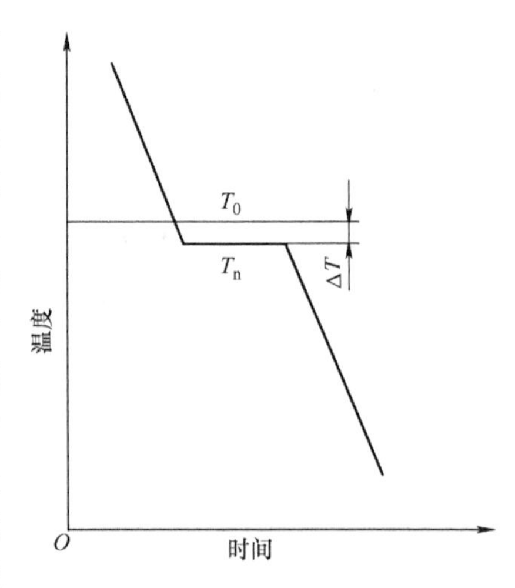

图2-15 液态纯金属的冷却曲线

实际上，金属的结晶必须在一定的过冷度下进行，过冷是金属结晶的必要条件。过冷度的大小与金属的性质和液态金属的冷却速度有关。冷却速度越大，则金属的实际结晶温度越低，因而过冷度越大，如图 2-16 所示。液态金属以极其缓慢的速度冷却时，金属将在近似于理论结晶温度时结晶。这时的过冷度接近于零。

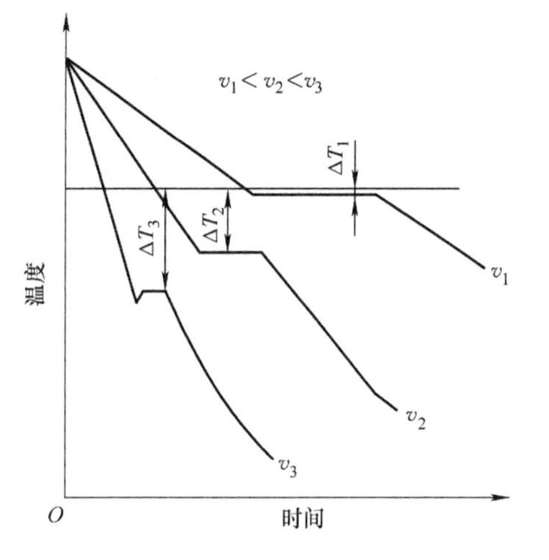

图 2-16　金属不同冷却速度下的冷却曲线

1. 结晶过程

当液态金属过冷到一定温度时，一些尺寸较大的原子集团开始变得稳定，而成为结晶核心，称为晶核。形成的晶核都按各自方向吸附周围原子自由长大，在长大的同时又有新晶核出现和长大。当相邻晶体彼此接触时，晶核被迫停止长大，而只能向尚未凝固的液体部分伸展，直到全部结晶完毕为止。整个结晶过程是晶核不断地形成和晶核不断地长大的过程。因此一般情况下，金属是由许多外形不规则、位向不同、大小不一的晶粒组成的多晶体。图 2-17 所示为纯金属结晶过程的示意图。

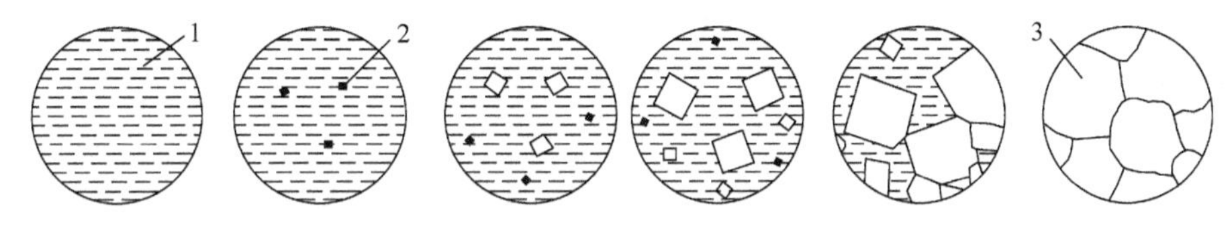

图 2-17　纯金属结晶过程示意图

1—液体　2—晶核　3—晶体

在金属结晶过程中，晶核的形成有两种方式：自发形核（均质形核）和非自发形核（异质形核）。当液态金属过冷到结晶温度以下时，某些尺寸较大的原子集团变得稳定，不再消失，而成为结晶核心。这种依靠液体结构本身自发长出结晶核心的过程称为自发形核。在实际生产中，金属液体内常存在各种固态的杂质微粒，金属结晶时，依附这些杂质的表面形成晶核比较容易。这种依附于杂质表面形成晶核的过程称为非自发形核。在实际金属和合金中，非自发形核比自发形核更重要，往往起优先、主导的作用。

晶核的长大方式如图 2-18 所示。晶核长大时，首先在晶核的棱角处以较快生长速度形成枝晶主干，在主干的生长过程中，又不断地生长出分枝，从而形成枝晶；枝晶各自又可能形成本身的分枝晶，直至各分枝晶相互接触，消耗完液体为止。晶核之所以能够按枝晶生长，主要是因为晶核的棱角具有较好的散热条件，而且缺陷多，易于固定转移来的原子，而且枝晶状结构有最大的表面积，便于从液体中沉积出生长所需的原子。

就每一个晶体的结晶过程来说，它在时间上可划分为先形核和后长大两个阶段；但就整个金属来说，形核和长大在整个结晶期间是同时进行的，直至每个晶核长大到互相接触形成晶粒为止。

2. 晶粒度的控制

金属结晶后，获得由许多晶粒组成的多晶体组织。晶粒的大小对金属的力学性能有较大

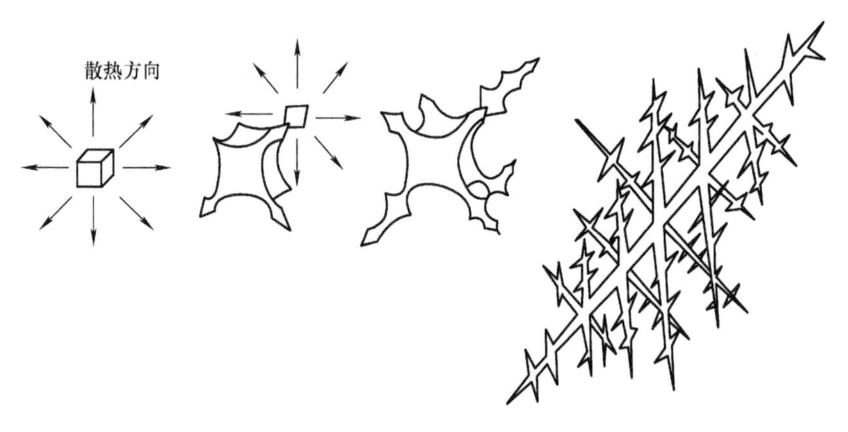

图 2-18　晶体枝晶长大示意图

的影响。在生产实践中，通常采用适当的方法获得细小晶粒以提高材料的强度，这种强化金属材料的方法称为细晶强化。晶粒的大小主要取决于金属结晶时的形核率 N（单位时间内，单位体积中产生的晶核数）、晶体长大速度 G（单位时间内晶核生长的长度）、液态金属中的杂质等因素。因此生产上控制结晶过程，得到细晶粒的措施主要有：

（1）提高金属的过冷度　过冷度对形核率和长大速度的影响如图 2-19 所示，随着过冷度的增加，形核率和长大速度均会增大。但当过冷度超过一定值后，形核率和长大速度都会下降。这是由于液体金属结晶时，形核和长大均需原子扩散才能进行。当温度太低时，原子扩散能力减弱，因而形核率和长大速度都降低。对于液体金属，一般不会得到如此大的过冷度，通常处于曲线的左边上升部分。所以，随着过冷度的增大，形核率和长大速度都增大，但前者的增大更快，因而比值 N/G 也增大，结果使晶粒细化。

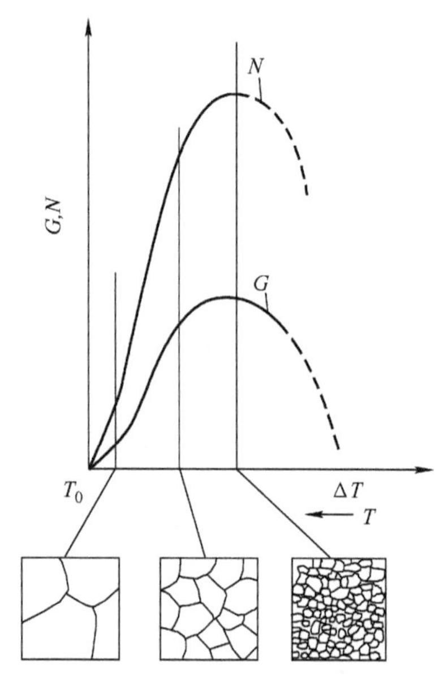

图 2-19　形核率、长大速度与过冷度的关系

控制金属结晶时的冷却速度就可以控制过冷度，从而控制晶粒的大小。在生产中增大冷却速度（如采用金属型铸造），降低浇注温度（减小铸型温度升高的速度），都可以增加过冷度，细化晶粒。但冷却速度的增加是有限度的，特别是对较大的铸件，冷却速度的增加不容易实现。而且冷却速度的增加也会引起金属中铸造应力的增加，造成金属铸件的变形及开裂缺陷。因此，生产上常采用其他细化晶粒的方法。

（2）变质处理（孕育处理）　在生产中，采用快速冷却只适合较小的铸件。对于尺寸较大、形状较复杂的铸件，采用快速冷却容易产生各种缺陷。生产中常采用变质处理的方法来细化晶粒。所谓变质处理，就是在浇注前向液态金属中加入孕育剂或变质剂，促进非自发形核或抑制晶核的长大速度，从而细化晶粒的方法。例如，在铁液中加入硅铁、硅钙合金，未熔质点的增加使石墨变细；向铝液中加入 TiC、VC 等作为脱氧剂，其氧化物可作为非自发晶核，使形核率增大；在铝硅铸造合金中加入钠盐，钠能附着在硅的表面，降低硅晶体的长大速度，阻碍较大片状硅晶体的形成，从而使合金组织细化。这些都是变质处理在实际生产中的应用。

（3）附加振动　在金属结晶的过程中采用机械振动、超声波振动和电磁搅拌等方法，可以破碎正在生长中的树枝状晶体，形成更多的结晶核心，获得细小的晶粒。

2.2.2　金属的结构与组织

纯金属因强度很低而很少使用，工程中使用的金属材料主要是合金。合金是由两种或两种以上的金属元素，或金属与非金属元素组成的具有金属特性的物质。例如，钢和铁主要是由 Fe 和 C 组成的合金，黄铜主要是由 Cu 和 Zn 组成的合金等。有关合金的几个概念术语如下。

（1）组元　组成合金的最基本而独立的物质称为组元。一般来说，组元就是组成合金的化学元素，如黄铜的组元是 Cu 和 Zn；青铜的组元是 Cu 和 Sn。合金组元也可以是稳定的化合物，如铁碳合金中的 Fe_3C，镁硅合金中的 Mg_2Si 等。

（2）合金系　当组元不变，而组元比例发生变化时，可配制出一系列不同成分、不同性能的合金，这一系列的合金构成一个“合金系统”，简称合金系。

（3）相　相是指在合金中具有相同的物理和化学性能并与该系统的其余部分以界面分开的部分。例如，液固共存系统中的液相和固相。

（4）组织　组织是指用金相观察方法所观察到的金属及合金内部涉及晶体或晶粒的大小、方向、形状、排列状况等组成关系的微观构造。合金在固态下可以形成均匀的单相组织（如纯铁），也可以形成由两相或两相以上组成的多相组织，这种组织称为两相或复相组织（如退火状态的 45 钢）。

（5）相与组织的关系　相是构成组织的最基本的组成部分。当相的大小、形态与分布不同时，会构成不同的组织。相是组织的基本单元，组织是相的综合体。合金的性能取决于化学成分、相和组织，即取决于合金的结构。

1. 合金的相结构

由于合金各组元之间的相互作用不同，固态合金可形成两种基本相结构：固溶体和金属间化合物。

（1）固溶体　固溶体是指合金中各组元在固态下相互溶解而形成的均匀固相，其晶体结构为一种组元的晶格内溶解了另一种组元的原子。与固溶体晶格类型相同的组元称为溶剂，其他组元称为溶质。一般溶剂含量多，溶质含量较少。固溶体可理解为是一种“固态液体”，其溶解度称为固溶度。

根据溶质原子在溶剂晶格中所占的位置不同，固溶体分为置换固溶体和间隙固溶体。

1）置换固溶体。若溶质原子代替一部分溶剂原子而占据溶剂晶格中的某些结点位置，则称之为置换固溶体，如图 2-20 所示。一般来说，当溶剂和溶质的原子半径比较接近时容易形成置换固溶体。

根据溶质在溶剂中溶解度的不同，置换固溶体又可分为有限固溶体和无限固溶体两种。两组元的晶格类型相同，原子半径差别越小，在周期表中位置越靠近，则固溶度越大，直至接近100%，称为无限固溶体。一般情况下，大多数合金并不满足上述条件，只在液态时组元间可无限互溶，而凝固后的置换固溶体的固溶度是有一定限度的，形成的是有限固溶体。有限固溶体的固溶度还与温度有关。温度越高，固溶度越大。因此，凡是在高温已达饱和的有限固溶体，冷却后由于本身固溶度的降低，将使固溶体发生分解而析出其他相。

2）间隙固溶体。溶质原子在溶剂晶格中并不占据晶格结点的位置，而是嵌入各结点间的空隙中，这样形成的固溶体称为间隙固溶体，如图2-21所示。试验证明，当溶质元素与溶剂元素原子半径的比值 $R_{质}/R_{剂}<0.59$ 时才可能形成间隙固溶体。例如，C、N、B等非金属元素溶入铁中易于形成间隙固溶体。凡是间隙固溶体必然是有限固溶体，这是因为溶剂晶格中的间隙总是有一定限度的。

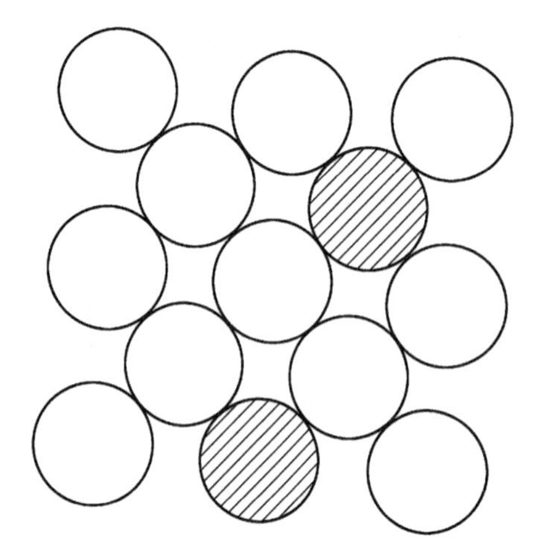

图2-20　置换固溶体

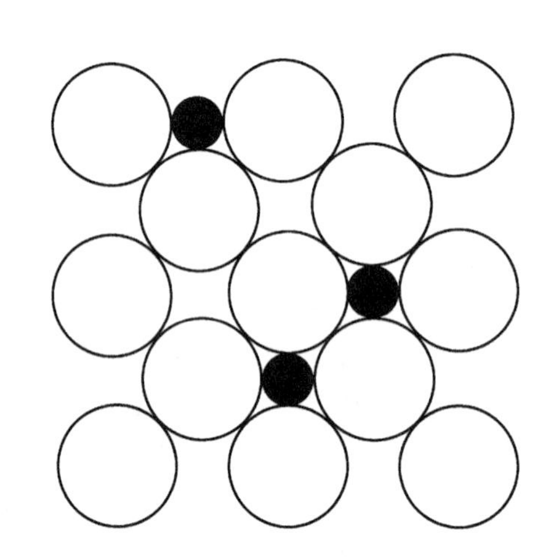

图2-21　间隙固溶体

无论是置换固溶体，还是间隙固溶体，由于溶质原子的溶入都使固溶体内部产生了晶格畸变，增加了位错运动的阻力，因此使固溶体的强度、硬度提高，如图2-22所示。这种由于溶质原子的进入，造成固溶体强度、硬度提高的现象称为固溶强化。而且溶解度越大，造成的晶格畸变也越大，固溶强化效果越好。固溶强化是强化金属材料的重要途径之一。固溶体一般具有较高的塑性和韧性，常作为合金的基体相。

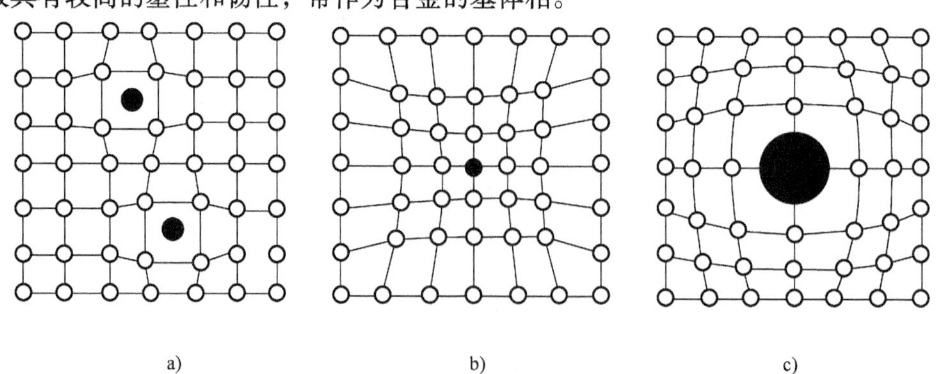

图2-22　固溶体中的晶格畸变

a）间隙固溶体　b）置换固溶体（溶质原子小于溶剂原子）　c）置换固溶体（溶质原子大于溶剂原子）

○—溶剂原子　●—溶质原子

（2）金属间化合物　当溶质含量超过固溶体的溶解度时，将会析出新相，若新相的晶体结构不同于任意组成元素，新相将是组元元素间相互作用而生成的一种新的物质，即为金属间化合物或中间相。金属间化合物通常有一定的化学成分，可用分子式（如 Fe_3C、VC）表示，其晶格一般比较复杂，性能特点为熔点高、硬而脆。例如，铁碳合金中的 Fe_3C 就是铁和碳组成的化合物，它具有与其构成组元晶格截然不同的特殊晶格，如图2-23所示。

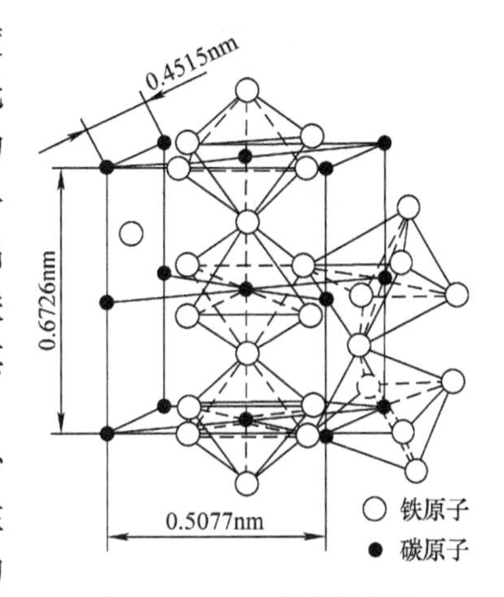

图2-23　Fe_3C 的晶体结构

金属间化合物一般熔点高、硬而脆，因此生产中很少直接使用单相金属间化合物的合金。但当金属间化合物在固溶体晶粒内呈弥散质点或均匀粒状分布时，将使合金的强度、硬度和耐磨性明显提高，这一现象称为弥散强化。金属间化合物通常作为合金中的强化相。

2. 二元合金的组织与相图

合金结晶同纯金属一样，也遵循形核与长大的规律。但合金的成分中包含有两个以上的组元（各组元的结晶温度是不同的），并且同一合金系中各合金的成分不同（组元比例不同），所以合金在结晶过程中，其组织的形成及变化规律要比纯金属复杂得多。下面主要介绍二元合金的组织。

为了研究合金的组织，就必须借助于合金相图这一重要工具。合金相图又称状态图或平衡图，是表示在平衡（极其缓慢加热或冷却）条件下，合金系中各种合金组织状态与温度、成分之间关系的图形。所以，通过相图可以了解合金系中任何成分的合金，在任何温度下的组织状态，在什么温度发生结晶，存在几个相，每个相的成分是多少等。

在生产实践中，相图可作为正确制定铸造、锻压、焊接及热处理工艺的重要依据。

1）相图的表示方法。由两个组元组成的合金相图称为二元合金相图。现以 Cu－Ni 合金相图为例，来说明二元合金相图的表示方法，如图2-24所示。图2-24中纵坐标表示温度，横坐标表示合金成分。横坐标从左到右表示合金成分的变化，即镍的质量分数 w_{Ni} 由0向100%逐渐增大，而铜的质量分数 w_{Cu} 相应地由100%向0逐渐减少。在横坐标上任何一点都代表一种成分的合金，例如，A 点代表 w_{Ni} 为20% ＋w_{Cu} 为80%的合金，而 B 点代表 w_{Ni} 为80% ＋w_{Cu} 为20%的合金。

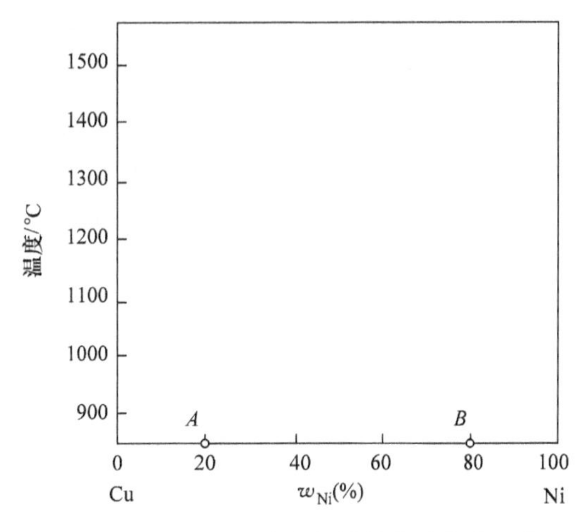

图2-24　二元合金相图的表示方法

2）相图的建立。相图是通过试验方法测定的。其中最常用的方法是热分析法，测定的关键是找出合金的熔点和固态转变温度（发生相变的温度，也称临界点或转折点）。下面以 Cu－Ni 合金为例，说明二元合金相图的建立过程。

① 熔配不同成分的一系列 Cu－Ni 合金，见表2-3，供热分析试验之用。

② 在热分析仪上分别测出各合金的冷却曲线，找出各冷却曲线上临界点（转折点或平台）温度。

③ 画出温度-成分坐标系，在各合金成分垂线上标出临界点温度。

④ 将具有相同意义的点连接成线，即得到 Cu-Ni 合金相图，如图 2-25 所示。

表 2-3 Cu-Ni 合金成分

合金成分	编号				
	1	2	3	4	5
w_{Cu}(%)	100	75	50	25	0
w_{Ni}(%)	0	25	50	75	100

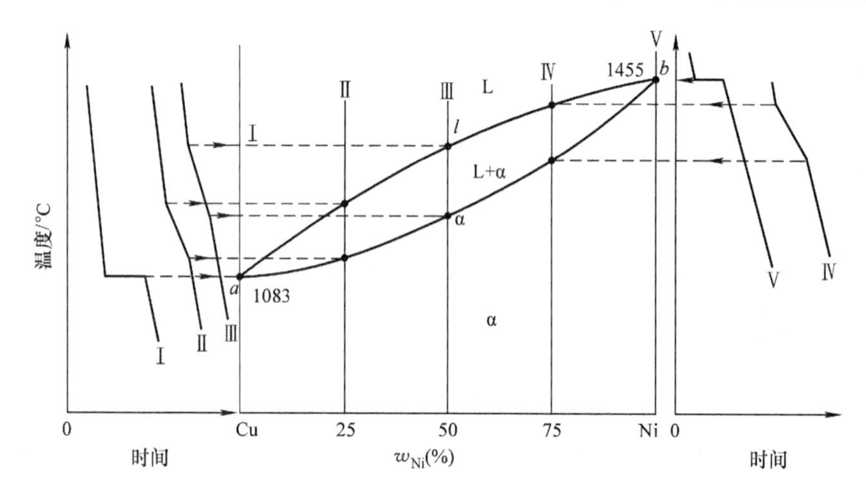

图 2-25 Cu-Ni 合金相图的建立

3. 二元合金相图类型及分析

二元合金的组织可利用其相图进行结晶过程分析而得到。不同的二元合金系，其相图不同，但都可以看作是由一些基本相图所构成的。二元合金的基本相图主要有匀晶相图、共晶相图、共析相图、包晶相图等。一定合金系的相图可以由基本相图的一种或多种构成。下面通过对二元合金基本相图的分析来确定其组织。

（1）匀晶相图 两组元在液态时无限互溶，在固态时也无限互溶，则冷却时将产生匀晶反应的合金系，构成匀晶相图，例如，Cu-Ni、Fe-Cr、Au-Ag 合金相图等。现以 Cu-Ni 合金相图为例，分析匀晶相图及其合金的结晶过程。

1）相图分析。图 2-26a 所示为 Cu-Ni 合金相图。*A*、*B* 点分别为铜和镍的熔点。液相线（*A*1*B* 线）和固相线（*A*2*B* 线）表示合金系在平衡状态下冷却时结晶的始点和终点，以及加热时熔化的终点和始点。液相线和固相线将相图分成三个区域。液相线以上，合金处于液体状态（L），称为液相区；在固相线以下，合金处于固体状态（α），称为固相区，是由 Cu、Ni 形成的无限固溶体；液相线和固相线之间，合金处于液、固两相（L+α）并存状态。

2）典型合金的结晶过程。以质量分数为 $w_{Ni}=x\%$ 的 Cu-Ni 合金为例分析结晶过程。该合金的冷却曲线和结晶过程如图 2-26b 所示。在 1 点温度以上，合金为液相 L。缓慢冷却至 1~2 点温度之间时，合金结晶凝固，从液相中逐渐结晶出 α 固溶体，即发生匀晶反应，

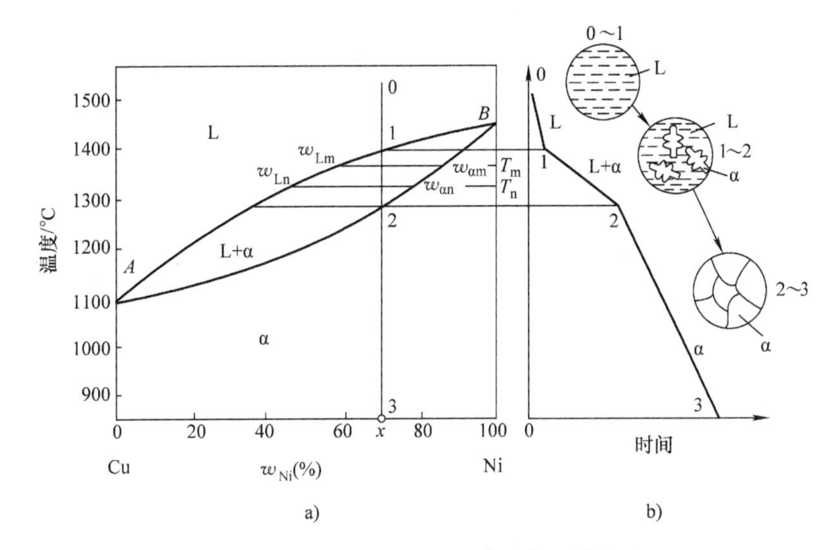

图 2-26　Cu－Ni 合金相图及典型合金结晶过程
a）Cu－Ni 合金相图　b）$w_{Ni}=x\%$ 的合金结晶过程

合金处于液、固两相平衡共存状态。2 点温度以下，合金全部结晶为 α 固溶体。其他成分合金的结晶过程也完全类似。

如图 2-26 所示，液态金属结晶过程中，一定温度下存在的各相有不同的成分。在平衡转变中，随着温度的降低和原子的不断扩散，各相的成分也随之变化。确定不同温度下各相成分的方法是：过指定温度 T_m 作水平线，分别交液相线和固相线于 w_{Lm} 点和 $w_{\alpha m}$ 点，则 w_{Lm} 点和 $w_{\alpha m}$ 点在成分轴上的投影点即相应为 L 相和 α 相的成分。随着温度的下降，液相成分沿液相线变化，固相成分沿固相线变化。到温度 T_n 时，L 相成分及 α 相成分分别为 w_{Ln} 点和 $w_{\alpha n}$ 点在成分轴上的投影。但在整个结晶过程中，系统的平均成分恒为 $w_{Ni}=x\%$。

可以看出，合金的凝固过程与纯金属有所不同，归纳为以下几点：合金开始凝固的温度与成分有关；合金的凝固是在一个温度区间内进行的，是一个变温结晶过程。

3）杠杆定律。在两相共存的阶段，温度一定时，不但两相各自的成分是确定的，而且两相的质量比也是确定的。随着体系温度的变化，成分的改变，两相的相对量也随着结晶过程的进行而改变。那么，怎样求得两相的相对量呢？

如图 2-27a 所示，设成分为 x 的液态合金的总质量为 m，在温度 T_1 时的液相的成分为 w_L，对应的质量为 m_L，固相的成分为 w_α，对应的质量为 m_α，则有

$$m_L + m_\alpha = m$$

$$m_L w_L + m_\alpha w_\alpha = mx$$

解此方程组，可得

$$\frac{m_L}{m_\alpha} = \frac{w_\alpha - x}{x - w_L} = \frac{bc}{ab} \quad 即 \frac{m_L}{m} = \frac{bc}{ac}, \ \frac{m_\alpha}{m} = \frac{ab}{ac}$$

由此得出结论，某合金两相的质量比等于这两相成分点到合金成分点距离的反比。这与力学中的杠杆定律非常相似，所以称之为杠杆定律，如图 2-27b 所示。需要注意的是，杠杆定律只适用于相图的两相区中，并且只能在平衡状态下使用。杠杆的两个端点为给定温度下两相的成分点，而支点为合金的成分点。

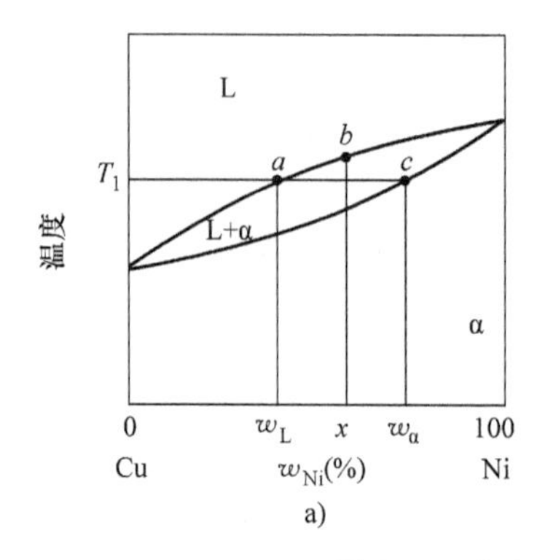

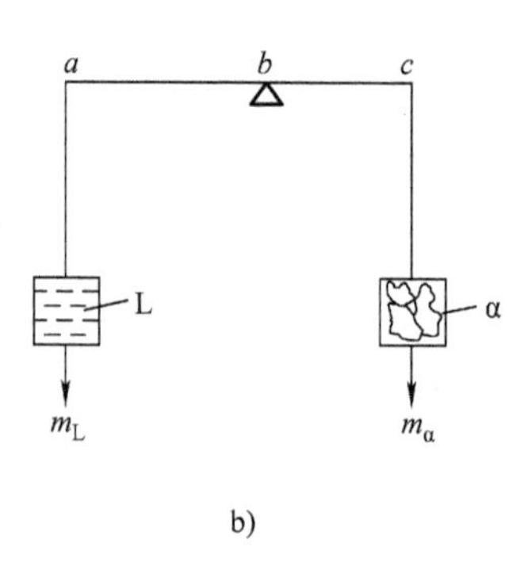

图 2-27　杠杆定律的证明和力学相似性

4）枝晶偏析。固溶体结晶时成分是变化的，缓慢冷却时由于原子的扩散能充分进行，形成的是成分均匀的固溶体。如果冷却较快，原子扩散不能充分进行，则形成成分不均匀的固溶体。先结晶的树枝晶轴含高熔点组元较多，后结晶的树枝晶枝干含低熔点组元较多。结果造成在一个晶粒之内化学成分的分布不均，这种现象称为枝晶偏析。图 2-28 所示为 Cu－Ni 合金的平衡组织与枝晶偏析组织。枝晶偏析对材料的力学性能、耐蚀性能、工艺性能都不利。生产上为了消除其影响，常把合金加热到高温（低于固相线 100℃左右），并进行长时间保温，使原子充分扩散，达到成分均匀化的目的，这种处理称为均匀化退火或扩散退火。

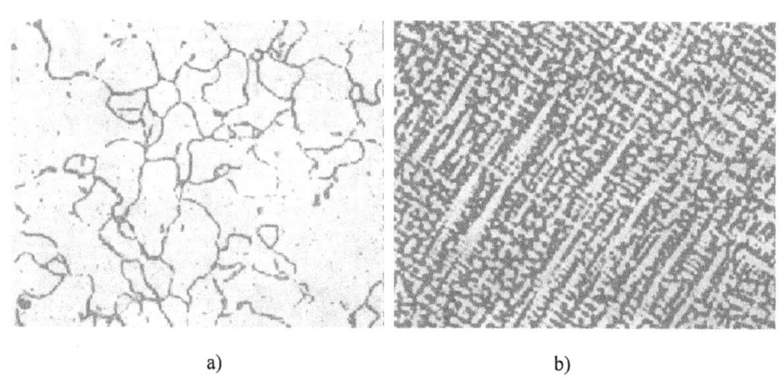

图 2-28　Cu－Ni 合金的平衡组织与枝晶偏析组织
a）平衡组织　b）枝晶偏析组织

（2）共晶相图　若两组元在液态时无限互溶，在固态时有限互溶，则冷却时将产生共晶反应的合金系，构成共晶相图。例如，Pb－Sn、Al－Si、Ag－Cu 合金相图等。现以 Pb－Sn 合金相图为例，分析共晶相图及其合金的结晶过程。

1）相图分析。图 2-29 所示为 Pb－Sn 合金相图。*a*、*b* 点分别为 Pb 和 Sn 的熔点。*adb* 线为液相线，*acdeb* 线为固相线。合金系有三种相：Pb 与 Sn 形成的液相 L，Sn 溶于 Pb 中的有限固溶体 α 相，Pb 溶于 Sn 中的有限固溶体 β 相。相图中有三个单相区（L、α、β），三个双相区（L＋α、L＋β、α＋β），一条 L＋α＋β 的三相共存线（水平线 *cde*）。

当合金成分位于 *c* 点以左时，液相 L 在固相线以下结晶为 α 固溶体。当合金成分位于 *e* 点以右时，液相 L 在固相线以下结晶为 β 固溶体。成分在 *c* 点与 *e* 点之间的合金，在结晶温

度达到固相线（cde 水平线）对应温度（共晶温度）时，都发生以下恒温反应

$$L_d \longleftrightarrow \alpha_c + \beta_e$$

这种由一种液相在恒温下同时结晶出两种成分和结构都不同的固相的反应称为共晶反应，所生成的两相混合物称为共晶体。发生共晶反应时有三相共存，它们各自的成分是确定的，反应在恒温下平衡地进行着。水平线 cde 为共晶反应线，d 点称为共晶点。d 点成分的合金称为共晶合金，成分位于 c 点与 d 点之间的合金称为亚共晶合金，成分位于 d 点与 e 点之间的合金称为过共晶合金。

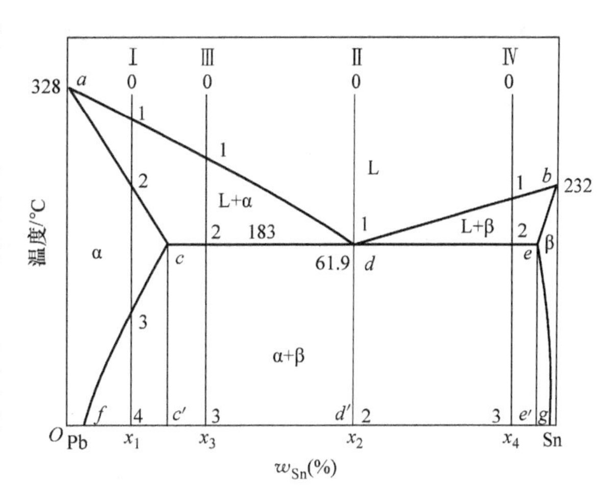

图 2-29　Pb－Sn 合金相图

cf 线为 Sn 在 Pb 中的溶解度线（或 α 相的固溶线）。温度降低时，固溶体的溶解度下降。Sn 含量大于 f 点的合金从高温冷却时，超过固相线而冷却到室温的过程中，由于溶解度降低，α 相中将析出富 Sn 相——β 相，以降低其 Sn 含量。从固态 α 相中析出的 β 相称为二次 β 相，常写作 β_{II}。eg 线为 Pb 在 Sn 中的溶解度线（或 β 相的固溶线）。Sn 含量小于 g 点的合金，冷却过程中同样会发生二次结晶，析出二次 α 相，表示为 α_{II}。

2）典型合金的结晶过程。

① 成分位于 c 点以左的合金结晶过程。图 2-29 中所示合金 Ⅰ 的平衡结晶过程如图 2-30 所示。液态合金冷却到 1 点温度以后，发生匀晶结晶过程，至 2 点温度时合金完全结晶成 α 固溶体，随后的冷却（2 点至 3 点间的温度），α 相不变。从 3 点温度开始，由于 Sn 在 α 中的溶解度沿 cf 线降低，从 α 中析出 β_{II}，到室温时 α 中 Sn 含量逐渐变为 f 点，最后合金得到的组织为 $\alpha+\beta_{\text{II}}$，其组成相是 f 点成分的 α 相和 g 点成分的 β 相。运用杠杆定律，两相的质量分数分别为

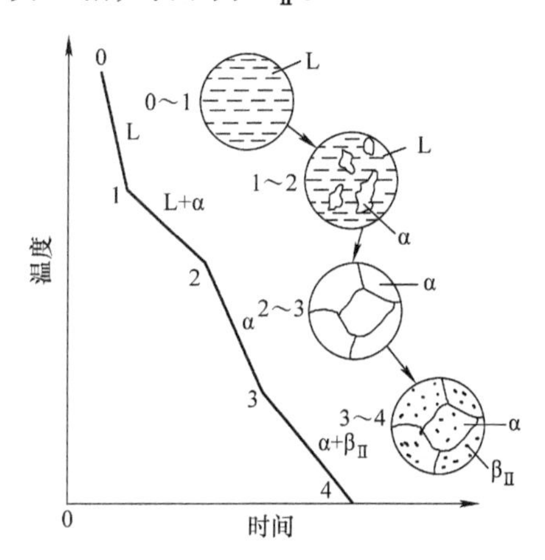

图 2-30　合金 Ⅰ 的平衡结晶过程示意图

$$w_\alpha = \frac{x_1 g}{fg}\times 100\%\ ,\ w_\beta = \frac{f x_1}{fg}\times 100\%\ (\text{或 } w_\beta = 1 - w_\alpha)$$

合金 Ⅰ 的室温组织由 α 和 β_{II} 组成，但 β_{II} 少得多。

② 共晶合金（图 2-29 中所示的合金 Ⅱ）结晶过程。共晶合金 Ⅱ 的结晶过程如图 2-31 所示。合金从液态冷却到 1 点温度后，发生共晶反应：$L_d \longleftrightarrow \alpha_c + \beta_e$，经一定时间到 1′时反应结束，全部转变为共晶体（$\alpha_c+\beta_e$）。从共晶温度冷却至室温时，共晶体中的 α_c 和 β_e 均发生二次结晶，从 α 中析出 β_{II}，从 β 中析出 α_{II}。α 的成分由 c 点变为 f 点，β 的成分由 e 点变为 g 点，两种相的相对质量依杠杆定律变化。由于析出的 α_{II} 和 β_{II} 较少，且都相应地同 α 和 β 相连在一起，在显微镜下难以分辨。合金的室温组织仍可认为是（α＋β）共晶

体。图 2-32 所示为 Pb－Sn 共晶合金的金相组织。

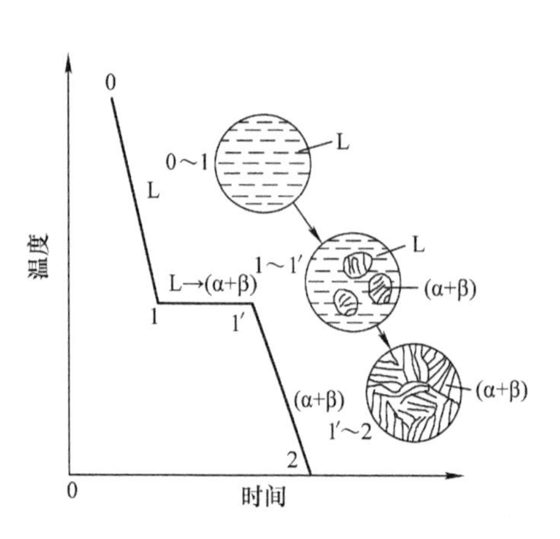

图 2-31　共晶合金 Ⅱ 的结晶过程示意图

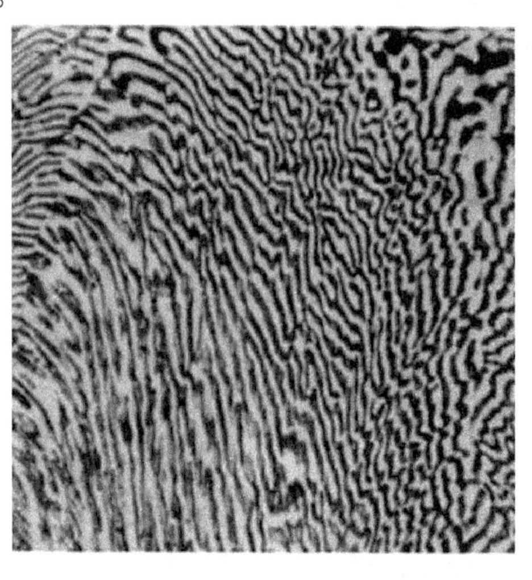

图 2-32　Pb－Sn 合金共晶组织

③ 亚共晶合金结晶过程。图 2-29 中所示的亚共晶合金 Ⅲ 的结晶过程如图 2-33 所示。合金冷却到 1 点温度后，由匀晶反应生成 α 固溶体（初生 α 相）。从 1 点到 2 点温度的冷却过程中，初生 α 相的成分沿 ac 线变化，液相成分沿 ad 线变化，初生 α 相逐渐增多，液相逐渐减少。当刚刚冷却到 2 点温度时，合金由 c 点成分的初生 α 相和 d 点成分的液相组成，液相立即发生共晶转变，初生 α 相不变化。经一定时间到 2′点剩余液相全部变成共晶体，合金固态组织由初生 α 相和（α＋β）共晶体组成。温度继续下降，初生 α 相中不断析出 β_{II}，成分由 c 点降至 f 点，如前所述，共晶体中的次生相不予考虑，只考虑 α 固溶体中析出的 β_{II} 数量。合金的室温组织为初生 $\alpha+\beta_{\text{II}}+(\alpha+\beta)$，如图 2-34 所示。合金的室温组成相为 α 和 β，它们的质量分数分别为

$$w_{\alpha}=\frac{x_3g}{fg}\times100\%\text{，}w_{\beta}=\frac{fx_3}{fg}\times100\%\ (\text{或}\ w_{\beta}=1-w_{\alpha})$$

成分在 cd 之间的所有亚共晶合金的结晶过程均与合金 Ⅲ 相同，仅组织组成物和组成相的相对质量不同。成分越靠近共晶点，合金中共晶体的含量越多。

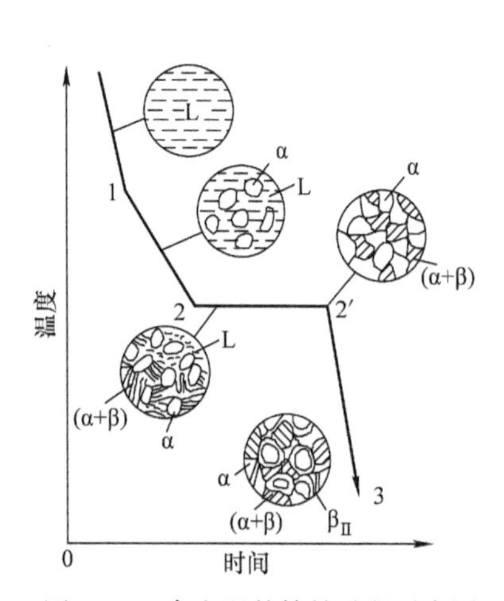

图 2-33　合金 Ⅲ 的结晶过程示意图

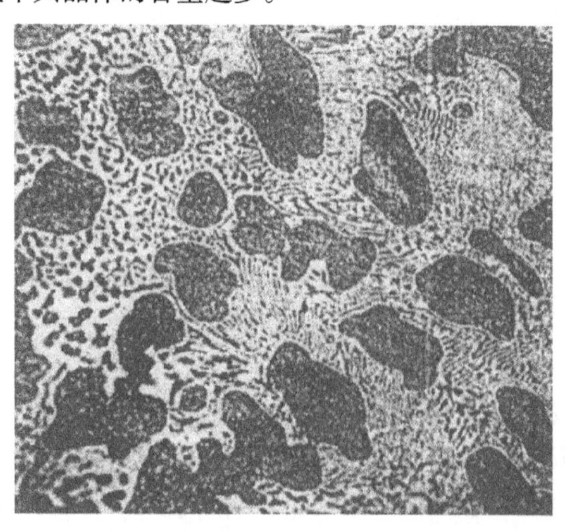

图 2-34　Pb－Sn 合金亚共晶组织

④ 过共晶合金结晶过程。图2-29中，成分在*de*之间的过共晶合金Ⅳ的结晶过程与亚共晶合金相似，也包括匀晶反应、共晶反应和二次结晶的三个转变阶段，不同之处是初生相为β固溶体，二次结晶过程为$\beta \rightarrow \alpha_{\text{II}}$。室温组织为$\beta + \alpha_{\text{II}} + (\alpha + \beta)$，如图2-35所示。

上述组织中的α、α_{II}、β、β_{II}及（α + β）通常称为合金的组织组成物，而上述中的α、β通常称为合金组织中的相。为了使相图更清楚地反映其实际意义，往往在相图的各个区域中标注相应的组织组成物，如图2-36所示。

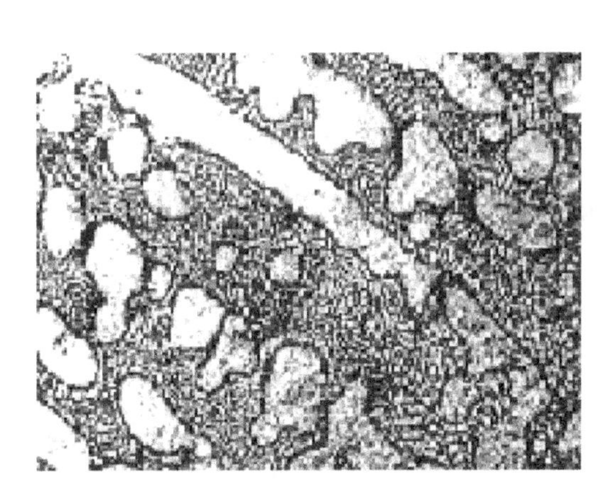

图2-35　Pb－Sn合金过共晶组织

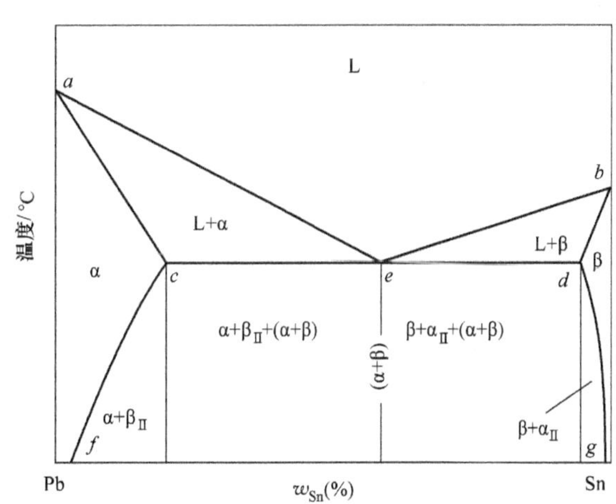

图2-36　标注组织组成物的相图

（3）共析相图　在二元合金相图中，经常会遇到这样的反应，即在高温时所形成的单相固溶体，在冷却至某一温度时又发生分解而形成两个与母相成分不相同的固相，如图2-37所示。相图中A、B代表两组元，当具有*c*点成分的γ相冷却至*dce*水平线温度时，将发生如下恒温反应

$$\gamma_c \longleftrightarrow \alpha_d + \beta_e$$

这种在固态下由一种固相同时析出两种新固相的反应，称为共析反应，其相图称为共析相图。图2-37中*c*点为共析点，*dce*线为共析线，（α + β）为共析体。

用共析相图分析合金的结晶过程与共晶合金相图的分析有相似之处，在此不再分析。共析合金的组织为（α + β），亚共析合金组织为$\alpha + (\alpha + \beta_{\text{II}})$，过共析合金组织为$\beta + (\alpha_{\text{II}} + \beta)$。

与共晶反应相比，共析反应的母相是固相而不是液相，反应在固态下进行，转变温度较低，原子的扩散过程比液态困难得多，故共析反应比共晶反应具有更大的过冷度。因此得到的两相机械混合物（共析体）比共晶体更为细小和弥散。

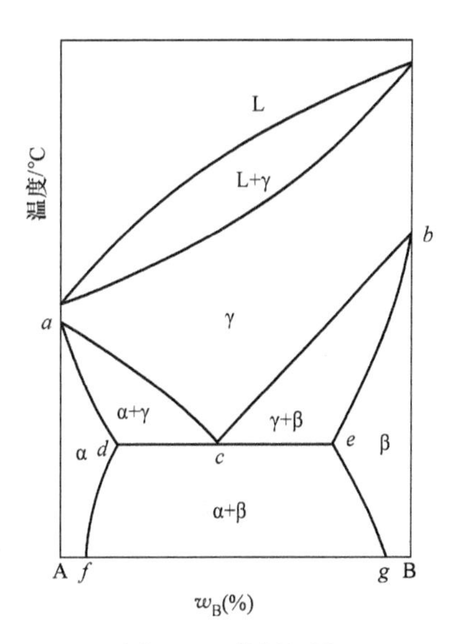

图2-37　共析相图

（4）包晶相图　若两组元在液态时无限互溶，在固态时有限溶解，则发生包晶反应时所构成的相图，称为

包晶相图。具有这种相图的合金系主要有：Pt－Ag、Ag－Sn、Sn－Sb、Fe－C 等。

现以铁碳合金相图中的包晶部分（图 2-38）为例，讨论包晶相图的特征及典型合金的结晶过程。如图 2-38 所示，*A* 点为纯铁的熔点，*ABC* 线为液相线，*AHJE* 线为固相线，*HJB* 水平线为包晶线，*J* 点是包晶点。图中标示出的三个单相区分别为 L、δ 和 A，三个两相区分别为 L＋δ、L＋A 和 δ＋A。以包晶点成分的合金 I 为例，分析其结晶过程。

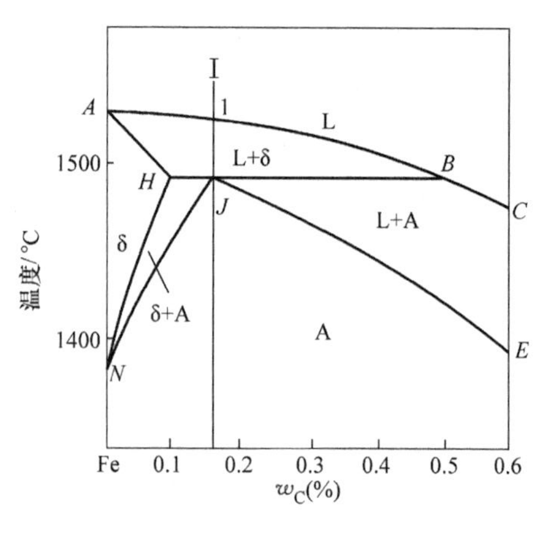

图 2-38　Fe－Fe_3C 相图包晶部分

当合金 I 冷却至 1 点时开始匀晶反应，从液相中析出 δ 固溶体，继续冷却，δ 相数量不断增加，液相数量不断减少。δ 相成分沿 *AH* 线变化，液相成分沿 *AB* 线变化。当合金冷却至包晶反应温度时，先析出的 δ 相与剩下的液相作用生成 A 相。A 相在原有 δ 相表面生核并长大，结晶过程在恒温下进行，如图 2-39 所示。其反应式为

$$L_B + \delta_H \longleftrightarrow A_J$$

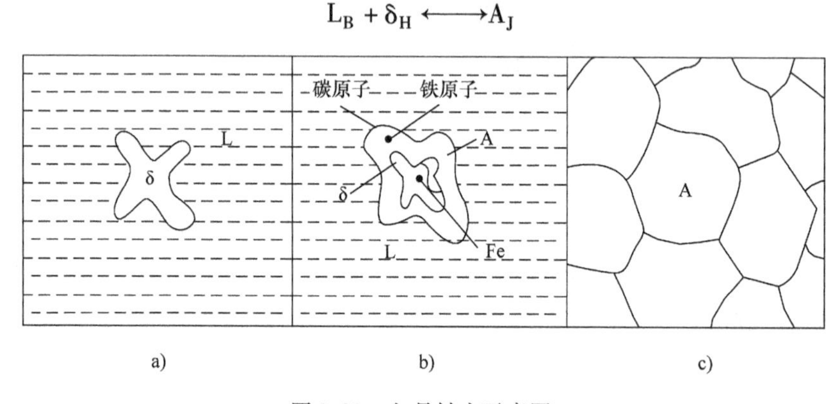

图 2-39　包晶转变示意图

通过 Fe、C 原子的扩散，A 相一方面不断消耗液相向液体中长大，同时也不断吞并 δ 固溶体向内生长，直至把液体和 δ 固溶体全部消耗完毕为止，最后形成单相 A，包晶转变即告完成。当合金成分位于 *HJ* 之间时，包晶反应终了时 δ_H 有剩余，在随后的冷却过程中，将发生 $\delta \longleftrightarrow A$ 的转变。当冷却至 *JN* 线时 δ 相全部转变为 A。而成分位于 *JB* 之间的合金，包晶反应终了时液相有剩余。在以后的冷却过程中，继续发生匀晶反应，直至得到单相 A 为止。

2.3　铁碳合金

以铁和碳为主要元素组成的合金称为铁碳合金，钢铁材料就是铁碳合金，它是工业上应用最广的金属材料。了解铁碳合金的结构及其相图，掌握其性能变化规律，可为正确合理地使用钢铁材料，制定各种加工工艺提供重要的理论依据。

2.3.1　纯铁与铁碳合金中的相

1. 纯铁的同素异构转变

钢铁材料之所以应用非常广泛，其中最主要的原因是组成钢铁材料的主要元素铁在不同的固态温度下其晶体结构会发生改变，可形成多种固溶体。纯铁的冷却曲线如图2-40所示。从曲线上可以看到，纯铁从液态经1538℃结晶后是体心立方晶格，称为δ－Fe。在1394℃以下转变为面心立方晶格，称为γ－Fe。冷却到912℃时又转变为体心立方晶格，称为α－Fe。这种金属在固态下随着温度的变化，晶格由一种类型转变成为另一种类型的转变过程，称为同素异构转变（同素异晶转变）。

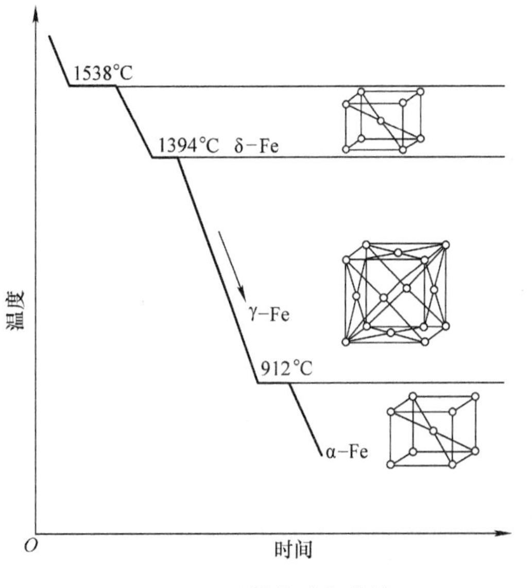

图2-40　纯铁的冷却曲线

同素异构转变是钢铁材料的一个重要特性，是能够通过热处理来改变其性能的基础。同素异构转变是通过原子的重新排列来完成的，是重新结晶过程，有一定的转变温度，而且转变过程也是由晶核的形成和晶核的长大来完成的。

2. 铁碳合金中的基本相和组织

铁碳合金内部铁、碳原子相互作用形成多种相结构。在固态时碳能溶解于铁的晶格中，形成间隙固溶体。当碳含量超过铁的溶解度时，多余的碳与铁形成金属间化合物。

（1）铁碳合金的基本相

1）铁素体。碳溶入α－Fe中形成的间隙固溶体称为铁素体，用符号F表示。铁素体仍然保持α－Fe的体心立方晶格。由于体心立方晶格的间隙很小，溶碳能力很低，在600℃时溶碳量仅为$w_C=0.006\%$，随着温度升高，溶碳量逐渐增加，在727℃时，溶碳量$w_C=0.0218\%$。因此，铁素体室温时的性能与纯铁相似，强度、硬度低，塑性和韧性好。

铁素体的显微组织呈明亮的多边形晶粒，晶界曲折如图2-41所示。

2）奥氏体。碳溶入γ－Fe中形成的间隙固溶体称为奥氏体，用符号A表示。奥氏体仍保持γ－Fe的面心立方晶格。由于面心立方晶格的间隙较大，因此溶碳能力也较大，在727℃时溶碳量$w_C=0.77\%$，随着温度的升高，溶碳量逐渐增多，到1148℃时，溶碳量可达$w_C=2.11\%$，奥氏体固溶强化效果较好，故强度和硬度较高。由于奥氏体是容易产生滑移的面心立方晶格，塑性、韧性较好，所以钢在锻造前都须加热到高温，使之呈单一奥氏体状态，以易于进行塑性变形。

奥氏体的显微组织与铁素体的显微组织相似，呈多边形，但晶界比铁素体平直，如图2-42所示。

3）渗碳体。渗碳体是铁和碳相互作用形成的具有复杂晶格的金属间化合物，用分子式

Fe_3C 表示。渗碳体的 $w_C=6.69\%$，熔点为1227℃，硬度很高（约1000HV），塑性、韧性几乎为零，极脆。

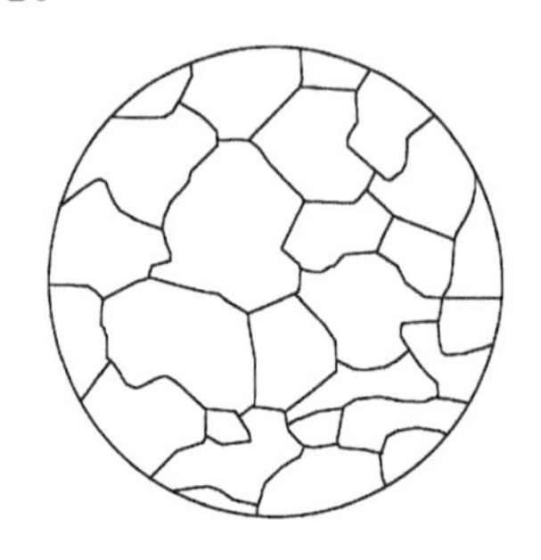

图 2-41　铁素体的显微组织示意图

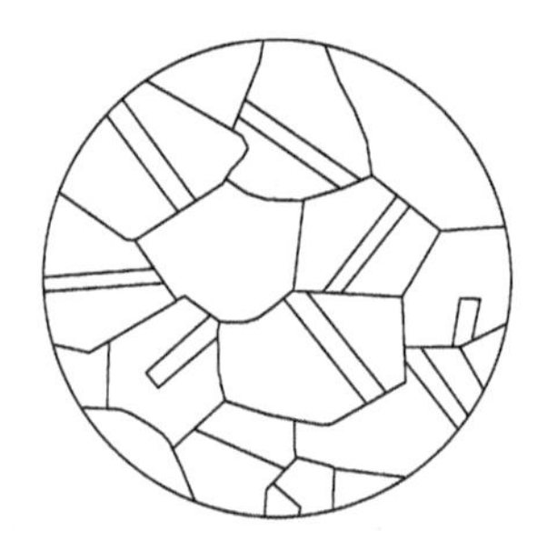

图 2-42　奥氏体的显微组织示意图

渗碳体在铁碳合金中常以片状、球状、网状等形式与其他相共存，如能合理利用，渗碳体可作为钢中的主要强化相，其形态、大小、数量和分布对钢的性能有很大的影响。另外，在一定条件下它会发生分解，形成石墨状的自由碳。

（2）铁碳合金中基本相构成的组织　铁碳合金中的三种基本相（铁素体、奥氏体和渗碳体）可以相互组合形成基本组织珠光体和莱氏体。

1）珠光体。铁素体和渗碳体的机械混合物称为珠光体，用符号 P 表示，其平均碳含量为0.77%。其形态为铁素体薄层和渗碳体薄层片层相间的层状混合物，其显微形态为指纹状，如图 2-43 所示。其力学性能介于铁素体和渗碳体之间，缓慢冷却时硬度为 180 ~ 200HBW，有一定的塑性、韧性，是一种综合力学性能较好的组织。

2）莱氏体。莱氏体组织是由奥氏体和渗碳体两相组成的混合物，用符号 Ld 表示，平均碳含量为4.3%。其形态为小点状奥氏体均匀分布于渗碳体的基体上，其显微形态为蜂窝状，如图 2-44 所示。莱氏体组织由于碳含量高，Fe_3C 相对量也比较多（约占64%以上），故莱氏体的性能与渗碳体相似，即硬而脆。

图 2-43　珠光体的显微组织

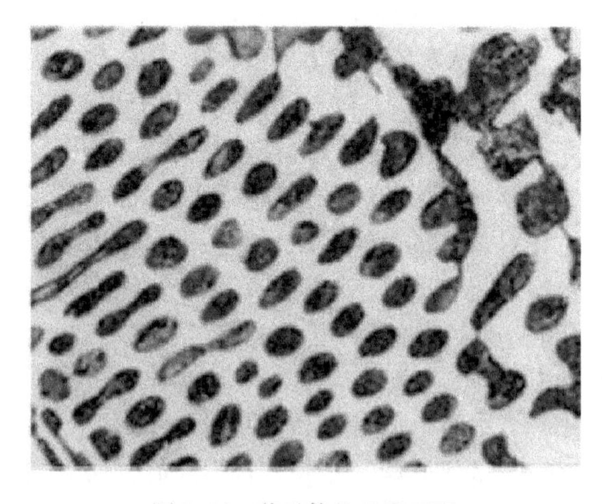

图 2-44　莱氏体的显微组织

铁碳合金中基本相及其构成的组织特征见表 2-4。

表 2-4　铁碳合金中基本相及其构成的组织

基本相与组织		符号或分子式	构成	形态	力学性能
基本相	铁素体	F	C 溶入 α－Fe 中形成的间隙固溶体	晶界曲折的多边形晶粒	强度、硬度低，塑性和韧性好
	奥氏体	A	C 溶入 γ－Fe 中形成的间隙固溶体	晶界平直的多边形晶粒	塑性好，屈服强度低，易于加工成形
	渗碳体	Fe_3C	Fe 和 C 形成的具有复杂晶格的金属间化合物	片状、球状、网状等	塑性、韧性几乎为零，硬度高，极脆
珠光体		P	F＋ Fe_3C 的机械混合物	片层状或指纹状	力学性能介于铁素体与渗碳体之间，强度较高，硬度适中，塑性和韧性较好
莱氏体		Ld	A＋ Fe_3C 的机械混合物	蜂窝状	硬而脆

2.3.2　铁碳合金相图

铁碳合金相图是指在平衡（极其缓慢加热或冷却）条件下，用热分析法测定的不同成分的铁碳合金，在不同温度的状态或组织的图形。铁和碳可形成一系列稳定化合物（Fe_3C、Fe_2C、FeC），由于 w_C 大于6.69%的铁碳合金脆性很大，没有使用价值，而 Fe_3C（碳含量为6.69%）为稳定的化合物，可作为一个独立的组元，因此所研究的铁碳合金相图实际上是 Fe－Fe_3C 相图，如图2-45所示。

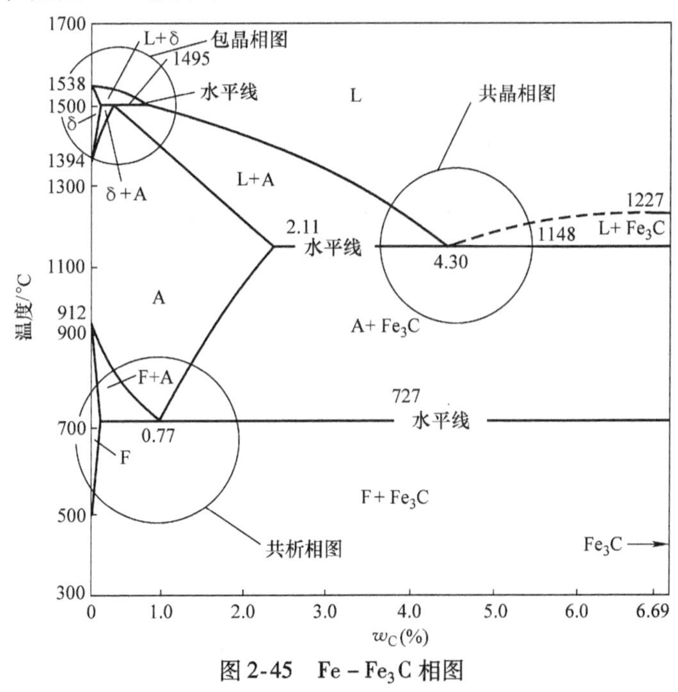

图2-45　Fe－Fe_3C 相图

Fe－Fe_3C 是二元合金相图，它的建立和前面讲的二元合金相图的建立过程是一样的。前面已对铁碳合金相图中的包晶相图部分作了简单介绍。本节为便于分析和研究，相图略去了左上角包晶部分，经简化的 Fe－Fe_3C 相图如图 2-46 所示。

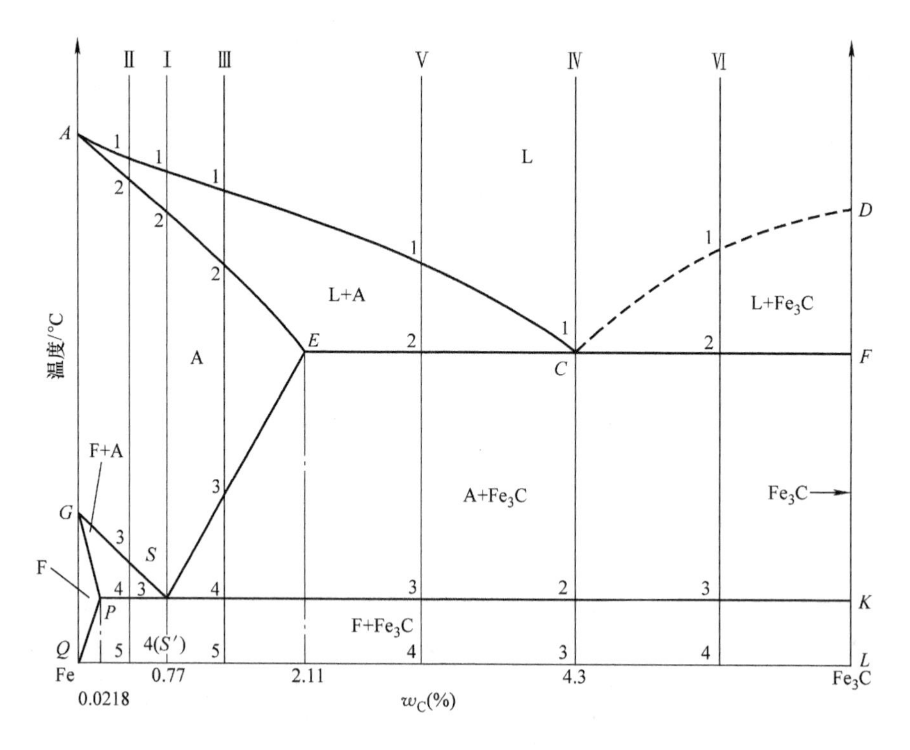

图 2-46　简化后的 Fe－Fe_3C 相图

1. 相图分析

铁碳合金相图由特征点、特征线和特征区组成。

（1）主要特征点　相图中的主要特征点见表 2-5。

表 2-5　Fe－Fe_3C 相图主要特征点

特征点	T/℃	w_C(%)	含　义
A	1538	0	纯铁的熔点
C	1148	4.3	共晶点，$L_C \longleftrightarrow A_E + Fe_3C$
D	1227	6.69	渗碳体的熔点
E	1148	2.11	碳在 γ－Fe 中的最大溶解度
G	912	0	纯铁的同素异构转变点 α－Fe $\longleftrightarrow$ γ－Fe
P	727	0.0218	碳在 α－Fe 中的最大溶解度
S	727	0.77	共析点，$A_S \longleftrightarrow P(F + Fe_3C)$
Q	室温	0.0008	室温下，碳在 α－Fe 中的溶解度

（2）相图上的主要特征线

1）ACD 线：液相线。在 AC 线下结晶出奥氏体。在 CD 线下结晶出渗碳体，称为一次渗碳体，用符号 $Fe_3C_{Ⅰ}$。

2）*AECFD* 线：固相线。

3）*ECF* 线：共晶线。液态铁碳合金冷却到该线时进行共晶反应。

4）*ES* 线：碳在奥氏体中的溶解度曲线，又称 A_{cm} 线。随着温度降低，碳在奥氏体中的溶解度逐渐减小，从奥氏体中析出二次渗碳体，用符号 $Fe_3C_{Ⅱ}$ 表示。

5）*GS* 线：奥氏体和铁素体相互转变的温度线，又称 A_3 线。随着温度降低，从奥氏体中析出铁素体。反之，温度升高，铁素体溶入奥氏体中。

6）*PSK* 线：共析线，又称 A_1 线。奥氏体冷却到该线时进行共析反应。

7）*PQ* 线：碳在铁素体中的溶解度曲线。在727℃时铁素体中溶碳量最大，w_C 可达0.0218%，室温时仅为0.0008%，因此 $w_C>0.0008\%$ 的铁碳合金自727℃冷至室温的过程中，将从F中析出 Fe_3C。析出的渗碳体称为三次渗碳体，用符号 $Fe_3C_{Ⅲ}$ 表示。$Fe_3C_{Ⅲ}$ 数量极少，往往予以忽略。

（3）相图上主要相区

1）主要单相区：L、A、F、Fe_3C 等。

2）主要双相区：A+L、L+Fe_3C、F+A、A+Fe_3C、F+Fe_3C 等。

2. 铁碳合金的分类

根据铁碳合金中碳的质量分数和组织的不同，将铁碳合金分为：

（1）工业纯铁　$w_C\leqslant0.0218\%$，室温组织：铁素体和三次渗碳体。

（2）碳钢　$0.0218\%<w_C\leqslant2.11\%$，根据室温组织不同，又可以分为：

1）亚共析钢：$0.0218\%<w_C<0.77\%$，室温组织：铁素体和珠光体。

2）共析钢：$w_C=0.77\%$，室温组织：珠光体。

3）过共析钢：$0.77\%<w_C\leqslant2.11\%$，室温组织：珠光体和二次渗碳体。

（3）白口铸铁　$2.11\%<w_C<6.69\%$，根据室温组织不同，又可以分为：

1）亚共晶白口铸铁：$2.11\%<w_C<4.3\%$，室温组织：珠光体、低温莱氏体和二次渗碳体。

2）共晶白口铸铁：$w_C=4.3\%$，室温组织：低温莱氏体。

3）过共晶白口铸铁：$4.3\%<w_C<6.69\%$，室温组织：渗碳体和低温莱氏体。

3. 典型合金的结晶过程及其组织

铁碳合金由于成分不同，室温下组织不同，其组织可利用铁碳合金相图进行结晶过程分析而得到。工业纯铁的组织比较简单，在一定温度下从高温液体中结晶出δ-Fe固溶体，随温度降低转变为γ-Fe固溶体（即奥氏体A），后又变为α-Fe固溶体（即铁素体F），然后又从铁素体中析出少量三次渗碳体 $Fe_3C_{Ⅲ}$，最终组织为F+ $Fe_3C_{Ⅲ}$。下面分析如图2-46中所示的其他铁碳合金的结晶过程及最终组织。

（1）共析钢　如图2-46所示，合金Ⅰ从高温缓慢冷却到1点温度时，开始从液相L中结晶出奥氏体A，奥氏体A的量随温度下降而增多，其成分沿 *AE* 线变化，剩余液相逐渐减少，其成分沿 *AC* 线变化。冷却至2点温度时，液相全部结晶为与原合金成分相同的奥氏体。2~3点（即 *S* 点）温度范围内为单一奥氏体。冷却至3点（727℃）时，发生共析转变，从奥氏体中同时析出铁素体F和渗碳体 Fe_3C 层片相间的机械混合物，即珠光体P。图2-47所示为共析钢结晶过程组织转变示意图，图2-48所示为共析钢的室温平衡状态显微组织。

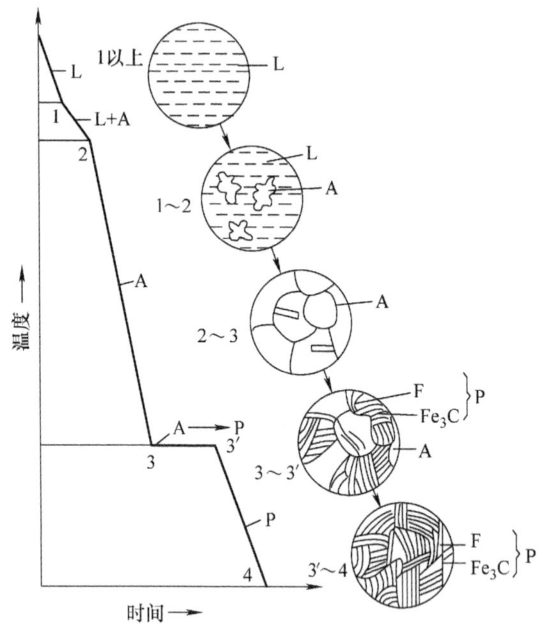

图 2-47　共析钢结晶过程示意图

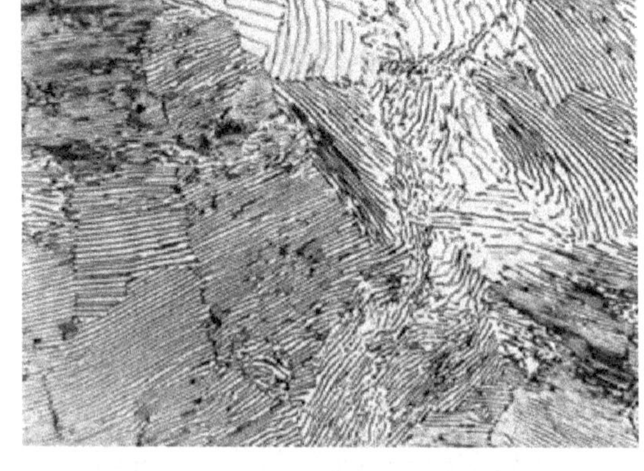

图 2-48　共析钢室温平衡状态显微组织

（2）亚共析钢　如图 2-46 所示，合金Ⅱ在 3 点以上的冷却过程与共析钢在 3 点以上相似。当合金冷却至与 *GS* 线相交的 3 点时，开始从奥氏体 A 中析出铁素体 F。在 3 ~4 点之间，合金组织为奥氏体和铁素体，温度缓慢冷却至 4 点时，剩余奥氏体中碳的质量分数达到共析成分（$w_C = 0.77\%$），发生共析转变形成珠光体 P。温度继续下降，由铁素体中析出极少量的三次渗碳体 Fe_3C_{III}（可忽略不计）。故其室温组织为铁素体和珠光体，其结晶过程如图 2-49 所示。

所有亚共析钢（碳含量在 0.0218% ~ 0.77%）的冷却过程均相似，室温组织都是由铁素体和珠光体组成。所不同的是随碳含量的增加，珠光体量增多，铁素体量减少。亚共析钢的室温平衡状态显微组织如图 2-50 所示，图中白色部分为铁素体，黑色部分为珠光体。

不同碳含量的亚共析钢的室温组织组成物及相组成物的相对量均可由杠杆定律计算。如 $w_C = 0.45\%$ 的亚共析钢室温组织组成物为铁素体 + 珠光体，相组成物为铁素体 + 渗碳体，它们的相对含量计算如下。

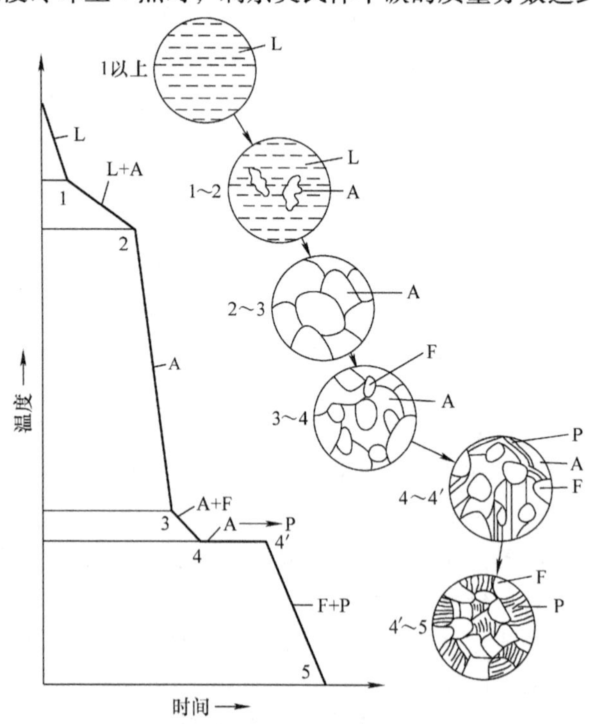

图 2-49　亚共析钢结晶过程示意图

组织组成物：

$$w_F = \frac{5S'}{QS'} \times 100\% = \frac{0.77 - 0.45}{0.77 - 0.0008} \times 100\% \approx 41.6\%$$

$$w_P = \frac{5Q}{QS'} \times 100\% = \frac{0.45 - 0.0008}{0.77 - 0.0008} \times 100\% \approx 58.4\%$$

相组成物：

$$w_F = \frac{5L}{QL} \times 100\% = \frac{6.69 - 0.45}{6.69 - 0.0008} \times 100\% \approx 93.3\%$$

$$w_{Fe_3C} = \frac{5Q}{QL} \times 100\% = \frac{0.45 - 0.0008}{6.69 - 0.0008} \times 100\% \approx 6.7\%$$

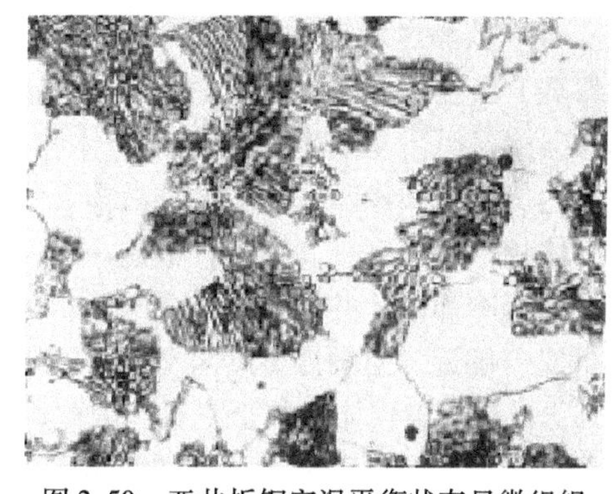

图 2-50　亚共析钢室温平衡状态显微组织

（3）过共析钢　如图 2-46 所示，合金Ⅲ在 3 点以上的冷却过程与共析钢在 3 点以上相似。当合金冷却至与 *ES* 线相交的 3 点时，奥氏体 A 中溶碳量达到饱和，碳以二次渗碳体 $Fe_3C_{Ⅱ}$ 的形式析出，呈网状沿奥氏体晶界分布。继续冷却，二次渗碳体量不断增多，奥氏体量不断减少，剩余奥氏体的成分沿 ES 线变化。当冷却到与 PSK 线相交的 4 点时，剩余奥氏体达到共析成分 $w_C = 0.77\%$，故奥氏体发生共析转变，形成珠光体 P。继续冷却，组织基本不变，其室温组织为珠光体和网状二次渗碳体，结晶过程如图 2-51 所示。

所有过共析钢（碳含量在 0.77% ~2.11%）的室温组织都是由珠光体和网状二次渗碳体组成的。但随碳含量的增加，网状二次渗碳体量增多，珠光体量减少。过共析钢的室温平衡状态显微组织如图 2-52 所示，图中呈片状黑白相间的组织为珠光体，白色网状组织为二次渗碳体。

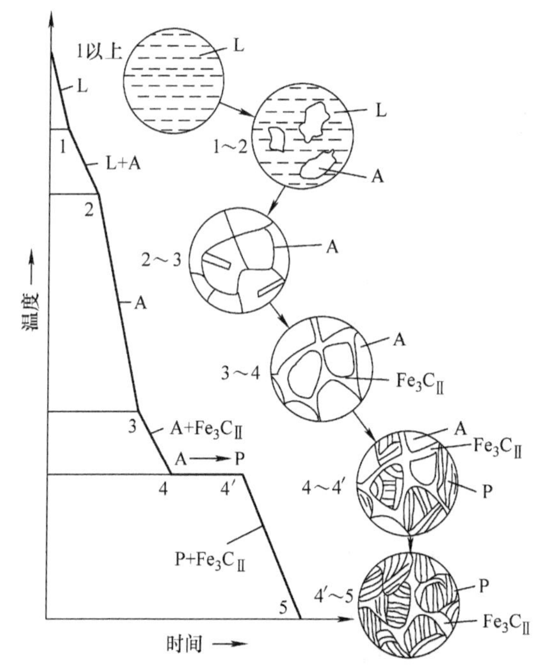

图 2-51　过共析钢结晶过程示意图

图 2-52　过共析钢室温平衡状态显微组织

（4）共晶白口铸铁　如图 2-46 所示，合金Ⅳ在 1 点（即 C 点）温度以上为液相。缓慢冷却至 1 点温度（1148℃）时，发生共晶转变，即从一定成分的液相中同时结晶出奥氏体 A 和渗碳体 Fe_3C，共晶转变后的奥氏体和渗碳体又称为共晶奥氏体和共晶渗碳体。由共晶转变后的奥氏体和渗碳体组成的共晶体，称为高温莱氏体，用符号 Ld 表示。莱氏体的性能与渗碳体相似，硬度很高，塑性极差。

继续冷却，从共晶奥氏体中不断析出二次渗碳体 $Fe_3C_{Ⅱ}$，奥氏体中的碳含量沿 *ES* 线向共析成分接近，当缓慢冷却至 2 点时，奥氏体的成分达到共析成分，发生共析转变，形成珠光体 P，二次渗碳体保留至室温。因此，共晶白口铸铁的室温组织是由珠光体和渗碳体（二次渗碳体和共晶渗碳体）组成的两相组织，即低温莱氏体（Ld′）。共晶白口铸铁的结晶过程如图 2-53 所示，其室温平衡状态显微组织如图 2-54 所示，图中黑色部分为珠光体，白色

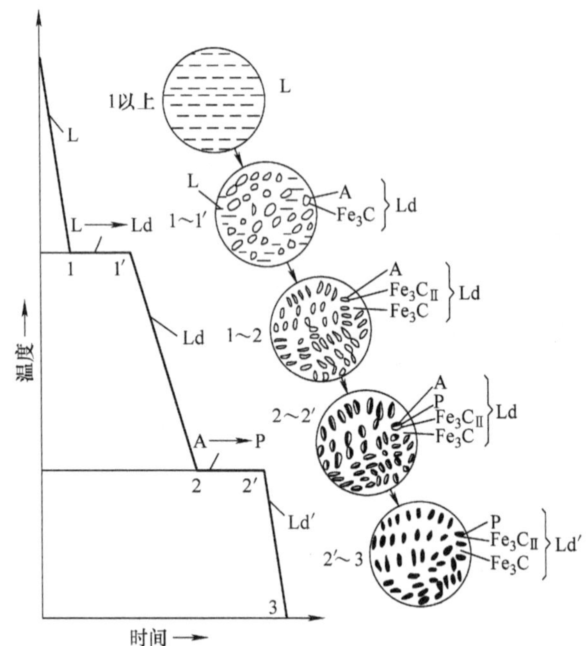

图 2-53　共晶白口铸铁结晶过程示意图

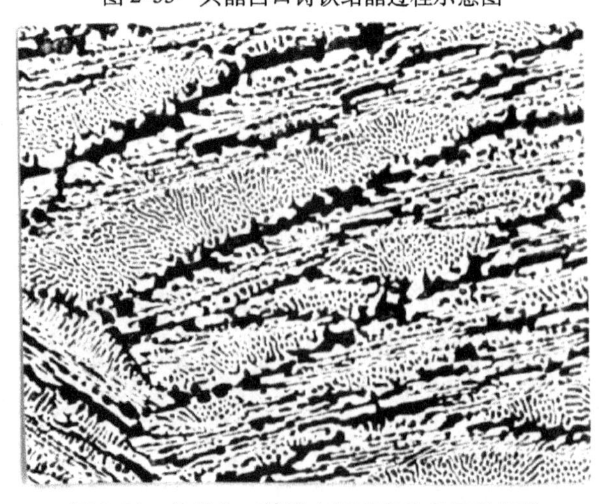

图 2-54　共晶白口铸铁室温平衡状态显微组织

基体为渗碳体（其中共晶渗碳体与二次渗碳体混在一起，无法分辨）。

（5）亚共晶白口铸铁　如图 2-46 所示，液态合金 V 冷却至 1 点温度时，发生匀晶反应，从液相中结晶出奥氏体 A，奥氏体的量随温度下降而增多，其成分沿 *AE* 线变化，剩余液相逐渐减少，其成分沿 *AC* 线变化。当温度降至 2 点对应的共晶温度（1148℃）时，剩余的液相达到共晶点成分，发生共晶反应生成高温莱氏体 Ld。共晶反应结束后组织为奥氏体和高温莱氏体，继续缓慢冷却，在 2～3 点温度区间，从奥氏体中析出二次渗碳体 Fe_3C_{II}，二次渗碳体沿奥氏体晶界呈网状分布，此时组织为奥氏体 + 二次渗碳体 + 高温莱氏体。当冷却至 3 点对应的共析温度（727℃）时，奥氏体发生共析转变生成珠光体 P，高温莱氏体变成低温莱氏体 Ld′，共析反应结束时组织为珠光体 + 二次渗碳体 + 低温莱氏体。温度降至室温，组织基本不变，最终室温组织为珠光体 + 二次渗碳体 + 低温莱氏体。合金结晶过程如图 2-55所示。其室温平衡状态显微组织如图 2-56 所示，图中黑色为珠光体，黑白相间的基体为低温莱氏体，二次渗碳体与共晶渗碳体混在一起，无法分辨。

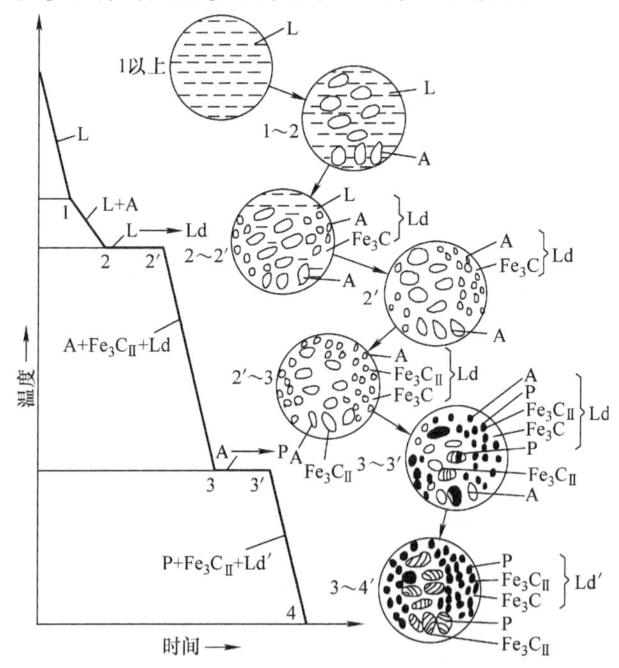

图 2-55　亚共晶白口铸铁结晶过程示意图

所有亚共晶白口铸铁的室温组织均由珠光体 + 二次渗碳体 + 低温莱氏体组成。不同的是随碳的质量分数增加，组织中低温莱氏体含量增多，其他组织含量相对减少。

（6）过共晶白口铸铁　如图 2-46 所示，合金Ⅵ从高温缓慢冷却到 1 点温度时，开始从液相 L 中结晶出一次渗碳体 Fe_3C_I，呈粗大的片状，渗碳体的量随温度下降而增多，剩余液相逐渐减少，其成分沿 *DC* 线变化。当温度降至 2 点对应的共晶温度（1148℃）时，剩余的液相达到共晶点成分，

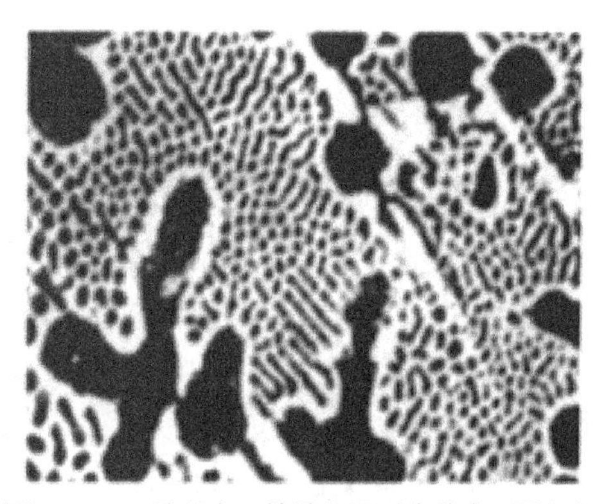
图 2-56　亚共晶白口铸铁室温平衡状态显微组织

发生共晶反应生成高温莱氏体 Ld，共晶反应结束后组织为高温莱氏体 Ld 和一次渗碳体。在 2~3 点温度区间，从莱氏体的共晶奥氏体 A 中不断析出二次渗碳体 $Fe_3C_{Ⅱ}$，二次渗碳体与共晶渗碳体混在一起，无法分辨。继续冷却，奥氏体中的碳含量沿 *ES* 线向共析成分接近，当缓慢冷却至 3 点时，共晶奥氏体的成分达到共析成分，发生共析转变，形成珠光体 P，则由高温莱氏体转变为低温莱氏体 Ld′。共析反应结束时组织为低温莱氏体和一次渗碳体。温度降低至室温，组织基本不变，最终过共晶白口铸铁室温组织为低温莱氏体 + 一次渗碳体。图 2-57 所示为过共晶白口铸铁结晶过程组织转变示意图。图 2-58 所示为过共晶白口铸铁室温平衡状态显微组织，图中白色条状为一次渗碳体，黑白相间的基体为低温莱氏体。

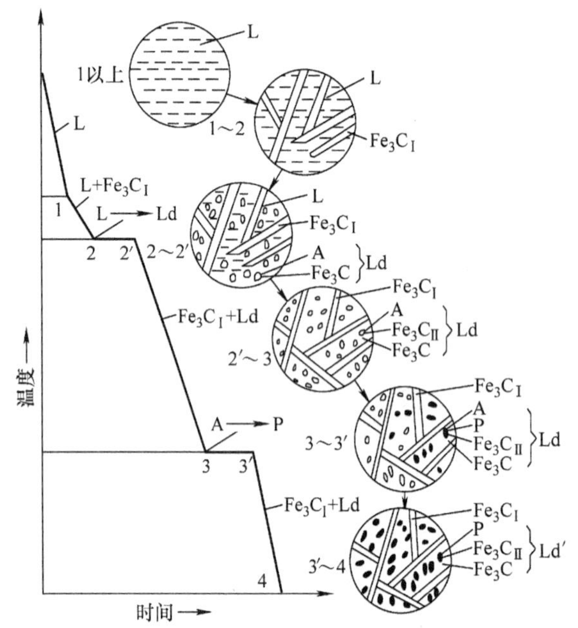

图 2-57 过共晶白口铸铁结晶过程示意图

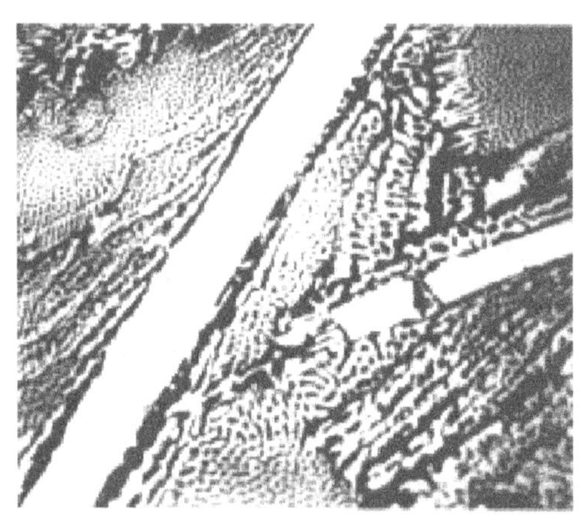

图 2-58 过共晶白口铸铁室温平衡状态显微组织

所有过共晶白口铸铁的室温组织均由低温莱氏体和一次渗碳体组成。不同的是随碳的质量分数的增加，组织中一次渗碳体含量增多。

根据以上结晶过程分析得到不同种类铁碳合金的组织，可将组织标注在铁碳相图中，如图 2-59 所示。

2.3.3 铁碳合金成分、组织与性能的关系及应用

1. 铁碳合金的成分、组织与性能关系

(1) 铁碳合金成分对组织的影响　按照铁碳相图，铁碳合金在室温下的组织皆由 F 和 Fe_3C 两相组成，两相的相对质量分数由杠杆定律确定，如图 2-59 所示。随碳质量分数的增加，F 的含量逐渐变少，由 100% 按直线关系变至 0% （w_C = 6.69% 时），Fe_3C 的含量则逐渐增多，相应地由 0% 按直线关系变至 100%。各个区间的组织组成物的相对质量分数用杠杆定律求出，其数量关系如图 2-60 中所示相应垂直高度。

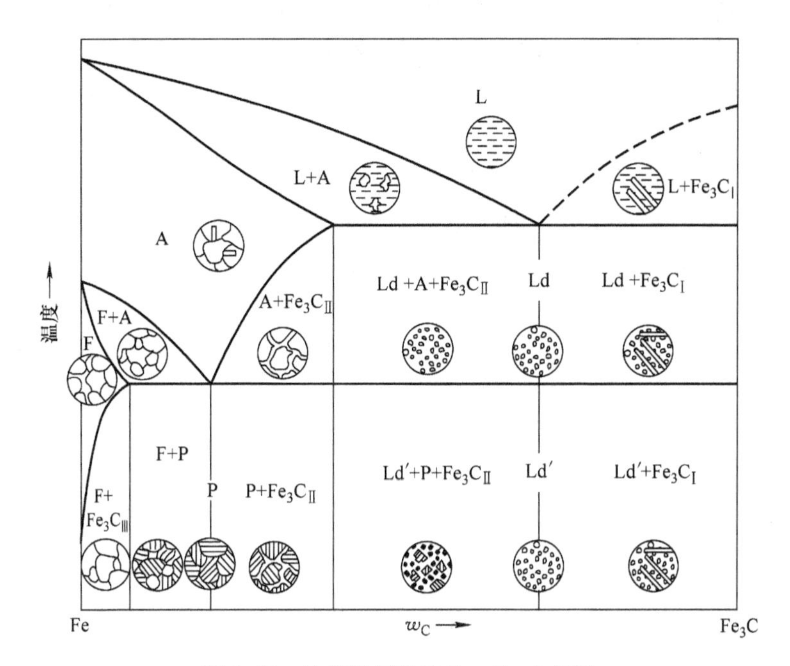

图 2-59 按组织标注的 Fe－Fe_3C 相图

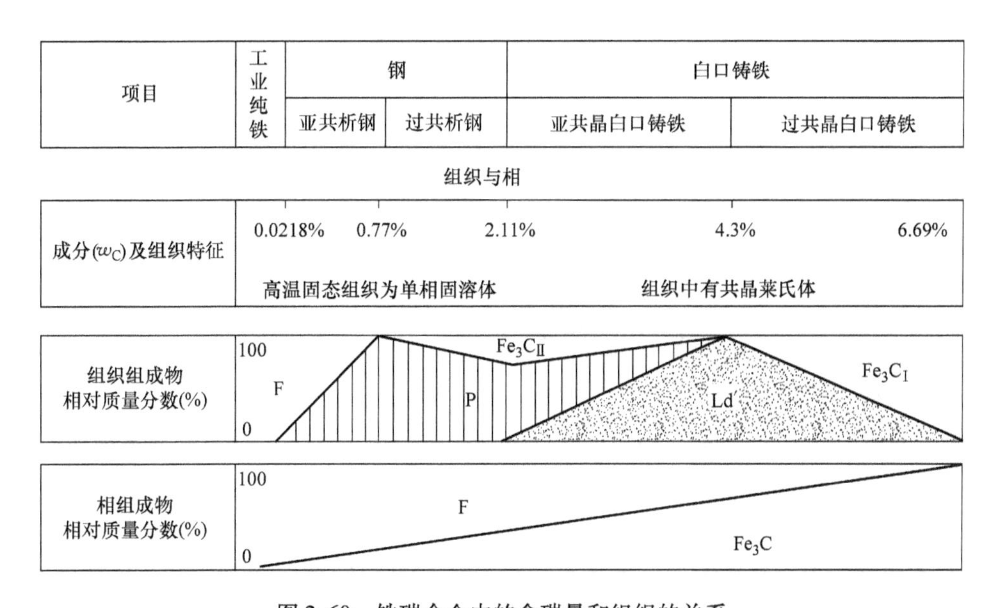

图 2-60 铁碳合金中的含碳量和组织的关系

（2）铁碳合金成分对力学性能的影响 随着 w_C 的增加，钢的强度增加，塑性降低，如图 2-61 所示。这是因为碳含量的变化，改变了钢的内部组织。铁碳合金的室温平衡组织都是由铁素体和渗碳体组成的，其中铁素体因碳含量低，是较软的相，渗碳体因碳含量高，是硬脆相。钢中绝大部分碳是以渗碳体的形态存在的。钢中碳含量越高，组织中渗碳体就越多，此时，钢的强度较高，塑性较低。

钢中珠光体对其性能有很大的影响。珠光体由铁素体和渗碳体组成，由于渗碳体以细片状分散地分布在软韧的铁素体基体上，起着强化作用，因此珠光体有较高的强度和硬度，但塑性较差。珠光体内的层片越细，强度越高，如果其中的渗碳体球化，则强度下降，但塑性与韧性提高。

亚共析钢随着碳含量的增加，珠光体的数量逐渐增加，因而强度、硬度上升，塑性与韧性下降。当碳的质量分数为0.77%时，钢的组织全部为珠光体，故此时钢的性能就是珠光体的性能。过共析钢除珠光体外，还出现了二次渗碳体，故其性能要受到二次渗碳体的影响。若碳的质量分数不超过1%，则由于在晶界上析出的二次渗碳体一般还未连成网状，故对其性能的影响不大。当碳的质量分数大于1%时，因二次渗碳体的数量增多而呈连续网状分布，故钢具有很大的脆性，塑性很低，强度也下降。

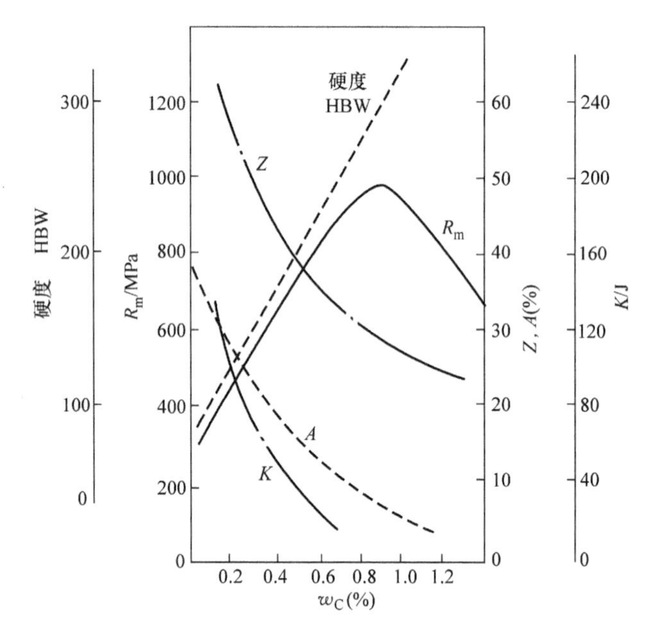

图2-61 碳含量对钢的力学性能的影响

2. 铁碳合金相图的应用

铁碳合金相图在生产中具有很大的实际意义，主要应用在钢铁材料的选用和加工工艺的制定两个方面。

（1）在钢铁材料选用方面的应用 铁碳合金相图所表明的某些成分、组织与性能关系的规律，为钢铁材料的选用提供了依据。建筑结构和各种型钢需用塑性好、韧性高的材料，因此，应选用碳的质量分数较低的钢材。各种机械零件需要强度、韧性较高及塑性较好的材料，应选用碳的质量分数适中的中碳钢。各种工具要用强度高和耐磨性好的材料，则选用碳的质量分数较高的钢材。纯铁的强度低，不宜用作结构材料，但由于其磁导率高、矫顽力低，可作软磁材料使用，如做电磁铁的铁心等。白口铸铁硬度高、脆性大，不能切削加工，也不能锻造，但其耐磨性好，铸造性能优良，适用于制作要求耐磨、不受冲击、形状复杂的铸件。例如，拔丝模、冷轧辊等。

（2）在铸造工艺方面的应用 根据铁碳合金相图可以确定合金的浇注温度，浇注温度一般在液相线以上 50～100℃。从相图上可看出，纯铁和共晶白口铸铁铸造性能最好。它们的凝固温度区间最小，因而流动性好，可以获得致密的铸件，所以在铸铁生产中，碳的质量分数总是选在共晶成分附近。在铸钢生产中，碳的质量分数规定在 0.15%～0.60%之间，因为这个范围内钢的结晶温度区间较小，铸造性能较好。

（3）在热锻、热轧工艺方面的应用　钢处于奥氏体状态时强度较低，塑性较好，因此，锻造或轧制用钢材选在单相奥氏体区内进行。一般始锻、始轧温度控制在固相线以下 100～200℃范围内。温度高时，钢的变形抗力小，节约能源，设备要求的吨位低，但温度不能过高，要防止钢材严重烧损或发生晶界熔化（过烧）。终锻、终轧温度不能过低，以免钢材因塑性差而发生锻裂或轧裂。亚共析钢的热加工终止温度多控制在 *GS* 线以上，避免变形时出现大量铁素体，形成带状组织而使其韧性降低。过共析钢的变形加工终止温度应控制在 *PSK* 线以上，以便将呈网状析出的二次渗碳体打碎。但变形加工终止温度不能太高，否则再结晶后奥氏体晶粒粗大，导致热加工后的组织也粗大。一般始锻温度为 1150～1250℃，终锻温度为 750～850℃。

（4）在热处理工艺方面的应用　铁碳合金相图对于制定热处理工艺有着特别重要的意义。一些热处理工艺如退火、正火、淬火的加热温度都是依据铁碳合金相图确定的。这将在第 4 章中详细阐述。

思 考 题

2-1　解释下列名词：

晶格　晶胞　晶粒　晶界　相　组织　固溶强化　弥散强化　同素异构转变

2-2　纯铁的三个同素异构体是什么？晶体结构如何？

2-3　金属的实际晶体中有哪些缺陷？它们对金属性能有何影响？

2-4　什么是固溶体？什么是金属间化合物？它们的结构特点和性能特点各是什么？

2-5　合金的结构和纯金属的结构有什么不同？

2-6　纯金属的结晶是怎样进行的？

2-7　金属在结晶时，影响晶粒大小的主要因素是什么？

2-8　晶粒大小对力学性能有何影响？

2-9　金属细化晶粒的途径有哪些？

2-10　默写简化的铁碳合金相图，说明图中主要点、线的含义，填写各相区的相和组织组成物。

2-11　解释下列名词：

铁素体　奥氏体　渗碳体　珠光体　莱氏体

2-12　从组织角度看，渗碳体有哪几种基本形态？各有何区别？

2-13　碳的质量分数分别为 0.20%、0.45%、0.77%、1.2%的钢，按其在铁碳合金相图上的位置分别属于哪一类钢？它们的平衡组织及性能（强度、硬度、塑性、韧性）有何区别？

2-14　分析碳的质量分数分别为 0.45%、1.2%和 2.3%的铁碳合金的平衡结晶过程，计算室温下组织组成物的相对含量及两相相对含量。

2-15　根据铁碳合金相图，解释下列现象：

1）绑扎物件一般用铁丝（镀锌低碳钢丝，$w_C < 0.2\%$），而起重机吊重物时都用钢丝绳（$w_C > 0.6\%$）。

2）在 1100℃时，$w_C = 0.4\%$ 的钢能进行锻造，而 $w_C = 4.0\%$ 的铸铁不能进行锻造。

3）钳工锯碳含量高的钢比锯碳含量低的钢费力且锯条易磨钝。

4）钢适宜压力加工成形，而铸铁适宜铸造成形。

第3章

金属材料的塑性变形与强化

章前导读

金属材料的塑性变形与强化导读

材料在外力的作用下会发生形状和尺寸的变化，称为变形。外力去除后，随之消失的变形为弹性变形部分，剩余的（即永久性的）变形为塑性变形部分。金属材料经冶炼浇注后，铸态组织往往具有晶粒粗大、组织不均匀、成分偏析及材质不致密等缺陷，大多数要进行各种压力加工（塑性变形），如轧制、挤压、拉拔、锻造、冲压等（图3-1），制成型材或工件。金属材料经压力加工后，不仅外形尺寸发生改变，内部组织和性能也会发生很大的变化。经塑性变形的金属材料绝大多数还要进行退火，退火又会使金属材料的组织和性能发生与形变相反的变化，这个过程称为回复与再结晶。塑性变形、回复与再结晶是相互影响、紧密联系的。讨论这些过程的实质与规律，对于深入了解金属材料各项性能指标的本质，充分发挥材料强度的潜力，正确制定和改进金属压力加工工艺，提高产品质量及合理选用材料等都有重要的意义。

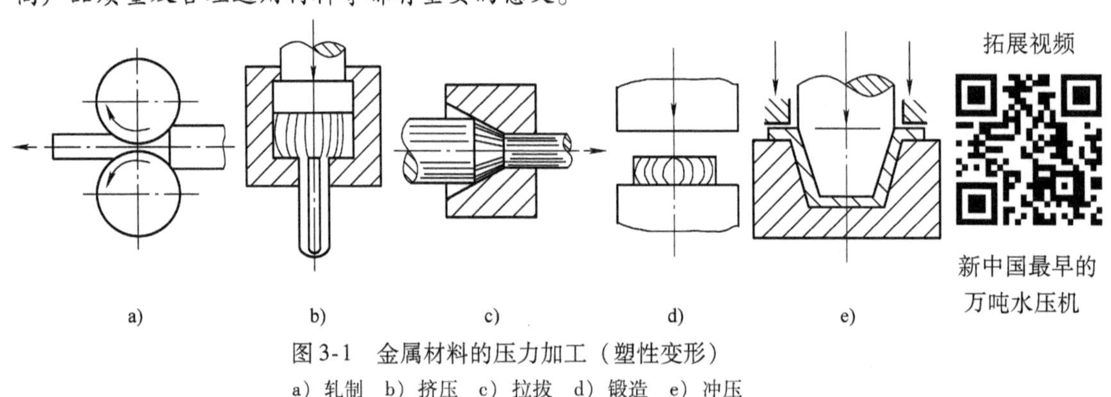

拓展视频

新中国最早的万吨水压机

图3-1　金属材料的压力加工（塑性变形）

a）轧制　b）挤压　c）拉拔　d）锻造　e）冲压

3.1　单晶体的塑性变形

当金属中的应力超过其弹性极限时，金属将产生塑性变形。试验表明，单晶体的塑性变形主要是通过滑移和孪生两种方式进行的，其中滑移是最主要的变形方式。

3.1.1　滑移

单晶体受拉时，外力在任何晶面上都可以分解为正应力和切应力。其中正应力只能引起正断，不能引起塑性变形，而只有在切应力的作用下才能产生塑性变形。在切应力的作用下，晶体的一部分沿一定晶面（滑移面）的一定晶向（滑移方向）相对于另一部分发生滑动的现象称为滑移，如图 3-2 所示。

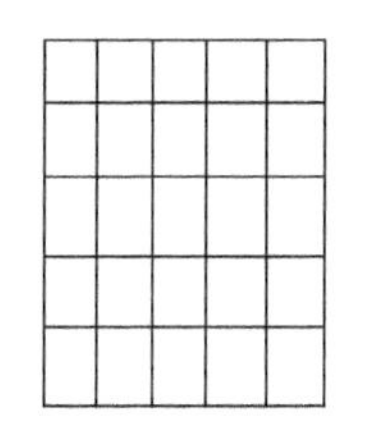
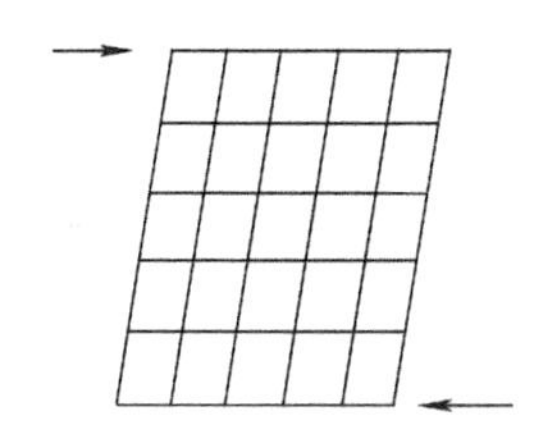
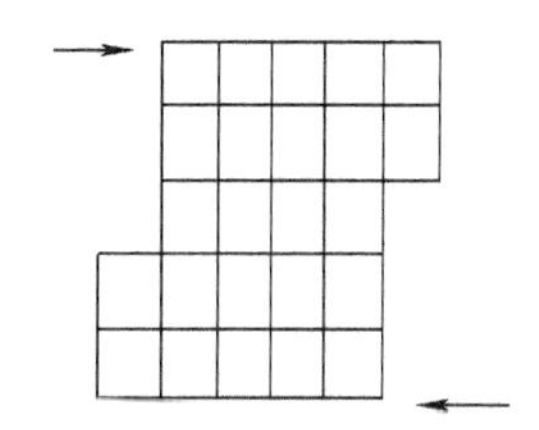

图 3-2　滑移示意图

滑移变形有以下特点：

1）滑移主要发生在原子排列最紧密或较紧密的晶面上，并沿着这些晶面上原子排列最紧密的方向进行。因为只有在最密排晶面之间的面间距及最密排晶向之间的原子间距才最大，原子结合力也最弱，所以在最小的切应力下便能引起它们之间的相对滑移。原子排列示意图如图 3-3 所示。

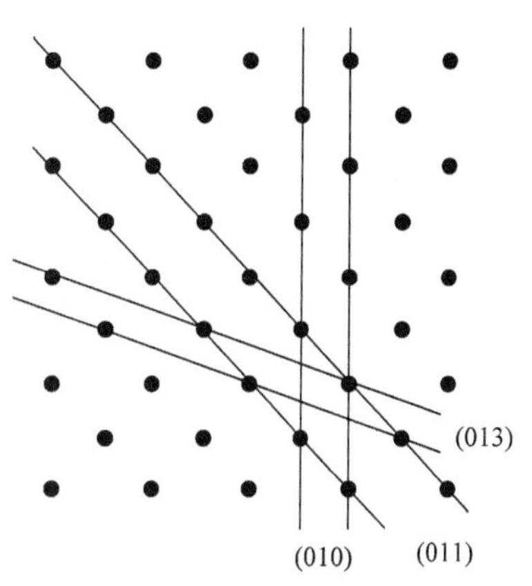

图 3-3　原子排列示意图

2）晶体中的滑移系越多，其塑性越好。晶体中每个滑移面和该面上的一个滑移方向组成一个滑移系。滑移系越多，金属发生滑移的可能性越大，塑性也越好。滑移方向对塑性的贡献比滑移面更大。因此，具有体心和面心立方晶格的金属，如铁、铝、铜、铬等，在通常情况下都以滑移方式变形，它们的塑性比具有密排六方晶格的金属好得多，这是由于前者的滑移系多，金属发生滑移的可能性大所致。具有面心立方晶格的金属由于滑移方向比具有体心立方晶格的金属多，其塑性也更好。金属三种常见晶体结构的滑移系见表 3-1。

表 3-1　金属三种常见晶体结构的滑移系

晶格	体心立方晶格	面心立方晶格	密排六方晶格
滑移面	$\{110\}\times 6$	$\{111\}\times 4$	$\{0001\}\times 1$
滑移方向	$\langle 111\rangle\times 2$	$\langle 110\rangle\times 3$	$\langle 11\bar{2}0\rangle\times 3$
滑移系	$6\times 2=12$	$4\times 3=12$	$1\times 3=3$

3）滑移是通过位错的运动来实现的。最初，人们设想滑移过程是晶体的一部分相对于

另一部分做整体的刚性滑动，根据刚性相对滑动模型估算出的完整晶体产生塑性变形所需的临界切应力，比试验测得的实际晶体的屈服强度低 3～4 个数量级。铜、银、金等几种金属材料刚性滑动临界切应力估算值与试验屈服强度值对比见表 3-2。后来，通过大量的研究证明，滑移实际上是在切应力作用下通过位错的运动来实现的。如图 3-4 所示，包含位错的晶体在切应力作用下，位错线上的原子向右移动一个原子间距。在切应力作用下，如位错线继续向右移动到晶体表面时，就形成了一个原子间距的滑移量，晶体就产生了塑性变形。因此，晶体通过位错移动而产生滑移时，并不需要整个滑移面上全部的原子同时移动，而只需位错附近的少量原子做微量的移动，移动的距离远小于一个原子间距，因而位错运动所需的切应力就小得多，且与实测值基本相符。

表 3-2　几种金属材料刚性滑动临界切应力估算值与试验屈服强度值对比

金属	估算值/MPa	实测值/MPa	估算值与实测值之比
铜	6400	1.0	6400
银	4500	0.5	9000
金	4500	0.92	4900
镍	11000	5.8	1900
镁	3000	0.83	3600
锌	4800	0.94	5100

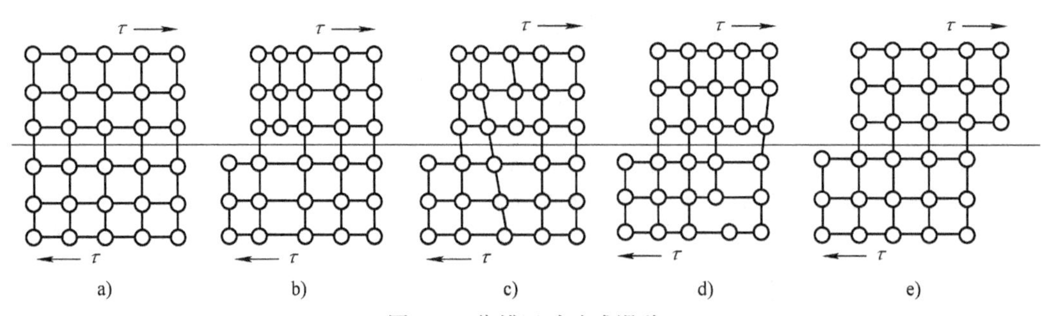

图 3-4　位错运动造成滑移

如果把工业纯铜试样表面抛光后进行塑性变形，在显微镜下可以观察到，在试样表面有很多相互平行的线条，称为滑移带，如图 3-5 所示。如果在更高分辨率的电子显微镜下观察，可以看出滑移带是由很多相互平行的滑移线构成的，如图 3-6 所示。

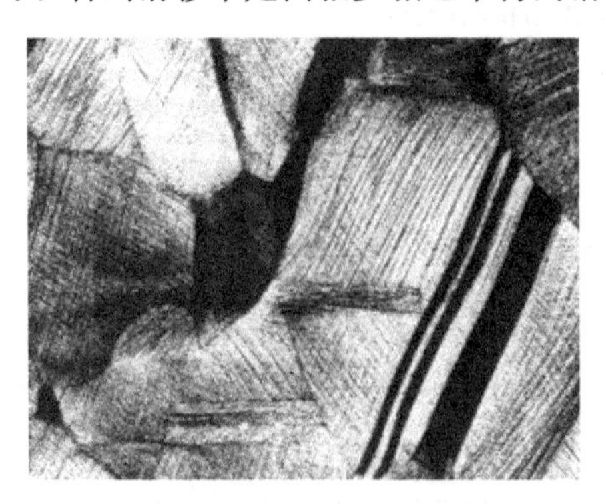

图 3-5　工业纯铜中的滑移带

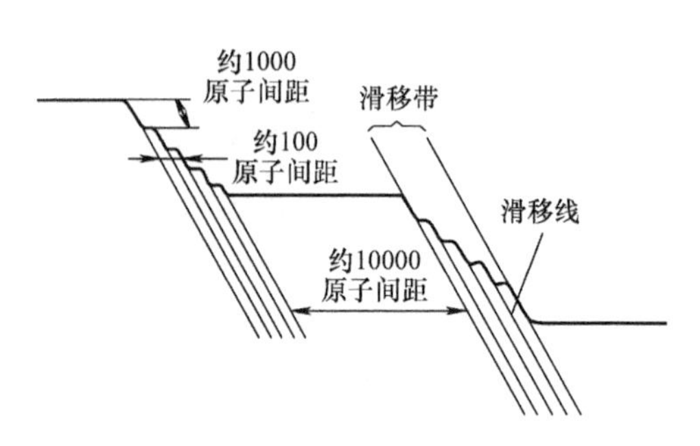

图 3-6　滑移带和滑移线的示意图

4）滑移时晶体伴随转动。在拉伸时，单晶体发生滑移，外力将发生错动，产生一力偶，迫使滑移面向拉伸轴平行方向转动。同时晶体还会以滑移面的法线为转轴转动，使滑移方向趋向于最大切应力方向。滑移面的转动如图3-7所示。

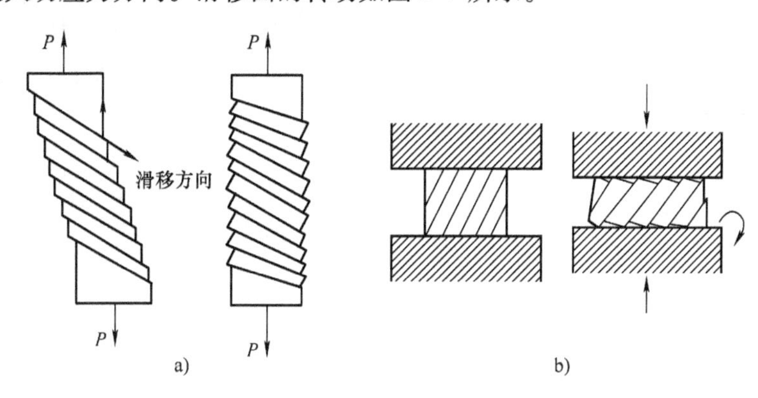

图3-7　滑移面的转动
a）拉伸时　b）压缩时

3.1.2　孪生

在切应力作用下，晶体的一部分相对于另一部分沿一定晶面（孪生面）和晶向（孪生方向）发生切变的过程，称为孪生，如图3-8所示。产生孪生变形部分的晶体位向发生了改变，它是以孪生面为对称面与未变形部分相互对称，这种对称的两部分晶体称为孪晶。发生变形的那部分晶体称为孪晶带。

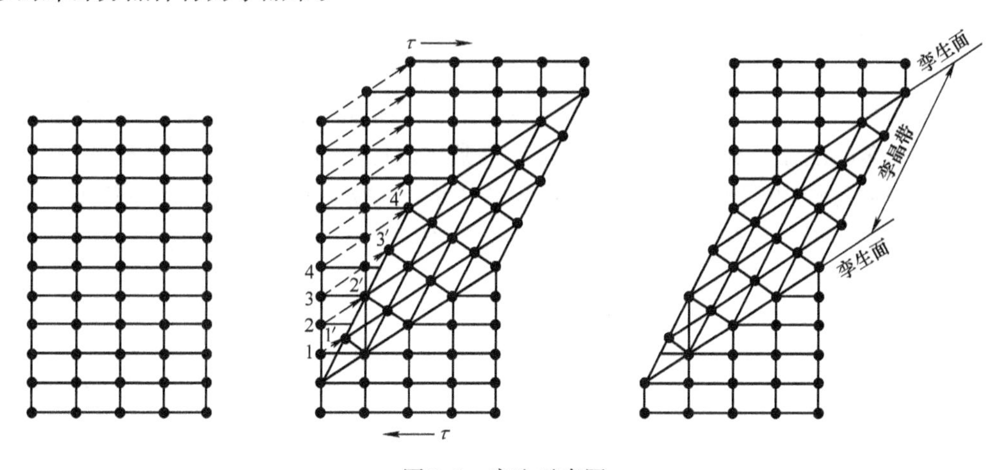

图3-8　孪生示意图

孪生和滑移不同，滑移时变形只局限于给定的滑移面上，滑移后滑移总量是近邻原子间距的整数倍，滑移前后晶体的位向不变；孪生变形时各层原子平行于孪生面运动，在这部分晶体中，相邻原子间的相对位移只有一个原子间距的几分之一，但许多层晶面累积起来的位移便可形成比原子间距大许多倍（不一定是整数倍）的变形。另外，孪生变形所需的最小切应力比滑移的大得多，因此孪生变形只在滑移很难进行的情况下才发生。面心立方结构的金属一般不发生孪生变形，但少数金属如铜、金、银在极低温度下可能发生；体心立方结构的金属仅在室温或受冲击时才发生；而滑移系较少的密排六方结构的金属如镁、锌、镉等，则比较容易发生孪生变形。锌晶体中的变形孪晶组织如图 3-9 所示。

孪生变形会在周围晶格中引起很大的畸变，因此产生的塑性变形量比滑移小得多，一般不超过 10%。但孪生变形会引起晶体位向改变，因而能促进滑移发生。

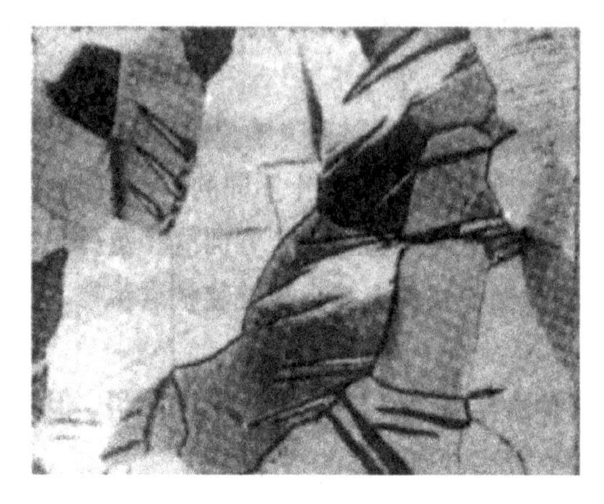

图 3-9　锌晶体中的变形孪晶组织

3.2　多晶体的塑性变形

工程上实际使用的金属材料绝大多数是多晶体，多晶体的塑性变形也是通过滑移或孪生变形的方式进行的。但是在多晶体中，由于晶粒之间存在位向不同，以及晶界和杂质，因而多晶体的变形既需要克服晶界的阻碍，又要求各晶粒间的变形相互协调与配合，故多晶体的塑性变形较为复杂。

与单晶体塑性变形相比，多晶体塑性变形具有以下特点：

1）各晶体的变形先后不一，变形量大小不均匀。多晶体晶粒中，一些晶粒的滑移面和滑移方向接近于最大切应力方向（称晶粒处于软位向），另一些晶粒的滑移面和滑移方向与最大切应力方向相差较大（称晶粒处于硬位向）。晶粒受到外力作用时，处于软位向的晶粒首先发生滑移。随着滑移的发生，伴随着晶粒的转动，其位向同时也在变化，有的位向在硬化，有的位向在软化。所以，多晶体的塑性变形是一批批晶粒逐步地发生，从少量晶粒开始逐步扩大到大量的晶粒，从不均匀变形逐步发展到比较均匀的变形。

2）多晶体邻近晶粒变形相互协调。多晶体中每个晶粒都处于其他的晶粒包围之中，它的变形必然与其邻近的晶粒相互协调配合，不然就难以进行变形，甚至不能保持晶粒之间的连续性，会造成空隙而导致材料的破裂。

3）晶界和杂质对变形过程具有阻碍作用。多晶体中，由于晶界附近晶格畸变程度大，加之常常聚集有杂质原子，处于高能量状态，当位错运动到晶界附近时，受到晶界的阻碍而堆积起来（称为位错的塞积），如图 3-10 所示。当塞积位错前端的应力达到一定程度时，加上相邻晶粒的转动，使相邻晶粒中原来处于不利位向滑移系上的位错开始滑动，使滑移从一批晶粒传递到另一批晶粒。晶界原子排列越紊乱，滑移抗力就越大。

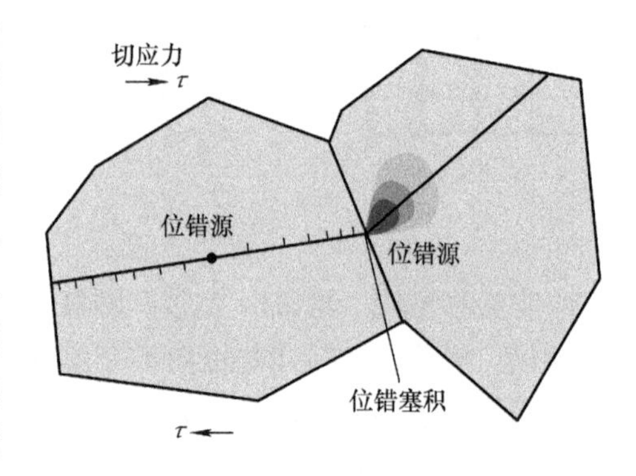

图 3-10　位错塞积示意图

3.3　塑性变形对材料组织与性能的影响

3.3.1　冷塑性变形对金属组织与性能的影响

1. 冷塑性变形对金属组织结构的影响

（1）晶粒变形，形成纤维组织　金属在外力作用下产生塑性形变时，不仅外形发生变化，而且其内部的晶粒形状也相应地被拉长或压扁。当变形量很大时，晶粒将被拉长成纤维状，晶界变得模糊不清。杂质呈细带状或链状分布，如图3-11所示。

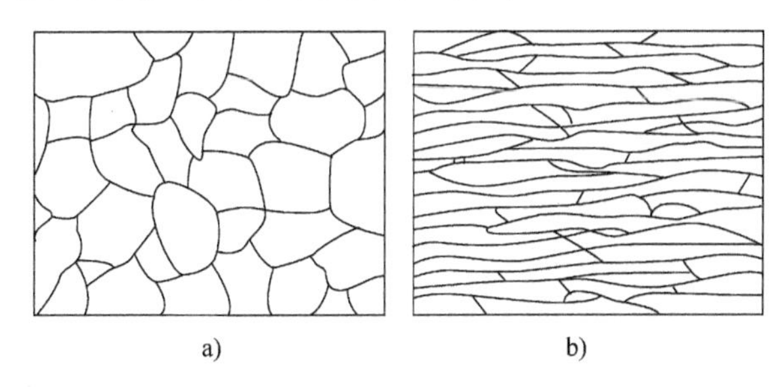

图3-11　变形前后晶粒形状的变化示意图

a）变形前　b）变形后

（2）亚结构形成，细化晶粒　冷塑性变形会使晶粒内部的亚结构发生变化。金属经过大的塑性变形后，由于位错的运动和交互作用，位错堆积在局部的区域，使晶粒分化成许多位向略有差异的亚晶粒。亚晶粒边界上聚集大量位错，而内部的位错密度相对低得多。随着变形量的增大，产生的亚结构也越细，如图3-12所示。

（3）产生形变织构　当金属变形量很大时（变形量达到70%以上），由于晶粒的转动，多晶材料中的晶粒位向会趋于一致，形成择优取向，也称形变织构。形变织构有两种：一种是各晶粒的一定晶向平行于拉拔方向，称为丝织构。例如，低碳钢经大变形冷拔后，<110>方向平行于拔丝方向；另一种是各晶粒的一定晶面和晶向平行于轧制方向，称为板织构，例如低碳钢经轧制后，某些晶面{100}　<011>等平行于轧制平面。形变织构如图3-13所示。

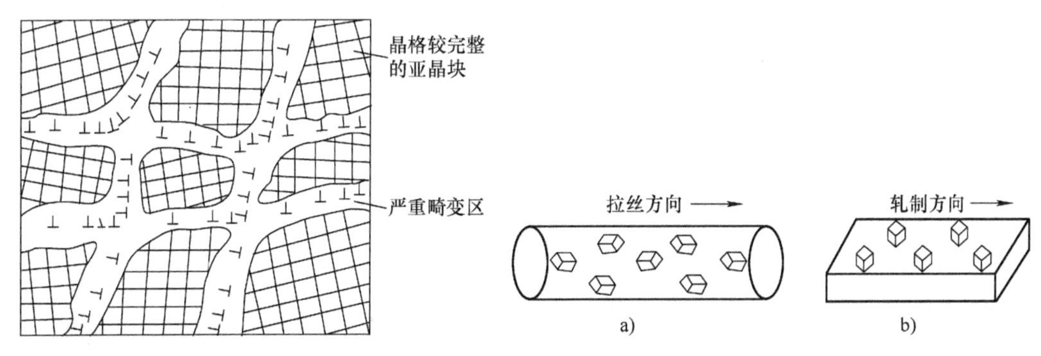

图3-12　金属经变形后形成亚结构示意图

图3-13　形变织构示意图

a）丝织构　b）板织构

2. 冷塑性变形对金属性能的影响

在塑性变形的过程中，随着金属内部组织的变化，金属的性能也将产生变化。

（1）产生加工硬化　材料在变形后，随着变形程度的增加，金属的强度、硬度显著提高，而塑性、韧性明显下降，这一现象称为“加工硬化”或“形变强化”。工业纯铜和45钢的加工硬化现象如图3-14所示。金属发生塑性变形时，位错密度增加，位错间的交互作用增强，相互缠结，造成位错的运动阻力增加，引起金属塑性变形抗力的增加；另一方面，亚结构的形成和晶粒的细化使金属的强度得以提高。加工硬化对金属的工程应用具有十分重要的意义。

1）加工硬化是强化材料的重要手段，尤其是对于那些不能用热处理方法强化的金属材料。

2）加工硬化有利于金属进行均匀变形。因为金属已变形部分产生硬化，将使后续的变形主要在未变形或变形较少的部分发展。

3）加工硬化给金属的继续变形造成了困难，加速了模具的损耗，在对材料进行较大变形量的加工时是不希望出现的，因此在金属的变形和加工过程中常常要进行“中间退火”以消除这种不利影响，因而增加了能耗和成本。

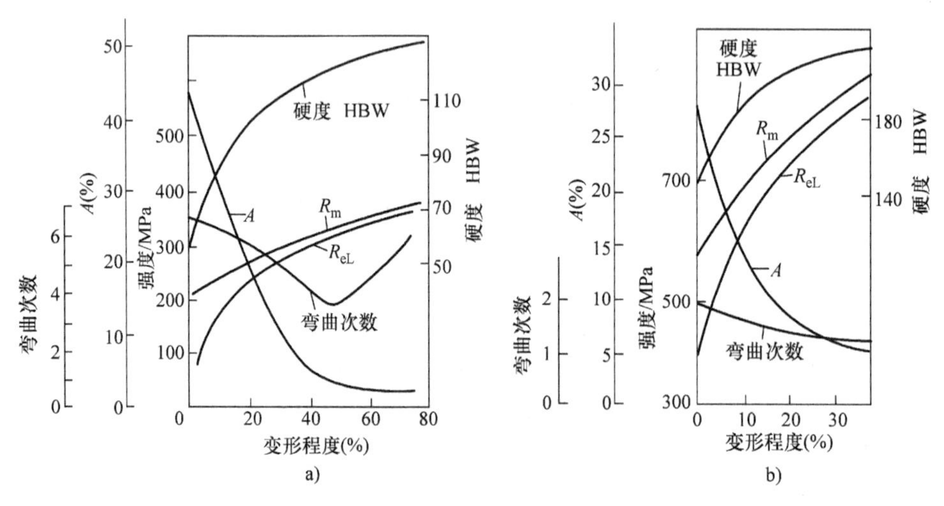

图3-14　工业纯铜和45钢的加工硬化现象

a）工业纯铜　b）45钢

（2）产生各向异性　由于纤维组织和形变织构的形成，金属的性能产生了各向异性。如沿纤维方向的强度和塑性明显高于垂直于纤维方向。用有织构的板材冲制筒形零件时，由于不同方向上的塑性差别很大，造成工件边缘不齐，壁厚不均匀的现象，这种现象称为“制耳”，如图3-15所示。工业生产中也可以有效利用织构获得所需的性能，硅钢片是利用织构的一个典范。冷辗轧后的硅钢片沿<100>晶向（碾压方向）的磁化率μ_m最高，铁损最小，应力使铁芯中的磁力线与晶粒的<100>取向相同，可节省材料和降低铁损。

图3-15　形变织构造成深冲筒形制品的制耳

(3) 金属的物理、化学性能的变化　经冷塑性变形后，金属的物理和化学性能发生了显著变化。如金属的磁导率、电导率、电阻温度系数等下降，磁矫顽力增加，提高了金属的化学活性，耐蚀性下降。

(4) 产生残余内应力　残余应力是指去除外力之后，残留于材料内部且自身平衡于材料内部的应力。冷塑性变形后材料内部的残余内应力明显增加，主要是材料在外力作用下内部变形不均匀所造成的。残余内应力会使材料的耐蚀性能下降，严重时可导致零件变形或开裂，如黄铜弹壳腐蚀开裂。残余拉应力还会降低承载能力，尤其是降低疲劳强度。

3.3.2 冷塑性变形金属加热时的组织与性能变化

金属材料在冷变形加工以后，为了消除残余内应力或恢复其某些性能（如提高塑性、韧性，降低硬度等），一般要对金属材料进行加热处理。例如，加工硬化虽然使塑性变形比较均匀，但却给进一步的冷成形加工（如深冲）带来困难，所以常常需要将金属加热，进行退火处理，以使其性能向塑性变形前的状态转化。对冷变形金属加热使其原子扩散能力提高，金属将依次发生回复、再结晶和晶粒长大。冷塑性变形金属加热时的组织变化示意图如图3-16所示。形变铝合金在350℃加热时的组织变化如图3-17所示。

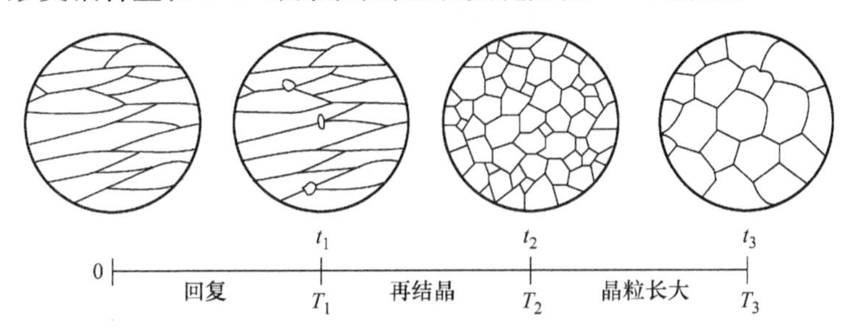

图3-16　冷塑性变形金属加热时的组织变化示意图

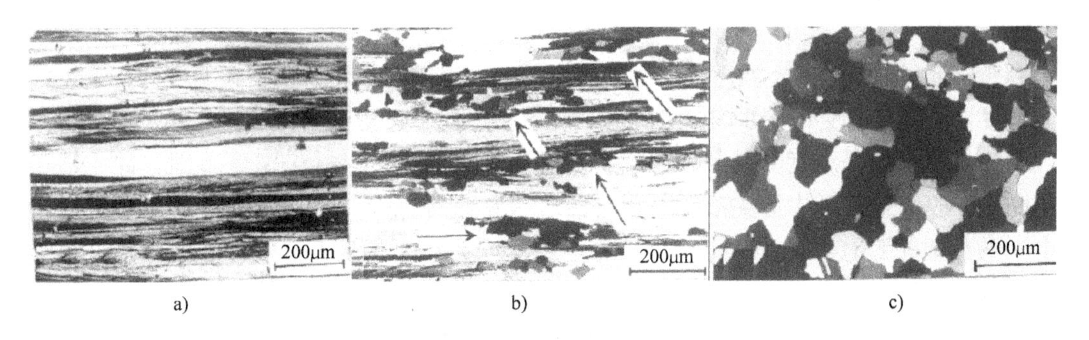

图3-17　形变铝合金在350℃加热时的组织变化

冷塑性变形金属加热时，其组织和性能变化主要经历了回复、再结晶和晶粒长大，如图3-18所示。

1. 回复

回复是指冷塑性变形后的金属在加热温度不高时发生某些亚结构组织和性能的变化过程。回复一般在较低的温度下进行。由于加热温度不高，原子的扩散能力提高较小，只是晶

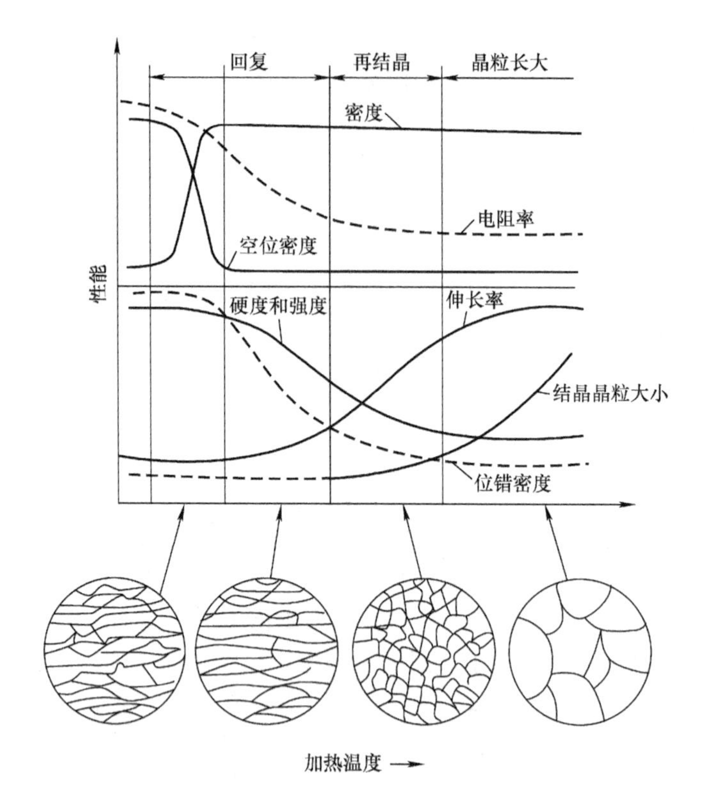

图 3-18　冷塑性变形金属加热时组织和性能的变化

粒内部位错、空位、间隙原子等缺陷通过移动、复合消失而大大减少，而晶粒仍保持变形后的形态，变形金属的显微组织不发生明显的变化。此时材料的强度和硬度略有降低，塑性有所提高，残余内应力大大降低。工业上常使用回复过程对变形金属进行去应力退火，以降低残余内应力，保留加工硬化的效果。

2. 再结晶

冷变形金属加热到一定温度之后，在原来的变形组织中重新产生了无畸变的新晶粒，而性能也发生了明显的变化，并恢复到完全软化状态，这个过程称为再结晶。

（1）最低再结晶温度　变形后的金属发生再结晶的温度是一个温度范围，并非某一恒定温度。一般所说的再结晶温度是指最低再结晶温度（$T_{再}$），通常用经过大变形量（70%以上）的冷塑性变形金属，经过 1h 加热后发生完全再结晶的最低温度来表示。最低再结晶温度与该金属的熔点（$T_{熔}$）有如下关系

$$T_{再} = (0.35 \sim 0.4) T_{熔}$$

式中的温度为热力学温度，单位为 K。

最低再结晶温度与金属的预变形程度、金属的熔点、金属中的杂质和合金元素，以及加热速度、保温时间有关。金属的预变形程度越大，金属晶体中的缺陷越多，组织越不稳定，最低再结晶温度也就越低。当预变形程度达到一定大小后，金属的最低再结晶温度趋于某一稳定值，如图 3-19 所示。金属的熔点越高，最低再结晶温度也越高；杂质和合金元素可以阻碍原子的扩散和晶界的迁移，可显著提高最低再结晶温度；再结晶是一个扩散过程，需要

一定的时间才能完成，提高加热速度会使再结晶在较高的温度下发生，而延长保温时间会使再结晶温度降低。

再结晶过程由于在较高的温度下发生，原子的扩散能力提高，变形后产生的拉长或压扁、破碎的晶粒通过重新形核和长大，变成均匀、细小的等轴晶。再结晶生成的新晶粒晶格类型与变形前、后的晶格类型均一样。再结晶后的金属的强度和硬度明显降低，而塑性和韧性明显提高，加工硬化现象消除，残余内应力完全消失，物理和化学性能恢复到变形以前的水平。

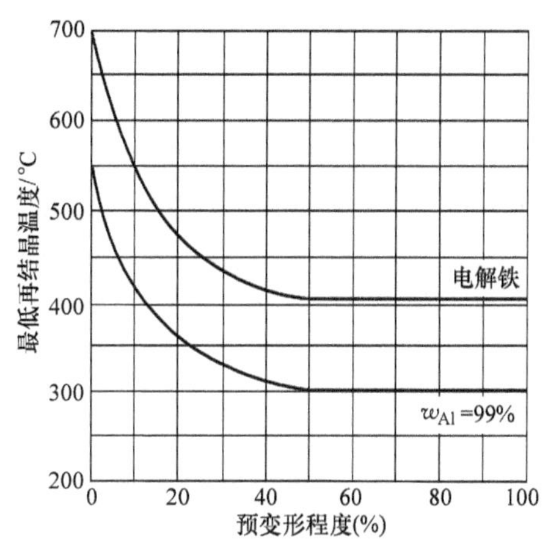

图 3-19　预变形程度对金属再结晶温度的影响

（2）再结晶晶粒大小　再结晶后金属的晶粒大小与加热温度、保温时间、加热速度和预变形程度有关。加热温度越高，原子扩散能力越强，晶界越易迁移，晶粒长大速度也越快，如图 3-20所示；保温时间越长，再结晶晶粒越大；加热速度越快，再结晶形核率越高，再结晶晶粒越小；当变形量很小时，变形畸变能很小，不足以引发再结晶，故仍保持原始晶粒尺寸；当变形量达到一定程度时，金属中少量晶粒变形，可形成再结晶核心，但形核率极低，得到极粗大的晶粒。使晶粒发生异常长大的变形度称为临界变形度。对于一般金属来讲，这个变形量为 2% ~10% 。变形量超过临界变形度后，随着金属变形量的增加，变形畸变能增加，再结晶形核率增大，再结晶晶粒开始细化，晶粒度开始变小。预变形程度对晶粒度的影响如图 3-21 所示。

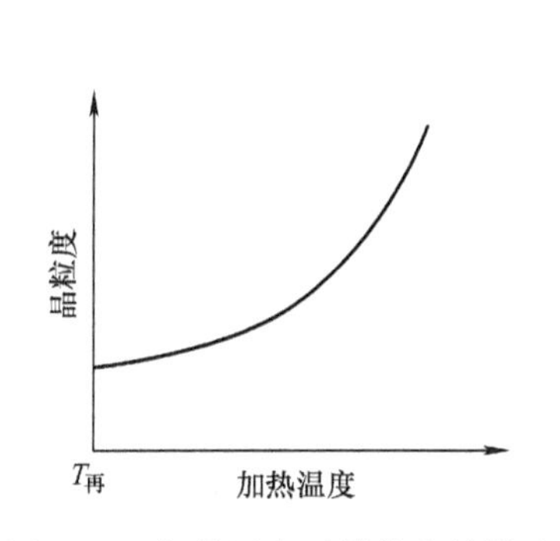

图 3-20　加热温度对晶粒度的影响

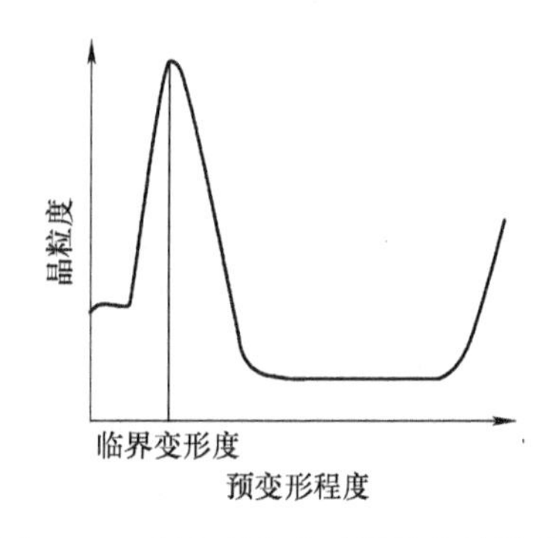

图 3-21　预变形程度对晶粒度的影响

3. 晶粒长大

冷变形金属刚刚结束再结晶时的晶粒是比较细小均匀的等轴晶粒（图 3-22a），如果再结晶后不控制其加热温度或时间，继续升温或保温，晶粒之间便会相互吞并而长大，这一阶段称为晶粒长大（图 3-22b）。当金属变形量较大，产生织构，含有较多的杂质时，晶界的迁移将受到阻碍，只有少数处于优越条件（如尺寸较大，取向有利等）的晶粒优先长大，迅速吞食周围的大量小晶粒，最后获得异常粗大的组织（图 3-22c），使金属的强度、硬度、塑性、韧性等力学性能显著降低。一般情况下应当避免晶粒长大。

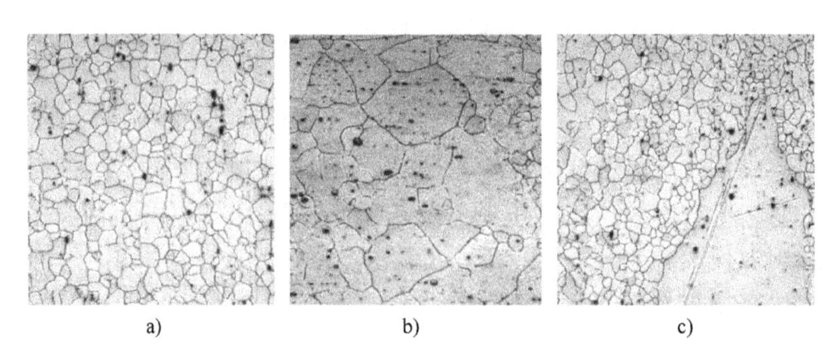

a)　　b)　　c)

图 3-22　Mg - 3Al - 0.8Zn 合金再结晶退火后的组织
a）正常再结晶组织　b）晶粒长大　c）晶粒的异常长大

3.3.3　金属的热加工

1. 热加工与冷加工的区别

从金属学的角度来看，所谓热加工是指在再结晶温度以上的加工过程，在再结晶温度以下的加工过程称为冷加工。如 Fe 的再结晶温度为 451℃，其在 400℃以下的加工为冷加工；而 Sn 的再结晶温度为 -71℃，则其在室温下的加工为热加工。

2. 热加工对金属组织和性能的影响

金属热加工时由于塑性变形引起的加工硬化效果与再结晶引起的软化效果同时发生，加工硬化很快被变形过程中发生的动态软化所抵消，因而热加工不会引起加工硬化效果；热加工时，金属始终保持着高塑性，可持续地进行大变形量的加工；在高温下金属的强度低，变形抗力小，有利于减少动力消耗。热加工虽然不能引起加工硬化，但它能使金属的组织和性能发生显著的变化。

（1）改善铸锭组织和性能　热加工可使铸态金属与合金中的组织缺陷得到明显改善，如气孔和疏松焊合，使粗大的树枝晶或柱状晶破碎，粗大的夹杂物或脆性相被击碎并重新分布，从而使合金的组织致密、成分均匀、晶粒细化，力学性能提高。

（2）形成纤维组织（加工流线）　热加工使铸态金属中的非金属夹杂物沿变形方向拉长，形成彼此平行的宏观条纹，称作流线，由这种流线体现的组织称为纤维组织。它使钢产生各向异性，在制定加工工艺时，应使流线分布合理，尽量与拉应力方向一致，而与外剪切应力或冲击应力的方向垂直。如图 3-23a 所示曲轴锻坯流线分布合理，而图 3-23b 所示曲轴是由锻钢切削加工而成，其流线分布不合理，在轴肩处容易断裂。

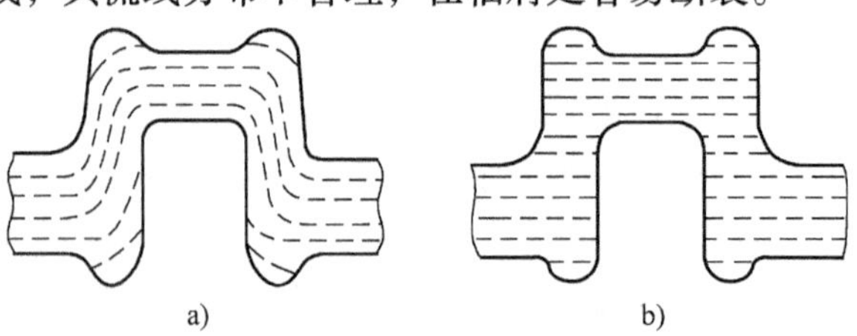

a)　　b)

图 3-23　曲轴中的流线分布
a）锻造成形　b）切削加工

由于热加工可使金属组织和性能得到显著改善，所以受力复杂、载荷较大的重要工件，一般都采用热加工方法来制造。

（3）形成带状组织　多相合金中的各个相在热加工时沿着变形方向交替地呈带状分布，这种组织称为带状组织。图3-24所示为低碳钢中的带状组织。带状组织不仅降低金属的强度，而且还降低其塑性和冲击韧度，对性能极为不利。轻微的带状组织可以通过正火来消除。

（4）影响晶粒大小　热加工后晶粒是否细化取决于变形量、热加工温度，尤其是终锻（轧）温度后冷却等因素，正常热加工后，一般可使晶粒细化。

图3-24　低碳钢中的带状组织

3.4　金属材料的强化机制

1. 固溶强化

合金大多会形成固溶体，由于其中的溶质原子与溶剂原子大小不同，溶剂晶格发生畸变，并在周围形成一个弹性应力场，此应力场与运动位错的应力场发生交互作用，增大了位错运动的阻力，使金属的滑移变得困难，从而提高了合金的强度和硬度，称为固溶强化。一般地，间隙式溶质原子（如钢中的碳、氮等）比置换式溶质原子（如钢中的铬、镍、锰、硅等）所造成的强化效果大10～100倍，甚至更高，但同时对塑性、韧性的损害也较大。因此，固溶强化效果随溶质含量增加，固溶体的强度、硬度增加，塑性、韧性下降。

2. 细晶强化

晶界是一种面缺陷，能有效阻碍位错运动，使金属强化。晶粒越细，晶界越多，也越曲折，强化作用越明显。其强化效果可以用Hall－Petch公式表示，即 $\sigma_s = \sigma_{s,0} + K_y d^{-1/2}$，强化量与晶粒直径的平方根成反比。钢中常用来细化晶粒的元素有铌、钒、铝、钛等。细晶强化既可以提高合金的强度，同时也可以改善合金的韧性，这是其他强化方式不具备的。

3. 沉淀强化（弥散强化）

合金的组织由固溶体和弥散分布的金属间化合物（称为第二相）组成，第二相质点会阻碍位错的移动。在外力作用下，位错运动遇到第二相质点时发生弯曲，位错运动通过后在第二相质点周围留下一个位错环，第二相质点的存在增加了位错运动的阻力，使变形抗力增加，提高了合金的强度。这种通过基体中弥散分布的细小第二相质点而产生的强化，称为沉淀强化，也称为弥散强化。强化作用的大小取决于粒子间距，间距越小，强化越显著。如钢中的碳化物所引起的强化作用就属于沉淀强化。碳化物越细，间距越小，强化作用越大。

4. 位错强化

运动位错之间发生交互作用而使其运动受阻，所造成的强化量与金属中的位错密度的平方根成正比。一般而言，面心立方金属中的位错强化效应比体心立方金属大，如铜、铝等金属利用位错强化就很有利。对于钢而言，也可以通过合理的热处理工艺，将原本的体心立方结构变为面心立方结构，从而有效利用位错强化提高其性能，例如，高锰钢ZGMn13经“水韧处理”后处于面心立方的奥氏体状态，可以制作挖掘机的铲斗、各类碎石机的颚板，在恶劣的工作环境下，显示出优异的耐磨性。合金中的相变，特别是低温下伴随有容积变化的相变，如马氏体相变等，也产生大量的位错，从而使合金发生强化。位错强化会使金属的强度、硬度显著升高，而塑性、韧性显著下降。

实际金属中，很少只有一种强化机制起作用，而通常是几种强化机制同时起作用，综合强化。

思 考 题

3-1 解释下列名词：

滑移 加工硬化 回复 再结晶

3-2 简述冷塑性变形对金属组织结构和性能的影响。

3-3 为什么细晶粒金属的强度、硬度、塑性、韧性都较高?

3-4 举例说明回复和再结晶在工业生产中的应用。

3-5 什么是加工硬化? 加工硬化对金属组织和性能的影响有哪些?

3-6 为什么实际金属的强度比理论强度低很多?

3-7 说明塑性变形预变形度对再结晶后晶粒大小的影响规律。

3-8 用低碳钢板冷冲压成形的零件，冲压后发现各部位的硬度不同，为什么?

3-9 在制造齿轮时，有时采用喷丸处理（将金属丸喷射到零件表面上），使齿面得以强化，试分析其强化原因。

3-10 何谓临界冷变形度? 分析造成临界冷变形度的原因。

3-11 已知金属钨、铅的熔点分别为 3380℃ 和 327℃，请问钨在 900℃ 加工、铅在室温加工各为何种加工?

第4章

钢的热处理

章前导读

钢的热处理导读

热处理是将固态金属或合金采用适当的方式进行加热、保温和冷却，以获得所需要的组织结构与性能的工艺。热处理之所以能使钢的性能发生变化，是由于钢在固态下随温度的变化，其内部组织会发生改变。不同的加热温度、不同的冷却速度会得到不同的组织，因而可以得到不同的性能。与其他加工工艺相比，热处理一般不改变工件的形状和整体的化学成分，而是通过改变工件内部的显微组织，或改变工件表面的化学成分，赋予或改善工件的使用性能，其特点是改善工件的内在质量。

4.1　钢的热处理概述

钢的热处理是指将金属或合金在固态下进行加热、保温、冷却，以改变其整体或表面组织，从而获得所需性能的一种工艺。

热处理在机械制造工业中占有十分重要的地位，应用非常广泛。在机床制造行业中需要热处理的工件占60%～70%，在汽车拖拉机行业中占70%～80%，而在滚动轴承和各种工具、模具与量具制造行业中几乎占100%。随着科学和现代工业技术的发展，人们对钢铁材料的性能要求越来越高，热处理在改善和强化金属材料、提高产品质量、节省材料、提高经济效益等方面将发挥更大的作用。

与铸造、锻造、焊接等其他工艺相比，热处理不改变工件的形状和尺寸，只改变其内部组织和性能。热处理是强化钢材的重要工艺，可提高零件的强度、硬度等力学性能，充分发挥钢材的潜力，延长工件的使用寿命；可减轻工件的质量，节约材料，降低成本；也可改善零件的可加工性，降低加工成本。

根据热处理的目的和在加工过程中的工序位置，可分为预备热处理和最终热处理两大类。预备热处理一般安排在毛坯加工之后、切削加工之前，其主要作用是消除毛坯中的组织缺陷，降低内应力，调整硬度，改善切削加工性能。最终热处理一般安排在粗加工或半精加工之后，精加工之前，其作用是改变工件组织，提高力学性能，以满足工件的使用性能要求。

根据加热和冷却方法的不同，常用的热处理方法大致分类如图4-1所示。

尽管热处理的种类很多，但任何一种热处理工艺都是由加热、保温、冷却三个基本阶段组成的，图 4-2 所示即为最基本的热处理工艺曲线。因此，要了解各种热处理方法对金属材料组织和性能的改变情况，必须首先研究其在加热和冷却过程中的相变规律。

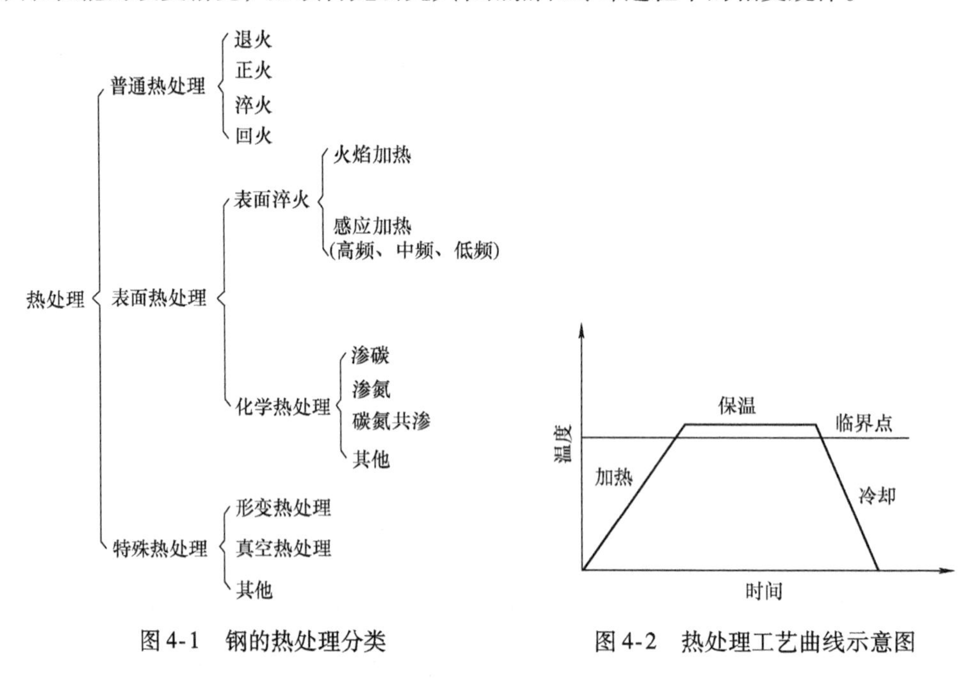

图 4-1　钢的热处理分类　　　　图 4-2　热处理工艺曲线示意图

4.2　钢在加热和冷却时的组织转变

4.2.1　钢在加热时的组织转变

1. 钢的相变点（临界温度）

相变点是指金属或合金在加热或冷却过程中发生相变的温度，又称临界温度。

根据 $Fe-Fe_3C$ 相图可知，钢在缓慢加热或冷却过程中，在 *PSK* 线、*GS* 线和 *ES* 线上都要发生组织转变。因此，任一成分碳钢固态组织转变的相变点，都可由这三条线来确定。通常把 *PSK* 线称为 A_1 线；*GS* 线称为 A_3 线；*ES* 线称为 A_{cm} 线。而该线上的相变点，则相应地用 A_1 点、A_3 点、A_{cm} 点表示。

但是，$Fe-Fe_3C$ 相图上反映出的相变点 A_1、A_3、A_{cm} 是平衡条件下的固态相变点，即在非常缓慢地加热或冷却条件下钢发生组织转变的温度。在实际生产中，加热速度和冷却速度都比较快，故其相变点在加热时要高于平衡相变点，在冷却时要低于平衡相变点，且加热和冷却的速度越大，其相变点偏离得越大。为了区别于平衡相变点，通常用 Ac_1、Ac_3、Ac_{cm} 表示钢在实际加热条件下的相变点，而用 Ar_1、Ar_3、Ar_{cm} 表示钢在实际冷却条件下的相变点，如图 4-3 所示。一般热处理手册中的数值都是以 30～50℃/h 加热或冷却速度所测得的结果，以供参考使用。

2. 奥氏体化过程及影响因素

加热是热处理的第一道工序，任何成分的碳钢加热到 Ac_1 线以上时，都将发生珠光体向奥氏体的转变。把钢加热到相变点以上获得奥氏体组织的过程称为“奥氏体化”。钢只有处在奥氏体状态下才能通过不同的冷却方式转变为不同的组织，从而获得所需的性能。

（1）奥氏体的形成　奥氏体一般由等轴状的多边形晶粒组成。加热转变刚结束时的奥氏体晶粒比较细小，晶粒边界呈不规则的弧形。经过一段时间的加热或保温，晶粒将长大，晶粒边界趋向平直化。

狭义上，将奥氏体定义为碳溶入 γ－Fe 中的固溶体。实际上，工业用钢中的奥氏体是具有一定碳含量，有时特意加入一定量的合金元素而形成的固溶体。奥氏体中还常存在少量杂质元素，如 Si、Mn、S、P、O、N、H 等。因此确切地讲，钢中的奥氏体是碳或各种化学元素溶入 γ－Fe 中所形成的固溶体。

图 4-4 所示为高锰钢在 1100℃ 加热后水韧处理得到的奥氏体组织，它是碳、锰等元素溶入 γ－Fe 中所形成的固溶体。

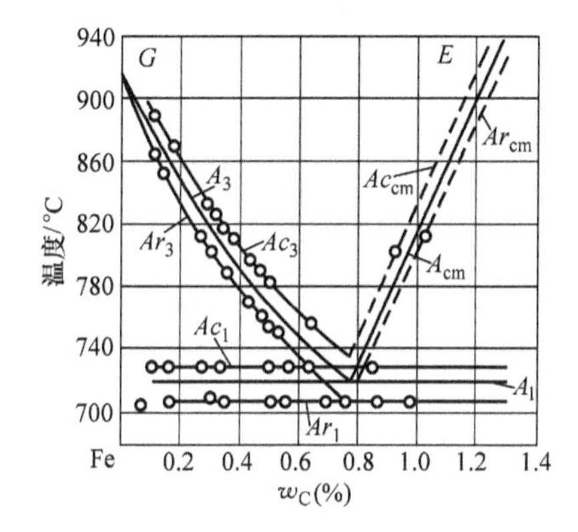

图 4-3　加热和冷却时碳钢的相变点在 $Fe-Fe_3C$ 相图上的位置

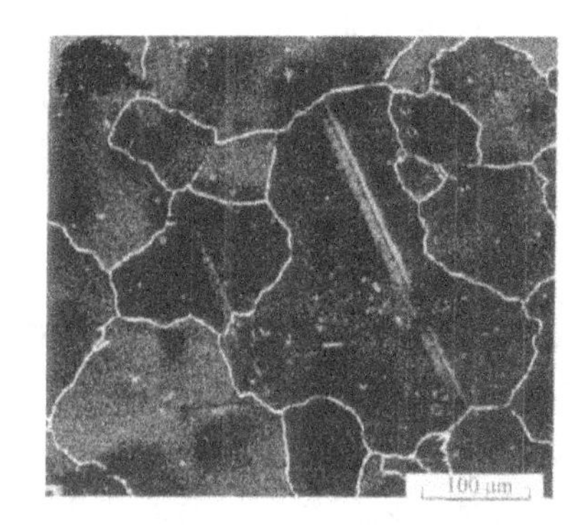

图 4-4　高锰钢中奥氏体晶粒（SEM）

下面以共析钢为例来说明奥氏体化的过程。室温组织为珠光体的共析钢加热至 Ac_1 以上时，将形成奥氏体，即发生 P（$F+Fe_3C$）⟶A 的转变。

奥氏体的形成是通过形核和长大的结晶过程来实现的，奥氏体化过程包括奥氏体晶核的形成、奥氏体的长大、残留渗碳体的溶解和奥氏体均匀化四个阶段，如图 4-5 所示。

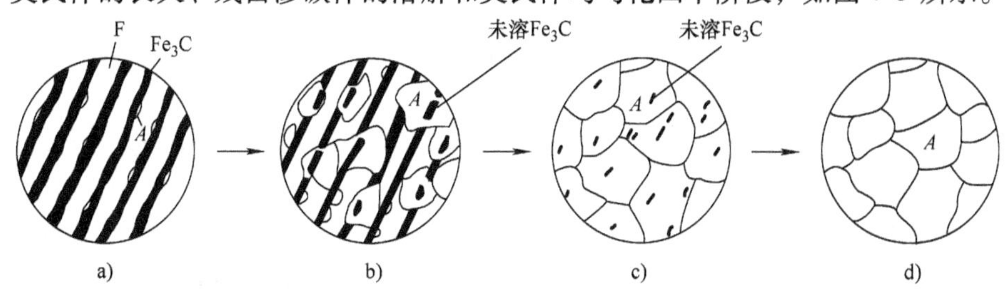

图 4-5　共析钢奥氏体化过程

a）A 形核　b）A 长大　c）残留 Fe_3C 溶解　d）A 均匀化

1）奥氏体晶核的形成。奥氏体一般优先在铁素体和渗碳体相交界面上形核，主要是由于铁素体碳含量极低（0.0218%），而渗碳体碳含量又很高（6.69%），奥氏体的碳含量介于两者之间，同时存在如下情况：①相界面处存在碳的浓度起伏和容易满足形成奥氏体所需的碳浓度，相界面处存在结构起伏；②界面存在缺陷，能量高，可供能量起伏；此处原子排列紊乱，位错、空位浓度较高，容易满足形成奥氏体所需的能量；③有渗碳体溶解后的碳原子补充。相界面处上述优势，造成奥氏体晶核最容易在此处形成。

奥氏体的形核是扩散型相变，可在渗碳体与铁素体相界面上形核，也可以在珠光体领域的交界面上形核，还可以在原奥氏体晶界上形核。这些界面易于满足形核的能量、结构和浓度三个起伏条件。因此，原始珠光体组织越细，奥氏体形核率越高，奥氏体形成速度越快。

2）奥氏体的长大。奥氏体晶核形成后，它一面与渗碳体相接，另一面与铁素体相接，它的碳含量是不均匀的，与铁素体相接处碳含量较低，而与渗碳体相接处碳含量较高。这就使得奥氏体内部出现碳浓度梯度，引起碳在奥氏体中不断地由高浓度向低浓度扩散。碳扩散破坏了碳浓度原先的平衡，势必促使铁素体向奥氏体转变及渗碳体的溶解。这样，碳浓度破坏平衡和恢复平衡的反复循环过程，就使奥氏体逐渐向渗碳体和铁素体两方面长大，直至铁素体全部变成奥氏体。

3）残留渗碳体的溶解。由于奥氏体向铁素体方向成长的速度远大于渗碳体的溶解，因此，铁素体全部消失后，仍有部分渗碳体未溶解，这部分未溶解渗碳体将随时间的延长逐渐融入奥氏体，直至全部消失。

4）奥氏体均匀化。当残留渗碳体全部溶解后，奥氏体中的碳浓度仍是不均匀的，在原渗碳体处碳含量高，而在原铁素体处碳含量低，只有继续延长保温时间，通过碳原子的扩散才能使奥氏体的成分逐渐均匀。

因此，热处理的保温阶段，不仅是为了使零件热透和相变完全，而且还是为了获得成分均匀的奥氏体，以便冷却后能得到良好的组织与性能。

亚共析钢和过共析钢中奥氏体的形成过程与共析钢基本相同，当温度加热到 Ac_1 线以上时，首先发生珠光体向奥氏体的转变。对于亚共析钢，在 $Ac_1 \sim Ac_3$ 的升温过程中，先共析铁素体逐步向奥氏体转变，加热到 Ac_3 以上时才能得到单一的奥氏体组织；对于过共析钢，在 $Ac_1 \sim Ac_{cm}$ 的升温过程中，先共析二次渗碳体逐步溶入奥氏体中，只有温度上升到 Ac_{cm} 以上才能得到单一的奥氏体组织。

（2）影响奥氏体形成的因素

1）加热温度。随着加热温度的升高，原子扩散能力增强，特别是碳在奥氏体中的扩散能力增强；同时 $Fe-Fe_3C$ 相图中 GS 线和 ES 线间的距离增大，即增大了奥氏体中碳的浓度梯度，这些都将加速奥氏体的形成。

2）加热速度。在实际热处理中，加热速度越快，产生的过热度就越大，转变的温度范围也越宽，形成奥氏体所需的时间越短。

3）钢的成分。随碳含量增大，铁素体和渗碳体相界面增多，有利于加速奥氏体的形成；钢中加入合金元素并不改变奥氏体形成的基本过程，但显著影响其形成速度。由于合金元素可以改变钢的相变点，并影响碳的扩散速度，它自身也在扩散和重新分布，因此，合金钢的奥氏体形成速度一般比碳钢慢，在热处理时，合金钢的加热保温时间要长。

4）原始组织。钢成分相同时，组织中珠光体越细，则奥氏体形成速度越快。

3. 奥氏体晶粒大小及其控制

（1）奥氏体晶粒度　晶粒度是指多晶体内的晶粒大小，常用晶粒度等级来表达。按晶粒大小，晶粒度等级分为 00、0、1～10 共 12 级，晶粒越细，晶粒度等级数越高。其中，1～4级为粗晶粒度，5～8 级为细晶粒度，超过 8 级为超细晶粒度。在生产中是将金相组织放大 100 倍后，与标准晶粒度等级图片进行比较来确定的，如图 4-6 所示。

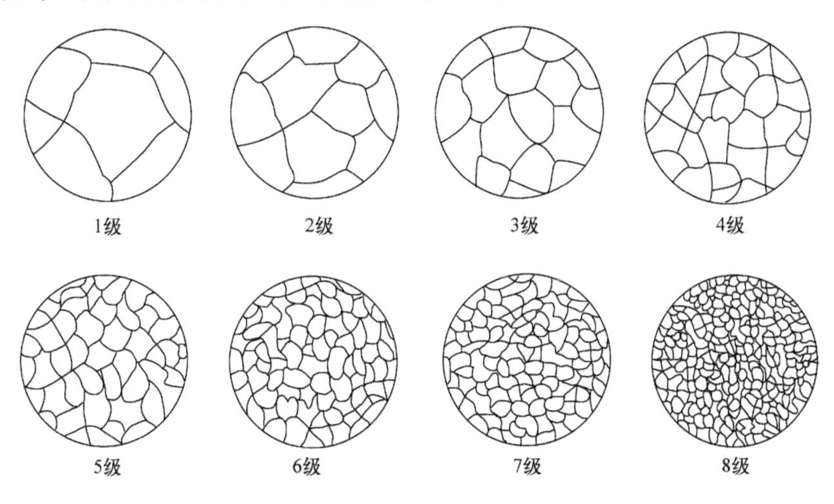

图 4-6　标准晶粒度等级示意图

（2）奥氏体晶粒的长大　加热转变过程中，新形成并刚好互相接触时的奥氏体晶粒，称为奥氏体起始晶粒，其大小称为起始晶粒度。奥氏体的起始晶粒一般都很细小，但随着加热温度的升高和保温时间的延长，其晶粒将不断长大。这种在某个具体工艺条件下所获得的奥氏体晶粒称为实际晶粒，其大小称为实际晶粒度，奥氏体的实际晶粒度直接影响钢热处理后的组织与性能。

加热时，奥氏体晶粒长大倾向取决于钢的化学成分和冶炼条件。冶炼时用 Al 脱氧，使之形成 Al 微粒，或加入 Nb、Zr、V、Ti 等强碳化物形成元素，形成难溶的碳化物颗粒。由于这些第二相微粒能阻止奥氏体晶粒长大，所以在一定温度下晶粒不易长大；只有当超过一定温度时，第二相微粒溶入奥氏体后，奥氏体才突然长大，如图 4-7 中所示曲线 1。如冶炼时用硅铁、锰铁脱氧；或不含阻止奥氏体晶粒长大的第二相微粒的钢，随温度升高，奥氏体晶粒将不断长大，如图 4-7 中所示曲线 2。由于曲线 1 所示的钢，其奥氏体晶粒粗化温度一般都高于热处理的加热温度范围（800～930℃），所以能保证获得较细小的奥氏体实际晶粒，是生产中常用的钢种。

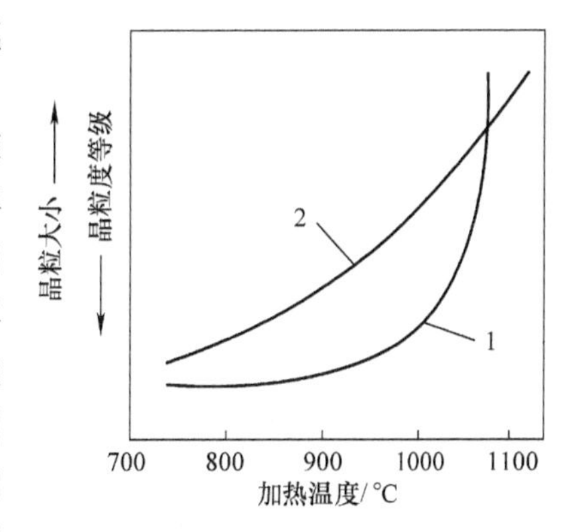

图 4-7　奥氏体晶粒长大倾向示意图

（3）奥氏体晶粒大小的控制　奥氏体实际晶粒细小时，冷却后转变产物的组织也细小，其强度与塑性、韧性都较高，冷脆转变温度也较低，所以，除了上述提到的成分、冶炼条件外，如何控制好加热参数，以便获得细小而均匀的奥氏体晶粒是保证热处理产品质量的关键之一。主要考虑以下几点：

1）加热温度。加热温度越高，晶粒长大速度越快，奥氏体晶粒也越粗大，故为了获得细小的奥氏体晶粒，热处理时必须规定合适的加热温度范围，一般为相变点以上某一适当温度。

2）保温时间。钢加热时，随保温时间的延长，晶粒不断长大，但其长大速度越来越慢，且不会无限制地长大下去。所以延长保温时间比升高加热温度对晶粒长大的影响要小得多。确定保温时间时，除考虑相变需要外，还需考虑工件穿透加热的需要。

3）加热速度。加热速度越快，奥氏体化的实际温度越高，奥氏体的形核率大于长大速率，所以可获得细小的起始晶粒。故生产中常用快速加热和短时保温的方法来细化晶粒，如高频感应淬火就是利用这一原理来获得细晶粒的。

4.2.2 钢的冷却及组织转变

钢经加热获得均匀的奥氏体组织，只是为随后的冷却转变做准备。热处理后钢的组织与性能是由冷却过程来决定的，所以控制奥氏体在冷却时的转变过程是热处理的关键。

冷却时冷却速度越快，过冷度越大，金属的实际结晶温度就越低，液态金属原子的状态就越不稳定。同时温度越低，原子的扩散能力越低，有更多的金属液态原子来不及扩散到周围的晶核，就在其自身位置上形成新的晶核，从而提高了结晶时的形核率，所以冷却速度越快，金属结晶后的晶粒就越细小。

常用的冷却方式有连续冷却和等温冷却两种。连续冷却是把加热到奥氏体状态的钢，以某一速度连续冷却到室温，使奥氏体在连续冷却过程中发生转变。等温冷却是把加热到奥氏体状态的钢，快速冷却到 Ar_1 以下某一温度等温停留一段时间，使奥氏体发生转变，然后再冷却到室温。

1. 过冷奥氏体的等温转变图

奥氏体在 A_1 点以下处于不稳定状态，必然要发生相变。但过冷到 A_1 以下的奥氏体并不是立即发生转变，而是要经过一个孕育期后才开始转变。这种在孕育期内暂时存在的、处于不稳定状态的奥氏体称为“过冷奥氏体”。

研究过冷奥氏体在不同温度下进行等温转变的重要工具是过冷奥氏体等温转变图。它表明了过冷奥氏体在不同过冷温度下的等温过程中，转变温度、转变时间与转变产物量之间的关系，是利用过冷奥氏体转变产物的组织形态和性能的变化建立的。

下面以共析钢的过冷奥氏体等温转变图（图 4-8）为例进行分析。

1）由过冷奥氏体开始转变点连接起来的线称为转变开始线；由过冷奥氏体转变结束点连接起来的线称为转变结束线。

最上面的水平线为 A_1 线，即 $Fe-Fe_3C$ 相图中的 A_1 线，表示奥氏体与珠光体的平衡温度。因此，

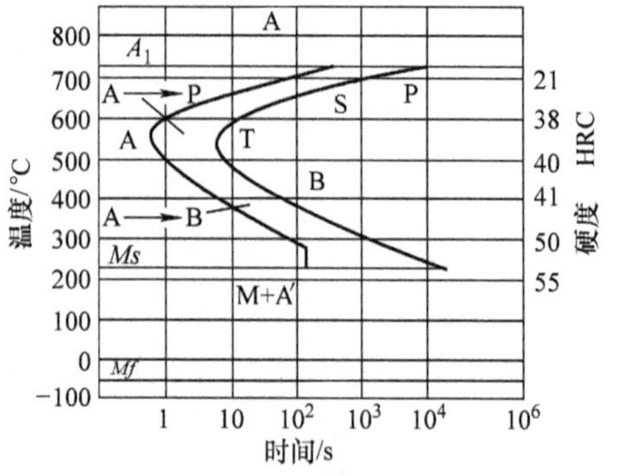

图 4-8 共析钢过冷奥氏体等温转变图

图中在 A_1 以上是奥氏体的稳定区；A_1 线以下，转变开始线以左是过冷奥氏体区，A_1 线以下，转变结束线以右是转变产物区；转变开始线和结束线之间是过冷奥氏体和转变产物共存区。

2）过冷奥氏体在各个温度下等温转变时，都要经过一段孕育期。金属及合金在一定过冷条件下等温转变时，等温开始至相转变开始的时间称为孕育期，以转变开始线与纵坐标之间的水平距离表示。孕育期越长，过冷奥氏体越稳定，反之则越不稳定。所以过冷奥氏体在不同温度下的稳定性是不同的。开始时，随过冷度（ΔT）的增大，孕育期与转变终了时间逐渐缩短，但当过冷度达到某一值（等温温度≈550℃）后，孕育期与转变结束时间却都随过冷度的增大而逐渐延长，所以曲线呈“C”状。

在奥氏体等温转变图上孕育期最短的地方，表示过冷奥氏体最不稳定，它的转变速度最快，该处称为奥氏体等温转变图“鼻尖”。而在靠近 A_1 和 *Ms* 处的孕育期较长，过冷奥氏体较稳定，转变速度也较慢。

3）在奥氏体等温转变图下部的 *Ms* 水平线，表示钢经奥氏体化后以大于或等于马氏体临界冷却速度淬火冷却时，奥氏体开始向马氏体转变的温度（对共析钢约为230℃），称为钢的上马氏体点或马氏体转变开始点；其下面还有一条表示过冷奥氏体停止向马氏体转变的温度 *Mf* 水平线，称为钢的下马氏体点或马氏体转变终止点，一般在室温以下。*Ms* 与 *Mf* 线之间为马氏体与过冷奥氏体共存区。

因此，在三个不同的温度区，共析钢的过冷奥氏体可发生三种不同的转变：①A_1 至奥氏体等温转变图鼻尖区间的高温转变，其转变产物为珠光体，故又称珠光体转变；②奥氏体等温转变图鼻尖至 *Ms* 区间的中温转变，其转变产物为贝氏体，故又称贝氏体转变；③在 *Ms* 线以下区间的低温转变，其转变产物为马氏体，故又称马氏体转变。

2. 过冷奥氏体等温转变的产物与转变温度的关系

过冷奥氏体转变时，涉及晶格的重构和铁、碳原子的扩散。

在 A_1 ~550℃之间，转变温度较高，原子有足够的扩散能力，所以形成的是片层结构的珠光体类组织。温度越低，片层越细，分别称为珠光体、索氏体和托氏体。

在550℃ ~*Ms* 之间，奥氏体的过冷度较大，转变温度较低，晶格重构后，铁原子已经不能扩散，碳原子的扩散能力也有限，所以碳只能部分形成渗碳体，部分形成碳化物，最终形成的组织是过饱和的铁素体和渗碳体或碳化物组成的两相混合物，即贝氏体。

在 *Ms* ~ *Mf* 之间，奥氏体的过冷度极大，转变温度很低，转变时只有晶格的重构，铁原子与碳原子均不能扩散，碳原子全部被迫过量地固溶在 α－Fe 的晶格中形成马氏体。但马氏体是一种不稳定组织，只要原子恢复了扩散能力，就会发生转变。

3. 过冷奥氏体转变产物的组织与性能

（1）珠光体转变——高温转变（A_1 ~550℃）　过冷奥氏体在此范围内 A ⟶P（Fe－Fe_3C）转变，它的形成伴随着两个过程同时进行：一是铁、碳原子的扩散，由此形成高碳的渗碳体和低碳的铁素体；二是晶格的重构，由面心立方晶格的奥氏体转变为体心立方晶格的铁素体和复杂立方晶格的渗碳体，是在固态下形核和长大的结晶过程。

1）珠光体的形成。成分均匀的奥氏体，其高温转变产物一般都为层片状珠光体。片状珠光体的形成过程如图 4-9 所示。一般认为，形成珠光体的领先相是渗碳体。首先，新相的晶核在奥氏体晶界上优先生成，由于渗碳体中碳的质量分数比奥氏体高得多，因此，它需要从周围的奥氏体中吸收碳原子才能长大，这样就会造成附近的奥氏体贫碳，为形成铁素体创造了条件，于是，在渗碳体两侧通过晶格重构形成铁素体。而铁素体在长大过程中，不断向侧面的奥氏体中排出多余的碳，使周围奥氏体的碳含量增加，这又促进了另一片渗碳体的形成。这样不断交替的形核长大，直到各个珠光体区相互接触，奥氏体全部消失为止。

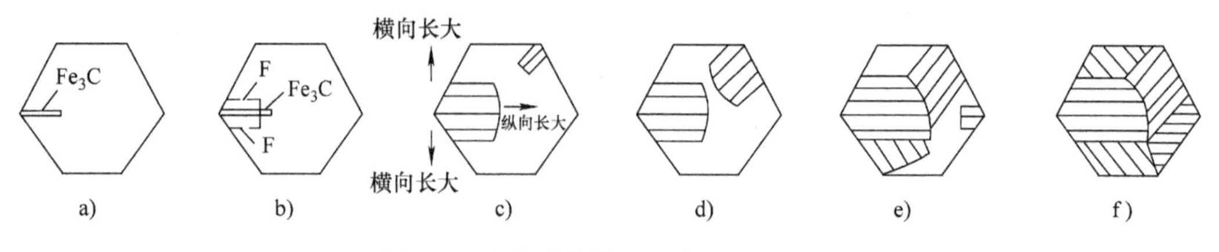

图 4-9　片状珠光体的形成过程示意图

2）珠光体的性能。层状珠光体的性能主要取决于层片间距。由于转变温度不同，原子扩散能力及驱动能力也不同，珠光体层片间距差别很大，一般转变温度越低，层片间距越小。

根据层片间距的大小，珠光体又可分为粗珠光体（习惯上称为珠光体 P）、细珠光体（即索氏体 S）、极细珠光体（即托氏体 T）三种。珠光体的片间距越小，则珠光体的硬度越高，强度高，塑性好。珠光体转变组织特征与性能见表 4-1，表中列出了共析钢的珠光体转变产物的形成温度、层片间距和硬度值。由于珠光体层片间距越小，相界面越多，塑性变形抗力越大，故强度、硬度越高；同时，渗碳体片层越薄，越容易随同铁素体一起变形而不发生脆性断裂，所以塑性和韧性也变好了，这也就是冷拔钢丝要求具有索氏体组织才容易变形而不致因拉拔而断裂的原因。

表 4-1　珠光体转变组织特征与性能

组织名称	形成温度/℃	片间距/nm	金相显微组织特征	硬度
珠光体（P）	A_1 ~650	150 ~450	在 400 ~500 倍金相显微镜下可观察到铁素体和渗碳体的片层状组织	170 ~200HBW
索氏体（S）	600 ~650	80 ~150	在 800 ~1000 倍金相显微镜下才能分清片层状，在低倍下片层模糊不清	25 ~35HRC
托氏体（T）	550 ~600	30 ~80	用光学显微镜观察时呈黑色团状，只有在电子显微镜下才能看出片层组织	35 ~40HRC

（2）贝氏体转变——中温转变（550℃ ~*Ms*）　贝氏体（用符号 B 表示）是过冷奥氏体在贝氏体转变温度区转变而成，由铁素体与碳化物所组成的非层状的亚稳组织。贝氏体转变既有珠光体转变，又有马氏体转变的某些特征，这给贝氏体带来复杂的相变性质和多样的组织形态。影响贝氏体组织形态的外在因素除相变温度这个主要条件以外，还有相变持续时间和外加压力；内在因素则有诸如钢的化学成分和母相组织结构等。它是以美国冶金学家 E・C・Bain的名字命名的。由于转变温度较低，过冷度大，只有碳原子有一定的扩散能力，铁仅有很小的位移，而不发生扩散，因此，贝氏体转变属于半扩散转变。

1）贝氏体的形成。根据转变温度及产物组织形态的不同，贝氏体分成 550 ~350℃形成的上贝氏体和 350 ~230℃形成的下贝氏体。如图 4-10 所示，典型的上贝氏体在光学显微镜下呈羽毛状的特征，组织中的渗碳体不易辨认，在电镜下可见碳过饱和度不大的铁素体呈条束并排地由奥氏体晶界伸向晶内，铁素体条间分布着粒状或短杆状的渗碳体。典型的下贝氏体在光学显微镜下呈黑色针片状形态。

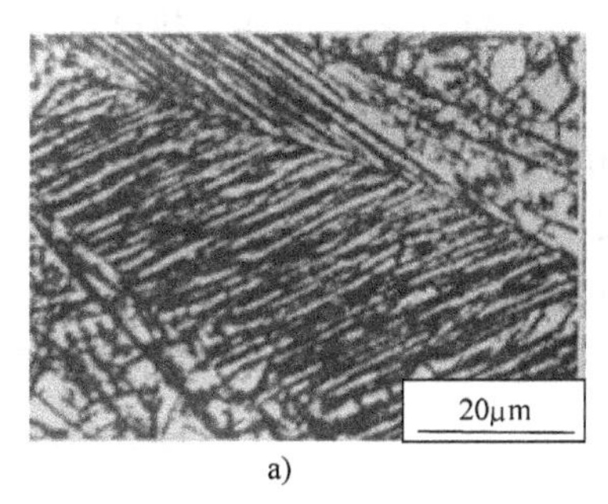

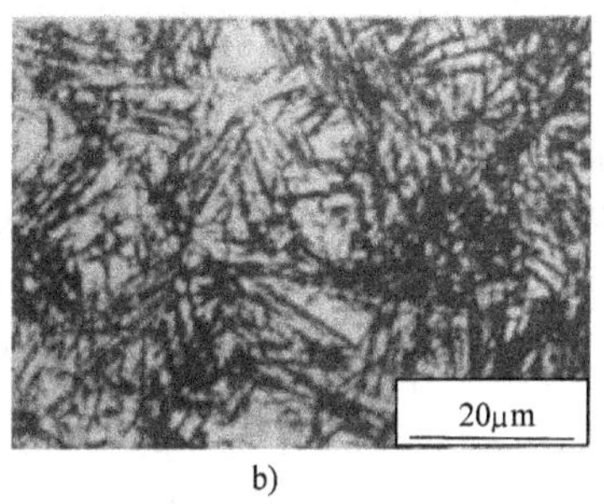

图4-10　贝氏体的显微组织

a）上贝氏体　b）下贝氏体

上贝氏体的形成过程如图4-11a所示。开始转变前，在过冷奥氏体的贫碳区先孕育出铁素体晶核，它处于碳过饱和状态，碳有从铁素体向奥氏体扩散的倾向，随着密排的铁素体条的伸长、变宽，生长着的铁素体中的碳不断地通过界面扩散到其周围的奥氏体中，导致铁素体条间奥氏体的碳不断富集，当其碳含量足够高时，便在铁素体条间沿条的长轴方向析出碳化物，形成典型的上贝氏体。

下贝氏体的形成过程如图4-11b所示。它是在较大的过冷度下形成的，碳的扩散能力降低，尽管初生下贝氏体的铁素体周围溶有较多的碳，具有较大的析出碳化物的倾向，但碳的迁移却未能超出铁素体片的范围，只在片内沿一定的晶面偏聚起来，进而沿与长轴成55°～60°夹角的方向上沉淀出碳化物粒子。转变温度越低，碳化物粒子越细，分布越弥散，而且此时仍有部分碳过饱和地固溶在铁素体中形成典型的下贝氏体。

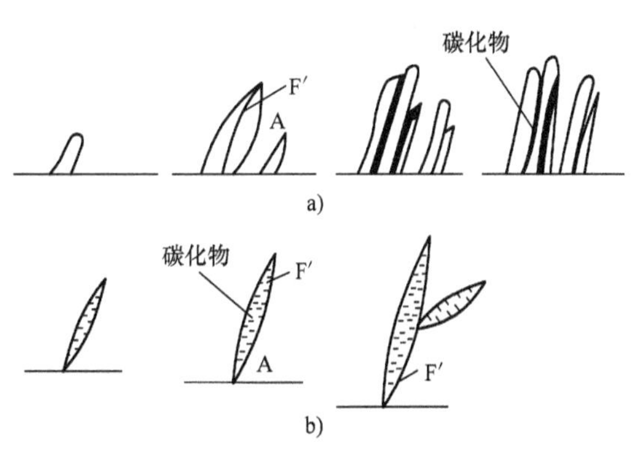

图4-11　贝氏体形成过程示意图

a）上贝氏体　b）下贝氏体

2）贝氏体的性能。由于上贝氏体中的铁素体条比较宽，抗塑性变形的能力比较低，渗碳体分布在铁素体条之间容易引起脆断。因此，上贝氏体的强韧性较差，生产上极少使用。

下贝氏体中的针状铁素体细小且无方向性，碳的过饱和度大，碳化物分布均匀、弥散度大，所以它不仅有高的强度、硬度与耐磨性，同时具有良好的塑性和韧性，生产中常用等温淬火来获得性能较好的下贝氏体。

（3）马氏体转变——低温转变（*Ms*～*Mf*）　过冷奥氏体在*Ms*以下将发生马氏体转变。马氏体是以德国冶金学家A・Martens的名字命名的，用符号M表示。

马氏体转变不属于等温转变，而是在*Ms*～*Mf*之间的一个温度范围内连续冷却完成。由于马氏体转变温度极低，过冷度很大，而且形成的速度极快，使奥氏体向马氏体的转变只发

生 γ - Fe ⟶α - Fe 的晶格重构，而没有铁碳原子的扩散。所以马氏体的碳含量就是转变前奥氏体的碳含量。

1）马氏体的结构和形成。马氏体是碳在 α - Fe 中的过饱和间隙固溶体。马氏体中，由于过饱和的碳强制地分布在晶胞的某一晶轴（如 Z 轴）的间隙处，使 Z 轴方向的晶格常数 c 增大，X、Y 轴方向的晶格常数 a 减小，α - Fe 的体心立方晶格变为体心正方晶格，晶格常数 c/a 的比值称为马氏体的正方度。马氏体中的碳含量越高，正方度越大。

马氏体的形成也是一个形核和长大的过程。马氏体晶核一般在奥氏体晶界、滑移面或晶内晶格畸变较大的地方形成，因为转变温度低，铁、碳原子不能扩散，而转变的驱动力极大，所以马氏体是以一种特殊的方式——共格切变的方式形成，并瞬时长大到最终尺寸。

2）马氏体的组织形态。马氏体的组织形态主要有两种类型，即板条状马氏体（图 4-12）和片状马氏体（图 4-13）。淬火钢中究竟形成何种形态马氏体，主要与钢的碳含量有关。一般当 $w_C < 0.30\%$ 时，钢中马氏体形态几乎全为板条状马氏体；$w_C > 1.0\%$ 时则几乎全为片状马氏体；$w_C = 0.30\% \sim 1.0\%$ 时为板条状马氏体和片状马氏体的混合组织。随碳含量的增多，淬火钢中板条马氏体的量减少，片状马氏体的量增多。

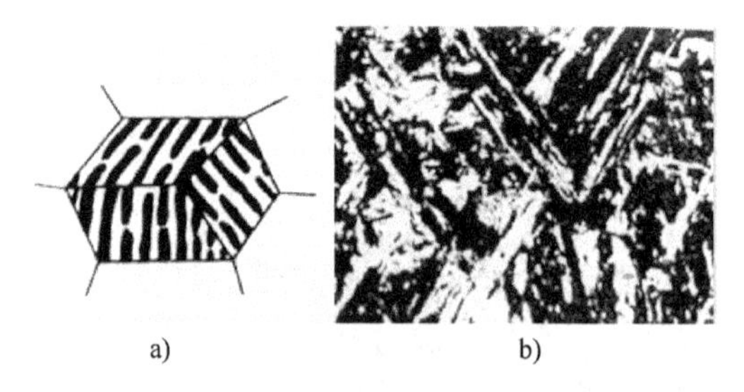

a)　　b)

图 4-12　板条状马氏体的形态

a）板条状马氏体组织示意图　b）板条状马氏体显微组织

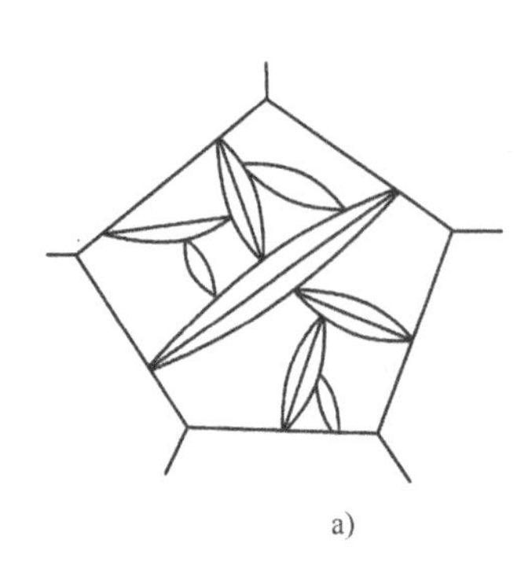

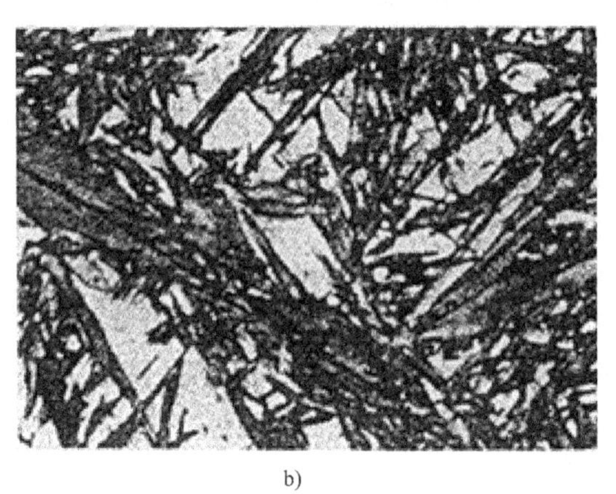

a)　　b)

图 4-13　片状马氏体的形态

a）片状马氏体组织示意图　b）片状马氏体显微组织

3）马氏体的性能。马氏体的性能取决于马氏体的碳含量与组织形态。

① 强度与硬度。强度与硬度主要取决马氏体的碳含量。随马氏体中碳含量的增加，强度与硬度随之增大，特别是在碳含量较低时，这种作用较明显，但 $w_C > 0.6\%$ 后，这种作用则不明显，曲线趋于平缓，如图 4-14 所示。

② 塑性与韧性。一般认为马氏体硬而脆，塑性与韧性很差，其实这是片面的认识。马氏体的塑性与韧性同样受碳含量的影响，随马氏体中碳含量的升高，塑性与韧性急剧下降，而低碳板条马氏体具有良好的塑性与韧性，是一种强韧性很好的组织，而且有较高的断裂韧

度和低的冷脆转变温度，所以其应用日益广泛。

③ 比体积。钢中不同组织的比体积是不同的。其中马氏体比体积最大，奥氏体最小，珠光体居中，所以奥氏体转变为马氏体时，必然伴随体积膨胀而产生内应力。马氏体中碳含量越高，正方度越大，晶格畸变程度加剧，比体积也越大，故产生的内应力也越大，这就是高碳钢淬火易裂的原因。但生产中也利用这一效应使淬火零件表面产生残余压应力，以提高其疲劳强度。

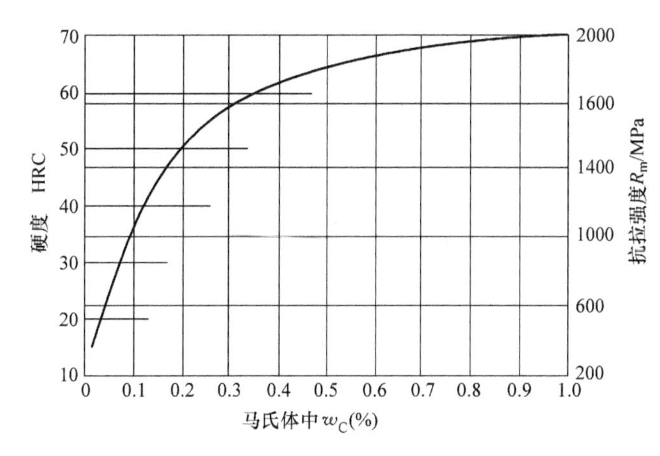

图 4-14　碳含量对马氏体强度与硬度的影响

4）马氏体转变的特点。马氏体转变也是形核、长大的过程，但有下列特点：

① 无扩散性。珠光体、贝氏体转变都是扩散型相变，马氏体转变则是在极大的过冷度下进行的，只发生 $\gamma-Fe \longrightarrow \alpha-Fe$ 的晶格重构，而奥氏体中的铁、碳原子都不能进行扩散，所以是无扩散型相变。

② 转变速度极快（转变时间小于 10^{-7}s）。马氏体形成时一般不需要孕育期，马氏体量的增加不是靠已形成的马氏体片的长大，而是靠新的马氏体片的不断形成。

③ 转变的不完全性。马氏体点（*Ms* 与 *Mf*）的位置主要取决于奥氏体的成分。奥氏体中碳含量对 *Ms*、*Mf* 的影响如图 4-15 所示。奥氏体的碳含量越高，*Ms* 与 *Mf* 越低，当奥氏体中的 $w_C>0.5\%$ 时，*Mf* 就已低于室温。这时，奥氏体即使冷却到室温也不能完全转变为马氏体，这部分被残留下来的奥氏体称为残留奥氏体。

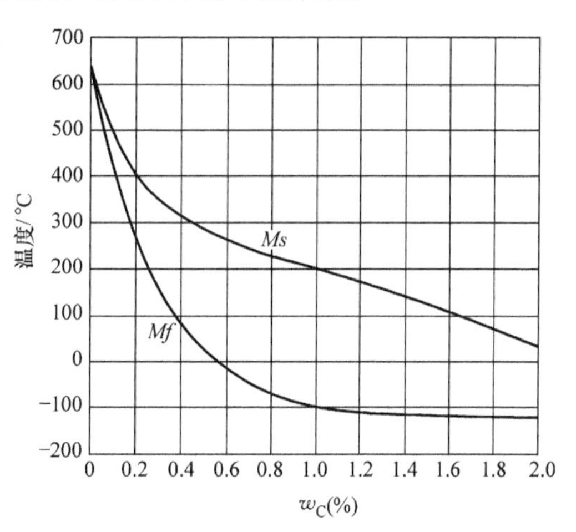

图 4-15　奥氏体中碳含量对 *Ms* 和 *Mf* 的影响

残留奥氏体的量随奥氏体中碳含量的上升而上升，如图 4-16 所示。一般中、低碳钢淬火到室温后，仍有 1% ~2% 的残留奥氏体；而高碳钢淬火到室温后，仍有 10% ~15% 的残留奥氏体。即使把奥氏体过冷到 *Mf* 以下，仍不能得到 100% 的马氏体，总有少量的残留奥氏体，这就是马氏体转变的不完全性。

残留奥氏体不仅降低了淬火钢的硬度和耐磨性，而且在工件的长期使用过程中，残留奥氏体还会发生转变，使工件形状尺寸变化，降低工件尺寸精度。所以，对某些高精度的工件，如精密量具、精密丝杠、精密轴承等，为保证它们在使用期间的精度，生产中可将淬火工件冷却至室温后，再随即放到0℃以下温度的介质中冷却，以最大限度地消除残留奥氏体，达到提高硬度、耐磨性与尺寸稳定性的目的。这种处理称为“冷处理”。

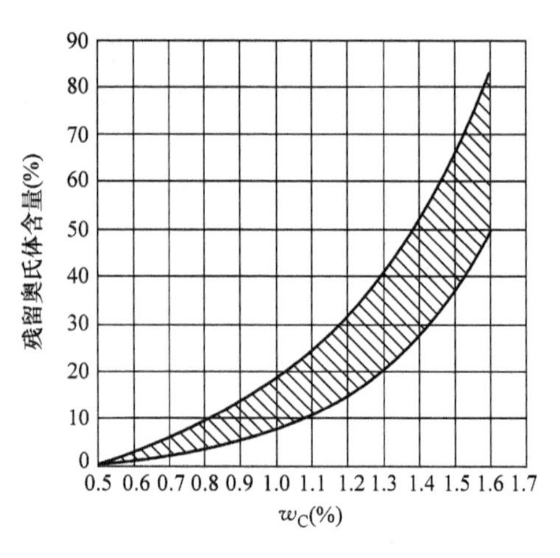

图 4-16　碳含量对残留奥氏体含量的影响

（4）影响奥氏体等温转变图的因素　奥氏体等温转变图的位置和形状与奥氏体的稳定性及分解特性有关，其影响因素主要有奥氏体的成分和加热条件。

1）奥氏体成分。

① 碳含量。随着奥氏体中碳含量的增加，奥氏体的稳定性增大，奥氏体等温转变图的位置向右移。对于过共析钢，加热到 Ac_1 以上某一温度时，随钢中碳含量的增加，奥氏体中碳含量并不增加，而未溶渗碳体含量增加，因为它们能作为结晶核心，促进奥氏体分解，所以奥氏体等温转变图左移。过共析钢只有加热到 Ac_{cm} 以上，渗碳体完全溶解时，碳含量的增加才使奥氏体等温转变图右移，而在正常热处理条件下不会达到这样高的温度。因此，在一般热处理条件下，随碳含量的增加，亚共析钢的奥氏体等温转变图右移，过共析钢的奥氏体等温转变图左移。

由于亚共析钢和过共析钢在奥氏体向珠光体转变前有先共析铁素体或渗碳体析出，所以与共析钢奥氏体等温转变图相比，在亚共析钢的奥氏体等温转变图的左上部多出一条先共析铁素体析出线（图 4-17a）；过共析钢的奥氏体等温转变图左上部多出一条二次渗碳体的析出线（图 4-17b）。

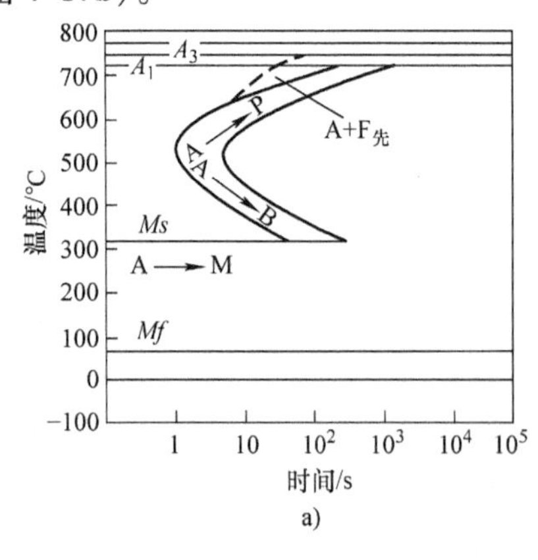

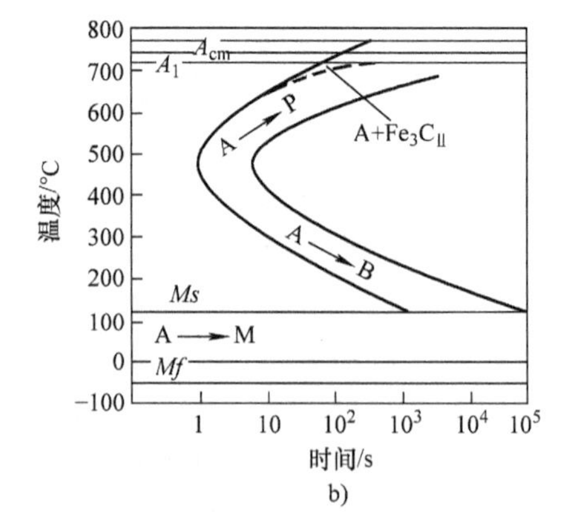

图 4-17　碳含量对奥氏体等温转变图的影响

a）亚共析钢　b）过共析钢

② 合金元素含量。除 Co 外，所有合金元素的溶入均增大奥氏体的稳定性，使奥氏体等温转变图的位置右移。不形成碳化物的元素，如 Si、Ni、Cu 等，只使奥氏体等温转变图的位置右移，而不改变其形状（图 4-18a）；Cr、Mo、W、V、Ti 等碳化物形成元素则不仅使奥氏体等温转变图的位置右移，而且使其形状发生变化，产生两个“鼻子”，整个奥氏体等温转变图分裂成珠光体转变和贝氏体转变两部分，其间出现一个过冷奥氏体的稳定区（图 4-18b）。

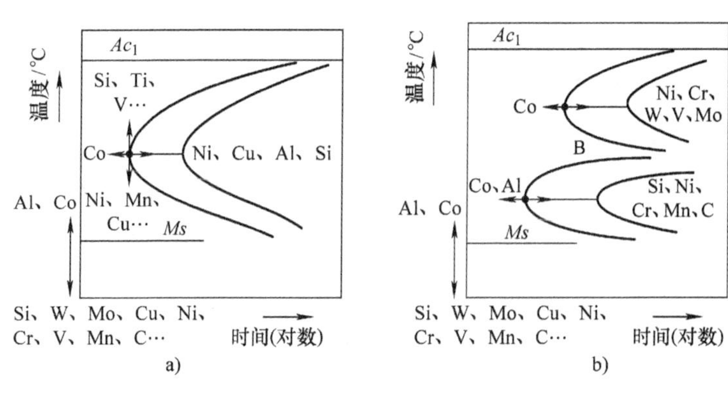

图 4-18　合金元素对奥氏体等温转变图的影响
a）非碳化物形成元素　b）碳化物形成元素

需要说明的是，合金元素只有溶入奥氏体中才会增大过冷奥氏体的稳定性，而未溶的合金碳化物因有利于过冷奥氏体的分解反而降低过冷奥氏体的稳定性。

2）加热条件。加热条件影响奥氏体的状态（如晶格大小、成分与组织均匀性）。奥氏体晶粒细小，晶界总面积增加，有利于新相的形成和原子扩散，因此有利于先共析相转变和珠光体转变，使珠光体转变线左移，但晶粒度对贝氏体和马氏体转变的影响不大。奥氏体的均匀程度对奥氏体等温转变图的位置也有影响，奥氏体成分越均匀，则奥氏体越稳定，新相形核和长大所需的时间越长，使奥氏体等温转变图右移。

奥氏体化温度越高，保温时间越长，则形成的奥氏体晶粒越粗大，奥氏体的成分也越均匀，从而增加奥氏体的稳定性，使奥氏体等温转变图向右移。反之，奥氏体化温度越低，保温时间越短，则奥氏体晶粒越细，其成分越不均匀，未溶第二相越多，奥氏体越不稳定，使奥氏体等温转变图左移。

（5）过冷奥氏体的连续转变　实际生产中，钢奥氏体化后大多采用连续冷却，因此研究过冷奥氏体连续冷却时的转变规律具有重要的意义。

1）共析钢过冷奥氏体连续冷却转变图。过冷奥氏体连续冷却转变图是将钢经奥氏体化后，在不同冷却速度的连续冷却条件下试验测得的。将一组试样奥氏体化后，以不同的冷却速度连续冷却，测出奥氏体转变开始点与结束点的温度和时间，并标在温度－时间坐标图上，分别连接所有转变开始点和结束点，便得到过冷奥氏体连续冷却转变图。图 4-19 所示为共析钢过冷奥氏体连续冷却转变图。

与奥氏体等温转变图相比，奥氏体连续冷却转变图有以下特点：

① 奥氏体连续冷却转变图只有奥氏体等温转变图的上半部分，而无下半部分，即共析

钢连续冷却时，只有珠光体转变、马氏体转变而无贝氏体转变。

② *Ps* 线是珠光体转变开始线，*Pf* 线是珠光体转变结束线，*KK′*线（*K* 线）是珠光体转变中止线，冷却曲线碰到该线时，过冷奥氏体就不再发生珠光体转变，而一直保留到 *Ms* 线以下，转变为马氏体。

③ 与奥氏体连续冷却转变图鼻尖相切的冷却速度，是保证奥氏体在连续冷却过程中不发生转变，而全部过冷到马氏体区的最小冷却速度，用 v_K表示，称为马氏体临界冷却速度，它对热处理工艺具有十分重要的意义。

④ 在连续冷却过程中，过冷奥氏体的转变是在一个温度区间内进行的，随着冷却速度的增大，转变温度区间逐渐移向低温，而转变时间则缩短。

⑤ 因为过冷奥氏体的连续冷却转变是在一个温度区间内进行的，在同一冷却速度下，因转变开始温度高于转变终了温度，使先后获得的组织粗细不均匀，有时在某种速度下还可获得混合组织。如图 4-19 中冷却速度 v，它与 *Ps* 转变开始线相交后又与 *K* 线相交，所以珠光体转变中止，剩余的过冷奥氏体在随后的冷却过程中与 *Ms* 线相交而开始转变为马氏体，最后的转变产物是托氏体 + 马氏体混合物。

2）奥氏体等温转变图在连续冷却中的应用。因为过冷奥氏体的连续冷却转变曲线测定困难，且有些使用广泛的钢种的奥氏体连续冷却转变图至今还未测出，所以目前生产上常用奥氏体等温转变图代替奥氏体连续冷却转变图，定性地、近似地分析过冷奥氏体的连续冷却转变。如图 4-20 所示，v_1 是相当于随炉冷却的速度，根据它与奥氏体等温转变图相交的位置，可估计出奥氏体将转变为珠光体；v_2是相当于在空气中冷却的速度，根据它与奥氏体等温转变图相交的位置，可估计出奥氏体将转变为索氏体；v_3 是相当于油冷的速度，根据它与奥氏体等温转变图相交的位置，可估计出有一部分奥氏体将转变为托氏体，剩余的奥氏体冷却到 *Ms* 线以下开始转变为马氏体，最终得到托氏体 + 马氏体；v_4是相当于水冷的速度，它不与奥氏体等温转变图相交，一直过冷到 *Ms* 线以下开始转变为马氏体；v_K 与奥氏体等温转变图鼻尖相切，即马氏体临界冷却速度。

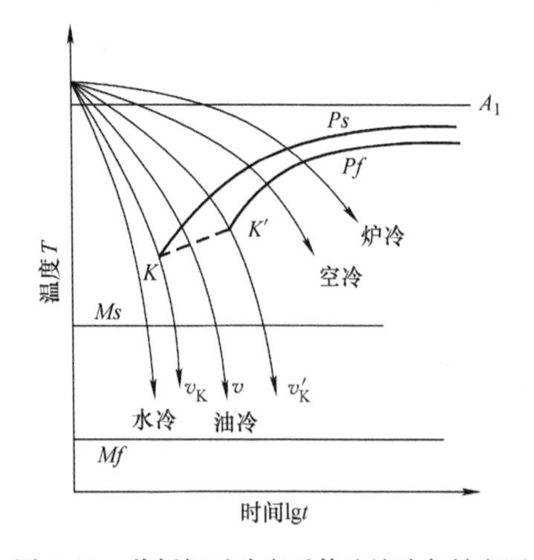

图 4-19　共析钢过冷奥氏体连续冷却转变图

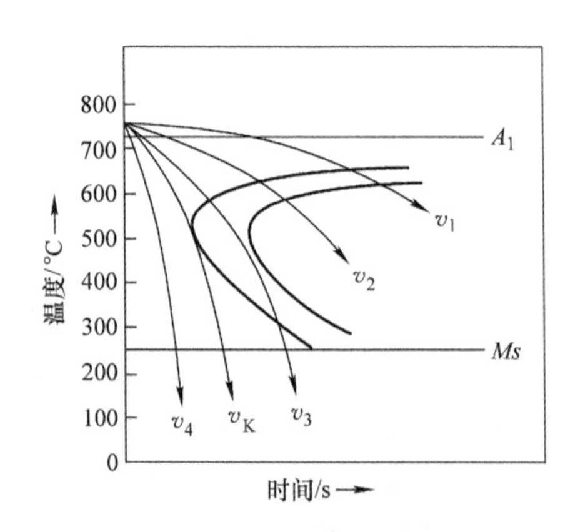

图 4-20　应用等温转变曲线分析过冷奥氏体的连续冷却转变

拓展视频

第一辆红旗轿车车牌

4.3　钢的普通热处理

4.3.1　钢的退火与正火

退火与正火主要用于消除铸造、锻造、焊接等热加工过程中产生的某些缺陷，为随后的切削加工或最终热处理做组织上的准备。退火与正火一般安排在铸造、锻造、焊接之后，粗加工之前，属于钢的预备热处理；对于某些性能要求不高的零件，退火与正火也可以作为最终热处理，处理后可直接使用。

例如，一般较重要工件的生产工艺路线大致为：铸造或锻造→退火或正火→机械（粗）加工→淬火＋回火（或表面热处理）→机械（精）加工，其中退火或正火即属于预备热处理，淬火＋回火为最终热处理。

1. 退火

退火是将金属或合金加热到适当温度，保温一定时间，然后随炉缓慢冷却以获得稳定的组织的一种热处理工艺。根据钢的成分与退火工艺目的的不同，工业上常用的退火工艺有均匀化退火、再结晶退火、去应力退火、完全退火、不完全退火、等温退火、球化退火等。

（1）完全退火　完全退火是将亚共析钢工件加热到 Ac_3 以上 20～50℃，保温一定时间后，随炉缓慢冷却至600℃以下，然后空冷。完全退火的目的是细化组织，降低硬度，改善可加工性，去除内应力。

完全退火主要适用于亚共析成分的中碳钢及中碳合金的铸件、锻件、轧制件及焊接件。对于锻、轧件，一般安排在工件热锻、热轧之后，切削加工之前进行；对于焊接件和铸钢件，一般安排在焊接、浇注（或均匀化退火）后进行。完全退火不宜用于过共析钢，因为加热到 Ac_{cm} 温度以上缓慢冷却时会沿奥氏体晶界析出网状二次渗碳体，使钢的脆性明显增大。

（2）等温退火　等温退火是将亚共析钢加热到 Ac_3 以上 30～50℃，或者是将共析钢或过共析钢加热到 Ac_1 以上 20～40℃，保温适当时间后，较快地冷却到珠光体转变区的某一温度并保温，使奥氏体转变为珠光体型组织，然后再在空气中冷却至室温的退火工艺。其目的和加热过程与完全退火相同。

等温退火的转变较易控制，能获得均匀的预期组织；等温退火代替完全退火或球化退火，所用时间可大大缩短，一般只需完全退火时间的一半左右。

等温退火适用于高碳钢、中碳合金钢、经渗碳处理后的低碳合金钢和某些高合金钢的大型铸、锻件及冲压件等。

（3）球化退火　球化退火是将过共析钢加热到 Ac_1 以上 20～30℃，充分保温后随炉缓慢冷却到600℃以下再出炉空冷的工艺方法。球化退火后钢中的片状渗碳体和网状二次渗碳体变为球状，组织为球状渗碳体分布在铁素体基体上。球化退火是使钢中未溶碳化物球状化而进行的热处理工艺，其目的是降低硬度，提高塑性，改善可加工性，以及获得均匀的组织，改善热处理的工艺性能，为以后的淬火做组织准备。对于某些结构钢的冷挤压件，为提高其塑性，则可在稍低于 Ac_1 温度下进行长时间的球化退火。

生产上一般采用等温冷却以缩短球化退火时间。图 4-21 所示为 T12 钢两种球化退火工艺的比较及球化退火后的组织。球化退火前钢的原始组织中不允许有网状 Fe_3C_{II} 存在，可通过正火消除网状 Fe_3C_{II}，否则球化效果不好。

球化退火主要适用于共析和过共析成分的碳钢和合金钢锻、轧件。

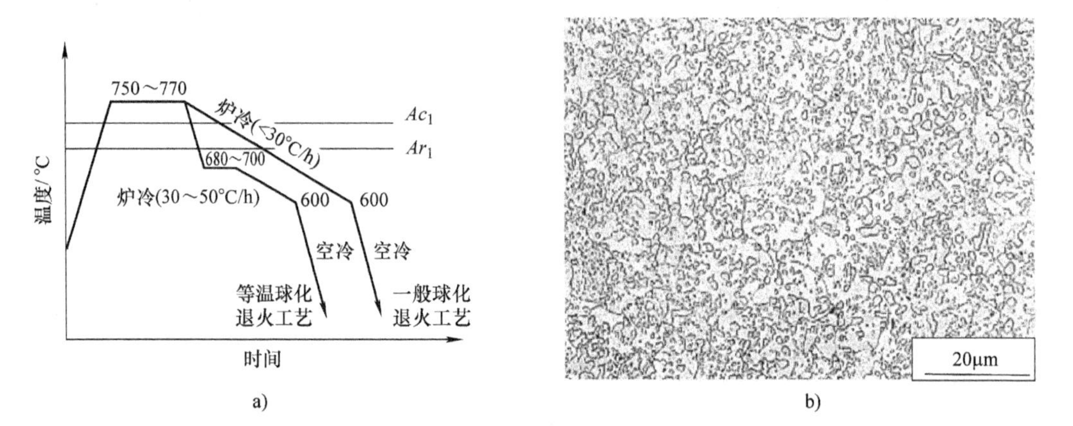

图 4-21　T12 钢两种球化退火工艺的比较及球化退火后的组织

a）T12 钢两种球化退火工艺的比较　b）T12 钢球化退火后的组织

（4）均匀化退火　均匀化退火是将工件加热到 Ac_3 以上 150 ~ 250℃（通常为 1000 ~ 1200℃），长时间保温（约 10 ~ 15h）后再随炉缓慢冷却的退火工艺，在不致使奥氏体晶粒过于粗化的条件下应尽量提高加热温度以利于化学成分的均匀化，也称扩散退火。工件经均匀化退火后，奥氏体晶粒十分粗大，必须进行一次完全退火或正火来细化晶粒，消除过热缺陷。

由于均匀化退火生产成本高，生产周期长，设备寿命短，工件烧损严重，热能消耗大，因此，主要用于质量要求高的优质合金钢的铸锭或铸件，以消除铸造结晶过程中产生的枝晶偏析，使成分均匀化。

（5）去应力退火　去应力退火是将工件加热到 500 ~ 600℃，保温后随炉缓慢冷却至 200℃以下出炉空冷的退火工艺。对于钢铁材料，加热温度一般为 500 ~ 650℃。由于加热温度低于 Ac_1，所以在去应力退火过程中工件内部不发生组织的转变，应力消除是在加热、保温和缓慢冷却过程中完成的。

去应力退火是为了去除由于塑性加工、焊接、热处理及机械加工等造成的应力及铸件内存在的残余应力而进行的退火。其目的是稳定尺寸，减小变形，对于形状复杂和壁厚不均匀的零件尤为重要。

以上各种退火工艺的加热温度范围如图 4-22 所示。

2. 正火

正火是将亚共析钢加热到 Ac_3 以上 30 ~ 50℃，过共析钢加热到 Ac_{cm} 以上 30 ~ 50℃，使钢完全奥氏体化，保温适当时间后，在空气中冷却的热处理工艺。其加热温度范围如图 4-22所示。亚共析钢正火后的组织接近平衡组织，为铁素体和珠光体，但珠光体的量较多，且珠光体的片间距较小。过共析钢正火后的组织为珠光体和少量断网状的二次渗碳体。正火的目的和退火相同，但与退火相比，正火冷却速度比退火快，过冷度较大，因此，组织

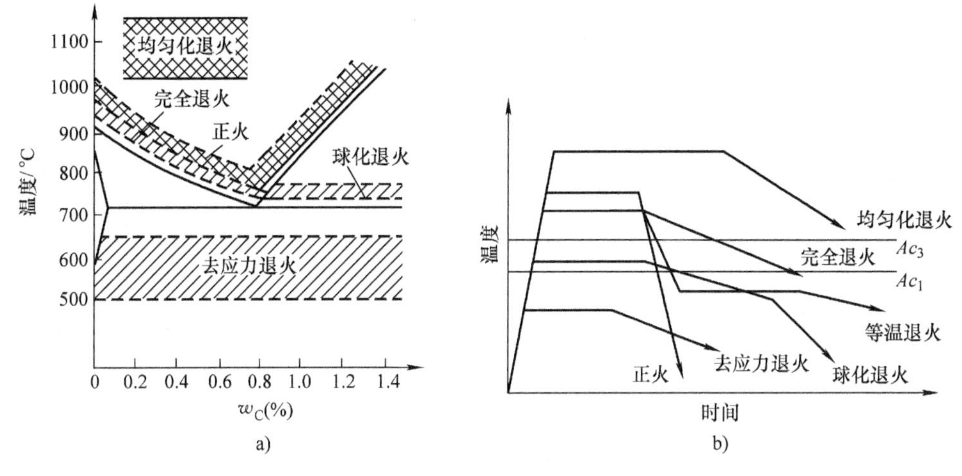

图4-22　退火、正火的工艺示意图
a）加热温度范围　b）工艺曲线

中珠光体的片间距更小，一般认为是索氏体。正火后的强度、硬度、韧性等比退火高一些，且塑性基本不降低。45钢退火和正火后力学性能的比较见表4-2。另外，正火生产周期短、生产效率高、成本低。

表4-2　45钢退火和正火后力学性能的比较

状态	力学性能			
	R_m/MPa	A（%）	K/J	硬度　HBW
退火	600～700	15～20	32～48	160～200
正火	700～800	15～20	40～64	170～240

退火或正火的主要目的及作用主要有如下几点。

1）降低或调整钢件的硬度，提高塑性，以利于随后的切削加工或塑性变形加工（冲压、拉拔等）。铸造、锻造、焊接等热加工工件，由于冷却速度较快，一般硬度较高，不易于切削加工，退火或正火后可降低钢件的硬度。

2）消除残余应力，以稳定钢件尺寸并防止其变形和开裂。退火或正火可消除铸造、锻造、焊接等工件的残余内应力，稳定工件尺寸并减少淬火时的变形和开裂倾向。

3）细化晶粒，均匀成分，改善组织，提高钢的力学性能。铸造、锻造、焊接等工件中往往存在晶粒粗大或带状组织等缺陷，退火或正火可使晶粒细化。另外，退火或正火还可消除偏析，使成分均匀。晶粒细化及成分的均匀化可提高钢的力学性能，并为最终热处理（淬火、回火等）做组织上的准备。

4.3.2　钢的淬火

淬火是将钢加热到 Ac_3 或 Ac_1 以上某一温度，保温以后以适当速度冷却，获得马氏体和（或）下贝氏体组织的热处理工艺。

1. 淬火的目的与作用

淬火的目的是得到马氏体和（或）下贝氏体组织，其作用是提高钢的硬度、强度、耐磨性等。

2. 钢的淬火工艺

（1）加热温度　碳钢的淬火加热温度可根据 $Fe-Fe_3C$ 相图（图 4-23）来选择。

亚共析钢的淬火加热温度为 $Ac_3+(30\sim50)$℃，加热后的组织为细的奥氏体，淬火后可以得到细小而均匀的马氏体和残留奥氏体。但对于某些亚共析合金钢，在略低于 Ac_3 的温度进行亚温淬火，可利用少量细小残存分散的铁素体来提高钢的韧性。若加热温度超过 Ac_3 过高时，奥氏体晶粒粗化，淬火后得到粗大的马氏体组织，钢的性能变差，淬火应力增大，导致开裂和变形。

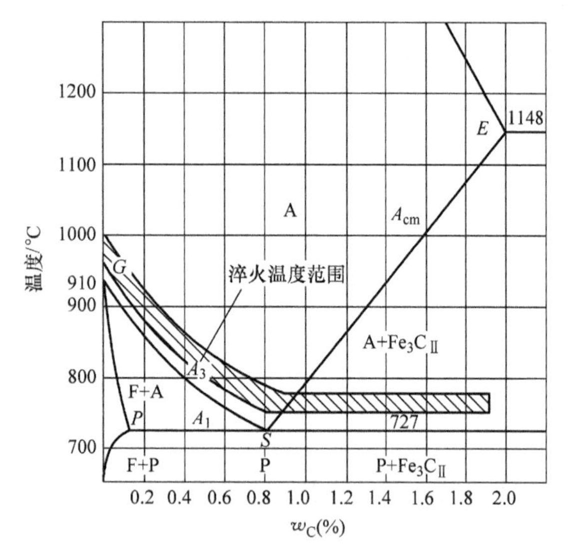

图 4-23　碳钢的淬火温度范围

共析钢、过共析钢的淬火加热温度为 $Ac_1+(20\sim30)$℃。例如，T10 的淬火加热温度为 760～780℃，这时的组织为奥氏体（共析钢）或奥氏体＋渗碳体（过共析钢），淬火后得到均匀细小的马氏体＋颗粒状渗碳体＋残留奥氏体的混合组织。对于过共析钢，在此温度范围内淬火的优点有：保留了一定数量的未溶渗碳体，淬火后钢具有最大的硬度和耐磨性；使奥氏体的碳含量不致过高而保证淬火后残留的奥氏体不致过多，有利于提高其硬度和耐磨性；奥氏体晶粒细小，淬火后可以获得较高的力学性能。

（2）保温时间的选择　影响保温时间的因素很多，如加热介质、加热速度、钢的种类、工件形状和尺寸、装炉方式、装炉量等。生产中常根据实际情况，综合考虑上述各个影响因素并根据经验确定。

（3）淬火冷却介质　工件进行淬火冷却所使用的介质称为淬火冷却介质。

1）理想淬火介质的冷却特性。淬火要得到马氏体，冷却速度必须大于 v_K，这将会不可避免地造成较大的内应力，从而可能引起零件的变形和开裂。淬火时怎样才能既得到马氏体而又能减小变形并避免开裂，这是淬火工艺中要解决的一个主要问题。对此，可从两个方面入手，一是找到一种理想的淬火介质，二是改进淬火冷却方法。

淬火冷却介质的理想冷却速度应如图 4-24 所示，在稍低于 A_1 点处，过冷奥氏体较稳定，冷却速度可慢些；而在等温转变曲线的鼻尖处，过冷奥氏体最不稳定，必须进行快速冷却，且冷却速度应大于马氏体

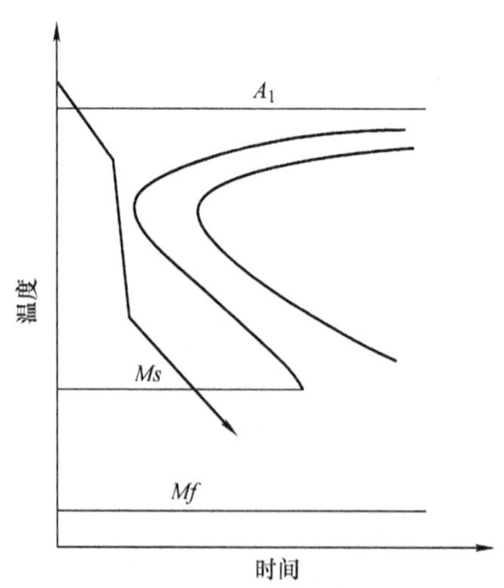

图 4-24　理想淬火介质的冷却特性

临界冷却速度，以保证过冷奥氏体能避开非马氏体型组织转变；在 *Ms* 点及以下冷却速度更缓慢一些，以减小产生的淬火应力，防止内应力过大而使零件产生变形，甚至开裂。但生产中常用的冷却介质都不能完全满足理想冷却速度的要求，在淬火时应结合生产实际情况合理地选用。

2）常用淬火介质。目前，生产中常用的淬火介质有水及水基、油及油基。

① 水，水是应用最为广泛的淬火冷却介质。这是因为水价廉易得，而且具有较强的冷却能力，但它的冷却特性并不理想，在需要快速冷却的 500～650℃范围内，它的冷却速度较小，而在 200～300℃需要缓慢冷却时，它的冷却速度比要求的大。这样易使零件产生变形，甚至开裂，所以只能用作形状简单、截面尺寸较小的碳钢零件的淬火冷却介质。

② 盐水，为提高水的冷却能力，在水中加入 5%～15%（质量分数）的食盐成为盐水溶液，其冷却能力比清水更强。在 500～650℃范围内，盐水的冷却能力比清水提高近 1 倍，这对于保证碳钢件的淬硬来说是非常有利的。用盐水淬火的工件，容易得到高的硬度和光洁的表面，不易产生淬不硬的软点，这是清水无法相比的。但盐水在 300～200℃范围，冷速仍像清水一样快，使工件易产生变形，甚至开裂。生产上为防止这种变形和开裂，常采用先盐水快冷、再在 *Ms* 点附近转入冷却速度较慢的介质中缓慢冷却。所以，盐水介质主要用于形状简单，硬度要求较高，表面要求光洁，变形要求不严格的碳钢零件的淬火，如螺钉、销、垫圈等。

③ 油，矿物油或植物油也是使用较广的淬火介质。油的冷却能力很弱，这在 200～300℃范围内对降低零件的变形与开裂是有利的，但在 500～650℃范围内对防止过冷奥氏体的分解是不利的，所以只能用于一些过冷奥氏体较稳定的合金钢或尺寸较小的碳钢件的淬火。

④ 其他，用的较多的淬火介质还有碱浴和硝盐浴。在高温区，碱浴的冷却能力比油强而比水弱，硝盐浴的冷却能力则比油弱；在低温区，碱浴和硝盐浴的冷却能力都比油弱。碱浴和硝盐浴的冷却特性既能保证奥氏体转变为马氏体不发生中途分解，又能大大降低工件变形、开裂倾向，所以主要用于横截面不大，形状复杂，尺寸要求严格的碳钢、合金工件，作为分级或等温淬火的冷却介质。

3. 常用淬火方法

根据淬火介质的不同，常用的淬火方法有：

（1）单介质淬火　单介质淬火是将加热到奥氏体状态的工件放入一种淬火介质中连续冷却到室温的淬火方法，如图 4-25 所示曲线 1。例如，碳钢件的水冷淬火、合金钢件的油冷淬火等。单介质淬火的优点是操作简单，易于实现机械化和自动化。其缺点是：工件的表面与心部温差大，易造成淬火内应力；在连续冷却到室温的过程中，水淬由于冷却快，易产生变形和裂纹；油淬由于冷却

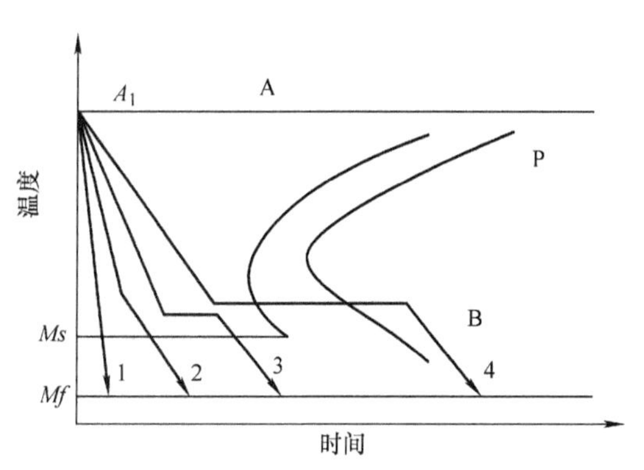

图 4-25　常用淬火冷却方法
1—单介质淬火　2—双介质淬火
3—分级淬火　4—等温淬火

速度小，则易产生硬度不足或硬度不均匀现象。因此单介质淬火只适用于形状简单、无尖锐棱角及截面无突然变化的零件。

（2）双介质淬火　双介质淬火是将钢件奥氏体化后，先浸入一种冷却能力强的介质中，冷却至稍高于 *Ms* 温度时立即浸入另一种冷却能力弱的介质中继续冷却的淬火工艺，如图4-25所示曲线2。例如，碳钢通常采用先水淬后油冷的淬火方法，合金钢通常采用先油淬后空冷的淬火方法。

双介质淬火的优点是马氏体相变在缓慢冷却的介质中进行，可以使工件淬火时内应力大为降低，从而减小变形、开裂倾向。缺点是：工件的表面与心部温差仍较大；在水中的停留时间不易控制，工艺不好掌握，操作困难。所以双介质淬火适用于形状复杂的高碳钢件和尺寸较大的合金钢零件淬火。

（3）分级淬火　分级淬火是将工件奥氏体化后，随之浸入温度稍高或稍低于 *Ms* 点的硝盐浴或碱浴中，保温较短时间，使钢件内外层都达到介质温度后取出空冷，以获得马氏体组织的淬火工艺，如图4-25 所示曲线3。

分级淬火的优点是操作方便，可降低工件内外温度差，降低马氏体转变时的冷却速度，从而减小淬火应力，防止变形、开裂。缺点是硝盐浴或碱浴的冷却能力较弱，使其适用性受到限制。分级淬火适用于尺寸较小、形状较复杂、尺寸精度高，在室温下工作的工件，如刀具，模具等。

（4）等温淬火　等温淬火是将工件奥氏体化后在温度稍高于 *Ms* 点的盐浴或碱浴中快速冷却到贝氏体转变温度区（260～400℃）保温足够长的时间，使奥氏体转变为下贝氏体的淬火工艺，如图4-25 所示曲线4。

等温淬火的优点是淬火应力与变形极小，不易变形和开裂，与回火马氏体相比，在碳含量相近、硬度相当时，下贝氏体具有较高的塑性和韧性；缺点是生产周期长，生产效率低。适用于各种高、中碳钢和低合金钢制作的、要求变形小且韧性高的小型复杂零件，如各种冷作模具、热作模具、成形刀具、弹簧、螺栓等。

（5）局部淬火法　有些工件只要求局部具有高硬度，可进行局部加热淬火，以避免工件其他部位产生变形和开裂。

（6）冷处理　一般钢种的 *Mf* 点在 -60℃左右，因此淬火后钢中有不稳定的残留奥氏体组织，会影响其在使用中的尺寸稳定性。对于量具、精密轴承、精密丝杠、精密刀具等工件，在淬火之后应进行一次冷处理，即把淬冷至室温的钢继续冷却到 -80～-70℃，保持一段时间，使残留奥氏体转变为马氏体，可提高钢的硬度，并稳定工件尺寸。获得低温的办法是采用干冰（固态 CO_2）与酒精的混合剂或冷冻机冷却。

4.3.3　钢的淬透性和淬硬性

1. 淬透性

（1）淬透性的概念　淬透性是指钢在淬火后的淬硬深度，它表征了钢在淬火时获得马氏体的能力。从理论上讲，淬硬深度应为工件截面上全部淬成马氏体的深度，但实际上，即使马氏体中含少量（质量分数为5%～10%）的非马氏体组织，在显微镜下观察或通过测定硬度也是很难区分开的。为此规定，从工件表面向里到半马氏体组织处的深度为有效淬硬深度，以半马氏体组织所具有的硬度来评定是否淬硬。例如，用钢制截面较大的试棒进行淬火实验时，发现仅在表面一定深度获得马氏体，试棒截面硬度分布曲线为U形，如图4-26所示，其中半马氏体深度 h 即为淬硬深度。如果试棒心部也获得了50%以上的马氏体，则称其为有效淬透。

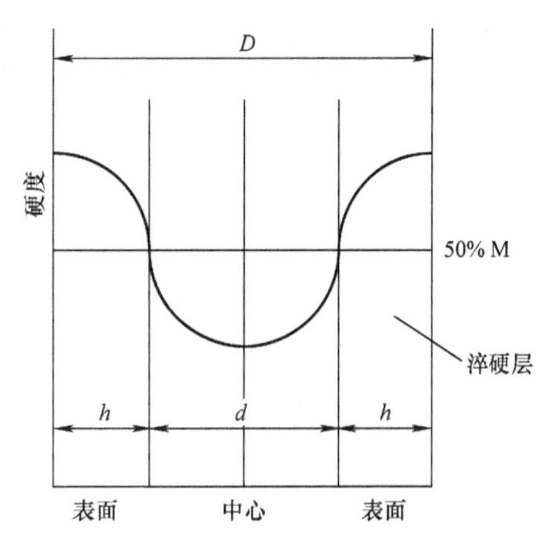

图4-26　钢试棒截面硬度分布曲线

钢的淬透性与实际工件的淬硬（透）层深度是有区别的。淬透性是钢在规定条件下的一种工艺性能，是钢材本身固有的属性，主要取决于钢中合金元素的种类和含量，是确定的、可以比较的；淬硬层深度是实际工件在具体条件下淬得的马氏体和半马氏体的深度，是变化的，与钢的淬透性及外在因素有关。

（2）淬透性的影响因素　由钢的连续冷却曲线可知，淬火时要想得到马氏体，冷却速度必须大于临界速度 v_K，所以，钢的淬透性主要由其临界速度来确定。v_K 越小，钢的淬透性越好。因此，凡是影响奥氏体稳定性的因素，均影响其淬透性。这些因素有：

1）合金元素。合金元素是影响钢的淬透性的主要因素，除Co外，大多数合金元素溶于奥氏体后，都会降低 v_K，使奥氏体等温转变图位置右移，从而提高钢的淬透性。

2）碳的质量分数。即通常所说的碳含量。对于碳钢来说，钢中碳含量越接近共析成分，其奥氏体等温转变图位置越靠右，v_K 越小，淬透性越好。即亚共析钢的淬透性随碳含量增加而增大，过共析钢的淬透性随碳含量增加而减小。

3）奥氏体化温度。提高奥氏体化温度，将使奥氏体晶粒长大，成分均匀化，从而减少珠光体的形核率，降低钢的 v_K，增大其淬透性。

4）钢中未溶第二相。钢中未溶入奥氏体的碳化物、氮化物及其他非金属夹杂物，可成为奥氏体分解的非自发核心，使 v_K 增大，从而降低其淬透性。

（3）淬透性的评定方法　常用的评定淬透性的方法有临界直径测定法和端淬试验法。

1）临界直径测定法。钢材在某种介质中淬冷后，心部得到全部马氏体或50%马氏体组织时的最大直径称为临界直径，以 D_c 表示。临界直径测定法是一种直观衡量淬透性的方法：制作一系列直径不同的圆棒，淬火后分别测定各试样截面上沿直径分布的硬度U形曲线，从中找出中心恰为半马氏体组织的圆棒，则该圆棒直径即为临界直径。临界直径越大，表明钢的淬透性越高。常用钢的临界直径见表4-3。

2）端淬试验法。根据《钢的淬透性末端淬火实验法》（GB/T 225—2006），端淬试样采用标准尺寸 ϕ25mm×100mm，经奥氏体化后，在专用试验设备上对其中一端面喷水冷却。冷却后沿轴线方向测出硬度-距水冷端距离的关系曲线，即淬透性曲线。根据淬透性曲线可以对不同钢种的淬透性大小进行比较，推算出钢的临界淬火直径，确定钢件截面上的硬度分布情况等。这是淬透性测定的常用方法。

（4）淬透性对热处理后钢的力学性能的影响　淬透性对钢的力学性能影响很大，如将淬透性不同的两种钢制成直径相同的轴进行调质处理，比较它们的力学性能可发现，虽然硬度相同，但其他性能有明显区别。如图4-27所示，淬透性高的，其力学性能沿截面是均匀分布的，而淬透性低的，心部力学性能低，韧性更低。因此，设计人员必须对钢的淬透性有所了解，以便能根据工件的工作条件和性能要求进行合理选材，制定热处理工艺，以提高工件的使用性能。

表 4-3　常用钢的临界直径

钢号	临界直径/mm		钢号	临界直径/mm	
	水冷	油冷		水冷	油冷
45	13～16.5	6～9.5	35CrMo	36～42	20～28
60	11～17	6～12	60Si2Mn	55～62	32～46
T10	10～15	<8	50CrV	55～62	32～40
65Mn	25～30	17～25	38CrMoAl	100	80
20Cr	12～19	6～12	20CrMnTi	22～35	15～24
40Cr	30～38	19～28	30CrMnSi	40～50	23～40
35SiMn	40～46	25～34	40MnB	50～55	28～40

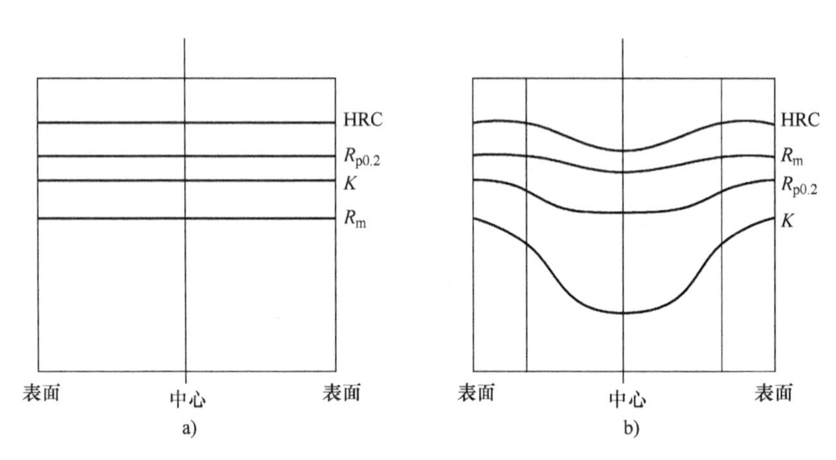

图 4-27　淬透性不同的钢调质后力学性能的对比

a）已淬透　b）未淬透

2. 淬硬性

淬硬性是指钢在理想条件下进行淬火硬化（即得到马氏体组织）所能达到的最高硬度的能力。主要取决于马氏体中的碳含量，含碳量越高，淬火后硬度越高，其他合金元素的影响较小。

淬硬性与淬透性是两个不同的概念，淬硬性好的，淬透性不一定好，淬透性好的钢，淬硬性也不一定高。如碳含量为 0.3%、合金元素含量为 10% 的 3Cr2W8V 钢，淬透性极好，但在 1000℃油冷淬火后硬度约为 50HRC；而碳含量为 1.0% 的 T10 钢，淬透性不好，但在 760℃水冷淬火后的硬度大于 62HRC。

4.3.4　钢的回火

回火是将钢淬硬后，重新加热到 Ac_1 以下某一温度，保温一定时间后冷却到室温的热处理工艺。回火一般采用在空气中缓慢冷却的方式。回火的主要目的有：

（1）降低脆性、消除或降低残余应力　钢经淬火后存在很大的内应力和脆性，如不及时回火，往往会使工件变形甚至开裂。

（2）使工件获得所要求的力学性能　工件经淬火后，硬度高、脆性大，不宜直接使用。为了满足工件的不同性能要求，可以通过适当的回火配合来调整其硬度，降低脆性，得到所需要的塑性、韧性。

（3）稳定工件尺寸　淬火马氏体和残留奥氏体都是不稳定的组织，它们会自发地向稳定组织转变，从而引起工件尺寸和形状的改变，利用回火处理可以使淬火组织转变为稳定组织，以保证工件在以后的使用过程中不再发生尺寸和形状的改变。

1. 淬火钢的回火转变

淬火钢在回火过程中，随着加热温度的升高，其组织和力学性能都将发生变化。以共析钢为例，其变化过程为：

（1）马氏体分解（200℃以下）　回火温度小于80℃时，淬火钢中没有明显的组织转变；80～200℃时，马氏体开始分解，马氏体中过饱和的碳以亚稳定的ε－碳化物（$Fe_{2.4}C$，正交晶格）形式析出，使马氏体中碳的过饱和度降低、正方度下降；由于这一阶段温度较低，从马氏体中仅析出了一部分过饱和的碳，所以它仍为碳在α－Fe中的过饱和固溶体。ε－碳化物极为细小，它弥散分布于过饱和的α固溶体相界面上并与α固溶体保持共格关系（即两相界面上的原子，恰好是两相晶格的共用质点的原子），这种由过饱和度有所降低的α固溶体和与其共格的ε－碳化物薄片组成的组织称为回火马氏体，用$M_{回}$表示。回火马氏体仍保持原马氏体的形态，其上分布有细小的ε－碳化物，此时钢的硬度变化不大，但由于ε－碳化物的析出，晶格畸变程度下降，内应力有所减小。

（2）残留奥氏体转变（200～300℃）　残留奥氏体从200℃开始分解，到300℃基本结束，一般转变为下贝氏体，此时α固溶体的碳含量降低为$w_C=0.15\%\sim0.20\%$，淬火应力进一步降低。这一阶段，虽然马氏体继续分解为回火马氏体会降低钢的硬度，但由于原来比较软的残留奥氏体转变为较硬的下贝氏体，因此，钢的硬度降低并不显著，屈服强度反倒略有提高。

（3）回火托氏体的形成（300～400℃）　此时，因碳的扩散能力上升，碳从过饱和的α固溶体中继续析出，使之转变为铁素体，同时亚稳定的ε－碳化物逐渐转变为渗碳体（细球状），并与α固溶体失去共格关系，得到针状铁素体和球状渗碳体组成的复相组织，称为回火托氏体，用$T_{回}$表示。此时淬火应力大部分消除，钢的硬度、强度降低，塑性、韧性上升。

（4）渗碳体的聚集长大和铁素体的再结晶（400℃以上）　回火温度大于400℃时，渗碳体球将逐渐聚集长大，形成较大粒状渗碳体，回火温度越高，球粒越粗大；当回火温度上升到500～600℃，铁素体逐渐发生再结晶，使针状铁素体转变为多边形铁素体，得到在多边形铁素体基体上分布着球状渗碳体的复相组织，这种复相组织称为回火索氏体，用$S_{回}$表示。这时，钢的强度、硬度进一步下降，塑性、韧性进一步上升。图4-28所示为钢的硬度随回火温度的变化情况。

综上所述，淬火钢回火时的组织转变是在不同温度范围内产生的，又是交叉重叠进行的，在同一回火温度会进行几种不同的变化。淬火钢回火后的性能随着回火温度升高，强度、硬度降低，塑性、韧性提高。

2. 回火的分类和应用

钢在不同温度回火后的组织和性能不同，根据回火温度范围将回火分为三种：低温回火、中温回火和高温回火。

（1）低温回火（150～250℃） 低温回火获得的组织为回火马氏体，回火后钢的硬度为 58～64HRC，其目的是在尽可能保持高硬度、高耐磨性的同时降低淬火应力和脆性。适用于高碳钢和合金钢制作的各类刀具、模具、滚动轴承、渗碳及表面淬火零件。如 T12 钢锉刀采用 760℃水淬 +200℃回火。

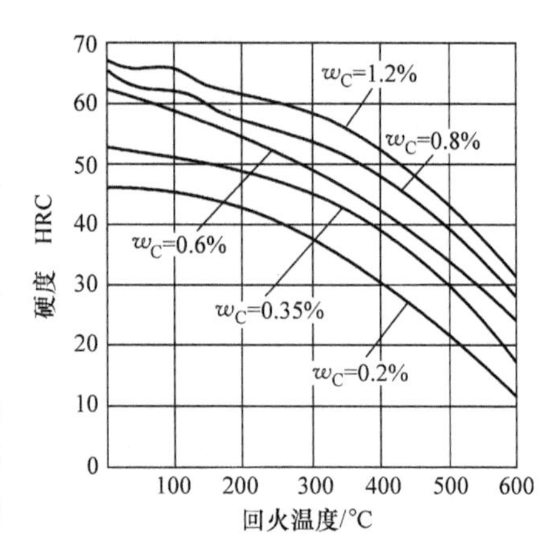

图 4-28 钢的硬度随回火温度的变化

（2）中温回火（350～500℃） 中温回火获得的组织为回火托氏体，回火后钢的硬度为 35～50HRC。中温回火的目的是获得较高的弹性极限和屈服强度，同时改善塑性和韧性。适用于各种弹簧及锻模，如 65 钢弹簧采用 840℃油淬 +480℃回火。

（3）高温回火（500～650℃） 高温回火获得的组织为回火索氏体，回火后钢的硬度为 25～35HRC，习惯上将淬火及高温回火的复合热处理工艺称为调质处理。高温回火的目的是在降低强度、硬度及耐磨性的前提下，大幅度提高塑性、韧性，得到较好的综合力学性能。适用于各种重要的中碳钢结构零件，特别是在交变载荷下工作的连杆、螺栓、齿轮及轴类等，如 45 钢小轴采用 830℃水淬 +600℃回火，也可作为某些精密零件如量具、模具等的预备热处理，因为在抗拉强度相近时，调质后的屈服强度、塑性和冲击韧度显著高于正火。45 钢正火和调质后的性能比较见表 4-4。

表 4-4 45 钢（ϕ20～ϕ40mm）正火和调质后的性能比较

热处理方法	力学性能				组织
	R_m/MPa	A（%）	K/J	硬度 HBW	
正火	700～800	15～20	40～64	170～240	珠光体 + 铁素体
调质	850～900	12～14	96～112	210～270	回火索氏体

应当指出，钢经正火后和调质处理后的硬度值很接近，但由于调质后不仅硬度高，而且塑性和韧性超过了正火状态。所以，重要的结构零件一般都进行调质处理。

除了以上三种常用的回火方法外，生产中某些精密工件（如精密量具、精密轴承等），为了保持淬火后的高硬度及尺寸稳定性，常在 100～150℃下保温 10～15h，这种低温下长时间保温的热处理称为稳定化处理。

3. 回火脆性

一般来说，淬火钢回火时，随着回火温度的升高，强度、硬度降低，而塑性、韧性提高。但在某些温度区间回火时，钢的冲击韧度反而明显下降，钢的冲击韧度与回火温度的关系如图 4-29 所示。这种淬火钢在某些温度区间回火或从回火温度缓慢冷却通过该温度区间的脆化现象称为回火脆性。回火脆性可分为第一类回火脆性和第二类回火脆性。

（1）第一类回火脆性 淬火后在 300℃左右回火时所产生的回火脆性称为第一类回火脆

性，又称为不可逆回火脆性。几乎所有的钢都存在这类脆性。推断是因为回火时沿马氏体条或片的边界析出断续的薄壳状碳化物，降低了晶界的断裂强度。所以，一般工件都不在250～350℃温度区间回火。

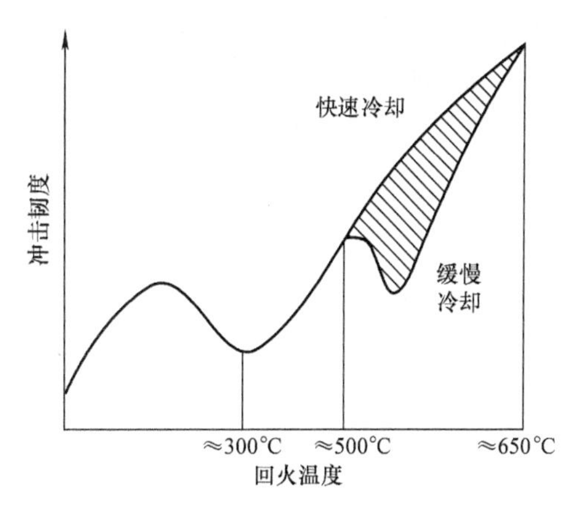

图4-29　钢的冲击韧度与回火温度的关系

（2）第二类回火脆性　含Cr、Mn、Ni等元素的合金钢，在脆化温度区（400～550℃）回火或经更高温度回火后缓慢冷却通过该脆化温度区所产生的脆性称为第二类回火脆性。这种脆性可通过高于脆化温度的再次回火后快速冷却予以消除，消除后如再次在脆化温度区回火，或经更高温度回火后缓慢冷却通过脆化温度区时，则会重复出现，所以又称为可逆回火脆性。第二类回火脆性产生的原因一般为Sb、Sn、P等杂质元素在原奥氏体晶界上偏聚，钢中Ni、Cr等合金元素促进杂质的这种偏聚，而且本身也向晶界偏聚，从而增大了产生回火脆性的倾向。防止的方法是：尽量减少钢中杂质元素的含量，或者加入Mo等能抑制晶界偏聚的元素；对中、小型工件，可通过回火后快速冷却来抑制这类回火脆性。

4.4　钢的表面热处理

机械制造中很多机器零件在扭转、弯曲等交变载荷下工作，并承受着摩擦和冲击，例如，汽车和拖拉机齿轮、曲轴和凸轮轴、精密车床主轴等。这些零件要求其表面具有高强度、高硬度和较好的耐磨性，以保证高精度，同时还要求其心部具有一定的强度、足够的塑性和韧性，以防止其断裂。显而易见，仅靠选材和普通热处理无法满足性能要求。

钢的表面热处理是使零件表面获得高的硬度、耐磨性和疲劳强度，而心部仍保持原来良好的塑性和韧性的一类热处理方法。表面热处理工艺是将零件表面迅速加热到临界点以上（心部温度仍处于临界点以下），并随后淬冷来达到强化表面的目的的淬火工艺。常用的表面热处理主要有表面淬火、化学热处理和激光热处理。

4.4.1　钢的表面淬火

表面淬火是将工件表面快速加热到奥氏体区，在热量尚未传到心部时立即迅速冷却，使表面得到一定深度的淬硬层，而心部仍保持原始组织的一种局部淬火方法。按加热方法的不同，钢的表面淬火主要分为火焰淬火、感应淬火、接触电阻加热淬火，以及近几年发展起来的激光淬火、电子束淬火等，本节介绍火焰淬火和感应淬火。

1. 火焰淬火

火焰淬火如图4-30所示，它是用一种可燃气体（如乙炔、煤气、天然气等）和氧气混合，通过特殊燃烧器的喷嘴，在工件表面移动加热至奥氏体区，立即喷水冷却，使表面淬硬的工艺操作。淬硬层深度一般为2～6mm。此方法简便，无需特殊设备，主要适用于单件或小批量生产的大型零件和需要局部淬火的工具及零件等，如轧钢机齿轮、轧辊，矿山机械的齿轮、轴，机床导轨和齿轮等。这种方法的优点有设备简单、成本低，不受体积限制，灵活性大。缺点是表面容易过热，受热不均，导致淬硬层硬度不均匀，淬硬层不容易控制，并且影响淬硬层质量的因素比较复杂。

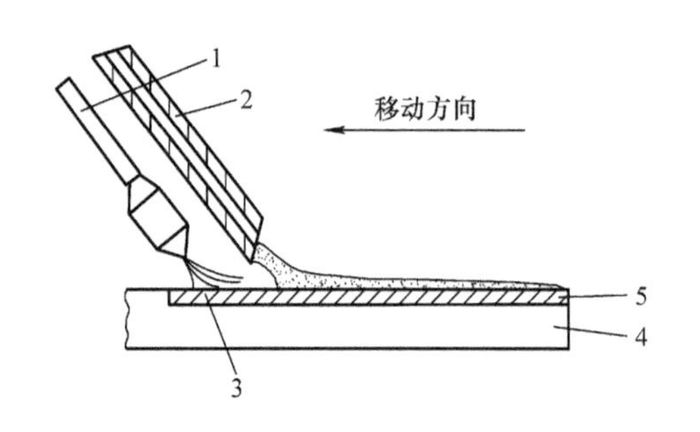

图 4-30　火焰淬火示意图
1—烧嘴　2—喷水管　3—加热层　4—工件　5—淬硬层

2. 感应淬火

（1）感应加热的基本原理与工艺　感应淬火是利用通入交流电的加热感应器在工件上产生一定频率的感应电流，感应电流的“趋肤效应”使工件表面层被快速加热到奥氏体区后，立即喷水冷却，工件表层获得一定深度的淬硬层。如图 4-31 所示，感应线圈中通入一定频率的交流电时，在其内部和周围即产生与电流频率相同的交变磁场。将工件置于感应线圈内时，工件就会产生频率相同、方向相反的感应电流，这种电流在工件内自成回路，成为涡流。涡流在工件截面上的分布是不均匀的，表面密度大，而心部几乎为零，这种现象称为“趋肤效应”。感应加热就是利用电磁感应和“趋肤效应”，通过表面强大电流的热效应把工件表面迅速加热到淬火温度的。

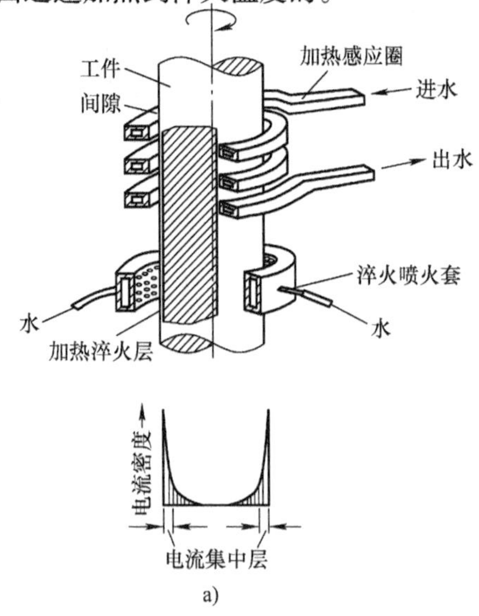

a)

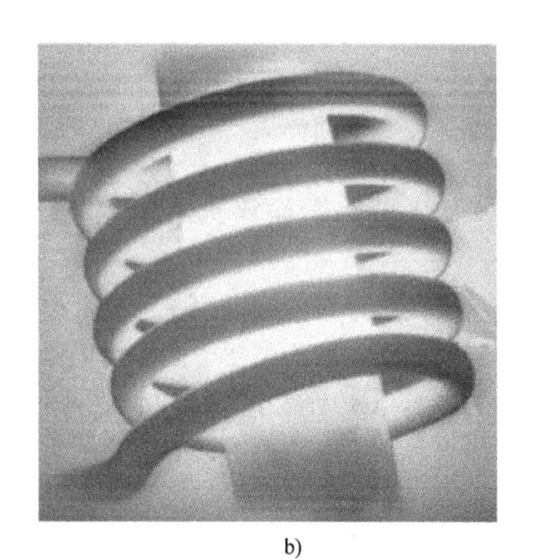

b)

图 4-31　感应淬火
a）示意图　b）实物图

感应电流透入工件表层的深度与电流频率有关，频率越高，深度越小，加热层也就越薄。对于碳钢，800℃时，淬硬层深度与电流频率存在以下关系

$$\delta = 500/\sqrt{f} \tag{4-1}$$

式中　δ——淬硬层深度（mm）；

f——电流频率（Hz）。

可见，电流频率越大，淬硬层深度越小。因此，通过改变交流电的频率，可以得到不同深度的淬硬层，生产中一般根据工件尺寸大小及所需淬硬层的深度来选用感应加热的频率。根据电流频率的不同，可将感应淬火分为三类：

1）高频感应淬火：常用电流频率为 80～1000kHz，可获得表面淬硬层深度为 0.5～2mm，主要用于中、小模数齿轮和小尺寸轴类的表面淬火。

2）中频感应淬火：常用电流频率为 2500～8000Hz，可获得表面淬硬层深度为 3～6mm，主要用于要求淬硬层深度较大的零件，如发动机主轴、凸轮轴、大模数齿轮、较大尺寸的轴和钢轨表面的淬火。

3）工频感应淬火：常用电流频率为 50Hz，可获得 10～15mm 以上的淬硬层深度，适用于大直径钢材的穿透加热及要求淬硬层深度很大的大工件的表面淬火。

感应加热速度快，一般不进行保温。为使先共析相充分溶解，感应淬火可采用较高的淬火加热温度。高频感应淬火比普通加热淬火温度高 30～200℃。特别注意，工件在感应淬火之前需进行预备热处理，一般为调质或正火，以保证工件表面在淬火后获得均匀细小的马氏体和改善工件心部的硬度、强度和韧性以及切削加工性，并减小淬火变形；工件在感应淬火后还需进行低温回火（180～200℃），使表面获得回火马氏体，在保证表面高硬度的同时，降低内应力和脆性。生产中常采用“自回火”，即当淬火冷却至 200℃时停止喷水，利用工件中的余热传到表面而达到回火的目的，这样既可省去回火工序，又可以减少淬火开裂的危险。

感应淬火的工件常选用中碳钢或中碳合金钢制造，常用的工艺路线为：锻造→退火或正火→粗加工→调质或正火→精加工→感应加热淬火→低温回火→精磨。

（2）感应淬火的特点　与普通加热淬火相比，感应淬火主要有以下的特点。

1）工件表面硬度高、脆性低。由于感应加热速度极快，一般只需几秒至几十秒即可使工件达到淬火温度，相变温度升高，比普通加热淬火高几十摄氏度，使奥氏体的形核率大大增加，得到细小而均匀的奥氏体晶粒。淬火后可在表层获得极细马氏体，使工件表层硬度比普通淬火高出 2～3HRC，耐磨性高且具有较低的脆性。

2）疲劳强度高。由于感应淬火时工件表面发生马氏体转变，产生体积膨胀而形成残留压应力，它能抵消循环载荷作用下产生的拉应力而显著提高工件的疲劳强度。

3）工件表面质量好、变形小。因为加热速度快、保温时间极短，工件表面不宜氧化、脱碳，而且由于工件内部未被加热，淬火变形小。

4）工艺过程易于控制。加热温度、淬硬层深度等参数容易控制，生产率高，容易实现机械化和自动化操作，适用于大批量生产。

感应淬火的主要不足是设备较贵，复杂零件的感应器不宜制造，且不适用于单件生产。

4.4.2　钢的化学热处理

化学热处理是将工件置于某种化学介质中，通过加热、保温和冷却使介质中某些元素渗入工件表层，改变其化学成分和组织，从而使其表面具有与心部不同性能的一种热处理工艺。渗入不同的元素，可赋予工件表面不同的性能。例如，渗碳、渗氮、碳氮共渗可提高硬度、耐磨性及疲劳强度，渗硼、渗铬可提高耐磨和耐蚀性，渗铝、渗硅可提高耐热抗氧化性能，渗硫可提高减摩性等。在一般机器制造业中，最常用的是渗碳、渗氮和碳氮共渗。

与表面加热淬火相比，表面化学热处理的主要特点是：工件表面层不仅与心部组织不同，而且化学成分也不同，故性能改变的幅度大。

1. 钢的渗碳

渗碳是将工件在渗碳介质中加热并保温以使碳原子渗入钢件表层的化学热处理工艺。目的是使低碳钢工件表面得到高碳，经适当的热处理（淬火 + 低温回火）后获得表面高硬度和高耐磨性，而心部仍保持一定强度及较高的塑性和韧性。渗碳工艺适用于同时受磨损和较大冲击载荷的低碳、低合金钢零件，如齿轮、活塞销、套筒及要求很高的喷油嘴偶件等。

（1）渗碳方法　根据渗碳剂的状态不同，渗碳方法分为气体渗碳、固体渗碳和液体渗碳三种，其中以气体渗碳应用最广，而液体渗碳则极少使用。

1）气体渗碳是指工件在含碳的气体中进行渗碳的工艺。目前国内应用较多的是滴注式渗碳，即将煤油、甲苯、甲醇、丙酮等有机液体渗碳剂直接滴入炉内裂解成富碳气氛，进行气体渗碳，其过程如图 4-32 所示。将工件装在密封的渗碳炉中，加热到 900 ~ 950℃（常用为 930℃），向炉内滴入煤油、甲苯、甲醇、丙酮等有机液体，在高温下分解成 CO、CO_2、H_2 及 NH_3 等气体组成的渗碳气氛，与工件接触时在工件表面进行下列反应，生成活性碳原子

$$2CO \longrightarrow [C] + CO_2 \tag{4-2}$$

$$CH_4 \longrightarrow [C] + 2H_2 \tag{4-3}$$

$$CO + H_2 \longrightarrow [C] + H_2O \tag{4-4}$$

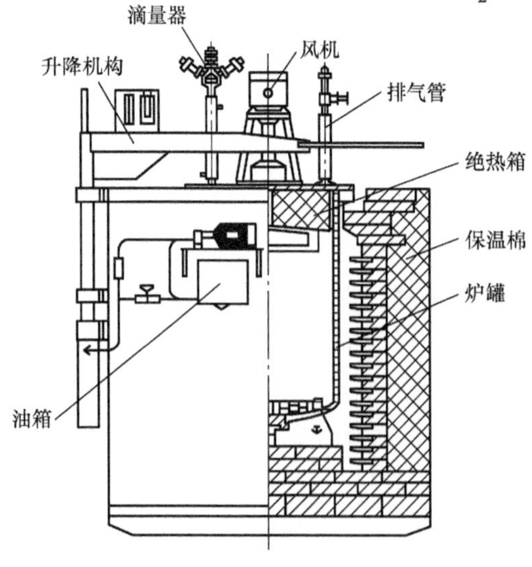

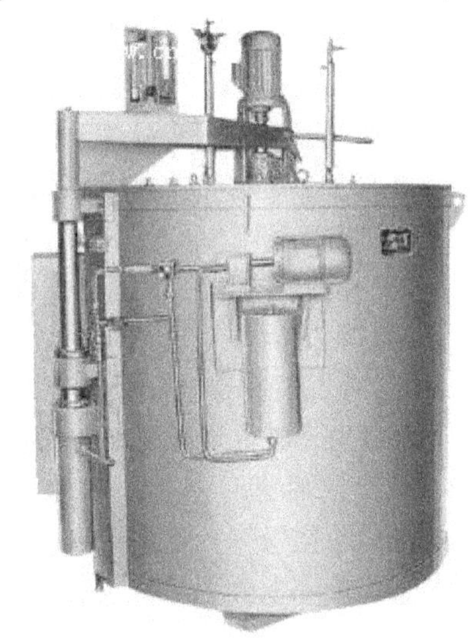

图 4-32　气体渗碳法

随后活性碳原子被钢表面吸收而溶入奥氏体，并向内部扩散形成一定深度的渗碳层。气体渗碳的优点是生产率高，劳动条件好，渗碳过程容易控制，容易实现机械化、自动化，适用于大批量生产。

2）固体渗碳是指将工件放在填充粒状渗碳剂的密封箱中进行渗碳的工艺。方法是将工件和渗碳剂装入渗碳箱中密封后放进炉中加热至900～950℃，保温渗碳。常用固体渗碳剂是炭粉和碳酸盐的混合物，加热时发生下列反应

$$C + O_2 \longrightarrow 2CO \tag{4-5}$$

$$BaCO_3(或\ NaCO_3) \longrightarrow BaO(或\ Na_2O) + CO_2 \tag{4-6}$$

$$CO_2 + C \longrightarrow 2CO \tag{4-7}$$

$$2CO \longrightarrow [C] + CO_2 \tag{4-8}$$

固体渗碳法的优点是设备简单、容易实现，但生产率低、劳动条件差，质量不易控制，故应用不多，主要用于单件、小批量生产。

（2）渗碳工艺参数　渗碳工艺参数主要有渗碳温度和渗碳时间。由 $Fe-Fe_3C$ 相图可知，奥氏体的溶碳能力很强，因此，渗碳温度必须在 Ac_3 以上，通常为900～950℃。渗碳温度过低，渗碳速度过慢，生产率低，且容易造成渗碳层深度不足；温度过高，虽然渗碳速度快，但易引起奥氏体晶粒显著长大，且易使零件在渗碳后的冷却过程中产生变形。渗碳时间则取决于渗碳层厚度的要求，但随渗碳时间的延长，渗碳层厚度的增加速度减缓。

（3）渗碳后的组织与热处理　工件渗碳后还需进行淬火和低温回火处理，才能使表面具有高硬度、高耐磨性和较高的接触疲劳强度及弯曲疲劳强度，心部具有一定的强度和高韧性。淬火可采用直接淬火法（自渗碳温度直接淬火）、一次淬火法（渗碳后出炉空冷，再重新加热进行淬火）、二次淬火法（渗碳后出炉空冷，先根据工件心部化学成分重新加热进行淬火，再根据工件表面化学成分加热进行淬火）。如图4-33所示，经淬火和低温回火后，工件表层组织为高碳回火马氏体＋粒状渗碳体或碳化物＋少量残留奥氏体，其硬度为58～64HRC，而心部组织则随钢的淬透性而定。对于普通低碳钢如15、20钢，其心部组织为铁素体＋珠光体，硬度相当于10～15HRC；对于低碳合金钢如20CrMnTi，其心部组织为回火低碳马氏体＋铁素体，硬度为35～45HRC，心部具有较高的强度及足够的塑性和韧性。

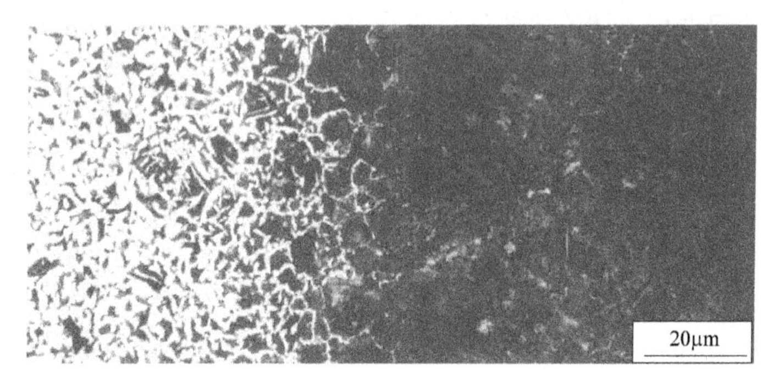

图4-33　低碳钢渗碳缓冷组织

渗碳是汽车和拖拉机齿轮、活塞销等零件常用的表面热处理工艺，工件表面碳含量及渗碳层深度对性能有很大影响。对承受磨损的零件，表面 w_C 以1.0%～1.1%为宜；对于承受多次冲击压缩载荷或接触疲劳载荷的零件，表面 w_C 以0.8%～0.9%为宜。渗碳层深度随零

件的截面尺寸及工作条件而定，可在0.3～3mm范围内变化。

采用渗碳工艺的零件常选用低碳钢或低碳合金钢制造，常用的工艺路线为：锻造→正火→机械加工→渗碳→淬火→低温回火→精加工→成品。

对于不允许渗碳的部位可采用镀铜的方法来防止渗碳，或采取多留加工余量的方法，渗碳后去除该部分的渗碳层。

2. 钢的渗氮

渗氮是指在一定温度下（一般在温度 Ac_1 以下）使活性氮原子渗入工件表面的化学热处理工艺。其目的是提高工件表面硬度、耐磨性、疲劳强度、耐蚀性以及热硬性（在600～650℃温度下仍保持较高硬度的性能）。使钢渗氮的方法很多，如气体渗氮、液体渗氮、氮碳共渗、离子渗氮等，目前应用较多的有气体渗氮和离子渗氮。

（1）气体渗氮　气体渗氮是将工件放入充有氨气的渗氮炉中，在渗氮温度下加热并保温，氨气分解出的活性氮原子被工件表面的铁素体吸收并向内部扩散，形成一定深度的渗氮层的工艺。

渗氮主要应用于在交变载荷下工作的、要求耐磨和对尺寸精度要求高的重要零件，如高速传动精密齿轮、高速柴油机曲轴、高精密机床主轴、镗床镗杆、压缩机活塞杆等，也可应用于在较高温度下工作的耐磨、耐热零件，如阀门、排气阀等。对于渗氮零件，其技术要求中应注明渗氮部位、渗氮层深度、表面硬度、心部硬度等，对轴肩或截面改变处应有 $R>0.5$mm 的圆角以防止渗氮层脆裂。

为了保证质量，渗氮零件需选用含有与氮亲和力大的如Al、Cr、Mo、Ti、V等合金元素的合金钢，如38CrMoAl、35CrAl、38CrMo等。

渗氮零件的一般工艺为：锻造→正火→粗加工→调质→精加工→去应力→粗磨→氮化→精磨或研磨。

气体渗氮的工艺特点如下。

1）温度低。气体渗氮常用温度为550～570℃，远低于渗碳温度。这是由于氮在铁素体中有一定的溶解能力，无须加热至高温。

2）时间长。气体渗氮时间一般为20～50h，氮化层厚度为0.4～0.6mm。

3）需进行调质热处理。调质热处理目的是改善工件的可加工性能和获得均匀的回火索氏体组织，保证较高的强度和韧性。

渗氮工件的性能如下。

1）高硬度、高耐磨性。这是由于钢经渗氮后表面形成一层极硬的氮化物层，其硬度为1000～1100HV；心部组织为回火索氏体，具有良好的综合力学性能。

2）疲劳强度高。这是由于渗氮层的体积增大造成工件表面产生残余压应力，使疲劳强度提高达15%～35%。

3）变形很小。这是由于渗氮温度低，且渗氮后又不需要进行任何热处理，一般只需要精磨或研磨、抛光即可。

（2）离子渗氮　在低于一个大气压的渗氮气氛中，利用阴极（工件）和阳极之间产生的辉光放电进行渗氮的工艺称为离子渗氮。其工艺过程为：将工件置于真空度为 $1.33\times10^2 \sim 1.33\times10^3$Pa的离子渗氮炉中，慢慢通入氨气，以工件为阴极，炉壁为阳极，通过400～750V的高电压，氨气被电离成氮和氢的正离子和电子，通过阴极（工件）表面形成一层紫色辉光，具有高能量的氮离子以很大的速度轰击工件表面，将动能转变为热能，使工件表面温度升高到所需的渗氮温度；同时氮离子在阴极上夺取电子后，还原成氮原子而渗入工件表面，并向里扩散形成渗氮层。另外，氮原子轰击工件表面时，还能产生阴极溅射效应而溅射出铁离子，铁离子形成氮化铁（FeN）附着在工件表面，并依次分解为 Fe_2N、Fe_3N、Fe_4N，释放出氮原子，向工件内部扩散，形成氮化层。图4-34所示为钢的氮化层显微组织。

图4-34　钢的氮化层显微组织

离子渗氮的优点有：

1）离子渗氮时间短，能缩短到气体渗氮的1/3～2/3。

2）表面形成的白色淬硬层很薄，甚至可以不出现。

3）引起的变形小，特别适用于形状复杂的精密零件，可以适用于各种零件，包括要求渗氮温度高的不锈钢、耐热钢和氮化温度很低的工具、模具及精密零件。

4）可节约电能和氨气的消耗，电能的消耗为气体渗氮的1/5～1/2，氨气的消耗为气体渗氮的1/20～1/5。

离子渗氮的缺点主要是设备复杂、投资大，对于大型炉及各类零件混合装炉时，难以保证各处零件的温度一致，使其应用受到限制。

3. 钢的碳氮共渗

在钢的表面同时渗入碳和氮的化学热处理工艺称为碳氮共渗。碳氮共渗可以在气体介质中进行，也可以在液体介质中进行。因为液体介质的主要成分是氰盐，故液体碳氮共渗又称为氰化。根据温度不同，又可将碳氮共渗分为低温（520～580℃）、中温（700～880℃）和高温（900～950℃）三种碳氮共渗工艺。目前应用较广泛的是中温气体碳氮共渗和低温气体氮碳共渗。

（1）中温气体碳氮共渗　实际上是以渗碳为主的共渗工艺。介质即渗氮和渗碳用的混合气，共渗温度一般为820～860℃，一般共渗时间为1～2h，共渗层的深度为0.2～0.5mm。共渗后需进行淬火和低温回火，得到含氮的高碳回火马氏体组织，渗层表面的硬度可达58～63HRC。研究表明：在渗层碳的质量分数相同的情况下，共渗件表面的硬度、耐磨性、疲劳强度和耐蚀性能都比渗碳件高。此外，共渗工艺与渗碳相比，具有时间短、生产效率高、变形小等优点，但共渗层较薄，主要用于形状复杂、要求变形小的小型耐磨零件，如汽车、机床的各种齿轮、蜗轮、蜗杆和轴类零件。碳氮共渗除用于低碳合金钢外，还可用于中碳钢和中碳合金钢。

（2）低温气体氮碳共渗　实际上是以渗氮为主的共渗工艺。常用的共渗介质有氨加醇类液体以及尿素、甲酰胺和三乙醇胺等。共渗温度一般为540～570℃，时间为2～3h。共渗层由0.01～0.02mm的化合物外表层和0.5～0.8mm的扩散层组成。其表面硬度一般可达500～900HV，硬度高而不脆，能显著提高零件的耐磨性、耐疲劳、抗咬合、耐腐蚀等能力，而且适用于碳钢、合金钢、铸铁、粉末冶金制品等多种材料。此外，氮碳共渗处理温度低，时间短，故工件变形小。因此，气体氮碳共渗已广泛应用于模具、量具、高速钢刀具、曲轴、齿轮、气缸套等耐磨工件的热处理，并能显著延长它们的使用寿命。但是气体氮碳共渗后的渗层较薄，而且共渗层的硬度梯度较大，故零件不宜在重载条件下工作。

4. 其他化学热处理

（1）渗硼　将硼元素渗入钢表面形成铁的硼化物的化学热处理工艺称为渗硼。渗硼能显著提高钢件表面硬度（1300～2000HV）和耐磨性，并使钢具有良好的热硬性及耐蚀性，故获得了快速发展。

（2）表面渗金属　渗入金属通过热扩散在渗透层与基体之间形成一定的过渡层，使表面高合金层和心部基体成为一个整体，而零件尺寸变化却很小的工艺称为表面渗金属。这种工艺可使某些零件在制造时采用一般钢材代替不锈钢、耐热钢或某些其他优质合金钢，是一种保证零件性能、节约合金钢材的有效措施。常用的渗入金属有 Cr、Al、Ti、Nb、V、W、Ni、Zn、Si 等。其中 Si 为非金属元素，在渗层形成的机理上和金属元素相似，和铁不形成化合物。

渗金属可以是单一元素渗入零件，如钢铁渗铬、钛、钒等，称为单元渗，也可以是多种元素同时渗入钢铁零件，如铬铝、铬钒等两种或两种以上元素同时渗入的工艺。

4.4.3　钢的激光热处理

激光热处理穿透力极强，在工业上的应用越来越广。

1. 激光热处理技术原理

激光加热表面淬火是利用高能量（功率密度为 10^3～10^5W/cm^2）的激光束使工件照射处在很短时间（10^{-9}～10^{-7}s）内加热到正常淬火加热温度以上，使其表面迅速奥氏体化，然后急速自冷淬火的工艺。此时，金属表面迅速被强化，即发生了激光相变硬化。激光加热是局部的急冷急热过程，热影响区域小，硬化层较浅，一般只有 0.3～1mm。激光加热时，表面升温速度可达 10^4～10^6℃/s，使材料表面迅速达到奥氏体化温度，原始珠光体组织通过无扩散转化为奥氏体组织。由于激光超快速加热条件下过热度很大，相变驱动力很大，奥氏体形核数目急剧增加，同时，在快速加热条件下奥氏体晶粒来不及长大，因此晶粒非常细小。随后经过自身热传递以 10^6～10^8℃/s 的冷却速度快速冷却，转变成非常细小的马氏体。图 4-35 所示为激光加热表面淬火示意图。

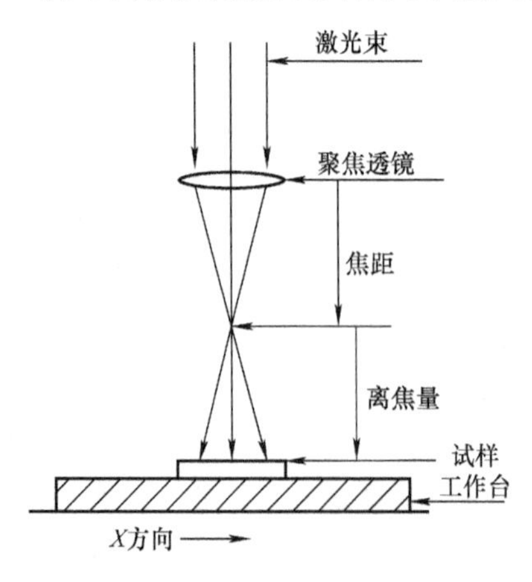

图 4-35　激光热处理装置

激光热处理工艺参数主要是指激光输出功率 P、光斑直径 d（两者决定了功率密度）和扫描速度 v（决定了激光与工件的作用时间），它们直接影响激光淬火层的深度、宽度、硬度、组织以及力学性能。图 4-36 所示为 45 钢激光热处理表面的马氏体组织。

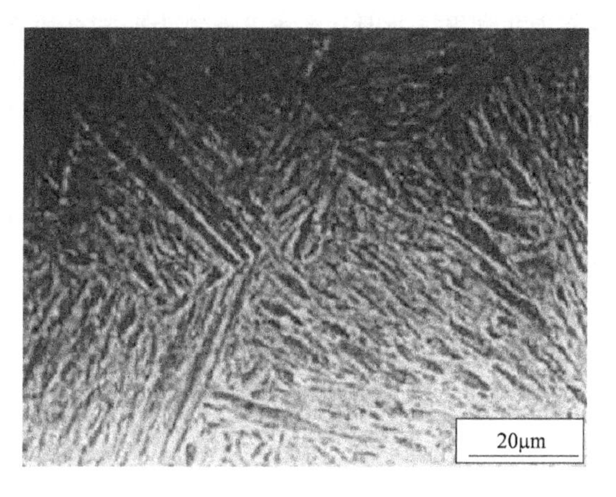

图 4-36　45 钢激光热处理表面的马氏体组织

2. 应用

随着大功率 CO_2激光器的发展，用激光就可以实现各种形式的表面处理，许多汽车关键件，如缸体、缸套、曲轴、凸轮轴、排气门、阀座、摇臂、铝活塞环槽等几乎都可以采用激光热处理。美国通用汽车公司用十几台千瓦级 CO_2激光器，对转向器壳内壁局部硬化，日产三万套，提高工效四倍；我国采用大功率 CO_2激光器对汽车发动机缸孔内壁进行强化处理，可延长发动机大修里程至 15 万 km 以上；激光热处理的缸体、缸套淬硬带的耐磨性大幅度提高，未淬硬带有利于储油，改善润滑性能。

3. 特点

激光热处理可高速加热、高速冷却，获得的组织细密、硬度高、耐磨性好；淬火部位可获得较大的残余压应力，有助于提高疲劳强度；还可以进行局部选择性淬火，通过对多光斑尺寸的控制，实现不通孔、深沟、微区、夹角和刀具刃口等局部区域的硬化。但是，激光的高能量也容易造成工件表面的局部熔化，这不仅不能提高结构件的表面质量，而且可能造成结构件的损坏。激光可以远距离的传送，可以实现一台激光器多工作台同时使用，采用计算机编程实现对激光热处理工艺过程的控制与管理，实现生产过程的自动化。低碳钢和高碳钢在普通热处理和激光热处理两种情况下的硬度对比见表 4-5。

表 4-5　低碳钢和高碳钢的硬度对比

类型	普通热处理硬度　HRC	激光热处理硬度　HRC
低碳钢	37～42	>60
高碳钢	57～63	>70

4.5　钢的热处理新工艺

4.5.1　深冷处理

1. 深冷处理原理

钢的淬火过程就是使钢获得马氏体的过程，而淬火不能使钢中奥氏体全部转变为淬火组织，各种钢材热处理后都有部分奥氏体残留，其残留量随钢种及加热温度不同而变化，同时还有一定量的残余应力存在。它们的存在对工件的使用性能会产生或多或少的影响，深冷处理作为非常规热处理，是指以液氮为冷却介质在低于 -100℃的环境中对工件进行处理，它能够很大程度提高材料的力学性能。其主要原因是深冷处理能使珠光体片层变小而使工件内部组织变得更加细密；材料体积收缩，晶粒减小，引发微变形或大量位错，使材料组织变得更加均匀；同时随着温度降低，材料表面会析出超细碳原子，对整体组织起到弥散强化的作用。

美国、苏联、日本和德国等很早就将深冷技术用于生产，但对其提高工件性能的机理研究较少且不全面。国外对深冷处理机理的研究主要集中在工模具钢上，20 世纪 70 年代日本大和久重雄博士曾提出了三点权威性看法：①深冷处理可使残留奥氏体转化为马氏体；②晶粒细化；③有细小弥散的碳化物析出。美国路易斯安那理工大学 F. BARRON 教授的研究也认为深冷处理不仅可以使残留奥氏体转化为马氏体，而且还可使马氏体析出弥散碳化物。但深冷处理过程中，马氏体是变温形成还是等温形成，细小弥散碳化物的尺寸，碳化物的析出位置，碳化物的晶体结构以及深冷处理对晶体中微观缺陷的影响等均未加明示。图 4-37 所示为常用深冷设备。

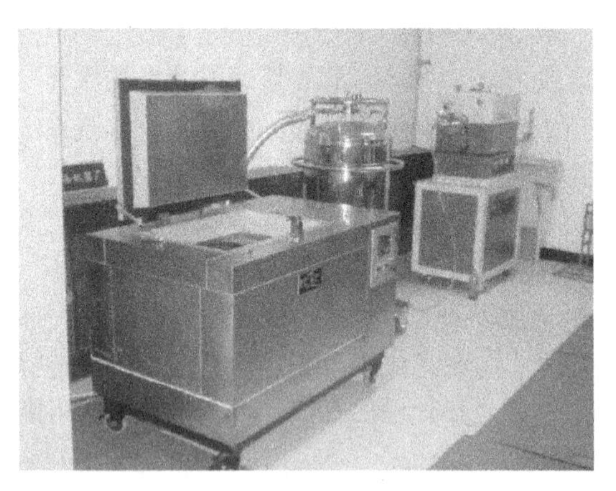

图 4-37　常用深冷设备

2. 应用和特点

深冷技术主要用于高速钢、轴承钢、模具钢，以提高材料的耐磨性和强韧性。

深冷处理的最大优点是奥氏体的马氏体化使得工件硬度提高，从而提高了工件的耐蚀性能、耐磨性，以保证工件的尺寸精度等。

4.5.2　可控气氛热处理

在无氧热处理技术的发展趋势中，首推可控气氛热处理。在炉气成分可控制的炉内进行的热处理称为可控气氛热处理。可控气氛热处理的应用有一系列技术和许多经济方面的优点：能减少和避免钢件在热处理过程中的氧化和脱碳，节约钢材，提高工件质量；可实现光亮热处理，保证工件的尺寸精度；可进行控制表面碳浓度的渗碳和碳氮共渗，可使已脱碳的工件表面复碳。在目前少品种、大批量生产中，尤其是碳素钢和一般合金结构钢件的光亮淬火、光亮退火、渗碳淬火、碳氮共渗淬火、气体氮碳共渗等，仍以可控气氛为主要手段，所以可控气氛热处理仍是先进热处理技术的主要组成部分。

1. 可控气氛热处理方法

根据可控气氛气源的制备方法，可控气氛热处理分以下几种：

（1）吸热式气氛热处理　用煤气、天然气或丙烷等与空气按一定比例混合后，通入发生器进行吸热反应（外界加热）而形成气氛。可通过调节原料气与空气的混合比来控制气氛的碳势，应用非常广泛。主要用于防止加热时的氧化和脱碳，如光亮退火、光亮淬火；也用于渗碳及碳氮共渗等化学热处理。

（2）放热式气氛热处理　用煤气、煤油或丙烷等与空气按一定比例混合后，进行放热反应而形成需要的气氛。燃料气靠自身的燃烧反应而制成气体，由于反应时放出大量的热量，故称作放热式气氛。其对原料的要求不高，操作简单，成本低。但未经净化的气氛 CO_2 含量高，直接用于热处理会造成氧化和脱碳，应用受到一定限制。该法是所有制备气氛中最便宜的一种，主要用于防止加热时的氧化，如低碳钢的光亮退火，中碳钢小件的光亮淬火等。

（3）滴注式气氛热处理　用液体有机化合物（如甲醇、乙醇、丙醇、三乙醇胺等）混合后滴入炉内而得到所需气氛。其原料易制取，装置简单，成分和碳势可自动控制，在原有井式炉或箱式炉上稍加改造即可，应用很广。主要用于渗碳、碳氮共渗、保护气氛退火和淬火等。

（4）氮基可控气氛热处理　除了采用氨加热分解的氮和氢作为气氛外，还可在纯氮气里加入体积分数为2%～5%的氢气（或丙烷）作为保护气氛。该法不需要反应发生器，设备投资少，适应性广，可用于光亮退火和淬火，渗碳及碳氮共渗等。

2. 可控气氛热处理工艺

（1）渗碳　用滴注式可控气氛渗碳在国内已经达到相当普遍的程度，在密封井式炉和箱式多用炉中进行可控气氛渗碳已成为一种趋势。

（2）碳氮共渗　钢件碳氮共渗时，渗层中碳氮含量不当，容易出现反常组织，造成硬度下降。因此，应针对不同钢种及不同的使用性能要求，确定渗层中的最佳碳氮含量，并通过调节共渗气氛的活性浓度及含碳氮介质的比例，以保证得到性能优良的碳氮共渗层。碳氮共渗能够提高接触疲劳强度，例如，20Cr 钢轴承套圈热处理工艺可由“渗碳 + 淬火 + 回火”改为“碳氮共渗 + 淬火 + 回火”，GCr15 钢制轴承热处理工艺可由“淬火 + 回火”改为“碳氮共渗 + 淬火 + 回火”，以提高表面硬度，提高表面接触疲劳强度，从而提高轴承寿命。

（3）光亮退火、淬火、复碳　在保护性可控气氛中进行退火、淬火可防止氧化和脱碳，得到光亮如新的表面，提高零件的表面质量。

常规热处理的零件表面常因脱碳而造成表面硬度不合格，可以采用在保护气氛中先进行复碳处理，然后再进行保护气氛的淬火 + 回火，使常规热处理的废品零件表面复碳，重新达到性能要求。我国的天然气资源丰富，为用甲烷制备吸热式气氛创造了良好条件。

4.5.3　真空热处理

真空热处理是指金属制件在真空或先抽真空后通惰性气体条件下加热，然后缓冷退火或回火，或在油或气体中淬火冷却的技术。

真空热处理具有其他热处理不可比拟的一系列突出优点，如无氧化、无脱碳等表面质量好，变形微小，热处理后零件综合力学性能优异，无污染、无公害，自动化程度高等，因此自 1927 年问世（美国无线电公司研制的 VAC－10 型真空热处理炉，用于真空退火）以来即得到迅速发展。目前它已成为优质工模具不可或缺和首选的热处理工艺。

真空热处理由早期的真空退火、真空除气向真空淬火、真空回火、真空化学热处理和特种真空热处理方向发展。

1. 真空热处理的工艺控制

真空热处理的加热特点决定了真空炉加热升温速度快，而工件传热需要时间，滞后比较多。为此，真空热处理加热时一般采用阶段升温，预热 1 ~ 2 次或者控制升温，同时还要适当延长保温时间，保温时间一般为空气炉的 1.5 倍。

真空热处理的真空度根据待处理材料选择，既要保证热处理后表面光亮，又要注意防止表面元素贫化。对结构钢、不锈钢，真空度取 10^{-1} ~ 10Pa；对钛合金，取 10^{-2} ~ 10^{-1}Pa。

2. 真空热处理方法

（1）真空退火　利用真空无氧化的加热效果进行光亮退火，主要用于冷拉钢丝的中间退火、不锈钢的退火及有色金属的退火。

（2）真空淬火　对大多数工模具钢采用真空加热，然后在空气中冷却淬火的真空气淬工艺，可大大提高工件的性能。特别是真空高压气淬，可以使工件的表面和心部都达到较高的性能。

（3）真空渗碳　真空渗碳可实现高温渗碳（1000℃），显著缩短渗碳时间，且渗层均匀，碳浓度变化平缓，表面光洁。

3. 真空热处理工艺的发展方向

（1）真空加压气淬工艺　提高冷却性能，控制加热和冷却，研制淬透性更好的材料，完善气体回收技术等。

（2）真空化学热处理工艺　提高真空渗碳技术，开发其他真空化学热处理技术以及真空化学热处理传感器等。

（3）真空功能热处理工艺　真空磁场热处理，真空氢气热处理，真空焊接与热处理的组合等。

4.5.4　形变热处理

形变强化和热处理相变强化是钢材最基本的两种强化方法，长期以来，在冶金、机械及其他工业部门中得到了广泛的应用。在金属材料或机器零件制造过程中，将压力加工与热处理工艺结合起来，同时发挥形变强化与热处理强化的作用，获得单一的强化方法所不能达到的综合力学性能，此种方法称为形变热处理（或加工热处理）。

形变热处理不仅可以获得比普通热处理更优异的强韧化效果，而且能省去热处理时重新加热的工序，简化生产流程，节约能源，具有较高的经济效益。

1. 钢的形变热处理强韧化的原因

1）形变热处理在塑性变形过程中细化了奥氏体晶粒，从而使热处理后得到细小的马氏体组织。

2）奥氏体在塑性变形时形成大量的位错，并成为马氏体转变核心，促使马氏体转变量增多并细化，同时产生大量新的位错，使位错的强化效果更显著。

3）形变热处理中，高密度位错为高弥散碳化物的析出提供有利条件，产生的碳化物起弥散强化作用。

2. 钢的形变热处理的分类

形变热处理的种类很多，根据形变与相变过程的相互顺序，可以把形变热处理分为三种基本类型，即相变前形变、相变中形变及相变后形变热处理。根据形变温度不同，将相变前形变热处理分为高温形变和低温形变热处理；将相变中形变热处理分为等温形变、马氏体相变形变热处理；根据相变类型不同，将相变后形变热处理分为珠光体的冷变形、珠光体的温加工、回火马氏体的形变时效等。近年来还发展了将形变热处理工艺与化学热处理工艺相结合，而派生出的一些复合形变热处理工艺方法。下面仅介绍相变前形变的高温形变热处理和低温形变热处理。

（1）高温形变热处理　它是将钢材加热到奥氏体区后进行塑性变形，然后立即进行淬火和回火，如锻热淬火和轧热淬火。此工艺能获得较明显的强韧化效果，与普通淬火相比，强度可提高10%～30%，塑性可提高40%～50%，韧性成倍提高。而且质量稳定，工艺简单，还减少了工件的氧化、脱碳和变形，适用于形状简单的零件和工具的热处理，如连杆、曲轴、模具和刀具等。

（2）低温形变热处理　它是将工件加热到奥氏体区后急速冷却至珠光体与贝氏体形成温度范围内（在450～600℃热浴中冷却），立即对过冷奥氏体进行塑性变形（变形量一般为70%～80%），然后进行淬火和回火。与普通淬火相比，此工艺在保持塑性、韧性不降低的情况下，可大幅度提高钢的强度、疲劳强度和耐磨性，特别是强度，可提高300～1000MPa。因此，它主要用于要求高强度和高耐磨性的零件和工具，如飞机起落架、高速刃具、模具和重要的弹簧等。

另外，低温变形热处理要求钢材具有较高的淬透性和较长的孕育期，如合金钢、模具钢。由于变形温度较低，要求变形速度快，故需要功率大的设备进行塑性形变。

4.5.5　计算机控制热处理

随着计算机技术的不断进步，计算机控制的热处理技术在生产中得到了较为广泛的应用，主要用于温度控制、气氛控制、热处理工艺优化等。

1. 炉温控制

例如，单片机炉温控制系统具有以下功能：人工设定不同的温度参数，实现可变速率、可变时间的升温、保温、降温控制；显示实时炉温、时间；实现超温声光报警、超限切断控制加热电源；用LED实时显示加热过程曲线规律等。

2. 计算机气氛控制

例如，计算机控制气氛渗氮，可实现可控气氛渗氮工艺全过程的温度、氮势与渗氮时间的自动控制、测量和定期打印，并具有氨气、冷却水压力、温度和氮势超限报警自动断电功能。

微型计算机可控气氛渗氮工艺可以改善渗氮层的组织和性能；可保持高的渗氮速度，缩短工艺周期，具有明显节电效果，可大大降低生产成本；与常规渗氮设备相比，微型计算机控制渗氮设备功能齐全，控制精度高，操作简便，可使渗氮工艺很快达到动态稳定。

3. 通过计算机模拟确定最佳热处理工艺

例如，采用计算机模拟技术可以对渗氮的工艺过程进行模拟。根据待处理零件的信号（钢的化学成分、设计要求的表面硬度、有效硬化层深度等），计算机选择一个初始的渗碳工艺进行模拟计算，根据计算的浓度分布曲线与期望的优化浓度分布曲线的偏差修正工艺参数（如果浓度偏大就缩短渗碳时间，反之则延长渗碳时间；如果浓度分布曲线呈凸起状则提前降碳势，反之则推迟降碳势等），经反复迭代自动寻找到符合待处理零件技术要求的最优工艺。

4.5.6 高能表面热处理

1. 等离子弧表面淬火

直流等离子弧是一种经过压缩了的高温、高能量密度的电弧，利用等离子弧的高温射流束可以快速对金属表面进行加热，达到奥氏体化温度后随着等离子弧的移动，通过工件自身的快速导热而自冷，表面获得马氏体组织，实现表面淬火硬化的工艺。

与激光淬火技术相比，等离子弧金属表面硬化处理技术具有硬化层厚、质量好、处理速度快、设备简单、成本低等优点，可用于机械设备中一些承受较大摩擦、需要表面耐磨的零件（如轴类、齿轮、模具、工具、气缸套、机床导轨等）的硬化处理，可提高其性能，延长使用寿命。

2. 电子束淬火

电子束加热表面淬火是将零件放置在高能密度的电子枪下，保持一定真空度，用电子束流轰击零件表面，在与金属原子碰撞时，电子释放能量，被撞击表面在极短时间（10^{-3} ~ 10^{-1}s）内被加热到钢的相变温度以上，靠自身快速冷却进行淬火的工艺。

电子束淬火加热速度和冷却速度都很快，在相变过程中，奥氏体化时间很短，故能获得超细晶粒组织；零件热变形极小，不需要再进行精加工，可以直接装配使用；电子束淬火在真空中进行，无氧化、无脱碳，不影响零件表面粗糙度；由于电子束的射程长，零件局部淬火部分的形状不受限制，即使是深孔底部和狭小的沟槽内部也能进行淬火。但电子束淬火装置比较复杂，要配以真空泵系统、电子束发生系统、计算机控制电子束定位系统等，设备的成本高，且不能用于重载荷零件和大型零件。

4.6 钢的热处理缺陷与防止

通常热处理缺陷是指工件在最终热处理过程中或在以后的工序中以及使用过程中出现的各种缺陷，如淬裂、变形超差、硬度不足、电加工开裂、磨削裂纹、工件的早期破坏等。其实，上述的种种缺陷并不完全是由热处理因素造成的。例如，结构设计不当，原材料选择不当，或原材料自身缺陷及锻造质量低劣均会造成隐患，经热处理后，也会出现上述各种缺陷。

随着工件制造技术的飞速发展及无损检测技术在工件制造领域的广泛应用，工件制造中的各种缺陷已逐步得到了定性分析，这对于预防各种缺陷的产生，大力提高工件制造质量和使用寿命必将产生积极的影响。从热处理角度去分析各种缺陷产生的原因并提出预防措施是理性的和明智的。

1. 氧化和脱碳

工件在加热过程中，由于周围的加热介质与钢表面所起的化学作用，会使钢发生氧化与脱碳，严重影响淬火工件的质量。

（1）氧化　氧化是指钢的表面与加热介质中的氧、氧化性气体、氧化性杂质相互作用形成氧化铁的过程。由于氧化铁皮的形成，使工件的尺寸减小，表面质量降低，还会严重地影响淬火时的冷却速度，致使工件表面产生软点和硬度不足。钢的氧化虽然是化学反应，但是一旦在钢的表面出现一层氧化膜之后，氧化的速度主要取决于氧和铁原子通过氧化膜的扩散速度。随着加热温度的升高，原子扩散速度增大，钢的氧化速度便急剧地增大，特别是在570℃以上，所形成的氧化膜以 FeO 为主，它是不致密的，结构疏松。因此，氧原子很容易透过已形成的表面氧化膜继续与铁发生氧化反应，所以，当氧化膜中出现 FeO 时，钢的氧化速度大大增加，氧化层逐渐增厚。在570℃以下，氧化膜则由比较致密的 Fe_3O_4 构成，由于处于工件表面的这种氧化膜结构致密，与基体结合牢固，氧原子难以继续渗入，故氧化的速度比较缓慢。

（2）脱碳　脱碳是指钢表层中的碳被氧化，使钢的表层碳含量降低，钢的加热温度越高。而且钢的碳含量越多（特别是具有高含量的硅、铝等元素时），钢越容易脱碳。由于碳的扩散速度较快，所以钢的脱碳速度总是大于其氧化速度。在钢的氧化层下面，通常总是存在着一定厚度的脱碳层，由于脱碳使钢的表层碳含量下降，从而导致钢件淬火后表层硬度不足，疲劳强度下降；而且脱碳会使钢在淬火时，容易形成表面裂纹。

为了防止氧化、脱碳，根据工件的技术要求和实际情况，可以采用保护气氛加热、真空加热，以及用工件表面涂料包装加热等方法。在盐浴中加热时，可以采用加入脱氧剂的方法，并要求建立严格的脱氧制度。此外，对普通箱式炉稍加改造后，采用滴入煤油的办法进行保护，可大大改善加热工件的表面质量。

2. 过热和过烧

钢件进行奥氏体化加热时，如加热温度过高或加热时间过长，会引起奥氏体晶粒长大变粗，形成的马氏体粗化，这种现象称为过热。过热的工件几乎不能防止淬火裂纹产生。因为在生成的马氏体中存在大量微裂纹，这种马氏体裂纹会发展为淬火裂纹。在加热温度更高的情况下，钢的奥氏体晶粒进一步粗化，并产生晶界氧化，严重时还会引起晶界熔化，这种现象称为过烧。产生过烧的工件，其性能急剧降低。有过热缺陷的工件，可先进行一次细化组织的正火或退火，然后再按正常规范重新淬火。过烧只能报废重新冶炼。

3. 回火缺陷

回火缺陷主要指回火裂纹和回火硬度不合格。所谓回火裂纹，是指淬火状态钢进行回火时，因急热、急冷或组织变化而形成的裂纹。有回火硬化（二次硬化）现象的高合金钢，比较容易产生回火裂纹。防止方法是在回火时缓慢加热，并使回火温度缓慢冷却。硬度过高一般是因回火温度不够造成的，补救方法是按正常回火规范重新回火。回火后硬度不足主要是回火温度过高，补救办法是退火后重新淬火回火。出现硬度不合格时，首先要查找原因，检查是否发生混料，因为这也是引起回火后硬度不合格的主要原因。回火脆性，是钢的一种热处理特性，而不是热处理缺陷。但如果不注意这种特性，有时就会成为回火缺陷的根源。

4. 减少变形及防止裂纹的措施

淬火工件发生变形和开裂的根本原因是由于淬火内应力造成的。因此，除制定合理的淬火工艺外，同时还必须设法减小淬火内应力，防止变形和开裂。

（1）淬裂　淬裂是模具零部件最常见的致命缺陷，已淬裂的工件，须全部报废，无任何补救措施。常见淬裂的主要原因有过热、脱碳、冷却不当等原因。淬裂的原因及预防措施见表4-6。

表 4-6　淬裂的原因及预防措施

序号	原因	原因分析	预防措施
1	过热	控温不准或跑温；工艺设置温度过高；炉温不均，如底部有加热元的设备，工件直接放在炉底板上等	检修、校对控温系统；修正工艺温度；工件与炉底板间加垫铁
2	脱碳	过热（或过烧）；空气炉无保护加热；机加工余量小，锻造或预备热处理残留脱碳层	同过热预防措施；可控气氛加热，盐浴加热，真空炉，箱式炉采用装箱保护或使用防氧化涂料；加大机加工余量
3	冷却不当	冷却剂选择不当；过冷	掌握淬火介质冷却特性。在 Ms ~ 500℃及以上出槽立即回火
4	材料原组织不良	碳化物偏析严重，锻造质量差，预备热处理方法不当，效果不佳	采用正确的锻造工艺；采用合理的预备热处理制度

（2）变形　变形是机械零件热处理最常见、最普遍的缺陷。事实上，在机械制造中，热处理的淬火变形是绝对的，而不变形才是相对的。换句话说，只是一个变形大小的问题。防止热处理变形的方法见表 4-7。

表 4-7　防止热处理变形的措施

预防措施	办法
改善材质	选择淬透性好的钢种；采用正确的锻造工艺和取向
完善预备热处理	单一的预备热处理效果不佳时，应考虑两种以上预备热处理工艺的组合
改善热处理条件	缓慢均匀地加热，均匀地冷却；采用空气淬火，等温淬火，分级淬火，微变形淬火，预热回火

5. 零件的结构工艺性

热处理时零件不可避免地会变形，尤其是淬火零件，变形甚至开裂的倾向较大。为避免零件的变形或开裂，零件结构的合理设计是十分重要的环节。下面介绍几种典型零件的淬火变形规律。

（1）杆状零件　杆状零件淬火时主要产生弯曲变形。如果对零件硬度和精度要求不是太高，淬火弯曲可用压力机进行矫直。如果是高硬度、高精度零件，必须预先留有磨削余量，淬火后再磨到所需尺寸。留出磨削余量要恰当，太多，磨削太费工时；太少，则变形不能完全补偿。

弯曲变形是零件相对的两面冷却速度不均匀造成的。如果截面不对称，则两侧面的冷却速度不均匀程度就较大，弯曲变形也就比较严重。在设计时，要求零件截面对称。例如，一面带有键槽或油槽的轴类零件，因带键槽、油槽的一面冷却较快，淬火后弯曲变形就较严重。如果设计上允许的话，把两面做出对称的键槽或油槽，淬火后弯曲变形就会小得多。

（2）带孔零件　齿轮、套筒等零件都带有内孔，淬火时，孔胀大或缩小的情况可能发生。如果孔缩小，还可以进行磨削加工，使之达到要求的尺寸；如果胀大，超过公差要求，往往就会使零件报废。热应力使孔缩小，组织应力则使孔胀大。中碳钢水淬及合金钢油淬时，往往是组织应力起主导作用，使孔胀大。如果零件壁厚过大（孔小），零件淬硬层很薄，则热应力可能起主导作用，使孔缩小。

轴类零件淬火有时弯曲能达几毫米，甚至更大，但带孔零件淬火胀大或缩小，一般在几十微米到几百微米之间。例如，中碳钢套筒水淬后，孔胀大0.3%～0.8%。若套筒零件内有键槽，则键槽的变形取决于套筒的胀缩，套筒孔胀大时，键槽也胀大，孔缩小，键槽也缩小。

（3）板状零件　用作离合器的摩擦片和圆盘锯片等均属于板状零件。此类零件淬火时发生翘曲变形是不可避免的，尺寸大、厚度小的更为严重。为了减少和防止变形，这类零件常采用在压力下进行淬火的操作方法（用淬火压床或淬火夹具）。淬火后将许多零件一起夹紧进行回火，可以使翘曲变形得到进一步矫正。

在回火过程中对变形零件进行矫正的效果特别明显。例如，薄片零件淬火翘曲达数毫米，甚至更大时，则可在400℃左右回火进行矫正。

此外还可以通过设置合理的加工余量，降低零件的表面粗糙度值（减小零件因切削刀痕过深，淬火时造成应力集中而形成的淬火裂纹），采用预备热处理（对形状复杂的零件，淬火前进行退火、正火，甚至调质处理）等，均可减少或避免零件的变形、开裂。但必须注意，增加热处理工序要增加成本，并且会增大氧化和脱碳程度。

思　考　题

4-1　什么是退火？退火的目的是什么？退火有哪些类型？

4-2　退火与正火的主要区别是什么？生产中如何选用退火和正火？

4-3　淬火钢回火方法有哪些？并说明各种回火方法的组织、性能及应用范围。

4-4　怎样正确选用正火或退火方法来改善钢的切削性能？

4-5　试分析以下说法是否正确，为什么？

1）过冷奥氏体的冷却速度越快，钢冷却后硬度越高。

2）钢经淬火后是处于硬脆状态。

3）钢中合金元素越多，则淬火后硬度越高。

4）同一钢材在相同的加热条件下，水淬比油淬的淬透性好，小件比大件的淬透性好。

4-6　什么是钢的淬透性？影响淬透性的主要原因有哪些？

4-7　什么是表面淬火？为什么能淬硬表面层，而心部组织不变？它和淬火时没有淬透有什么不同？

4-8　淬硬性与淬透性有什么不同？决定淬硬性与淬透性的主要因素是什么？试比较T8和20CrMnTi钢的淬硬性与淬透性。

4-9　简述激光热处理与普通热处理相比各有什么优缺点？

4-10　现有三种形状、尺寸、材质（低碳钢）完全相同的齿轮，分别进行整体淬火、渗碳淬火和高频感应加热淬火，试用最简单的办法将其区分开来。

4-11　某拖拉机上的连杆用40钢制成，简明工艺路线如下：锻造→正火→粗加工→调质→精加工，最后要求硬度为217～241HBW。试说明各热处理的目的及其组织变化情况，并确定其加热温度和冷却方式。

4-12　图4-38为T8钢（共析钢）奥氏体化后等温转变曲线及五种冷却曲线，说明用图中五种冷却方式所对应的热处理名称、所得组织、相对性能特点。

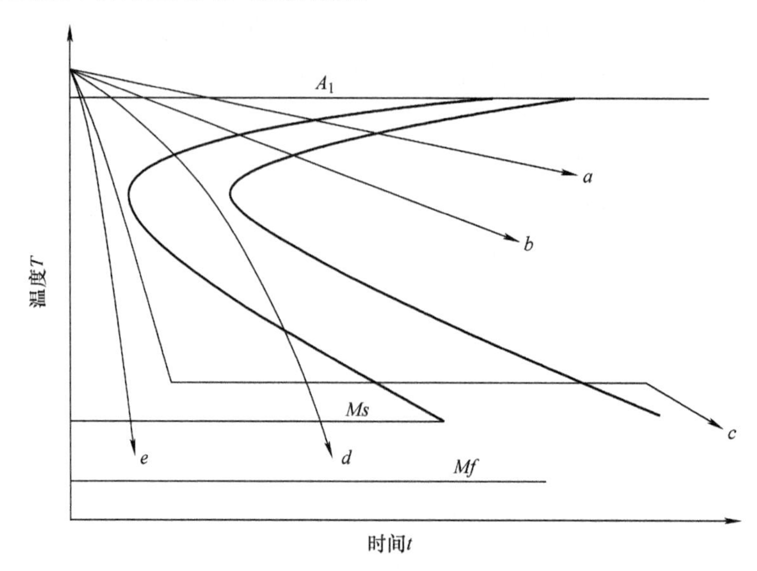

图 4-38　题 4-12 图

第5章

工 业 用 钢

章前导读

工业用钢导读

工业用钢由于其具有不可替代的优良性能而成为工业领域中的支柱材料之一，被广泛应用于机械工程、建筑工程、能源工程、国防工程、交通工程等领域。钢的主要生产过程要经历高炉炼铁和炼钢炉炼钢两个步骤。

1. 炼铁

炼铁是指钢铁厂将铁矿石、焦炭等原料经高炉冶炼成生铁的过程，如图5-1所示。其生产工艺是将含铁原料（烧结矿、球团矿或铁矿）、燃料（焦炭、煤粉等）及其他辅助原料（石灰石、白云石、锰矿等）按一定比例自高炉炉顶装入高炉，并由热风炉在高炉下部沿炉周的风口向高炉内鼓入热风，助焦炭燃烧（有的高炉也喷吹煤粉、重油、天然气等辅助燃料），在高温下焦炭中的碳同鼓入空气中的氧燃烧生成一氧化碳和氢气。原料、燃料随着炉内熔炼等过程的进行而下降，炉料在下降过程中和上升的煤气相遇，先后发生传热、还原、熔化、脱炭作用而生成生铁，铁矿石原料中的杂质与加入炉内的熔剂相结合而形成炉渣，炉底铁液间断地放出，装入铁液罐，送往炼钢厂。同时产生高炉煤气、炉渣两种副产品，高炉渣铁主要由矿石中不还原的杂质和石灰石等熔剂结合生成，自渣口排出后，经水淬处理后可全部作为水泥生产原料；产生的煤气从炉顶导出，经除尘后，可作为热风炉、加热炉、焦炉、锅炉等的燃料。

2. 炼钢

炼钢是指利用不同来源的氧（如空气、氧气）来氧化炉料（主要是生铁）所含杂质的复杂的金属提纯过程，如图5-2所示。其工艺主要包括氧化去除硅、磷、碳，脱硫、脱氧和合金化。其任务就是根据所炼钢种的要求，把生铁中的碳含量降到规定范围，并使其他元素的含量减少或增加到规定范围，达到最终钢材所要求的金属成分。炼钢过程基本上是一个氧化过程。上述元素氧化以后，有的在高温下与石灰石、石灰等熔剂起反应，形成炉渣，有的变成气体逸出，留下的金属熔体就是钢液。

炼出的钢液，在炼钢（氧化）过程中吸收了过量的氧，如不去除这些氧，则会降低成品钢的力学性能。因此，在炼钢最后阶段的操作中，还要用锰铁、硅铁和铝等进行脱氧。这样，达到一定成分和温度的钢液，用钢锭模铸成钢锭，或用连铸机铸成钢坯。钢锭或连铸坯送到轧钢厂，轧成型钢、钢板（包括带钢）、钢管和钢丝等钢材。再有一部分钢液直接铸造成铸钢件。

中国第一座30吨
氧气顶吹转炉

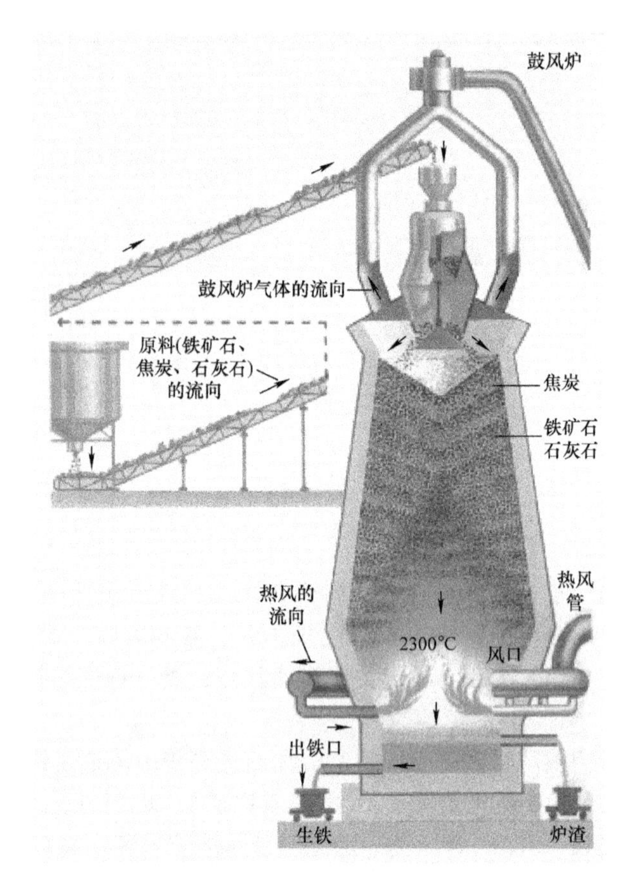

图5-1 高炉炼铁简图

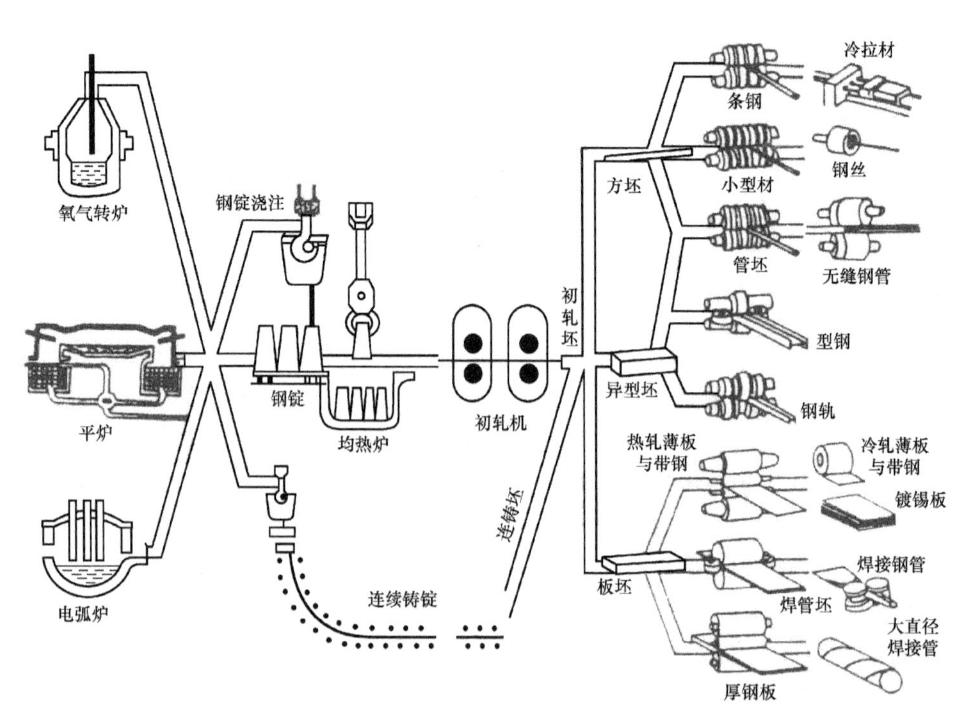

图5-2 钢材生产过程简图

5.1　钢的分类与牌号

5.1.1　钢的分类

钢的种类繁多，为了便于生产、采购、订货、管理和研究，需要对钢进行分类。

国际上依据 ISO 4948/1《钢分类　第 1 部分：按化学成分分为非合金钢和合金钢》和 ISO 4948/2《钢分类　第 2 部分：非合金钢和合金钢按主要质量等级和主要性能或使用特性的分类》国际标准将钢分为非合金钢和合金钢两大类。

我国现行的金属材料国家标准大多参照和采用国际标准。钢分类国家标准 GB/T 13304.1—2008/XG1—2017《钢分类　第 1 部分：按化学成分分类》国家标准第 1 号修改参照了国际标准 ISO 4948/1，GB/T 13304.2—2008《钢分类　第 2 部分：按主要质量等级和主要性能或使用特性的分类》参照了国际标准 ISO 4948/2。

根据上述两项钢分类国家标准，按化学成分可分为非合金钢、低合金钢、合金钢三大类，与国际标准 ISO 4948 的分类区别是将合金钢进一步细化分为低合金钢和合金钢，该分类综合考虑了国内钢的分类繁多的现状及海关进口税收的需求；按主要质量等级和主要性能或使用特性的分类见表 5-1。

表 5-1　钢分类

分类方法	钢		
按化学成分分类	非合金钢	低合金钢	合金钢
按主要质量等级分类	普通质量非合金钢 优质非合金钢 特殊质量非合金钢	普通质量低合金钢 优质低合金钢 特殊质量低合金钢	优质合金钢 特殊质量合金钢
按主要性能或使用特性分类	以规定最高强度为主要特性的非合金钢 以规定最低强度为主要特性的非合金钢 以碳含量为主要特性的非合金钢 非合金易切削钢 非合金工模具钢 规定磁性能或电性能的非合金钢 其他非合金钢	可焊接合金高强度结构钢 低合金耐候钢 低合金混凝土用钢 铁道用低合金钢 矿用低合金钢 其他低合金钢	工程结构用合金钢 机械结构用合金钢 不锈钢、耐蚀和耐热钢 工模具钢 轴承钢 特殊物理性能钢 其他合金钢

在机械行业中较为实用的钢的分类方法如下：

1. 按化学成分分类

按化学成分分类，钢可分为非合金钢（即碳素钢简称碳钢）和合金钢两大类。

（1）碳钢　按碳的质量分数可分为低碳钢（$0.0218\% < w_C < 0.2500\%$）、中碳钢

(0.25% ≤ w_C ≤ 0.60%)、高碳钢（w_C > 0.60%）和超高碳钢（w_C > 1.0%）。

（2）合金钢　按合金元素的质量分数可分为低合金钢（w_{Me} < 5%）、中合金钢（5% ≤ w_{Me} ≤ 10%）和高合金钢（w_{Me} > 10%）。

2. 按用途分类

按用途不同，钢可分为结构钢、工模具钢、特殊性能钢。

（1）结构钢　结构钢分为工程结构用钢和机械结构用钢。结构钢一般属于低碳（低合金）钢、中碳（合金）钢，结构钢强调强韧性的配合。通常，工程结构用钢强调成形性、焊接性，如桥梁、船舶、建筑、高压容器等。而机械结构用钢则强调淬透性，如齿轮、轴、螺钉、螺母、连杆等。

（2）工模具钢按用途分为八类：①刃具模具用非合金钢；②量具刃具用钢；③耐冲击工具用钢；④轧辊用钢；⑤冷作模具用钢；⑥热作模具用钢；⑦塑料模具用钢；⑧特殊用途模具钢。工模具钢一般属于高碳（合金）钢，主要强调热硬性、尺寸稳定性和热疲劳强度等性能。

（3）特殊性能钢　特殊性能钢有耐蚀钢、耐磨钢、耐热钢和特殊物理性能钢。特殊性能钢一般属于中、高合金钢。

3. 按冶金特点分类

1）按钢中杂质元素硫、磷含量的高低，钢可分为：普通钢（w_S ≤ 0.055%，w_P ≤ 0.045%）、优质钢（w_P ≤ 0.035%，w_S ≤ 0.035%）、高级优质钢（w_S ≤ 0.030%，w_P ≤ 0.035%，在牌号后加符号“A”）和特级优质钢（w_S ≤ 0.020%，w_P ≤ 0.025%，在牌号后加符号“E”）。

2）按钢材冶炼时脱氧程度（由低到高），可分为：沸腾钢（牌号后加符号“F”）、镇静钢（牌号后加符号“Z”）、特殊镇静钢（牌号后加符号“TZ”）。沸腾钢脱氧不完全，性能不均匀，但生产成本低；镇静钢脱氧完全，浇注时钢液镇静不沸腾，钢的组织致密、偏析小、质量均匀。合金钢一般都是镇静钢。

4. 按金相组织分类

1）根据正火状态，分为珠光体钢（P）、贝氏体钢（B）、马氏体钢（M）和奥氏体钢（A）。

2）根据退火状态，分为亚共析钢（铁素体 + 珠光体）、共析钢（珠光体）、过共析钢（珠光体 + 渗碳体）和莱氏体钢（含大量的共晶莱氏体）。

5.1.2　钢材的分类

钢经压力加工制成的各种形状的材料称为钢材。按大类可分为型钢、钢板（包括带钢）、钢管和钢丝四类。

1. 型钢

型钢是指断面具有一定几何形状的条状钢材。依据材质、形状、工艺不同，又可分为下面几种。

（1）型材　型材由碳素结构钢、优质碳素结构钢和低合金高强度结构钢轧制而成。按钢材的横截面形状分为工字形、槽形、H 形、角形、方形、圆形、扁形、六角形、八角形、螺纹钢筋等。习惯上把上述品种分别简称为工字钢、槽钢、H 型钢、等边角钢、不等边角钢、方钢、圆钢、扁钢、六角钢、八角钢和螺纹钢。主要用于建筑工程结构（如厂房、楼房、桥梁等）、电力工程结构（如电力输送用铁塔和微波输送塔等）、车辆结构（如拖拉机、集装箱等）、矿井巷道支护等方面。

型材规格一般根据以下特征参数确定：工字钢、槽钢、H 型钢的高度；等边角钢、不等边角钢、方钢的边长；圆钢和螺纹钢的横截面直径；扁钢的宽度；六角钢和八角钢的横截面对边距离。

（2）优质钢型材　优质钢型材俗称优质型材或优型材，是指用优质钢（优质碳素结构钢和合金结构钢、轴承钢、合金工模具钢、高速钢、不锈钢等）生产（热轧、锻制或冷拔）的圆形钢材。主要用于制造紧固件（螺母、螺栓等）、船用锚链、预应力混凝土构件、工业链条、轴承滚动体、内燃机气阀等。

（3）冷弯型钢材　冷弯型钢材是用可冷加工变形的冷轧或热轧带钢在连续辊式冷弯机组上生产的型材。

通常使用的是冷弯开口型钢。按形状冷弯开口型钢可分为：冷弯等边角钢、冷弯不等边角钢、冷弯等边槽钢、冷弯不等边槽钢、冷弯内卷边槽钢、冷弯外卷边槽钢、冷弯 Z 型钢和冷弯卷边 Z 型钢八个品种。

结构用冷弯空心型钢是在连续辊式冷弯机组上冷弯成形、焊接而成。结构用冷弯空心型钢又分为方形空心型钢和矩形空心型钢。

根据冷弯型钢的使用要求，其原料——冷轧或热轧带钢的钢类一般为碳素结构钢、低合金高强度结构钢和其他钢类。带钢的宽度范围为 20 ~ 2000mm，厚度范围为 0.1 ~ 25.4mm。

冷弯型钢广泛应用于轻型钢结构厂房，高速公路护栏板以及汽车、客车和农业机械制造，铁路车辆制造，船舶制造，家具制造等行业。

（4）线材　线材是横截面为圆形、直径为 5 ~ 9mm 的热轧型材。通常采用卷线机将线材卷成盘卷投放市场，因此也称为盘条或盘圆。

2. 钢板

钢板是指厚度远小于长度和宽度的板状钢材。依据板厚不同，又分为以下几种。

（1）薄钢板　薄钢板是指钢板厚度不大于 4mm、宽度不小于 600mm 的钢板。薄钢板按加工方法分为热轧薄板和冷轧薄板两类，冷轧薄板是由热轧薄板经冷压力加工而得到的产品。在表面上镀有金属镀层或涂有无机或有机涂料的薄钢板称为涂镀薄板，涂镀薄板是由冷轧薄板经表面处理而得到的，如镀锌薄板、镀锡薄板、镀铬薄板、镀铝薄板和彩涂薄板等。

（2）中厚板　中厚板是指厚度不小于 4mm、宽度不小于 600mm 的钢板，主要用于机械、造船、容器、锅炉、石油化工和建筑结构等制造行业。

3. 钢管

按生产工艺不同分为无缝钢管和焊接钢管两类。

无缝钢管是由钢锭、管坯或钢棒穿孔制成的无缝的钢管；焊接钢管是用热轧或冷轧钢板及钢带卷焊制成的，可以纵向直缝焊接，也可以螺旋焊接。

4. 钢丝

钢丝是以线材为原料，经拔制加工而成的断面细小的条状钢材。

5.1.3 钢的牌号

钢的分类方法很多，因此，钢的种类也很繁多。为便于采购、管理、组织生产等，在分类的基础上，根据钢的用途和化学成分对钢进行编号，利用阿拉伯数字、化学元素符号和汉语拼音首字母等的组合形成字符串即钢号，从钢号就能大致判断此钢的用途和成分范围。

碳钢和合金钢的编号方法见表5-2、表5-3。

表5-2 碳钢的编号方法

分类	编号方法	
	举例	说 明
碳素结构钢	Q235AF	Q为“屈”字汉语拼音首位字母，后面的数字为钢的屈服强度数值（MPa，钢材厚度或直径不大于16mm）；A、B、C、D为质量等级，从左至右质量依次提高；F、Z、TZ分别表示沸腾钢、镇静钢和特殊镇静钢。如Q235AF即表示屈服强度数值为235MPa的A级沸腾钢
优质碳素结构钢	45，60Mn	两位数字代表平均 w_C 的万分之几，如钢号45表示平均 w_C 为0.45%的优质碳素结构钢；高级优质碳素结构钢则在优质钢牌号后加A，如45A等 另一类 w_{Mn} 为0.7%~1.2%的碳素钢也属于高级优质系列，但要在数字后加Mn，如60Mn
碳素工模具钢（刃具模具用非合金钢）	T8，T8A	T为“碳”字汉语拼音字首，后面的数字表示钢中 w_C 的千分之几 高级优质钢也是在优质钢牌号后加A或Mn，如T10A、T8Mn等
一般工程用铸造碳钢	ZG200－400	ZG代表铸钢，其后第一组数字为钢的屈服强度数值（MPa）；第二组数字为钢的抗拉强度数值（MPa）。如ZG200－400表示屈服强度为200MPa、抗拉强度为400MPa的碳素铸钢

表5-3 合金钢的编号方法

分类	编号方法	举 例
低合金高强度钢	钢的牌号由代表屈服强度的汉语拼音首位字母Q、屈服强度的数值、质量等级符号（A、B、C、D、E）三个部分按顺序排列	Q 355 C C—质量等级符号 355—屈服强度数值 Q—屈服强度“屈”字汉语拼音首位字母
合金结构钢	数字+化学元素符号+数字，前面的数字表示钢的平均 w_C，以万分之几表示；后面的数字表示合金元素的含量，以平均含量的百分之几表示，含量≤1.5%时一般不标；若为高级优质钢，则在钢号后面加A 易切削钢前标以Y，如Y40Mn表示平均 w_C 为0.4%，平均 w_{Mn}≤1.5%的易切削钢 滚动轴承钢在钢号前面加G，为“滚”字汉语拼音首位字母，平均 w_{Cr} 用千分之几表示	60 Si2 Mn Mn—平均 w_{Mn}≤1.5% Si2—平均 w_{Si} 为2% 60—平均 w_C 为0.6% GCr15SiMn表示平均 w_{Cr} 为1.5%，w_{Si}、w_{Mn}≤1.5%的滚动轴承钢

（续）

分类	编号方法	举 例
合金工模具钢	为了避免与结构钢混淆，平均 $w_C \geqslant 1.0\%$ 时不标出，小于1.0%时以千分之几表示；高速钢例外，其平均 $w_C < 1.0\%$ 时也不标出。合金元素含量的表示方法与合金结构钢相同	5 CrMnMo CrMnMo：w_{Cr}、w_W、$w_{Mn} < 1.5\%$ 5：平均 w_C 为0.5% CrWMn表示钢的平均含 $w_C \geqslant 1.0\%$ w_{Cr}、w_W、$w_{Mn} < 1.5\%$
特殊性能钢	一般用两位数字表示平均碳含量（以万分之几计）；当平均 $w_C \leqslant 0.03\%$ 时，用三位数字表示（以十万分之几计） 合金元素含量的表示方法与合金结构钢相同	2 Cr13 Cr13：平均 w_{Cr} 为13% 2：平均 w_C 为0.2% 06Cr19Ni10 表示 $w_C \leqslant 0.08\%$，平均 w_{Cr} 为19%，平均 w_{Ni} 为10%的奥氏体型不锈钢

5.2 钢的主要成分及其对组织和性能的影响

5.2.1 碳钢的主要成分及其对组织和性能的影响

目前工业上使用的钢铁材料中，碳钢占有很重要的地位。由于碳钢冶炼方便，加工容易，价格低廉，在许多场合碳钢的性能可以满足要求，故在工业中应用非常广泛。

碳钢是指 $w_C < 2.11\%$ 的铁碳合金，主要元素是铁和碳，但由于原料或冶炼原因，实际使用的碳钢并不是单纯的铁碳合金，除碳以外，还含有少量的 Mn、Si、S、P 等元素以及 N_2、H_2、O_2 等少量气体。它们对钢的性能有一定的影响，下面做简要介绍。

1. 碳的影响

碳是钢中的主要元素，为保证钢的韧性，常用碳钢的 w_C 都小于1.6%。

碳钢的强度、硬度等力学性能主要取决于 w_C（图5-3）。但这些力学性能也可通过热处理来改善，其淬硬性随碳含量增加而提高。因此，可通过碳含量的增减和不同的热处理获得不同的强度、硬度与塑性、韧性的配合。

2. 锰的影响

锰是炼钢时用锰铁脱氧而残留在钢中的，锰能够清除钢中的 FeO，改善钢的品质，降低钢的脆性；锰还能与硫化合成 MnS，消除硫的有害作用，改善钢的加工性能。在碳钢中，w_{Mn} 通常为0.25%～0.80%，大部分锰溶于铁素体中，形成置换固溶体（含锰铁素体），使铁素体强化；一部分锰也能溶于 Fe_3C 中，形成合金渗碳体；锰还能增加珠光体的相对量，并使其细化，从而提高钢的强度。当锰含量 w_{Mn} 不大时，对钢的性能影响并不显著。

3. 硅的影响

硅也是作为脱氧剂加入钢中的，在镇静钢（脱氧完全的钢）中 w_{Si} 通常为0.10%～0.40%，在沸腾钢（脱氧不完全的钢）中 w_{Si} 只有0.03%～0.07%。大部分硅溶于铁素体，

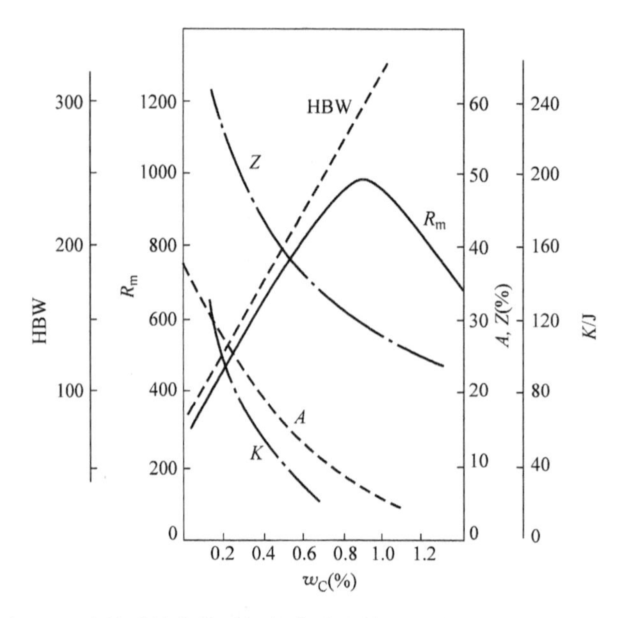

图 5-3 碳的质量分数对钢的力学性能的影响（热轧空冷状态）

使铁素体强化，提高了钢的强度及硬度，但塑性、韧性下降。少部分硅存在于硅酸盐夹杂中。当硅含量 w_{si} 不大时，对钢的性能影响不显著。

4. 硫的影响

硫是在炼钢时由矿石、燃料带进钢中的，硫不溶于铁，而以 FeS 的形式存在。FeS 与 Fe 形成低熔点的共晶体，溶点为 985℃，分布在晶界上。当钢材在 1000～1200℃进行热加工时，共晶体熔化，使钢材变脆，这种现象称为热脆性。为此，钢中的 w_S 必须严格控制。

增加钢中 w_{Mn}，可消除硫的有害作用。Mn 与 S 形成熔点为 1620℃的 MnS，MnS 在高温时有一定的塑性，因此可避免热脆现象。

5. 磷的影响

磷是由矿石带到钢中的，磷在钢中全部溶于铁素体，提高了铁素体的强度、硬度。但在室温下使钢的塑性急剧下降，变脆，这种现象称为冷脆性。所以磷是一种有害的杂质，要严格控制钢中的 w_P。

硫和磷虽然是钢中的有害元素，但在某些情况下却有有利的一面，如硫与锰同时加入钢中，形成的 MnS 会使切削时易于断屑，在易切削钢中就是采用这种途径达到断屑的目的的。而在低碳钢中加入磷和铜可以提高其在大气中的耐蚀性。

6. N、H、O 的影响

（1）N　N 在铁素体中的溶解度很小，并随温度下降而减少。因此，N_2 的逸出会使钢产生时效而变脆。一般可在炼钢时采用 Al 和 Ti 脱氮，使 N 形成 AlN 和 TiN，以减少 N 存在于铁素体中的数量，从而减轻钢的时效倾向，这种方法称为固氮处理。

（2）H　H 在钢中既不溶于铁素体，也不生成化合物，它是以原子状态或分子状态出现的。微量的 H 能使钢的塑性急剧下降，出现所谓的氢脆现象。若以分子状态出现，造成局部的显微裂纹，断裂后在显微镜下可观察到白色圆痕，这就是所谓的白点。它有可能使钢突然断裂，造成安全事故。在炼钢时进行真空处理是降低钢中 H 的质量分数的最有效方法。

（3）O　O 通常以 FeO、MnO、SiO_2、Al_2O_3 等氧化物夹杂的形式存在于钢中而成为微裂纹的根源，降低了钢的疲劳强度，对钢的性能也产生不良影响。

N_2、H_2、O_2存在于钢中，严重影响钢的性能，降低钢材质量。

5.2.2　合金钢的主要成分及其对组织和性能的影响

如前所述，碳钢的生产（如冶炼）方便，加工（如各种成形加工）容易，价格低廉，还能通过控制其 w_C 和进行各种热处理以满足不同的性能要求，因此，碳钢的应用极为广泛，约占工业用钢总量的80%。但是，碳钢由于受自身条件的制约，限制了它在现代工业生产中的应用。具体表现在以下几方面：

1）淬透性低。一般情况下碳钢要求水淬，水淬的最大淬透直径为15~20mm。对于直径大的零件，即使水淬也难淬透。因此，不能保证整个截面上的性能均匀一致。

2）强度低，屈强比低。碳钢的强度低。而对于需承受高载荷、高强度的零件或结构件，若使用碳钢，则必须增大截面尺寸，势必将使零件或结构件过于庞大和笨重。而屈强比低则说明强度的有效利用率低。

3）回火稳定性差。碳钢在回火时由于回火稳定性差，常常在为了得到高韧性时必须采用高温回火而牺牲强度，或为了获得高强度必须采用低温回火而牺牲韧性，很难获得较高的综合力学性能。

4）不具备某些特殊性能。碳钢不能满足某些特殊性能要求：如耐腐蚀、抗氧化、耐热、耐磨以及特殊的电性能、磁性能等。

碳钢的上述制约可以通过合金化的途径来解决。

为了改善钢的性能，在碳钢的基础上有意识地加入一些合金元素后所获得的钢种称为合金钢。合金钢中常用的合金元素有锰（Mn）、硅（Si）、铬（Cr）、钼（Mo）、钨（W）、钒（V）、钛（Ti）、铌（Nb）、锆（Zr）、镍（Ni）、稀土（RE）等。

在合金化理论中，通常把合金元素按与碳的亲和力大小，分为碳化物形成元素和非碳化物形成元素两类。

非碳化物形成元素有 Ni、Co、Cu、Si、Al、N、B 等。

碳化物形成元素有 Zr、Nb、Ti、V、W、Mo、Cr、Mn、Fe 等。

合金元素的加入，不仅对钢中的基本相、$Fe-Fe_3C$ 相图和钢的热处理相变过程有较大的影响，同时还将改变钢的组织结构和性能，其作用是一个非常复杂的物理、化学过程。其影响的大小程度取决于它们与钢中的铁或碳的相互作用。

1. 合金元素对钢中基本相的影响

（1）形成合金固溶体　碳钢中的基本相，在室温下的退火或正火状态均为铁素体和渗碳体。当钢中有意加入少量合金元素时，有可能一部分溶入铁素体中形成合金铁素体。一般非碳化物形成元素，基本上都溶入铁素体内。

凡溶入铁素体中的元素都不同程度地使其硬度、韧性发生变化，图5-4所示为退火状态各元素对钢的性能的影响。由图可见，Si、Mn 的强化作用十分强烈，Ni 也有较好的强化作用。当 $w_{Si}<1\%$、$w_{Mn}<1.5\%$ 时，对铁素体强化的同时对其韧性影响不大，当超过这个限度时则韧性有下降趋势。Cr、Ni 在适当的含量范围内（$w_{Cr}\leqslant 2\%$、$w_{Ni}\leqslant 5\%$），对铁素体的强度和韧性都有所提高。因此，结构钢中的各元素含量都有一定的限度。

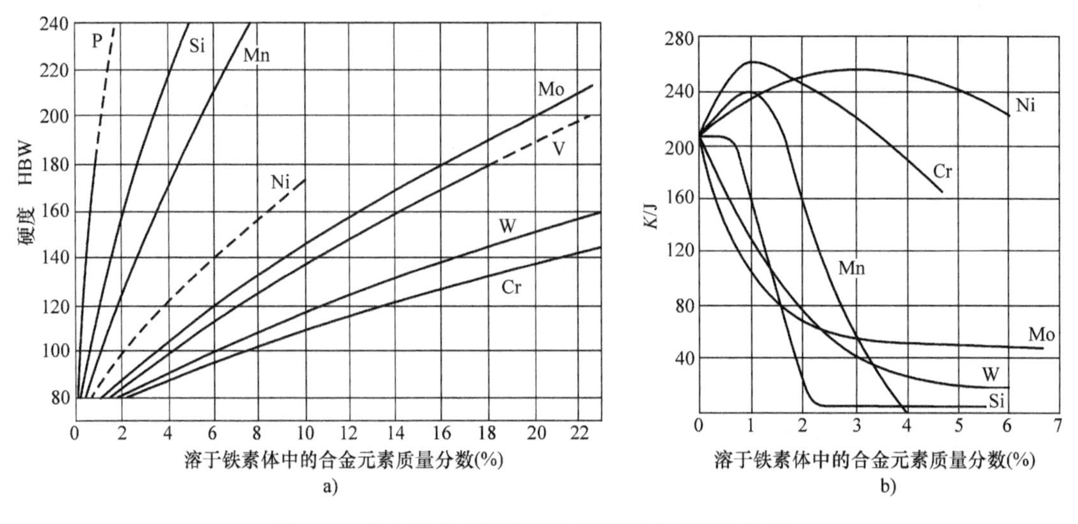

图 5-4 合金元素对铁素体性能的影响（退火状态）

a）对硬度的影响 b）对冲击韧度的影响

合金元素能引起强化的原因是溶入元素的原子直径与铁的原子直径有差别，使铁素体晶格发生畸变，从而使塑性变形抗力提高。合金元素的原子半径与铁的原子半径相差越大，或两者晶格类型不同，则造成的晶格畸变越大，其固溶强化的效果也越显著。

（2）形成合金碳化物 渗碳体 Fe_3C 是一种稳定性最低的碳化物，因为 Fe 与 C 的亲和力较弱。合金元素溶入渗碳体内，增强 Fe 和 C 的亲和力，从而提高了它的稳定性。

Mn 是一种弱碳化物形成元素，与 C 的亲和力比 Fe 强，溶于渗碳体中，形成合金渗碳体 $(Fe, Mn)_3C$，这种合金渗碳体比渗碳体的稳定性高，难溶入奥氏体，也难聚集长大；Cr、Mo、W 属于中强碳化物形成元素，既能形成合金渗碳体，如 $(Fe, Cr)_3C$ 等，又能形成各自的特殊碳化物，如 Cr_7C_3、$Cr_{23}C_6$、MoC、WC，这些特殊碳化物的稳定性更高；Ti、Nb、V 是强碳化物形成元素，它们溶于钢中优先形成稳定性更高的间隙相 TiC、W_2C、NbC、VC 等。

碳化物的稳定性越高，热处理加热时，碳化物的溶解及奥氏体的均匀化越困难，同时，在冷却过程中碳化物的析出及聚集长大也越困难。

随着这些碳化物含量的增多，钢的强度、硬度显著增加，耐磨性提高，而塑性、韧性降低。但是，当钢中存在均匀的弥散分布的特殊碳化物时，钢的强度、硬度和耐磨性明显提高，而塑性、韧性不会降低，这点对提高工具的使用性能是十分有利的。

2. 合金元素对铁碳合金相图的影响

合金元素的加入对铁碳合金相图的相区、相变温度、共析成分等都有影响。

合金元素会使奥氏体的单相区扩大或缩小。C、N、Co、Ni、Mn、Cu 等元素的加入都会使奥氏体相区扩大，称之为奥氏体形成元素，特别以 Ni、Mn 的影响更大。图 5-5a 所示为 Mn 对铁碳合金相图中奥氏体区的影响。Cr、Mo、W、V、Ti、Si、Al 等元素使奥氏体相区

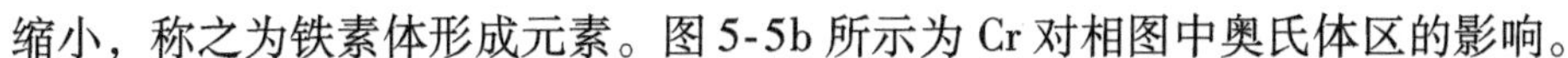

缩小，称之为铁素体形成元素。图5-5b所示为Cr对相图中奥氏体区的影响。

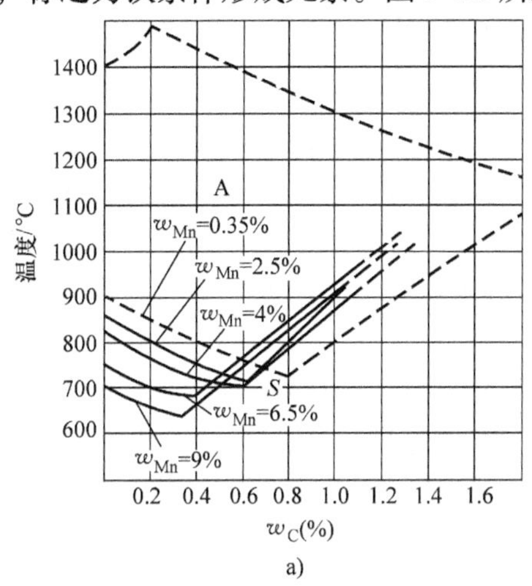

a)

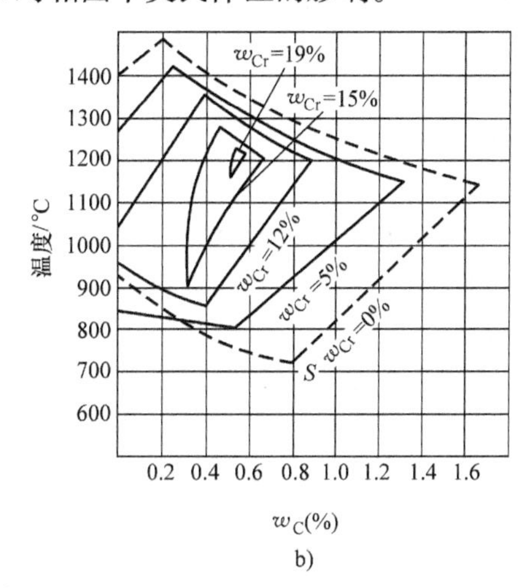

b)

图5-5　Mn、Cr对铁碳合金相图的影响

a）Mn对铁碳合金相图的影响　b）Cr对铁碳合金相图的影响

由图5-5所示可见，随着Mn含量的增加，共析转变温度和共析成分向低温、低碳方向移动。因此，当Mn、Ni含量相当高时，由于扩大奥氏体区的结果，有可能在室温下形成单相奥氏体钢，如$w_{Mn}=13\%$的ZGMn13耐磨钢和$w_{Ni}=9\%$的12Cr18Ni9不锈钢均属于奥氏体钢。而随着w_{Cr}的增加，其共析温度和共析成分向高温、低碳方向移动。因此，当w_{Cr}相当高时，由于奥氏体区缩小，有可能在室温下形成单相铁素体钢。如w_{Cr}为17%的铬不锈钢属于单相铁素体钢。此外，由于上述合金元素的作用，而使铁碳合金相图的S点和E点的w_C降低，从而使钢中的组织与w_C之间的关系发生变化。如w_W为18%的高速钢W18Cr4V，即使其w_C只有0.7%～0.8%，在其铸态组织中也会出现莱氏体。图5-6、图5-7分别为合金元素对共析成分和共析温度的影响。

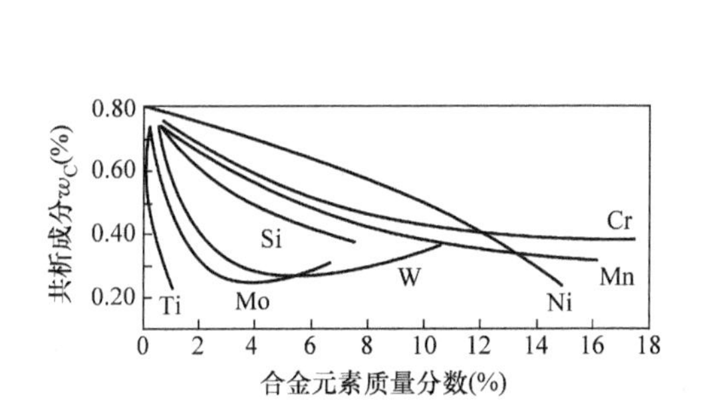

图5-6　合金元素对共析成分的影响

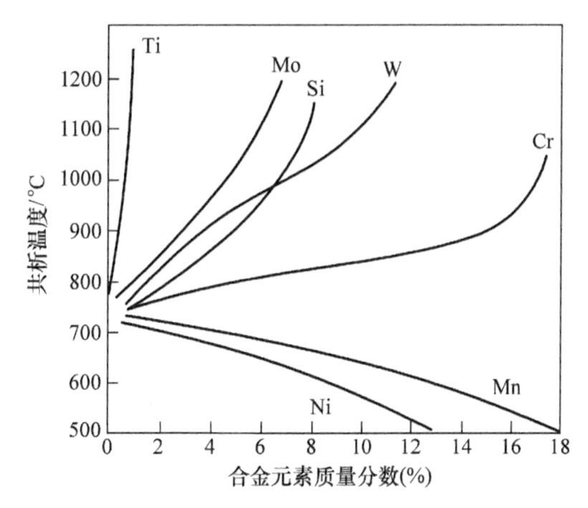

图5-7　合金元素对共析温度的影响

3. 合金元素对钢的热处理的影响

（1）合金元素对钢在加热时奥氏体化的影响　合金钢奥氏体化的过程基本与碳钢一样，即包含晶核的形成、长大及碳化物的溶解和均匀化等过程，而这些过程基本上是由碳的扩散

来控制的。合金元素的加入直接对碳的扩散及碳化物的稳定性有影响，某些非碳化物形成元素能增大碳的扩散速度，如 Co、Ni 等，这可以加速奥氏体的形成。而大部分合金元素会减慢奥氏体的形成，因为它们使碳的扩散能力降低，特别是强碳化物形成元素，如 Mo、W、V 等与碳的亲和力大，形成特殊碳化物，阻碍碳的扩散，降低奥氏体形成的速度。并且这种碳化物难以分解，使奥氏体的均匀化过程变得困难。因此，对含有这类元素的合金钢通常采用升高钢的加热温度或延长保温时间的方法来促进奥氏体成分的均匀化。此外，合金钢尤其是高合金钢导热性能差，所以加热时易变形、开裂，可采取缓慢加热或分段加热等措施预防变形、开裂。

合金元素对钢在热处理时的奥氏体晶粒度也有不同程度的影响。P、Mn 等可促进奥氏体晶粒长大；Ti、Nb、V 等可强烈阻止奥氏体晶粒长大；W、Mo、Cr 等可起到一定的阻碍作用；Si、Ni、Co、Cu 等影响不大；Al 与 N 形成 AlN 时，在低于 950℃时可强烈阻止奥氏体晶粒长大，形成本质细晶粒钢。

（2）合金元素对过冷奥氏体分解过程的影响　合金元素对过冷奥氏体等温分解过程的影响，表现在等温转变图的位置与形状上。

除 Co 外，所有合金元素溶入奥氏体后都会不同程度地阻碍碳的扩散，增大奥氏体的稳定性，因而也必然降低奥氏体分解能力，即使等温转变图右移，从而提高钢的淬透性。

非（或弱）碳化物形成元素 Ni、Mn、Si、Cu 等，溶入奥氏体后，使等温转变图右移（图 5-8a），增大了过冷奥氏体的稳定性，起到提高淬透性的目的。

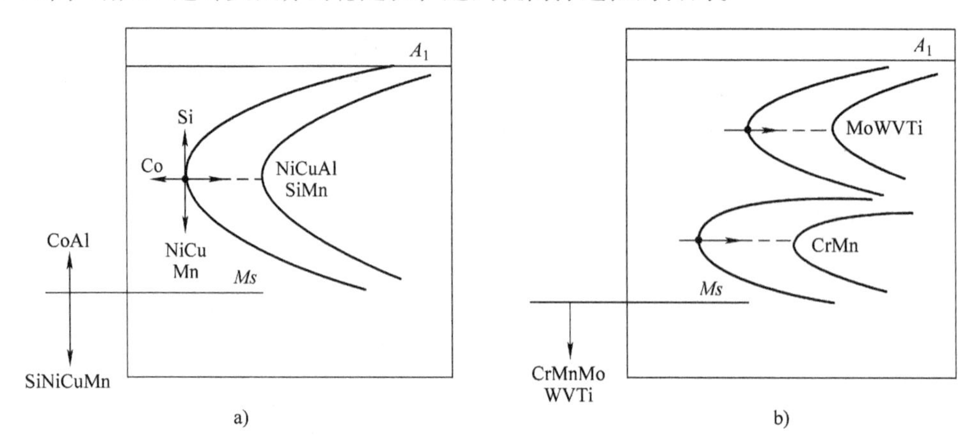

图 5-8　合金元素对等温转变图的影响示意图

a）非（弱）碳化物形成元素对等温转变图的影响　b）碳化物形成元素对等温转变图的影响

碳化物形成元素 Cr、Mo、W、V、Ti 等溶入奥氏体后，不仅使等温转变图右移，而且还由于延缓奥氏体向珠光体与贝氏体转变的程度不同，使等温转变图分离成两个“鼻子”。Mo、W、V、Ti 强烈推迟珠光体转变，而 Mn、Cr 推迟贝氏体转变的作用更明显些（图 5-8b）。珠光体转变区和贝氏体转变区之间的过冷奥氏体区具有很大的稳定性。

值得注意的是，加入的合金元素只有完全溶于奥氏体中才能提高淬透性，如果未完全溶解，则碳化物会成为珠光体形成的核心，反而加速奥氏体的分解，使钢的淬透性降低。

Co 在钢中有促进碳化物扩散的作用，因此，它加速了奥氏体的分解，使等温转变图左移。图 5-8 所示为合金元素对等温转变图影响的示意图。

(3) 合金元素对马氏体转变的影响　除 Co、Al 外，由于大多数元素都使 *Ms*、*Mf* 线下降，因而增加了钢中残留奥氏体的含量。有些高碳高合金钢中的残留奥氏体量可达 30% 以上。淬火组织中一定量的残留奥氏体有利于减少淬火变形。但是过多的残留奥氏体会使钢的淬火硬度不足，淬火组织不稳定。可以通过冷处理（即使钢冷却至 *Ms* 线以下更低的温度），促使更多的残留奥氏体转变为马氏体；或进行多次回火，残留奥氏体因析出合金碳化物而使 *Ms*、*Mf* 线上升，并在冷却过程中转变为马氏体或贝氏体（即发生所谓二次淬火）。

此外，合金元素还影响马氏体的形态，Ni、Cr、Mn、Mo、Co 等均会增强片状马氏体形成的倾向。

图 5-9、图 5-10 所示分别为合金元素对马氏体开始转变点 *Ms* 和残留奥氏体量的影响。

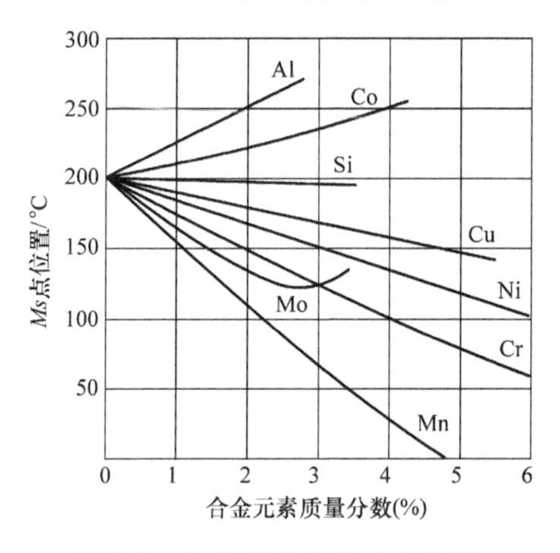

图 5-9　合金元素对 *Ms* 点的影响

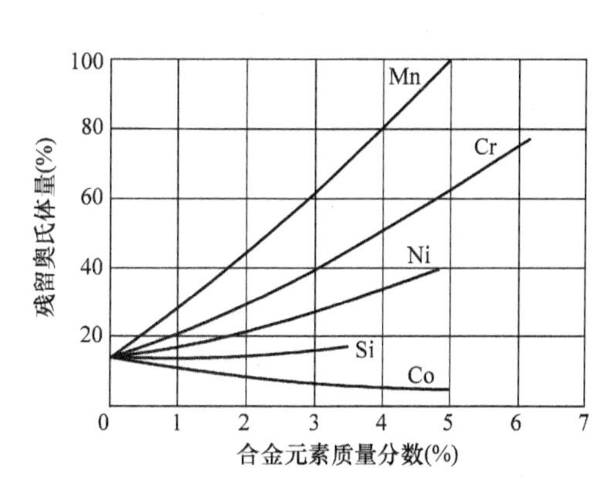

图 5-10　合金元素对残留奥氏体量的影响
（w_C = 1.0% 的钢在 1150℃淬火）

(4) 合金元素对回火的影响　将淬火后的合金钢进行回火时，其回火过程的组织转变与碳钢相似，也是随着回火温度的升高，经历马氏体分解、残留奥氏体的分解，碳化物类型的转变，渗碳体的聚集长大和铁素体的再结晶等过程。这些过程是依靠原子的扩散来实现的。由于合金元素的加入，使其在回火转变时具有如下特点：

1) 提高钢的回火稳定性：回火稳定性是指钢对回火时发生软化过程的抵抗能力。许多合金元素都可使回火过程中各个相转变速度显著减慢，也就是使马氏体中碳化物的析出及残留奥氏体的分解速度减慢，从而将其转变推向更高温度，提高了铁素体的再结晶温度，碳化物难以聚集长大，保持一种较细小、分散的组织状态。因此，与碳钢相比，在同一温度回火时，合金钢的硬度和强度高。反之，当回火至相同硬度时，合金钢的回火温度高，因此，它的内应力消除得较彻底，其塑性、韧性较高。图 5-11 所示是 w_C = 0.35% 的钢中加入不同量的钼，经淬火后回火时的硬度变化情况。

碳化物形成元素 Cr、Mo、W、Nb、V 等对提高回火稳定性有较强的作用，而非碳化物形成元素 Si 也可以显著降低马氏体的分解速度。

2) 产生二次硬化：当含 W、Mo、Ti 量较高的淬火钢，在 500 ~ 600℃ 回火时，其硬度值并不降低，反而升高，把这种在回火时硬度升高的现象称为二次硬化。如图 5-11 所示，w_{Mo} > 2% 的钢均产生二次硬化。这是因为含上述合金元素较多的合金钢，在该温度范围内回火时，将析出细小、弥散的特殊碳化物，如 Mo_2C、W_2C、VC、TiC 等。这类碳化物硬度很高，在高温下也非常稳定，难以聚集长大，具有高温强度。例如，具有高热硬性的高速钢就是靠 W、V、Mo 的这种特性来实现的。

另外，碳化物形成元素含量较高的高合金钢中，淬火组织中的残留奥氏体稳定性很高，即使加热至 500～600℃仍不分解，而是在冷却过程中有部分残留奥氏体转变为马氏体，从而增加钢的硬度，这种现象也称为二次硬化。

3）回火脆性：钢淬火后，在某一温度范围回火时，出现脆化现象，称为回火脆性。图 5-12所示为 Ni－Cr 钢回火后的冲击韧度与回火温度的关系。

在 350℃附近发生的脆性为第一类回火脆性。无论碳钢或合金钢，都会发生这种脆性，并且它与回火后的冷却方式无关。这种回火脆性产生后无法消除，故称为不可逆回火脆性。为了避免第一类回火脆性的发生，一般不在 250～400℃温度范围内回火。有时为了保证所要求的力学性能而必须在此温度范围内回火时，可用等温淬火取代。

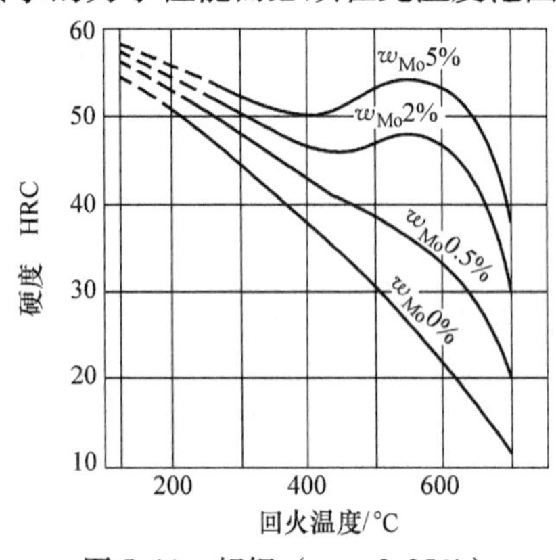

图 5-11 钼钢（$w_C=0.35\%$）的回火温度对硬度的影响

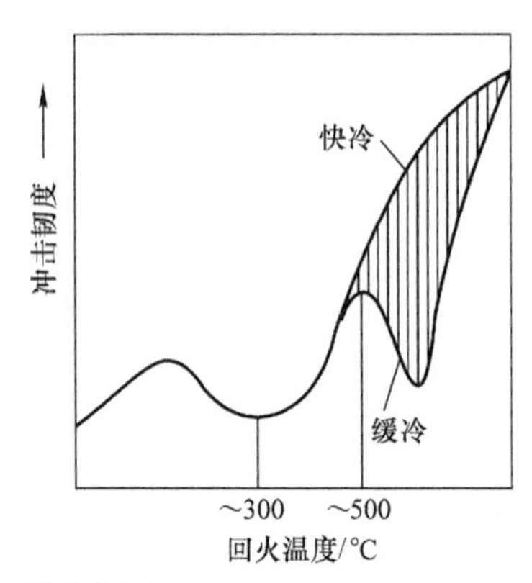

图 5-12 镍铬钢（$w_C=0.30\%$，$w_{Cr}=1.47\%$，$w_{Ni}=3.40\%$）的冲击韧度与回火温度的关系

在 500～650℃温度范围内回火时，将发生第二类回火脆性。它与某些杂质元素在原奥氏体晶界上偏聚有关。这种偏聚容易发生在回火后缓慢冷却过程中，最容易发生在含 Cr、Mn、Ni 等合金元素的合金钢中。如果回火后快冷，杂质便来不及在晶界上偏聚，就不易发生这类回火脆性。当出现第二类回火脆性时，可将其加热至 500～600℃经保温后快冷，即可消除回火脆性，故称其为可逆性回火脆性。对于不能快速冷却的大型结构件，加入适量的 W 或 Mo 元素，能消除或延缓杂质元素向晶界偏聚，可有效地防止第二类回火脆性的发生。

4. 合金元素对钢的力学性能的影响

（1）合金元素对钢强度的影响　合金元素对钢强度的影响，主要是通过对钢的相变过程的影响起作用的，合金元素的良好作用，也只有经过适当的热处理才能充分发挥出来。

提高钢强度最重要的方法是淬火和随后的回火。而合金元素加入钢中，通过固溶强化、细晶强化、第二相强化、加工硬化等强化机制，可以达到提高钢强度的目的。例如，马氏体强化充分而合理地利用了全部四种强化机制，是钢的最经济和最有效的强化方法。

淬火钢的组织是含过饱和碳和合金元素的马氏体。这些过饱和的碳和合金元素是产生很强的固溶强化效应的根源；马氏体形成时产生高密度位错和较大的位错强化效应；奥氏体转变为马氏体时，形成许多极细小的、取向不同的马氏体束，产生细晶强化和位错强化的效果。因此淬火马氏体具有很高的硬度，但脆性较大。淬火并回火后，马氏体中析出细小碳化物粒子，间隙固溶强化效应大大减小，但产生强烈的析出第二相的强化效应。由于基本上保持了淬火态的细小晶粒、较高密度的位错及一定的固溶强化作用，所以回火马氏体仍具有很高的强度，并且因间隙固溶引起的脆性减轻，韧性也大大改善。

合金元素的加入还能提高钢的回火稳定性，使钢回火时析出的碳化物更细小、均匀和稳定，并使马氏体的微细晶粒及高密度位错保持到较高温度。这样，在相同韧性的条件下，合金钢比碳钢具有更高的强度。此外，有些合金元素还可使钢产生二次硬化，得到良好的高温性能。

（2）合金元素对钢的韧性的影响　与强度相比，韧性对组织更敏感，影响强度的因素，对韧性的影响更为显著。图 5-13 所示为各种强化机制对韧脆转变温度 T_c 的影响。从图中可见，细晶强化和部分元素的置换固溶强化能降低 T_c，可用来提高钢的韧性；间隙固溶强化和位错强化会降低韧性，应该予以控制；时效强化对韧性的影响较小。合金元素对钢的韧性的改善作用体现在以下几个方面。

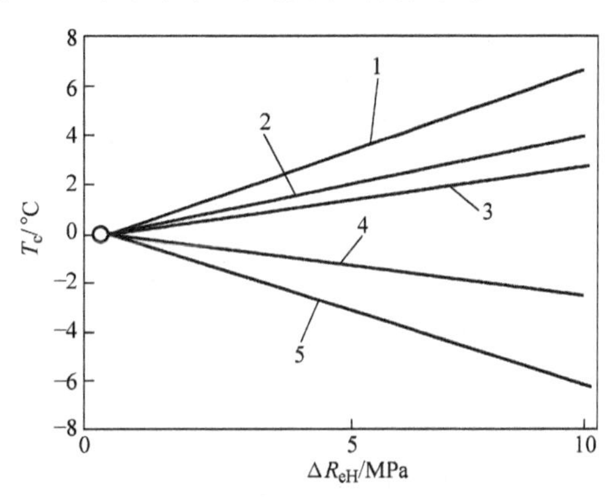

图 5-13　各种强化机制对低合金高强度钢韧脆转变温度的影响

1—碳的固溶强化　2—位错强化　3—时效强化　4—锰、镍元素的固溶强化　5—细晶强化

1）通过置换固溶改善韧性。将合金元素置换固溶于铁素体中，一般都能提高钢的强度，降低钢的韧性。但是，某些置换元素（如 Ni）溶入铁素体中能改变位错运动的特点，使其容易绕过某些障碍，避免产生大的应力集中，而不致产生脆性断裂，所以可大大改善基体的韧性。$w_{Ni} > 13\%$ 时，甚至能消除韧脆转变现象，故大多数低温钢一般都是高镍钢。Mn 也能有效地降低钢的 T_c，改善钢的韧性。

2）通过细化晶粒改善韧性。钢中加入少量 Ti、V、Nb、Al 等元素，形成 TiC、VC、NbC、AlC 等细小稳定的化合物粒子，会阻碍奥氏体晶粒长大，使钢晶粒细化，增加晶界的总面积，这不仅有利于强度的提高，而且因增大了裂纹扩展的阻力，能显著提高钢的韧性，特别是低温韧性。

3）通过细化碳化物而改善韧性。一般含 Cr 的渗碳体和 Cr、V 的碳化物都很细小，分布也最均匀，常通过加入这些合金元素来提高过共析钢的韧性。由于粗大的碳化物会严重割裂基体，降低钢的强度和韧性，因此在考虑耐磨性而必须含有碳化物时，它们的粒子应尽量细小并分布均匀，这同时对强度和韧性都有利。在组织为铁素体和珠光体的钢中，锰对碳化物的细化作用最有效。

4）提高回火稳定性而改善韧性。钢的间隙固溶强化和位错强化是最有效的强化方法，但它们会导致较大脆性。加入合金元素，提高钢的回火稳定性，可以使钢在达到相同强度的条件下提高回火温度。提高回火温度，能更充分地析出第二相质点，从而降低间隙固溶程度和位错密度，更多地减轻脆化作用，而使钢的韧性显著改善。

5）通过控制非金属夹杂和杂质元素而改善韧性。Mo、W 因能抑制杂质元素的晶界富集，可消除或减轻钢的回火脆性。稀土元素具有强烈的脱氧和去硫能力，对氢的吸附能力也很大，另外还能改善非金属夹杂物的形态，使其在钢中呈粒状分布，显著改善钢的韧性，降低其韧脆转变温度。

5. 合金元素对钢工艺性能的影响

（1）合金元素对铸造性能的影响　有些合金元素的加入（如 Cr、Mo、V、Ti、Al 等）会在钢中形成高熔点碳化物或氧化物质点，将增大钢液黏度，降低其流动性，使钢的铸造性能变差。

（2）合金元素对热变形加工工艺性能的影响　Cr、Mo、W、V 等合金元素溶入固溶体中，或在钢中形成碳化物，都会使钢的热变形抗力提高和热塑性明显下降，锻造时容易开裂，其锻造性能比碳钢差得多。此外，合金元素还会降低钢的导热性，提高钢的淬透性，因此合金钢的终锻温度较高，锻造温度范围较窄，锻造时必须缓慢加热和冷却，以防止发生开裂。

（3）合金元素对焊接性能的影响　除钴外的合金元素都能提高钢的淬透性，促进脆性相马氏体组织的形成，降低焊接性能。

（4）合金元素对冷变形加工工艺性能的影响　合金元素溶于固溶体中时会提高钢的冷加工硬化率，使钢变硬、变脆、易开裂，或难以继续成形。Si、Ni、O、V、Cu 等会降低钢的深冲性能；Nb、Ti、Zr 和 RE 因能改善硫化物的形态，可提高钢的冲压性能。碳含量增加，会使钢的拉延性能变差，所以冷冲压钢都是低碳钢。

（5）合金元素对可加工性能的影响　钢中特意加入一些合金元素，如 S、Pb 和 P 等元素，这些合金元素可在钢中形成夹杂物或不溶微粒，破坏基体的连续性，使切屑易断，同时起润滑作用，改善钢的切削性能。易切削钢中 w_S 控制在 0.08% ~0.30%，w_{Pb} 控制在 0.10% ~0.30%，w_P 控制在 0.08% ~0.15%。

（6）合金元素对热处理工艺性能的影响　合金元素对热处理的影响在前面已有详述，此处略。

5.3　常用结构钢

常用结构钢分为工程结构用钢和机械结构用钢，但二者又不是绝对分开的，往往在不同场合条件下可以互换用途。工程结构用钢主要包括普通碳素结构钢和低合金高强度结构钢，以及铸钢；机械结构用钢包括优质碳素结构钢和机器用合金结构钢。机器用合金结构钢又可以根据具体用途细分为渗碳钢、调质钢、弹簧钢、滚动轴承钢及其他用途钢（包括冷冲压钢、易切削钢、低淬透性钢、铸钢）。常用结构钢的主要成分特点及牌号举例见表 5-4。

表 5-4　常用结构钢的主要成分特点及牌号举例

钢类		w_C（%）		主要合金元素	质量	牌号举例
工程结构用钢	普通碳素钢	低中	≤0.60	—	普通	Q215，Q235，Q275
	低合金高强度钢	低	0.24	Mn 等	普通	Q345，Q500，Q690
	铸钢	低中	0.17 ~0.25	Mn、Ni、Cr、Cu、Mo、V 等		ZG200 -400H，ZG300 -500H

（续）

钢类		w_C（%）		主要合金元素	质量	牌号举例
机械结构用钢	优质碳素钢	低	0.05~0.90	—	优质	15，20，45，65Mn
	渗碳钢	低	0.10~0.25	碳钢	优质	15，20
				合金钢 Cr、Mn、Ti 等		20Cr，20CrMnTi
	调质钢	中	0.30~0.50	碳钢	优质	35，45，40Mn
				合金钢 Cr、Mn、Si、Ni、Mo 等	优质或高级优质	40Cr，35CrMo，35SiMn，38CrMoAlA
	弹簧钢	中高	0.60~0.90	碳钢	优质	65，85
			0.45~0.70	合金钢 Mn、Si 等	优质或高级优质	50CrVA，65Mn，60Si2Mn
	滚动轴承钢	高	≈1.00	Cr 等	优质或高级优质	GCr15，GCr15SiMn
其他用途钢	冷冲压钢	低	≤0.20		优质	08，08F
	易切削钢	低中	≤0.40	含 S、P、Mn 较高		Y12，Y30
	低淬透性钢	中	0.50~0.60	Ti（含 Si、Mn 低）		55Tid，60Tid
	铸钢	低中	0.12~0.62			ZG200-400，ZG340-640

5.3.1 工程结构用钢

1. 碳素结构钢

常用的（普通）碳素结构钢易于冶炼，价格便宜，性能基本能满足一般工程构件的要求，大量用于制造各种金属结构，是目前产量最大、使用最多的一类钢，也可以用于要求不是很高的机器零件。其牌号及成分见表5-5。

表5-5 （普通）碳素结构钢牌号及成分（GB/T 700—2006）

牌号	厚度或直径/mm	等级	统一数字代号①	化学成分（质量分数,%）					脱氧方法
				C	Mn	Si	S	P	
				不大于					
Q195	—	—	U11952	0.12	0.50	0.30	0.040	0.035	F、Z
Q215	—	A	U12152	0.15	1.20	0.35	0.050	0.045	F、Z
		B	U12155				0.045		
Q235	—	A	U12352	0.22	1.4	0.35	0.50	0.045	F、Z
		B	U12355	0.20②			0.045		
		C	U12358	0.18			0.040	0.040	Z
		D	U12359	0.17			0.035	0.035	TZ
Q275	—	A	U12752	0.24	1.5	0.35	0.050	0.045	Z
	≤40	B	U12755	0.21			0.045		
	>40	C	U12758	0.20			0.040	0.040	Z
	—	D	U12759				0.035	0.035	T、Z

① 表中为镇静钢、特殊镇静钢牌号的统一数字代号，沸腾钢牌号的统一数字代号如下：
Q195—U11950；
Q215AF—U12150；Q215BF—U12153；
Q235AF—U12350；Q235BF—U12353；
Q275AF—U12750。

② 经需方同意，Q235B 中，w_C 可不大于 0.22%。

碳素结构钢大多以型材（钢棒、钢板和各种型钢）形式供货，供货状态为热轧（或控制轧制状态、空冷），供方应保证力学性能，用户使用时通常不再进行热处理。

碳素结构钢的质量等级分为A、B、C、D四级，A级、B级为普通质量钢，C级、D级为优质钢。碳素结构钢的力学性能随钢材厚度或直径的增大而降低（质量效应），如Q235在钢材厚度或直径不大于16mm时，其屈服强度R_{eL}为235MPa，断后伸长率A为26%；而当钢材厚度或直径大于150mm时，其屈服强度R_{eL}下降到185MPa，断后伸长率A下降到21%。

碳素结构钢的力学性能及应用与冷弯试验见表5-6、表5-7。

表5-6　碳素结构钢的力学性能及应用（GB/T 700—2006）

牌号	等级	屈服强度 R_{eH}/MPa						抗拉强度 R_m/MPa	伸长率A（%）						应用举例
		钢材厚度（直径）/mm							钢材厚度（直径）/mm						
		≤16	>16~40	>40~60	>60~100	>100~150	>150~200		≤16	>16~40	>40~60	>60~100	>100~150	>150~200	
		不小于							不小于						
Q195	—	195	185	—	—	—	—	315~390	33	32	—	—	—	—	塑性好，有一定的强度、通常轧制成薄板、钢筋、钢管、型钢等，用作桥梁、钢结构等，也可以用于制造受力不大的零件，如螺钉、螺母、垫圈、开口销、拉杆、铆钉、地脚螺栓等，还可用于焊接件、冲压件等
Q215	A B	215	205	195	185	175	165	335~410	31	30	29	28	27	26	
Q235	A B C D	235	225	215	205	195	185	375~460	26	25	24	23	22	21	强度较高，用于制造承受中等载荷的零件，如转轴、心轴、销子、摇杆、连杆、吊钩、链等
Q275	—	275	265	255	245	225	215	490~610	20	19	18	17	18	17	强度更高，可用于制造轧辊、主轴、摩擦离合器、制动钢带等

表5-7　碳素结构钢的冷弯试验（GB/T 700—2006）

牌号	试样方向	冷弯试验 $B=2a$①，180°		
		钢材厚度（直径）②/mm		
		60	>60~100	>100~200
		弯心直径d		
Q195	纵	0	—	—
	横	0.5a		
Q215	纵	0.5a	1.5a	2a
	横	a	2a	2.5a
Q235	纵	a	2a	2.5a
	横	1.5a	2.5a	3a
Q275	—	3a	4a	4.5a

① B为试样宽度，a为钢材厚度（或直径）。

② 钢材厚度（或直径）大于100mm时，弯曲试验由双方协商确定。

2. 低合金高强度结构钢

低合金高强度结构钢是一种低碳、低合金含量的结构钢，其 w_C <0.2%，合金元素的含量小于3%。这类钢与 w_C 相同的碳钢相比具有较高的强度，故又有低合金高强钢之称。它还有较好的塑性、韧性、焊接性和耐蚀性等，所以多用于制造桥梁、车辆、船舶、锅炉、高压容器、油罐、输油管等，如图 5-14 所示。

a)

b)

图 5-14　沪苏通长江公铁大桥及山东舰航母

a）沪苏通长江公铁大桥　b）山东舰航母

低合金高强度结构钢与碳钢相比，其屈服强度高，若以低合金高强度结构钢代替普通碳素钢，就可以在相同载荷条件下使结构件的重量大大减轻。例如，我国沪苏通长江公铁大桥采用 Q500 级别的低合金高强度结构钢，可比普通常用碳素结构钢 Q235 节约钢材 30% 以上。由于 w_C 低，低合金高强度结构钢还具有良好的塑性（$A>20\%$），便于冲压成形和焊接。此外，它比普通低碳钢有更低的冷脆临界温度，这对在北方高寒地区使用的结构件及运输工具都有十分重要的意义。

低合金高强度结构钢通常在热轧后经退火或正火状态使用，焊接成形后不再进行热处理。由于对压力加工性能和焊接性能的要求，决定了它的 w_C 不能超过 0.27%。因此它的使用性能主要靠加入少量的 Mn、Ti、V、Nb、Cu、P 等合金元素来提高。Mn 是强化基体的元素，其 $w_{Mn}\leqslant 2.00\%$，除固溶强化外，还使 A_3 点下降，细化铁素体晶粒，所以既提高了强度又改善了韧性和塑性。Ti、V、Nb 等合金元素在钢中形成微细碳化物，起到了细化晶粒和弥散强化的作用，从而提高了钢的强度及冲击韧度等。Cu、P 可提高钢对大气的耐蚀能力。

常用低合金高强度结构钢的牌号、主要化学成分、性能及用途见表 5-8。

表 5-8　常用低合金高强度结构钢的牌号、主要化学成分、性能及用途

牌号（等级）	主要化学成分（%）			力学性能				应用
	w_C	w_{Si}	w_{Mn}	R_{eH}/MPa	R_m/MPa	A（%）	K/J	
Q355（B～F）	B～D 级，≤0.20 E 级，≤0.18 F 级，≤0.16	≤0.50	≤1.70	355	470～630	≥22	≥34	油罐、锅炉、桥梁、车辆、压力容器、输油管道、建筑构件等
Q390（B～E）	≤0.20	≤0.50	≤1.70	390	490～650	≥20	≥34	

（续）

牌号（等级）	主要化学成分（%）			力学性能				应用
	w_C	w_{Si}	w_{Mn}	R_{eH}/MPa	R_m/MPa	A（%）	K/J	
Q420（B～E）	≤0.20	≤0.50	≤1.70	420	520～680	≥19	≥34	船舶、压力容器、电站设备、车辆、起重机械等
Q460（C～E）	≤0.20	≤0.60	≤1.80	460	550～720	≥17	≥34	
Q500（C～E）	≤0.18	≤0.60	≤1.80	500	610～770	≥17	≥34	铁路桥、大跨度桥梁
Q550（C～E）	≤0.18	≤0.60	≤2.00	550	670～830	≥16	C级，≥55 D级，≥47 E级，≥31	矿用重工车架、液压支架等
Q620（C～E）	≤0.18	≤0.60	≤2.00	620	710～880	≥15		
Q690（C～E）	≤0.18	≤0.60	≤2.00	690	770～940	≥14		

注：元素V、Ti、Nb、Cu、Cr、Mo、B、Al及P和S的含量见GB/T 1591—2018。表中所列屈服强度为厚度不大于16mm、抗拉强度和断后伸长率为厚度不大于40mm、吸收能量为公称厚度不小于6mm或公称直径不小于12mm的钢材标准试样数据。

3. 铸钢

以铸造方式成形的钢称为铸钢。对于有些形状复杂、综合力学性能要求较高的大型结构件，由于在工艺上难以用锻造方法成形，在性能上又不能用力学性能低的铸铁制造，因而只能采用各种钢材并以铸造方式成形，如轧钢机机架、水压机横梁与气缸、机车车架、铁道车辆转向架中的摇枕、汽车与拖拉机齿轮拨叉、起重行车车轮、大型齿轮等。目前铸钢在重型机械制造、运输机械、国防工业等部门应用较多。

一般工程用铸造碳钢件的化学成分和力学性能与应用见表5-9和表5-10。

表5-9 铸钢的化学成分（摘自GB/T 11352—2009）

牌号	化学成分（质量分数,%）										
	主要元素					残余元素					
	C	Si	Mn	S	P	Ni	Cr	Cu	Mo	V	总和
ZG 200-400	≤0.20	≤0.60	≤0.80	≤0.035	≤0.035	≤0.40	≤0.35	≤0.40	≤0.20	≤0.05	≤1.0
ZG 230-450	≤0.30		≤0.90								
ZG 270-500	≤0.40										
ZG 310-570	≤0.50										
ZG 340-640	≤0.60										

注：1. 对上限每减少0.01%的碳，允许增加0.04%的锰，对ZG 200-400的锰最高至1.00%，其余四个牌号锰含量最高至1.20%。

2. 除另有规定外，残余元素不作为验收依据。

表 5-10　铸钢的力学性能与应用

牌　号	拉伸性能（取最小值）			根据合同选择（取最小值）			应用举例
	屈服强度 $R_{eH}(R_{p0.2})$ /MPa	抗拉强度 R_m/MPa	伸长率 A (%)	断面收缩率 Z(%)	吸收能量 KV/J	吸收能量 KU/J	
ZG 200－400	200	400	25	40	30	47	机座、变速器箱壳等
ZG 230－450	230	450	22	32	25	35	砧座、外壳、轴承盖、底板、阀体等
ZG 270－500	270	500	18	25	22	27	轧钢机机架、轴承座、连杆、箱体、曲轴、缸体、飞轮、蒸汽锤等
ZG 310－570	310	570	15	21	20	24	大齿轮、缸体、制动轮、辊子等
ZG 340－640	340	640	10	18	15	16	起重运输机中的齿轮、联轴器等

注：1. 表中所列的各牌号性能，适用于厚度为 100mm 以下的铸件。当铸件厚度超过 100mm 时，表中规定的 R_{eH}（$R_{p0.2}$）屈服强度仅供设计使用。
2. 表中吸收能量 KU 的试样缺口为 2mm。

为提高碳素铸钢的力学性能，可加入合金元素形成相应的合金铸钢。

5.3.2　机械结构用钢

1. 优质碳素结构钢

优质碳素结构钢中有害杂质及非金属夹杂物含量较少，化学成分控制得也较严格，塑性和韧性较高，主要用于制造各种比较重要的机器零件，也可以用于制造比较重要的工程结构。

优质碳素结构钢的牌号、化学成分及力学性能见表 5-11。

优质碳素结构钢的力学性能主要取决于碳的质量分数及热处理状态。从选材角度来看，w_C越低，其强度、硬度越低，塑性、韧性越高，反之亦然。锰的质量分数较高的优质碳素结构钢，强度、硬度也较高，其性能和用途与相同 C 而 w_{Mn}较低的钢基本相同，但其淬透性稍好，可用于制造截面尺寸稍大或对强度要求稍高的零件。

08～25 钢属于低碳钢，组织为铁素体和少量珠光体，具有良好的塑性和韧性，强度、硬度较低，其压力加工性能和焊接性能优良，通常轧制成薄板或钢带，主要用于制造冲压件、焊接件和对强度要求不高的机器零件，如各种仪表板、容器和垫圈等；当对零件的表面硬度和耐磨性要求较高且有高韧性要求时，可经渗碳、淬火加低温回火处理（渗碳钢），用于要求表层硬度高、耐磨性好的零件（如轴、轴套、链轮等）。

30～55 钢属于中碳钢，这类钢中含有一定的珠光体，具有较高的强度、硬度和较好的塑性、韧性，通常经过淬火、高温回火（调质处理）后具有良好的综合力学性能，又称为调质钢。对于综合力学性能要求不高或截面尺寸很大、淬火效果差的工件，可采用正火代替调质。这类钢除作为建筑材料外，还大量用于制造各种机械零件（如轴、齿轮、连杆等）。

表 5-11　优质碳素结构钢的牌号、化学成分及力学性能（摘自 GB/T 699—2015）

牌号	化学成分（质量分数,%）								力学性能						
	C	Si	Mn	P	S	Cr	Ni	Cu	R_m/MPa	R_{eL}/MPa	A(%)	Z(%)	KU_2/J	热轧钢硬度HBW	退火钢硬度HBW
				≤					≥					≤	
08	0.05～0.11	0.17～0.37	0.35～0.65	0.035	0.035	0.10	0.30	0.25	325	195	33	60	—	131	—
10	0.07～0.13	0.17～0.37	0.35～0.65	0.035	0.035	0.15	0.30	0.25	335	205	31	55	—	137	—
15	0.12～0.18	0.17～0.37	0.35～0.65	0.035	0.035	0.15	0.30	0.25	375	255	27	55	—	143	—
20	0.17～0.24	0.17～0.37	0.35～0.65	0.035	0.035	0.25	0.30	0.25	410	245	25	55	—	156	—
25	0.22～0.29	0.17～0.37	0.50～0.80	0.035	0.035	0.25	0.30	0.25	450	275	23	50	71	171	—
30	0.27～0.34	0.17～0.37	0.50～0.80	0.035	0.035	0.25	0.30	0.25	495	295	21	50	63	179	—
35	0.32～0.39	0.17～0.37	0.50～0.80	0.035	0.035	0.25	0.30	0.25	530	315	20	45	55	197	—
40	0.37～0.44	0.17～0.37	0.50～0.80	0.035	0.035	0.25	0.30	0.25	570	335	19	45	47	217	187
45	0.42～0.50	0.17～0.37	0.50～0.80	0.035	0.035	0.25	0.30	0.25	600	355	16	40	39	229	197
50	0.47～0.55	0.17～0.37	0.50～0.80	0.035	0.035	0.25	0.30	0.25	630	375	14	40	31	24	207
55	0.52～0.60	0.17～0.37	0.50～0.80	0.035	0.035	0.25	0.30	0.25	645	380	13	35	—	255	217
60	0.57～0.65	0.17～0.37	0.50～0.80	0.035	0.035	0.25	0.30	0.25	675	400	12	35	—	255	229
65	0.62～0.70	0.17～0.37	0.50～0.80	0.035	0.035	0.25	0.30	0.25	695	410	10	30	—	255	229
70	0.67～0.75	0.17～0.37	0.50～0.80	0.035	0.035	0.25	0.30	0.25	715	420	9	30	—	269	229
75	0.72～0.80	0.17～0.37	0.50～0.80	0.035	0.035	0.25	0.30	0.25	1080	880	7	30	—	285	241
80	0.77～0.85	0.17～0.37	0.50～0.80	0.035	0.035	0.25	0.30	0.25	1080	930	6	30	—	285	241
85	0.82～0.90	0.17～0.37	0.50～0.80	0.035	0.035	0.25	0.30	0.25	1130	980	6	30	—	302	255
15Mn	0.12～0.18	0.17～0.37	0.90～1.20	0.035	0.035	0.25	0.30	0.25	410	245	26	55	—	163	—
20Mn	0.17～0.22	0.17～0.37	0.90～1.20	0.035	0.035	0.25	0.30	0.25	450	275	24	50	—	197	—
25Mn	0.22～0.29	0.17～0.37	0.90～1.20	0.035	0.035	0.25	0.30	0.25	490	295	22	50	71	207	—
30Mn	0.27～0.34	0.17～0.37	0.90～1.20	0.035	0.035	0.25	0.30	0.25	540	315	20	45	63	217	187
35Mn	0.32～0.39	0.17～0.37	0.90～1.20	0.035	0.035	0.25	0.30	0.25	560	335	18	45	55	229	197
40Mn	0.37～0.44	0.17～0.37	0.90～1.20	0.035	0.035	0.25	0.30	0.25	590	355	17	45	47	229	207
45Mn	0.42～0.50	0.17～0.37	0.90～1.20	0.035	0.035	0.25	0.30	0.25	620	375	15	40	39	241	217
50Mn	0.48～0.56	0.17～0.37	0.90～1.20	0.035	0.035	0.25	0.30	0.25	645	390	13	40	31	255	217
60Mn	0.5～0.65	0.17～0.37	0.90～1.20	0.035	0.035	0.25	0.30	0.25	690	410	11	35	—	269	229
65Mn	0.62～0.70	0.17～0.37	0.90～1.20	0.035	0.035	0.25	0.30	0.25	735	430	9	30	—	285	229
70Mn	0.67～0.75	0.17～0.37	0.90～1.20	0.035	0.035	0.25	0.30	0.25	785	450	8	30	—	285	229

60 ~ 85 钢属于高碳钢，这类钢中含有较多的珠光体，具有更高的强度、硬度及耐磨性，但塑性、韧性、焊接性能及可加工性能均较差。经过淬火、中温回火后具有较好的弹性，主要用于制造各类弹簧、弹簧垫圈、弹簧钢丝等；这类钢还能通过淬火及低温回火来制造一些耐磨零件。

2. 渗碳钢

许多机器零件是在冲击载荷和表面受到强烈的摩擦、磨损的条件下工作的，如汽车、拖拉机的变速齿轮，内燃机的凸轮等。这就要求零件表面具有高硬度、高耐磨性，而心部要有高韧性和足够的强度。为满足这种性能要求，常常采用低碳钢或低碳合金钢进行表面渗碳后经淬火和回火处理，这类钢称为渗碳钢。

（1）化学成分 渗碳钢中 w_C 一般很低，为 0.10% ~ 0.25%，可保证渗碳零件的心部具有足够的韧性和塑性。碳素渗碳钢的淬透性低，热处理对心部的性能改变不大，加入合金元素可提高钢的淬透性、改善心部性能。常用的合金元素主要有 Cr、Ni 和 Mn 等。它们不仅可提高淬透性、改善心部性能，同时还可提高渗碳层性能（强度和韧性）。其中以 Ni 的作用最好。为了细化晶粒，还加入少量阻止奥氏体晶粒长大的强碳化物形成元素 Ti、V、Mo 等。它们形成的碳化物在高温渗碳时不溶解，有效地抑制渗碳时的过热现象。此外，微量的 B（0.001% ~ 0.004%）能显著提高淬透性。

（2）热处理特点 为了保证渗碳零件表面得到高硬度和高耐磨性，一般在渗碳后进行淬火和低温回火（180 ~ 200℃）处理。大多数合金钢采用渗碳后直接淬火再低温回火。

渗碳后的钢，表层碳浓度为 0.85% ~ 1.00%，经淬火和低温回火后，表层组织由合金渗碳体、回火马氏体及少量残留奥氏体组成，硬度可达 60 ~ 62HRC 左右。而心部的组织与钢的淬透性与零件的截面有关，当全部淬透时是低碳马氏体，硬度可达 40 ~ 48HRC。多数情况下是托氏体，少量的低碳马氏体及铁素体的混合组织，硬度为 25 ~ 40HRC，冲击韧度 $a_K \geqslant 60J/cm^2$。

（3）常用的合金渗碳钢 渗碳钢按淬透性的高低分为低淬透性钢（如 15Cr、20Cr 等），中淬透性钢（如 20CrMnTi、20CrMnMo 等）及高淬透性渗碳钢（如 18Cr2Ni4W 等）三类。常用渗碳钢的牌号、化学成分、热处理、力学性能及用途见表 5-12。

下面以某厂的凸轮轴齿轮为例，说明渗碳工艺过程：

1）技术要求：渗碳层深度 1.0 ~ 1.5mm；渗碳层 w_C 为 0.8% ~ 1.0%；齿表面硬度55 ~ 60HRC；心部硬度 30 ~ 45HRC。

2）选用材料：20CrMnTi。

3）齿轮的生产工艺路线：下料→锻造→正火→加工齿形→渗碳→预冷淬火（油冷）→低温回火→喷丸→精磨。

机加工前的正火是为了改善锻造的不正常组织，以利于切削加工。该钢的渗碳、淬火及回火工艺如图 5-15 所示。

经 930 ± 10℃ 渗碳后直接预冷至 840℃ 保温后油淬，再经 230℃ 回火后齿轮的性能基本满足技术要求。齿面为回火马氏体，具有很高的硬度（55 ~ 60HRC），而心部具有较好的强度和韧性。喷丸处理的目的是消除氧化皮，使零件表面光洁及增加表面压应力，提高疲劳强度。

表 5-12　常用渗碳钢的牌号、成分、热处理、力学性能及用途

类别	钢号	主要化学成分（质量分数,%）								毛坯尺寸/mm	热处理/℃				力学性能					用途
		C	Mn	Si	Cr	Ni	V	Ti	其他		渗碳	第一次淬火	第二次淬火	回火	R_m/MPa	R_{eL}/MPa	A(%)	Z(%)	KU_2/J	
															≥					
低淬透性	15Cr	0.12～0.17	0.40～0.70	0.17～0.37	0.70～1.00					<30	930	880，水/油冷	770～820，水/油冷	180	685	490	12	45	55	活塞销等
	20Mn2	0.17～0.24	1.40～1.80	0.17～0.37						15	930	850，水/油冷	—	200	785	590	10	40	47	小齿轮、小轴、活塞销等
	20Cr	0.18～0.24	0.50～0.80	0.17～0.37	0.70～1.0					15	930	880，水/油冷	780～820，水/油冷	200	835	540	10	40	47	同上
	20MnV	0.17～0.24	1.30～1.60	0.17～0.37			0.07～0.12			15	930	880，水/油冷	—	200	785	590	10	40	55	同上及锅炉高压容器等
中淬透性	20CrMn	0.17～0.23	0.90～1.2	0.17～0.37	0.90～1.2					15	930	850，油冷	—	200	930	735	10	45	47	齿轮、轴、蜗杆、摩擦轮等
	20CrMnTi	0.17～0.23	0.80～1.10	0.17～0.37	0.80～1.10			0.06～0.12		15	930	880，油冷	870，油冷	200	785	635	12	45	55	汽车、拖拉机变速箱齿轮
	20MnTiB	0.17～0.24	1.30～1.60	0.17～0.37				0.04～0.10	B：0.0005～0.0035	15	930	860，油冷	—	200	1130	930	10	45	55	代替20CrMnTi
	20CrMnMo	0.17～0.23	0.90～1.20	0.17～0.37	1.10～1.40				Mo：0.20～0.30	15	930	850，油冷	—	200	1180	855	10	45	55	同上
高淬透性	20Cr2Ni4	0.17～0.23	0.30～0.60	0.17～0.37	1.25～1.65	3.25～3.65				15	930	880，油冷	780，油冷	200	1180	1080	10	45	63	大型渗碳齿轮和轴
	18Cr2Ni4W	0.13～0.19	0.30～0.60	0.17～0.37	1.35～1.65	4.00～4.50			W：0.80～1.20	15	930	950，空冷	850，空冷	200	1180	835	10	45	78	同上

除用渗碳钢经热处理后达到表面强化外，还可采用淬透性较低的中碳钢经表面淬火也能达到表面强化的目的。例如，某些机械零件有时采用40、45、40Cr钢等，进行表面淬火代替合金渗碳钢，但它们的淬透性还稍高，不能得到合适的轮廓表面硬化层。目前我国已研制了典型的低淬透性钢，w_C =0.5% ~0.65%，Si和Mn含量很低，加进适量的Ti。主要牌号为55Tid、60Tid。这种钢经感应加热表面淬火后，既保证零件表层的硬度，又保证心部有足够的韧性和强度。

3. 调质钢

合金调质钢是指经调质处理后使用的合金结构钢，经过调质处理后钢的组织为回火索氏体，具有良好的综合力学性能，即强度高、塑性和韧性好。调质钢广泛用于制造各种受力复杂的、重要的机器零件，如齿轮、连杆、轴及螺栓等，如图5-16所示。

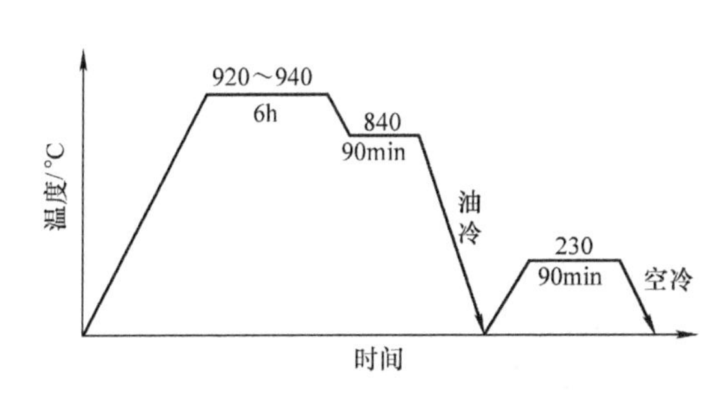

图5-15 20CrMnTi齿轮最终热处理工艺曲线

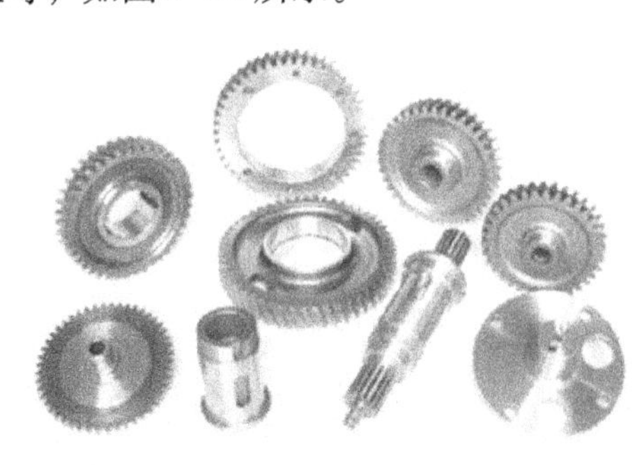

图5-16 齿轮、轴

（1）化学成分 为了满足良好的强度与韧性相配合的要求，钢中w_C一般控制在0.25% ~0.50%之间。碳含量过低不易淬硬，得不到所需要的强度；碳含量过高，硬度、强度虽高，但韧性低。因此，一般碳素调质钢选用40、45、50钢等。由于合金元素代替了部分碳的强化作用，所以合金调质钢的w_C可偏于取下限，如30CrMo、40Cr、30CrMnTi等。

合金调质钢中的合金元素，主要作用是提高钢的淬透性和保证良好的强度和韧性。淬透性是调质钢的一个重要性能。淬透性差的钢，由于淬不透，在整个截面上得不到均匀一致的力学性能，没淬透的部位强度低，韧性差。因此，调质钢是在中碳的基础上，加入Cr、Ni、Mn、Si、B合金元素，以提高钢的淬透性。

调质钢属于亚共析钢，钢中存在着一定量的铁素体组织，因此铁素体本身的性能必定影响钢的性能。在钢中加入Si、Mn、Cr、Ni等元素都有强化铁素体的作用，当w_{Si} <1.5%、w_{Mn} ≤2%时，不仅可提高其强度，还可改善其韧性。

此外，在调质钢中还常常加入少量的Mo、V、Al等合金元素。Mo的主要作用是防止合金调质钢在高温回火时发生第二类回火脆性，V的主要作用是细化晶粒，Al的作用是促进合金调质钢的氮化过程。

（2）热处理特点 通常为了改善调质钢的锻造组织及可加工性能，而选择合理的预备热处理工艺。一般对于合金含量不太高的调质钢，如40Cr钢、40MnB钢等，采用正火既可细化晶粒又可改善切削性能，同时也有利于消除内应力。对于合金含量较高的钢，往往采用正火后加650 ~700℃高温回火，以降低硬度（200HBW左右）改善切削性能。

合金调质钢经淬火加高温回火的调质处理后，获得综合力学性能良好的回火索氏体组织。图 5-17 所示是 40Cr 钢的性能与回火温度的关系。

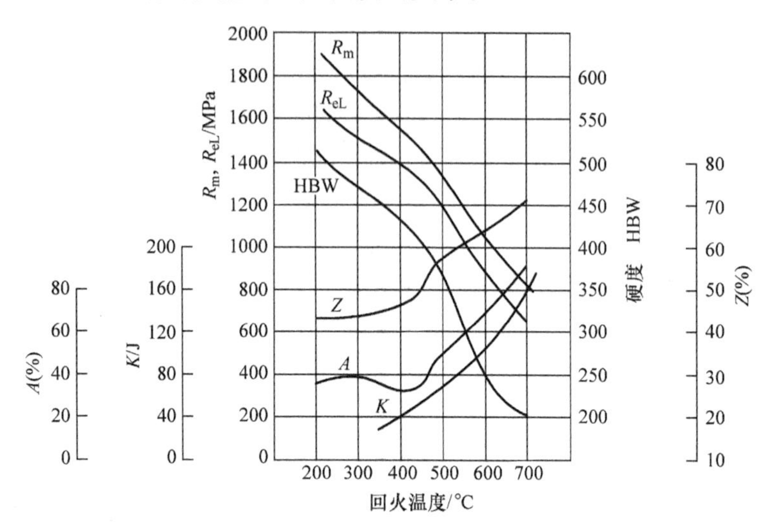

图 5-17 40Cr 经不同温度回火时的力学性能

某些零件不仅要求有良好的综合力学性能，而且还要求表面硬度高，耐磨性好。因此，对于这种零件经调质处理后还要进行感应加热表面淬火或氮化处理。

根据需要，调质钢也可在中、低温回火状态下使用，其金相组织分别为回火托氏体、回火马氏体，它们具有更高的强度和硬度，但冲击韧度低。如锻锤锤杆采用中温回火，凿岩机活塞和混凝土振动器的振动头等，采用低温回火。但为了保证其必要的韧性和塑性，一般 w_C 常取下限（≤0.3%）。

（3）常用的合金调质钢　碳素调质钢的力学性能不高，只适用于尺寸较小、载荷较轻的零件（如 40 钢、45 钢、50 钢等）。40Cr 钢由于 Cr 的存在可使淬透性提高，并改善钢的综合力学性能，故广为应用。

Cr－Ni、Cr－Mn、Si－Mn 等钢，经 500～650℃ 回火后缓慢冷却时会出现第二类回火脆性。因此，对于大截面的零件，难以抑制回火脆性的发生，所以采用加入 Mo、W 的办法，如 35CrMo、40CrMnMo 等钢。这种钢不仅能防止回火脆性的发生，而且淬透性好、晶粒细化，可做一些重要零件。如汽轮机转子、重型机械主轴等。

为了节省 Cr 元素，我国采用 40MnB 钢代替 40Cr 钢做大截面调质钢，Mn 可提高淬透性和强化铁素体，但会产生第二类回火脆性。

此外，调质钢中还有专门用于氮化的钢，钢中含有一定数量的 Al、Cr、Mo 等元素，它们可提高钢的氮化效果，特别是 Al 的作用更大，可使氮化层硬度达 1200HV。38CrMoAl 钢是典型的氮化钢，用来制造精密齿轮、镗杆等。

常用调质钢的牌号、成分、热处理、性能及用途见表 5-13。

下面以某车辆厂的气缸螺栓为例，说明调质钢的工艺过程。

1）性能要求：$R_m \geq 900$ MPa，$R_{eL} \geq 700$MPa，$A \geq 12\%$，$Z \geq 50\%$，$a_K \geq 80 J/cm^2$，硬度为 300～341HBW。

2）选用材料：42CrMo 钢。

表 5-13 常用调质钢的牌号、成分、热处理、性能及用途

钢号	主要成分（质量分数,%）								毛坯尺寸/mm	热处理/℃		力学性能						应用举例
	C	Mn	Si	Cr	Ni	Mo	V	其他		淬火	回火	R_m/MPa	R_{eL}/MPa	A(%)	Z(%)	KU_2/J	硬度 HBW	
												≥					≤	
40	0.37~0.44	0.50~0.80	0.17~0.37	≤0.25	≤0.30				≤80	840，水冷	600，空冷	570	335	19	45	47	217	齿轮、心轴、杆、轴等
45	0.42~0.50	0.50~0.80	0.17~0.37	≤0.25	≤0.30				≤80	840，水冷	600，空冷	600	355	16	40	39	229	轧辊、轴、齿轮、柱塞、轮箍等
40Cr	0.37~0.44	0.50~0.80	0.17~0.37	0.80~1.10					25	850，油冷	520，水/油冷	980	785	9	45	47	207	轴、齿轮、连杆、螺栓、蜗杆等
40CrMnMo	0.37~0.45	0.90~1.20	0.17~0.37	0.9~1.20		0.20~0.30			25	850，油冷	600，水/油冷	980	785	10	45	63	217	高强度耐磨齿轮、主轴等重载荷零件
42CrMo	0.38~0.45	0.50~0.80	0.17~0.37	0.90~1.20		0.15~0.25			25	850，油冷	560，水/油冷	1080	930	12	45	63	229	连杆、齿轮、摇臂等
30CrMnSi	0.28~0.34	0.80~1.10	0.90~1.20	0.80~1.10					25	880，油冷	540，水/油冷	1080	835	10	45	39	229	高压鼓风机叶片、飞机重要零件
40MnB	0.37~0.44	1.10~1.40	0.17~0.37					B：0.0005~0.0035	25	850，油冷	500，水/油冷	980	785	10	45	47	207	代替 40Cr 做转向节、半轴、花键轴等
40MnVB	0.37~0.44	1.10~1.40	0.17~0.37				0.05~0.10	B：0.0005~0.0035	25	850，油冷	520，水/油冷	980	785	10	45	60	207	同上
40CrNiMo	0.37~0.44	0.50~0.80	0.17~0.37	0.60~0.90	1.25~1.65	0.15~0.25			25	850，油冷	600，水/油冷	980	835	12	55	78	269	制造高强度耐磨齿轮
38CrMoAl	0.35~0.42	0.30~0.60	0.20~0.45	1.35~1.65		0.15~0.25		Al：0.70~1.10	30	940，水/油冷	640，水/油冷	980	835	14	50	71	229	高精度镗杆、主轴、齿轮、摇臂等

3）工艺路线：下料→锻造→正火→机械加（粗加工）→调质→机械加工（精加工）→喷丸。

锻造后的正火是为了改善锻造组织，细化晶粒，降低硬度以利于切削加工，并为调质处理做组织准备。

调质工艺如图5-18所示，经880℃油淬后得到马氏体组织，570℃回火后其组织为回火索氏体，可满足性能要求。

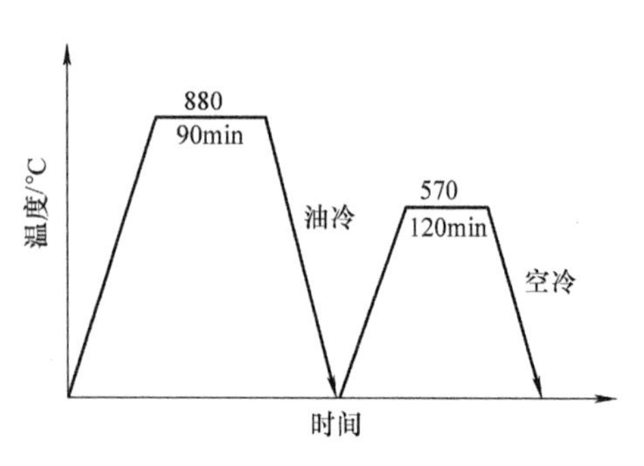

图5-18 42CrMo钢螺栓调质工艺曲线

4. 弹簧钢

弹簧钢是制造各种弹性零件的主要材料，特别是用于制造各种机器、仪表中的弹簧，它主要是利用弹性变形来储存能量和缓和震动的。弹簧一般是在动载荷下工作的，受到反复的弯曲或拉、压应力，因此要求弹簧钢具有较高的弹性极限、疲劳强度、足够的塑性、韧性以及良好的表面加工质量，以减轻材料（弹簧）对缺口的敏感性，尤其是要有高的屈强比（R_{eL}/R_m），以防止弹簧在高载荷下产生永久变形，还要有良好的淬透性及较低的脱碳敏感性。

（1）化学成分　碳素弹簧钢的 $w_C=0.60\%\sim0.85\%$，属于中、高碳钢。如65、70、75钢等，其淬透性差，只适用于制造小截面尺寸（直径一般小于12mm）的弹簧，大截面弹簧一般选用合金弹簧钢。

合金弹簧钢中 w_C 控制在 $0.45\%\sim0.70\%$ 之间。钢中主加元素为Si、Mn，其主要作用是提高钢的淬透性和回火稳定性，强化铁素体，经热处理后具有高弹性和较高的屈强比。但Si有使钢脱碳和石墨化的倾向，使钢的疲劳强度降低。加Mn可减少脱碳倾向，加入少量的Cr、Mo、V等元素也可防止脱碳，并细化晶粒及进一步提高弹性极限、屈强比等，还有利于提高弹簧的高温强度。

（2）弹簧的成形及热处理特点　弹簧按其成形工艺可分为热成形和冷成形两种。一般截面尺寸大于等于10mm的弹簧采用热成形方法；截面尺寸小于10mm的弹簧则采用冷成形方法。由于成形方式不同，弹簧的热处理特点也不同。

① 热成形弹簧。这类弹簧用热轧钢板或圆钢制成，经淬火、中温回火（450～550℃）处理后，有很高的屈服强度和弹性极限，同时还具有一定的塑性和韧性，中温回火后的组织为回火托氏体。

热成形弹簧的工艺路线为（以板簧成形为例）：扁钢下料→加热压弯成形→淬火→中温回火→喷丸。

通常为减少弹簧的加热次数，将热成形与淬火结合起来进行，如图5-19所示的工艺。

目前也有采用高温形变热处理的办法生产弹簧，即将轧制板材在较高温度下立即成形，随即进行淬火和中温回火，这既可节能又可使弹簧的性能和使用寿命显著提高。

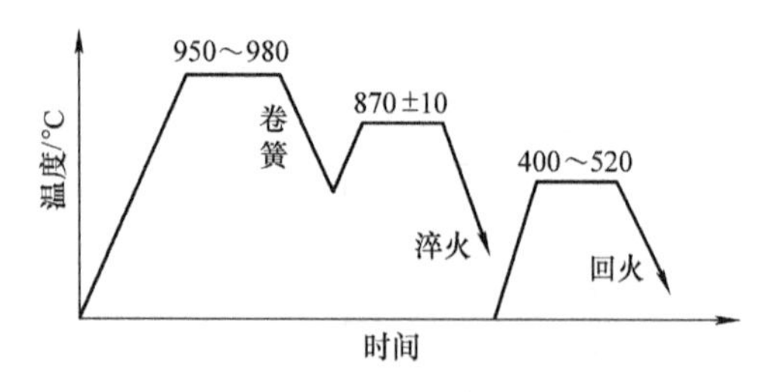

图5-19 热成形弹簧的成形及热处理工艺曲线

② 冷成形弹簧。这类弹簧是用冷拉弹簧钢

丝或冷轧弹簧钢带在冷态下制成的，适用于制造直径小或厚度薄的弹簧。其制造工艺有以下两类型：

① 弹簧经过冷成形后，只进行消除内应力的低温退火，使弹簧定形。这种钢丝在成形前已有很高的强度和足够的塑性与韧性。

② 弹簧钢丝是退火状态供应的，经冷成形后必须进行淬火和中温回火处理，以满足所需要的性能。其热处理工艺与热成形弹簧相同。

冷成形弹簧所用的钢丝，常常采用冷拔强化。冷拔前先进行“铅淬”处理，也称为“索氏体化”处理，即加热至 Ac_3 以上，然后放到450～550℃的熔化铅液中等温淬火，获得索氏体组织。

弹簧最后要进行喷丸处理，形成表面残余压应力，以提高其疲劳强度。

（3）常用的合金弹簧钢　常用的合金弹簧钢有65Mn、60Si2Mn等，其淬透性好，强度较高，可制作截面尺寸较大的弹簧，但这类钢有回火脆性及过热倾向，热处理时要加以注意。在高温及高载荷下工作的弹簧可采用淬透性更好，强度更高的钢种，如50CrV、55SiMnMoV等。

常用弹簧钢的牌号、化学成分、热处理、力学性能和用途见表5-14。

表5-14　常用弹簧钢的牌号、化学成分、热处理、力学性能和用途（参考GB/T 1222—2016）

钢号	主要成分（质量分数,%）						热处理/℃		力学性能				应用举例
	C	Si	Mn	Cr	V	Mo	淬火	回火	R_m/MPa	R_{eL}/MPa	A（%）	Z（%）	
65	0.62～0.70	0.17～0.37	0.50～0.80	≤0.25			840，油冷	500	980	785	9	35	截面尺寸小于15mm的小弹簧
80	0.77～0.85	0.17～0.37	0.50～0.80	≤0.25			820，油冷	480	1080	930	6	30	同上
65Mn	0.62～0.70	0.17～0.37	0.90～1.20	≤0.25			830，油冷	540	980	785	8	30	截面尺寸小于20mm的弹簧、阀簧等
60Si2Mn	0.56～0.64	1.50～2.00	0.60～0.90	≤0.35			870，油冷	440	1570	1375	5	20	截面尺寸小于25mm的机车板簧、测力弹簧等
60Si2MnCrV	0.56～0.64	1.50～2.00	0.70～1.00	0.20～0.40	0.10～0.20		860，油冷	400	1700	1650	5	30	重型板簧
50CrV	0.46～0.54	0.17～0.37	0.50～0.80	0.80～1.10	0.10～0.20		850，油冷	500	1275	1130	10	45	截面尺寸小于30mm重要弹簧及工作温度小于350℃的耐热弹簧
60Si2CrV	0.56～0.649	1.40～1.80	0.40～0.70	0.90～1.20	0.10～0.20		850，油冷	410	1860	1665	5	40	高强度大截面弹簧
52CrMnMoV	0.48～0.56	0.17～0.37	0.70～1.10	0.90～1.20	0.10～0.20	0.15～0.30	860，油冷	450	1450	1300	6	35	载重、越野车弹簧

60Si2Mn钢是应用最广泛的合金弹簧钢，适合制造厚度小于10mm的板簧和截面尺寸小于25mm的螺旋弹簧，它们在重型机械、铁道车辆、汽车、拖拉机上都有广泛的应用。

50CrV 的力学性能与 60Si2Mn 相近，但淬透性更高，Cr 和 V 提高弹性极限、韧性和耐回火性，可用于大截面、大载荷、耐热的弹簧，如阀门弹簧、高速柴油机的气门弹簧等。

对有更高耐热、耐蚀等要求的应用场合，应选择不锈钢、耐热钢、高速钢等高合金弹簧钢或其他弹性材料（如铜合金等）。

5. 滚动轴承钢

滚动轴承钢主要用来制作各种滚动轴承的内圈、外圈及滚动体或各种耐磨零件（如柴油机油泵油嘴偶件、精密丝杠、精密量具、小型冷冲模等），如图 5-20 所示。滚动轴承在工作时承受较大的局部交变载荷，滚动体与套圈之间产生极大的接触应力。因此，要求轴承钢具有很高的硬度、耐磨性以及良好的疲劳强度；此外，还要有足够的韧性及耐蚀性能。

图 5-20　滚动轴承组件

（1）化学成分　滚动轴承钢中 w_C 为 0.75% ~1.05%，w_{Cr} 为 1.30% ~1.95%。

高碳是为了保证钢经热处理后具有高硬度和获得一定量的高耐磨性合金碳化物。钢中 Cr 为主要合金元素，可提高淬透性并与碳形成合金渗碳体（Fe，Cr）$_3$C，阻止奥氏体晶粒长大，淬火后获得细小的隐晶马氏体组织，提高钢的强度、韧性及接触疲劳强度。Cr 的含量不宜过高，否则增加残留奥氏体含量，降低钢的强度和硬度。

对于大型轴承，可加入 Si、Mn、Mo、V 等元素，以提高钢的强度、弹性极限，并进一步改善淬透性。

此外，滚动轴承钢的纯度要求很高，杂质含量要求极低（$w_S < 0.02\%$、$w_P < 0.027\%$），因为它们的存在会降低钢的疲劳强度，影响轴承的使用寿命。

除了传统的铬轴承钢外，在实际生产中还研发了一些特殊用途的滚动轴承钢，如为节省铬资源的无铬轴承钢，为提高抗冲击能力的渗碳轴承钢，为提高耐蚀性的不锈轴承钢，为提高高温强度和抗高温氧化性能的高温轴承钢等。

（2）热处理　滚动轴承钢的热处理工艺主要为球化退火、淬火和低温回火。

球化退火是为了降低钢的硬度（180 ~207HBW），以利于切削加工，同时还为零件的最终热处理做组织准备。经退火后钢的组织是球化珠光体。

如果钢的原始组织中有粗大的片状珠光体和网状碳化物，则在退火前需要进行一次正火处理，以改善原始组织。

淬火和低温回火是决定轴承钢性能的主要热处理工序。对 GCr15 钢来说，淬火温度要求十分严格，在 825 ~845℃之间，如果淬火加热温度过高，会使残留奥氏体量增多，并由于过热而形成粗大的片状马氏体，使钢的疲劳强度及韧性降低，温度过低则硬度不足。图 5-21所示为淬火温度对 GCr15 钢性能的影响。钢经淬火后应立即低温回火，回火温度为

150～160℃，保温2～3h，回火后的组织由极细的回火马氏体、均匀分布的细粒状合金渗碳体及少量残留奥氏体组成，硬度为61～65HRC。

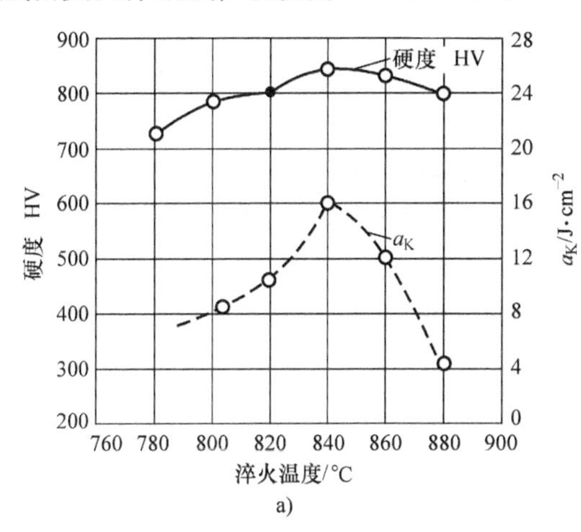

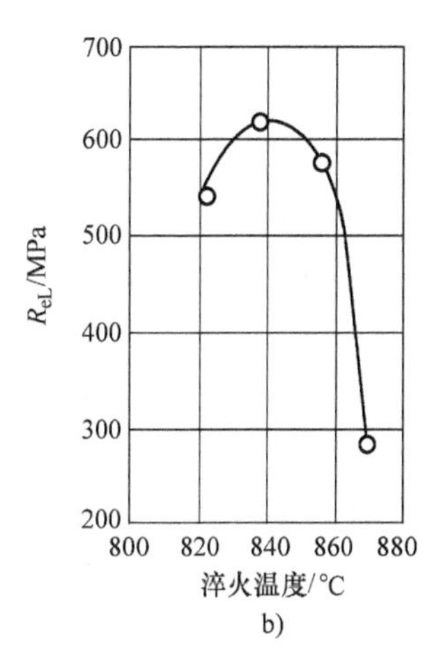

图5-21 淬火温度对GCr15钢性能的影响

精密轴承必须保证尺寸的稳定性，而残留奥氏体和内应力的存在会使其在使用过程中产生尺寸的变化，因此淬火后应立即进行低于－60℃的冷处理，以减少残留奥氏体量，然后再进行低温回火，消除冷处理时的内应力。轴承钢经精磨后要在120～130℃温度进行10～15h的低温时效处理，也可进一步提高尺寸稳定性。

（3）常用的滚动轴承钢　最常用的滚动轴承钢为GCr9、GCr15。这种钢多用于制造中、小型轴承。对于大型、重载荷、承受较大冲击的滚动轴承，常用渗碳轴承钢，其主要牌号有G20CrMo、G20Cr2Ni4、G20Cr2Mn2Mo等；对要求耐腐蚀的滚动轴承，可用不锈轴承钢G95Cr18、G102Cr18Mo、G65Cr14Mo来制造；而要求耐高温的轴承可用高碳的GCr14Mo4V、GCrSiWV、高速钢或渗碳钢12Cr2Ni3Mo5来制造。

常用的高碳铬轴承钢的牌号、化学成分、热处理及主要用途见表5-15。

表5-15　常用的高碳铬轴承钢的牌号、化学成分、热处理及主要用途（摘自GB/T 18254—2016）

牌号	化学成分（质量分数，%）					典型热处理			应用举例
	C	Si	Mn	Cr	Mo	淬火温度/℃	回火温度/℃	球化退火后硬度 HBW	
G8Cr15	0.75～0.85	0.15～0.35	0.20～0.40	1.30～1.65	≤0.10	820～850	150左右	179～207	壁厚小于12mm小型套圈、φ10～φ12mm的滚珠
GCr15	0.95～1.05	0.15～0.35	0.25～0.45	1.40～1.65	≤0.10	820～850	150左右	179～207	壁厚小于20mm的中、小型套圈，φ50～φ100mm钢球
GCr15SiMn	0.95～1.05	0.45～0.75	0.95～1.25	1.40～1.65	≤0.10	820～850	150左右	179～217	壁厚大于30mm的大型套圈、φ50～φ100mm钢球
GCr15SiMo	0.95～1.05	0.65～0.85	0.20～0.40	1.40～1.70	0.30～0.40	820～850	150左右	179～217	壁厚大于30mm的大型套圈、φ50～φ100mm钢球
GCr18Mo	0.95～1.05	0.20～0.40	0.25～0.40	1.65～1.95	0.15～5	820～850	150左右	179～217	壁厚为20～30mm中、小型套圈，φ50～φ100mm钢球

某精密镗床主轴轴承（套圈、滚珠）制造的热处理技术要求为硬度不小于62HRC，选用材料为GCr15。工艺路线为：下料→锻造→球化退火→机加工（粗加工）→淬火→冷处理→低温回火→磨削→稳定化处理。

球化退火是为了降低硬度，便于切削加工，并为淬火做好组织上的准备，退火后的组织为球化珠光体。

淬火的正常加热温度为825～845℃。由于是精密轴承，淬火后应立即进行低于-60℃的冰冷处理，以减少残留奥氏体，然后，再进行低温回火，回火后组织为极细的回火马氏体、均匀分布的细粒状合金碳化物及少量的残留奥氏体，硬度为62～65HRC。

为了消除磨削应力，进一步稳定组织，常在磨削后进行稳定化处理，即采用低温长时间回火。

6. 易切削钢

在钢中加入一定量的S、Pb、P、Ca、Se等合金元素，可提高钢的可加工性，称这类钢为易切削钢。

铅完全不溶于钢中，而以1～2μm的小颗粒均匀分布在钢的基体上，能改善钢的可加工性能。铅的含量不宜过多，一般控制在0.10%～0.30%范围内，过多会引起偏析，反而不利于切削。

在易切削钢中的硫含量比普通钢中含量高，一般为0.04%～0.33%，这类钢中必须有足够的Mn含量，S与Mn形成MnS夹杂物分布在钢的基体上，中断基体的连续性，从而提高钢的可加工性能。但这种钢容易形成纤维组织，呈现各向异性。因此，可在其中加Ti、Zr、RE等元素，抑制硫化物在热加工过程中的延伸，防止钢的各向异性的形成。

在钢中加入微量的Ca（0.002%～0.060%），可形成高熔点（约1300～1600℃）的Ca-Al-Si氧化物，附在刀具上，提高刀具的耐磨性，以改善钢的可加工性。

此外，在合金工具钢或不锈钢中加入适量的S、Pb、Se等元素，也可有效地提高其可加工性能。常用的几种易切削钢的牌号、化学成分和力学性能见表5-16。

表5-16 几种易切削钢的牌号、化学成分和力学性能

牌号	化学成分（质量分数,%）							力学性能			
	C	Si	Mn	S	P	Pb	Ca	R_m/MPa	A（%）	Z（%）	硬度 HBW
Y12	0.08～0.16	0.15～0.35	0.70～1.10	0.10～0.20	0.08～0.15			390～540	22	36	170
Y12Pb	0.08～0.16	≤0.15	0.70～1.10	0.15～0.25	0.05～0.10	0.05～0.35		390～540	22	36	170
Y15	0.10～0.18	≤0.15	0.80～1.20	0.23～0.33	0.05～0.10			390～540	22	36	170
Y30	0.27～0.35	0.15～0.35	0.70～1.10	0.08～0.15	≤0.06			510～655	15	25	187
Y40Mn	0.35～0.45	0.15～0.35	1.20～1.55	0.20～0.30	≤0.05			590～735	14	20	207
Y45Ca	0.42～0.50	0.20～0.40	0.60～0.90	0.04～0.08	≤0.04		0.002～0.006	600～745	12	26	241

易切削钢常用于制造受力较小、强度要求不高，但要求尺寸精度高、表面粗糙度值低且进行大批量生产的零件（如螺栓等）。这类钢在切削加工前不进行锻造或预备热处理，以免损害其可加工性能，通常也不进行最终热处理（但 Y45Ca 常在调质后使用）。

7. 超高强度钢

超高强度钢一般指抗拉强度 $R_m > 1500$MPa 或屈服强度 $R_{eL} > 1380$MPa，并兼有优良塑性及韧性的钢。这类钢是近几十年来，为适应航空、火箭、导弹等技术需要而发展起来的新钢种，主要用于制造飞机起落架、机翼大梁、火箭壳体、发动机壳体和武器装备的炮筒、枪筒、防弹板等。

对于高强度材料来讲，往往具有塑性低、缺口敏感性大、脆断的概率大等弊端，因此，在设计超高强度钢的性能指标时，不仅要具有高强度，而且还要考虑有足够的断裂韧度 K_{IC} 值的相配合，以保证材料在使用过程中的安全可靠性。此外，还应该有良好的加工工艺性、冷变形塑性和焊接性。为了保证其极高的强度要求，这类钢材充分利用了马氏体强化、细晶强化、弥散强化与固溶强化等多种机制的复合强化作用，而改善韧性的关键是提高钢的纯度（如降低 S、P 含量和非金属夹杂物的含量）、细化晶粒（如采用形变热处理工艺），并减小对碳的固溶强化的依赖程度（超高强度钢中的碳含量低，属于中、低碳钢，甚至是超低碳钢）。

超高强度钢按化学成分和强韧化机理的不同，可分为低、中和高合金超高强度钢三种类型。

（1）低合金超高强度钢　这类钢是在调质钢的基础上发展起来的，其 w_C 为 0.30% ~ 0.45%，合金元素总量不大于 5%，保证有良好的韧性和塑性，常加入的合金元素为 Ni、Cr、Si、Mn、Mo、V 等，其主要作用是提高钢的淬透性、回火稳定性及韧性。其最终热处理工艺是淬火 + 低温回火。这类钢是当前最主要的飞机结构用钢。几种超高强度钢的牌号、化学成分、热处理及力学性能见表 5-17。

（2）中合金超高强度钢（二次硬化型超高强度钢）　由于低合金超高强度钢的使用温度低（<200℃），因而研制出这类钢。其合金元素含量为 5% ~10%，大多为强碳化物形成元素，如 Cr、Mo、V 等。此类钢是经淬火 + 高温回火后，主要利用马氏体回火时产生二次硬化达到强化目的的。其牌号、化学成分、热处理及力学性能见表 5-17。

（3）高合金超高强度钢（马氏体时效钢）　马氏体时效钢是以铁镍为基的高合金钢，其 w_C 极低（<0.03%）、w_{Ni} 高（18% ~25%），并含有 Mo、Ti、Nb、Al 等时效强化的元素。

这类钢经 815℃ 固溶处理后获得稳定的超低碳单相板条马氏体组织，将其加热至 450 ~ 500℃ 进行时效处理时，析出极微细的金属间化合物（Ni_3Mo、Ni_3Ti、Fe_2Mo 等），它们弥散分布在马氏体基体上，可显著提高钢的强度。

马氏体时效钢具有极高的强度、良好的塑性、韧性以及较高的断裂韧度，因而保证了使用的安全可靠性。此外，其淬透性好，空冷可淬透，故热处理变形小，并具有良好的冷变形及焊接性能，是制造超声速飞机及火箭壳体等的重要材料。

典型的马氏体时效钢有 Ni25Ti2AlNb 等，其化学成分、热处理及力学性能见表 5-17。

表 5-17　几种超高强度钢的牌号、化学成分、热处理及力学性能

牌号		化学成分（质量分数,%）							热处理	力学性能			
		C	Si	Mn	Cr	Ni	Mo	其他		R_m/MPa	R_{eL}/MPa	A（%）	Z（%）
低合金超高强度钢	30CrMnSiNi2A	0.26~0.38	0.90~1.20	1.00~1.30	0.90~1.20	1.40~1.80			900℃油淬 250℃回火	1700	1530	13.5	49
	40CrNiMoA（4340）	0.38~0.43	0.20~0.35	0.6~0.8	0.70~0.90	1.65~2.00	0.2~0.3		900℃油淬 230℃回火	1820	1560	8	30
中合金超高强度钢	4Cr5MoVSi（H11）	0.37~0.42	0.90~1.10	0.35~0.50	4.80~5.80		1.3~1.5	V：0.4~0.6	1000℃油（空）冷 580~600℃回火两次	2000	1550	10	
高合金超高强度钢	Ni25Ti2AlNb	0.03	<0.1	<0.1		25.0~26.0		Al：0.15~0.35 Ti：1.3~1.6 Nb：0.3~0.6	815℃固溶 冷变形 60% 480℃时效 1h	2000	1900	13	58
	Ni18C09M05-TiAl（18Ni）	0.03	<0.1	<0.1 <0.1		17~19	4.7~5.2	Ti：0.5~0.7 Al：0.005~0.1500 Co：8.5~9.5	815℃固溶 冷变形 50% 480℃时效 3h	1830~2060	1750~2020	10~13	48~58

5.4　常用工模具钢

工模具钢是用于制造刃具、模具、量具等各种工模具用钢的总称，如图 5-22 所示，虽然其使用目的不同，但作为工模具钢必须具有高硬度、高耐磨性、足够的韧性以及小的变形量等。因此，有些钢是可以通用的，既可以做刃具，又可以做模具、量具。

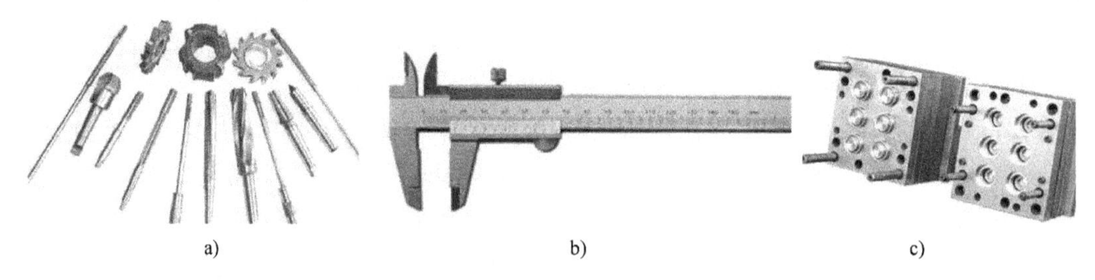

a)　　b)　　c)

图 5-22　工模具钢的典型用途

a）刃具　b）量具　c）模具

常用工模具钢按用途分为八类：①刃具模具用非合金钢；②量具刃具用钢；③耐冲击工具用钢；④轧辊用钢；⑤冷作模具用钢；⑥热作模具用钢；⑦塑料模具用钢；⑧特殊用途模具用钢。工模具钢一般属于高碳（合金）钢，主要强调热（红）硬性、尺寸稳定性和热疲劳等性能。参考国家标准 GB/T 1299—2014《工模具钢》，常用工模具钢的主要化学成分特

点及牌号举例见表5-18。

表5-18 常用工模具钢的化学成分特点及牌号举例

<table>
<tr><th colspan="2">钢类</th><th colspan="2">含碳量范围
（质量分数,%）</th><th>主要合金元素</th><th>牌 号</th></tr>
<tr><td rowspan="2">非合金类</td><td>刃具模具用非合金钢
（原碳素工具钢）</td><td>高</td><td>0.65~1.35</td><td>—</td><td>T7，T8，T8Mn，T9，T10，T10A，
T11，T12，T12A，T13</td></tr>
<tr><td rowspan="2">塑料模具用钢</td><td>中</td><td>0.42~0.58</td><td>—</td><td>SM45，SM50，SM55</td></tr>
<tr><td rowspan="7">合金类</td><td>低、中</td><td>≤0.03~1.00</td><td>Si、Mn、Cr、
Mo、Ni、V等</td><td>3Cr2Mo，3Cr2MnNiMo，4Cr2Mn1MoS，8Cr2MnWMoVS，
5CrNiMnMoVSCa，2CrNiMoMnV，2CrNi3MoAl，
1Ni3MnCuMoAl，06Ni6CrMoVTiAl，00Ni18Co8Mo5TiAl，
2Cr13，4Cr13，4Cr13NiVSi，2Cr17Ni2，3Cr17Mo，
3Cr17NiMoV，9Cr18，9Cr18MoV</td></tr>
<tr><td>量具刃具用钢</td><td>高</td><td>0.75~1.45</td><td>Si、Mn、Cr、W</td><td>9SiCr，8MnSi，Cr06，Cr2，9Cr2，W</td></tr>
<tr><td>耐冲击工具用钢</td><td>中</td><td>0.35~0.65</td><td>Si、Mn、Cr、
W、Mo、V</td><td>4CrW2Si，5CrW2Si，6CrW2Si，
6CrMnSi2Mo1V，5Cr3MnSiMo1，6CrW2SiV</td></tr>
<tr><td>轧辊用钢</td><td>高</td><td>0.82~0.95</td><td>Si、Mn、Cr、
Mo、Ni、V</td><td>9Cr2V，9Cr2Mo，9Cr2MoV，
8Cr3NiMoV，9Cr5NiMoV</td></tr>
<tr><td>冷作模具用钢</td><td>中、高</td><td>0.48~2.30</td><td>Si、Mn、Cr、
W、Mo、V等</td><td>9Mn2V，9CrWMn，CrWMn，MnCrWV，7CrMn2Mo，
5Cr8MoVSi，7CrSiMnMoV，Cr8Mo2SiV，Cr4W2MoV，
6Cr4W3Mo2VNb，6W6Mo5Cr4V，W6Mo5Cr4V2，Cr8，
Cr12，Cr12W，7Cr7Mo2V2Si，Cr5Mo1V，Cr12MoV，
Cr12Mo1V1</td></tr>
<tr><td>热作模具用钢</td><td>中</td><td>0.30~0.60</td><td>Si、Mn、Cr、
W、Mo、Ni、
V等</td><td>5CrMnMo，5CrNiMo，4CrNi4Mo，4Cr2NiMoV，
5CrNi2MoV，5Cr2NiMoVSi，8Cr3，4Cr5W2VSi，
3Cr2W8V，4Cr5MoSiV，4Cr5MoSiV1，4Cr3Mo3SiV，
5Cr4Mo3SiMnVAl，4CrMnSiMoV，5Cr5WMoSi，
4Cr5MoWVS，3Cr3Mo3W2V，5Cr4W5Mo2V，
4Cr5Mo2V，3Cr3Mo3V，4Cr5Mo3V，3Cr3Mo3VCo3</td></tr>
<tr><td>特殊用途模具
用钢</td><td>低、中</td><td>≤0.07~0.75</td><td>Si、Mn、Cr、
Mo、W、Ni、
V、Al、Nb、Co
等，总量大于
10%</td><td>7Mn15Cr2Al3V2WMo，2Cr25Ni20Si2，0Cr17Ni4Cu4Nb，
Ni25Cr15Ti2MoMn，N53Cr19Mo3TiNb</td></tr>
</table>

下面以工模具钢为主体，综合考虑机械工程领域常用的高速钢和硬质合金钢相关的标准，从刃具模具用非合金钢、刃具用合金钢、模具用合金钢、量具用合金钢四类进行综合分类介绍。

5.4.1 刃具模具用非合金钢

刃具模具用非合金钢就是传统定义的碳素工具钢，其含碳质量分数高（0.65%～1.35%），高碳可保证淬火后有足够的硬度。常用刃具模具用非合金钢（碳素工具钢）的牌号、化学成分及性能见表 5-19。

表 5-19 刃具模具用非合金钢（碳素工具钢）的牌号、化学成分及性能

牌号	化学成分（质量分数,%）					退火钢的硬度 HBW（≤）	淬火温度（单位为℃）及冷却剂	淬火后的硬度 HRC（≥）
	C	Mn	Si（≤）	S（≤）	P（≤）			
T7	0.65～0.74	≤0.40	0.35	0.030	0.035	187	800～820，水	62
T8	0.75～0.84	≤0.40	0.35	0.030	0.035	187	780～800，水	62
T8Mn	0.80～0.90	0.40～0.60	0.35	0.030	0.035	187	780～800，水	62
T9	0.85～0.94	≤0.40	0.35	0.030	0.035	192	760～780，水	62
T10	0.95～1.04	≤0.40	0.35	0.030	0.035	197	760～780，水	62
T11	1.05～1.14	≤0.40	0.35	0.030	0.035	207	760～780，水	62
T12	1.15～1.24	≤0.40	0.35	0.030	0.035	207	760～780，水	62
T13	1.25～1.35	≤0.40	0.35	0.030	0.035	217	760～780，水	62

注：高级优质钢（钢号后加 A），$w_S \leq 0.020\%$，$w_P \leq 0.030\%$。

刃具模具用非合金钢（碳素工具钢）的毛坯一般为锻造成形，再由毛坯经机械加工成工具产品。碳素工具钢锻造后因硬度高，不易进行切削加工，有较大应力，组织不符合淬火要求，故应进行球化退火，以改善可加工性，并为最后淬火做组织准备。退火后的组织为球状珠光体，其硬度一般小于 217HBW。

淬火加热温度应根据钢种来确定，同时也要考虑性能要求、工件形状、大小及冷却介质等。淬火冷却时，由于其淬透性较低，为了得到马氏体组织，除形状复杂、有效厚度或直径小于 5mm 的小刀具在油中冷却外，一般都选用冷却能力较强的冷却介质（如水、盐水、碱水）。

刃具模具用非合金钢（碳素工具钢）经淬火及低温回火后，硬度可达 60～65HRC，有良好的耐磨性和可加工性能，但当作为刀具使用时，刃部的温度大于 200℃，硬度和耐磨性将明显下降（红硬性差）。因此碳素工具钢只能用于制造手动的刀具或低速的、小进给量的机用刀具，还可用来制造尺寸较小的模具或量具。

常用刃具模具用非合金钢（碳素工具钢）的牌号、热处理工艺及用途见表 5-20。

表 5-20 常用刃具模具用非合金钢（碳素工具钢）的牌号、热处理工艺及用途

牌号	热处理工艺					用途举例
	淬火温度/℃	淬火介质	淬火后硬度 HRC	回火温度/℃	回火后硬度 HRC	
T7 T7A	800～820	水	61～63	180～200	60～62	制造承受振动与冲击及需要在适当硬度下具有较大韧性的各种工具，如凿子、打铁用模、各种锤子、木工工具、石钻（软岩石用）等
T8 T8A	780～800	水	61～63	180～200	60～62	制造承受振动及需要足够韧性而具有较高硬度的各种工具，如简单模子、冲头、剪切金属用剪刀、木工工具、煤矿用凿等
T9 T9A	760～780	水	62～64	180～200	60～62	制造具有一定硬度及韧性的各种工具，如冲头、冲模、木工工具、凿岩用凿子等

（续）

牌号	热处理工艺					用途举例
	淬火温度/℃	淬火介质	淬火后硬度HRC	回火温度/℃	回火后硬度HRC	
T10 T10A	760～780	水/油	62～64	180～200	60～62	制造不受振动及锋利刃口上有少许韧性的各种工具，如刨刀、拉丝模、冷冲模、手锯锯条、硬岩石用钻头等
T12 T12A	760～780	水/油	62～64	180～200	60～62	制造不受振动及需要极高硬度和耐磨性的各种工具，如丝锥、锋利的外科刀具、锉刀、刮刀等

5.4.2　刃具用合金钢

刃具合金钢用来制造各种切削刀具，如车刀、铣刀、铰刀等。刀具在切削时，刃部承受很大的应力，并与切屑之间发生严重的摩擦、磨损，又由于产生“切削热”而使刃部温度升高，有时可达500～600℃，在切削的同时还要受到较大的冲击和振动。因此要求刃具钢具有如下的性能。

（1）高硬度　一般机械加工刀具的硬度应大于60HRC。刀具的硬度主要取决于钢中马氏体的w_C，因此刃具钢的w_C较高，约为0.6%～1.5%。

（2）高耐磨性　耐磨性的好坏直接影响着刀具的寿命，耐磨性好可以保证刀具的刃部锋利，经久耐用。影响耐磨性的主要因素是碳化物的硬度、数量，大小及分布情况。实践证明，一定量的硬而细小的碳化物，均匀分布在强而韧的金属基体中，可获得较高的耐磨性。

（3）高的热硬性（红硬性）　刀具在切削时，由于产生“切削热”而使刃部受热。当刃部受热时，刀具仍能保持高硬度（≥60HRC）的能力称为热硬性。热硬性的高低与钢的回火稳定性及特殊碳化物的弥散析出有关，一般在刃具钢中加入提高回火稳定性的合金元素可增加钢的热硬性。

（4）足够的强度、塑性和韧性　刃具钢还要有足够的强度、塑性和韧性，以免在受到冲击和振动载荷时产生折断和崩刃。

如前所述，刃具模具用非合金钢（碳素工具钢）的w_C很高，为0.65%～1.35%，经淬火后有较高的硬度和耐磨性。刃具模具用非合金钢（碳素工具钢）的淬透性低，水中能淬透的直径约为20mm，并容易产生淬火变形及开裂。刃具模具用非合金钢（碳素工具钢）的热硬性也很差，当刃部受热至200～250℃时，其硬度和耐磨性明显降低。因此，刃具模具用非合金钢（碳素工具钢）只能用于制造刃部受热程度较低的手用工具和低速、小进给量的机用工具等。一般w_C高的T10、T12等钢，硬度高、塑性差，主要用来做钻头、锉刀等。w_C低的T7、T8、T9等钢，硬度较低些但韧性较高，主要用来做木工刀具、锤子、錾子、带锯等。

由于刃具模具用非合金钢（碳素工具钢）存在上述缺点，对于形状复杂、截面尺寸较大、精度要求较高的刀具不宜选用，通常选用合金刃具钢来制造。

1. 低合金刃具用钢

（1）成分特点　低合金刃具用钢是在碳素钢的基础上添加某些合金元素，以获得所需要的性能。其w_C高达0.9%～1.5%，加入Si、Cr、Mn等元素可提高钢的淬透性和回火稳定性，使其在230～260℃回火后硬度仍保持60HRC以上，从而保证一定的热硬性。加入强碳化物形成元素W、V等可形成WC、VC或V_4C_3等特殊碳化物，提高钢的热硬性及耐磨性。

（2）常用合金刃具钢及热处理　常用的低合金刃具用钢（主要指GB/T 1299—2014所述量具刃具用钢）有9SiCr、Cr06、9Cr2等，其典型牌号、化学成分、热处理及用途见表5-21。

表 5-21 常用的低合金刃具用钢、高速钢等工模具钢典型牌号、化学成分、热处理及用途

牌号	化学成分（质量分数,%）								退火交货状态的钢材硬度 HBW	试样淬火硬度			应用举例
	C	Si	Mn	Cr	W	Mo	V	Ni		加热温度 /℃	冷却剂	洛氏硬度 HRC (≥)	
9SiCr	0.85 ~ 0.95	1.20 ~ 1.60	0.30 ~ 0.60	0.95 ~ 1.25	—	—	—	—	197 ~ 241	820 ~ 860	油	62	板牙、丝锥、铰刀、搓丝板等刃具
Cr06	1.30 ~ 1.45	≤0.40	≤0.40	0.50 ~ 0.70	—	—	—	—	187 ~ 241	780 ~ 810	水	64	
9Cr2	0.80 ~ 0.95	≤0.40	≤0.40	1.30 ~ 1.70	—	—	—	—	179 ~ 217	820 ~ 850	油	62	
W18Cr4V	0.73 ~ 0.83	0.20 ~ 0.40	0.10 ~ 0.40	3.80 ~ 4.50	17.20 ~ 18.70	—	1.00 ~ 1.20	—	≤255	1260 ~ 1280	油	63	麻花钻，拉刀、攻牙、铣刀、切断刀等高速切削用各种刀具
W6Mo5Cr4V2	0.80 ~ 0.90	0.20 ~ 0.45	0.15 ~ 0.40	3.80 ~ 4.40	5.50 ~ 6.75	4.50 ~ 5.50	1.75 ~ 2.20	—	≤255	1210 ~ 1230	油	64	
5CrW2Si	0.45 ~ 0.55	0.50 ~ 0.80	≤0.40	1.00 ~ 1.30	2.00 ~ 2.25	—	—	—	207 ~ 255	860 ~ 900	油	55	耐冲击剪刀片等工具用钢
6CrW2SiV	0.55 ~ 0.65	0.70 ~ 1.00	0.15 ~ 0.45	0.90 ~ 1.20	1.70 ~ 2.20	—	0.10 ~ 0.20	—	≤229	870 ~ 910	油	58	
9Cr2V	0.85 ~ 0.95	0.20 ~ 0.40	0.20 ~ 0.45	1.40 ~ 1.70	—	—	0.10 ~ 0.25	—	≤229	830 ~ 900	空气	64	轧机轧辊用钢
9Cr5NiMoV	0.82 ~ 0.90	0.50 ~ 0.80	0.20 ~ 0.50	4.80 ~ 5.20	—	0.20 ~ 0.40	0.10 ~ 0.20	0.30 ~ 0.50	≤269	930 ~ 950	空气	64	

低合金刃具用钢的热处理基本上与刃具模具用非合金钢（碳素工具钢）相同，为了改善切削性能，预备热处理为球化退火，最终热处理为淬火和低温回火。淬火介质大多采用油。因此变形小、淬裂倾向低。

下面以某厂制造圆板牙为例，说明低合金刃具钢制造的工艺过程。

首先，根据圆板牙的性能要求选择合适的材料。圆板牙是用来切削外螺纹的薄刃刀具，为避免切削崩刃，要求材料中的碳化物分布均匀；板牙的螺距要求精密，要求热处理后齿形变形小；为减小磨损、延长使用寿命，要求硬度高。为此，可选用9SiCr。

然后，制定合理的生产工艺路线：下料→锻造→球化退火→机械加工（粗加工）→淬火、低温回火→精加工。

球化退火是为后续的机械加工提供合适的硬度（197～241HBW）。其奥氏体化温度为800～810℃，保温2～4h，炉冷至700～720℃，在此温度等温退火6～8h。

9SiCr钢的合适淬火温度为850～870℃，淬火加热前先在600～650℃预热，以减少高温停留时间，防止氧化脱碳。当钢奥氏体化后，在160～200℃的硝盐浴中进行等温淬火，使其发生下贝氏体组织转变。这种下贝氏体组织比直接油淬获得的马氏体组织具有更好的韧性和硬度的配合，且淬火变形小。淬火后在190～200℃进行低温回火。

2. 高速钢

高速钢是一种具有很高耐磨性和很高热硬性的工具钢。在高速切削条件下（如50～80m/min），刃部温度高达500～600℃时，硬度无明显下降，仍保持刃口锋利，从而保证高速切削，高速钢因此而得名（俗称锋钢）。

（1）化学成分　常用的高速钢按其所含的主要元素可分为以下两类，即以W18Cr4V为代表的钨系和一部分W被Mo所代替的以W6Mo5Cr4V2为代表的钼系。它们共同的特点是w_C较高（0.70%～1.25%），并含有大量的碳化物形成元素W、Mo、Cr、V等。

高速钢中碳的主要作用是经热处理后，其一部分溶入马氏体中增加刀具的硬度及耐磨性，另一部分与合金元素形成特殊碳化物。Cr的主要作用是提高钢的淬透性，淬火加热时全部溶入奥氏体中以增大其稳定性。W在淬火加热时一部分与碳形成Fe_4W_2C，阻止晶粒长大，另一部分溶入马氏体中提高钢的回火稳定性，在560℃左右回火时析出W_2C，产生“二次硬化”，提高钢的热硬性。Mo与W有同样效果，1%的Mo大约可代替2%的W的作用，Mo的碳化物比W的细小，且退火时易于球化，因此Mo系高速钢具有较好的韧性。其w_W为6%～19%、w_{Mo}为0%～6%。V与C形成稳定的VC，具有很高的硬度和耐磨性，VC在高温时部分固溶，未固溶的VC阻止奥氏体晶粒长大，在560℃回火时也产生“二次硬化”。但含V量不宜过高，否则会使钢的韧性降低。在W系高速钢中w_V为1%、Mo系中w_V为2%～3%。

（2）高速钢的锻造与热处理

1）高速钢的锻造。高速钢中较多的合金元素及碳不仅使相图中的*E*点明显左移，而且使奥氏体等温转变曲线明显右移，故其铸态组织中是由大量粗大的鱼骨状共晶碳化物和树枝状马氏体与托氏体组成的亚共晶组织，属于莱氏体钢，如图5-23所示。组织中的共晶碳化物使钢的力学性能降低，这种碳化物不能用热处理来消除，只能采用反复锻击的办法将其击碎，并均匀分布在基体上。终锻温度不宜过低，以免锻裂。锻后必须缓慢冷却以避免形成马氏体组织。

2）退火。高速钢经锻造后，存在锻造应力及较高硬度。经退火处理可降低硬度及消除内应力，并为随后的淬火做组织准备。其退火方法有普通退火法和等温退火法。

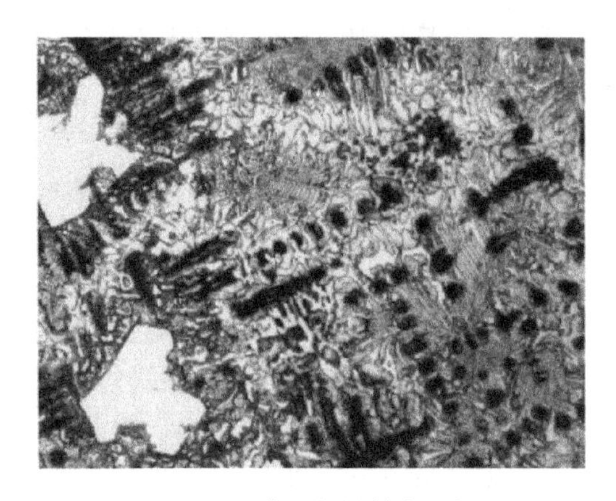

图 5-23　高速钢的铸态组织

普通退火法的退火温度为 860 ~ 880℃，保温以后冷却至 500 ~ 550℃ 出炉，其工艺曲线如图 5-24a 所示。这种退火工艺操作简单，但周期长。为了缩短退火周期，生产上一般采用等温退火，其工艺曲线如图 5-24b 所示。

高速钢经退火后的组织是索氏体及细粒状碳化物，W18Cr4V 钢锻造退火后的组织如图 5-25 所示。退火后钢的硬度为 207 ~ 225HBW。

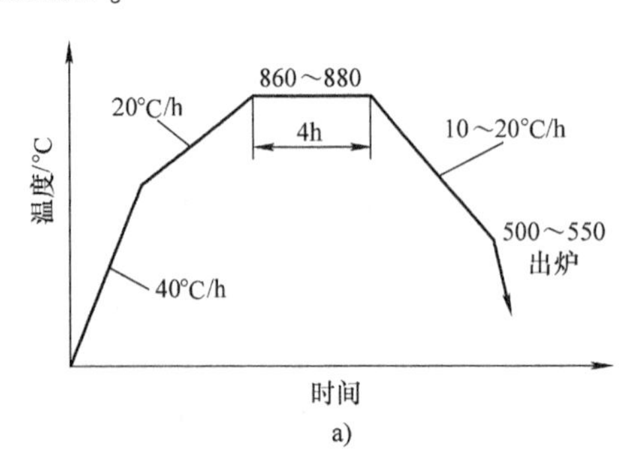

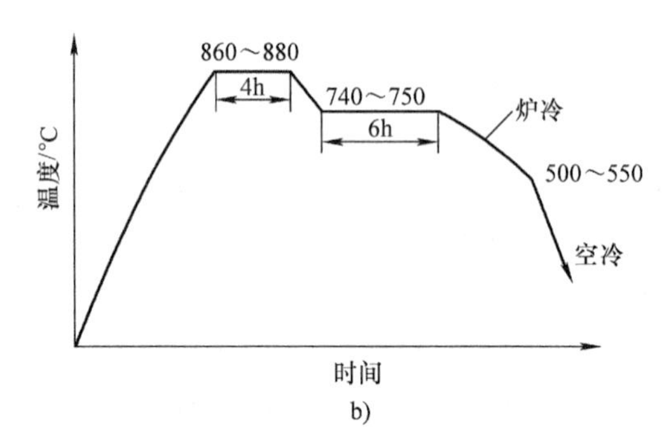

图 5-24　W18Cr4V 钢退火曲线

a）普通退火　b）等温退火

3）淬火和回火。高速钢只有通过正确的淬火和回火，才能使其性能充分发挥出来，图 5-26所示是 W18Cr4V 钢的最终热处理（淬火与回火）工艺曲线。它的淬火温度很高，为 1270 ~ 1280℃（W6Mo5Cr4V2 为 1210 ~ 1230℃）。高速钢刀具之所以具有良好的切削能力，是由于它有较高的热硬性，而热硬性主要取决于马氏体中合金元素的含量。为此，选定高速钢刀具的加热温度时，应该考虑合金元素最大限度地溶入奥氏体中。图 5-27 所示为 W18Cr4V 钢淬火温度对奥氏体成分（含合金元素质量分数）的影响，可见，W、V 在大于 1000℃ 时溶入量显著增加，虽然温度越高其含量越多，但是奥氏体的晶粒会粗大，淬火后残留奥氏体的量也会增加，从而降低性能。

图 5-25　W18Cr4V 钢锻造退火后的组织

由于高速钢淬火温度高，为了防止高温下氧化、脱碳，一般在盐浴炉中加热。又因大量

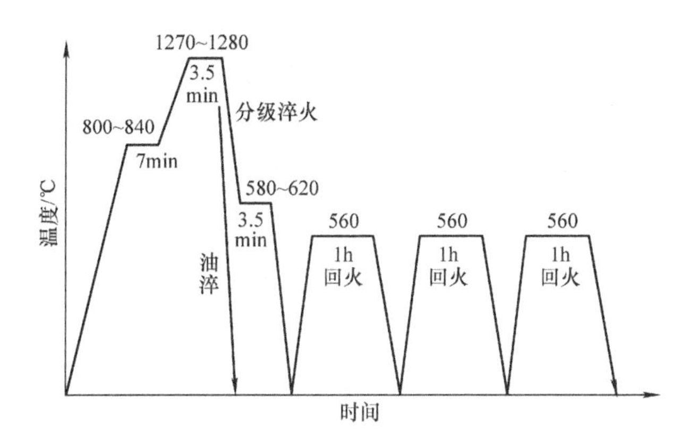

图 5-26 W18Cr4V 钢的淬火与回火工艺曲线

的合金元素使钢的导热性变差，所以加热时必须进行预热，对于复杂形状的刀具甚至采用两至三次预热，以防止刀具变形或开裂。

淬火时，对于尺寸小、形状简单的刀具，采用油淬可得到马氏体；对于形状复杂或者要求变形量小的刀具，应采用分级淬火。

淬火后的组织是马氏体、残留奥氏体和合金碳化物。图 5-28 所示为 W18Cr4V 钢淬火后的组织。

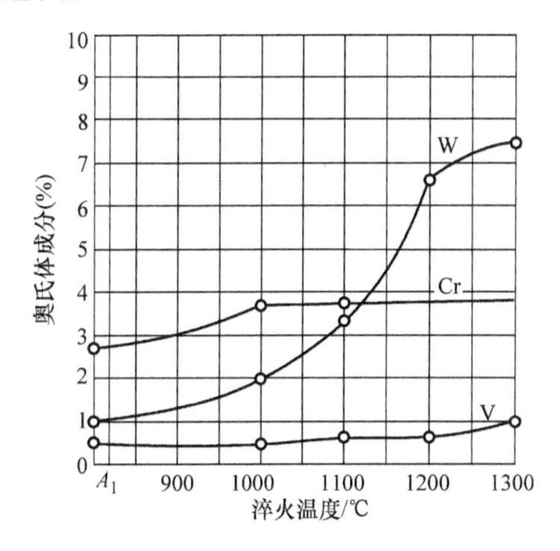

图 5-27 W18Cr4V 钢淬火温度对奥氏体成分的影响

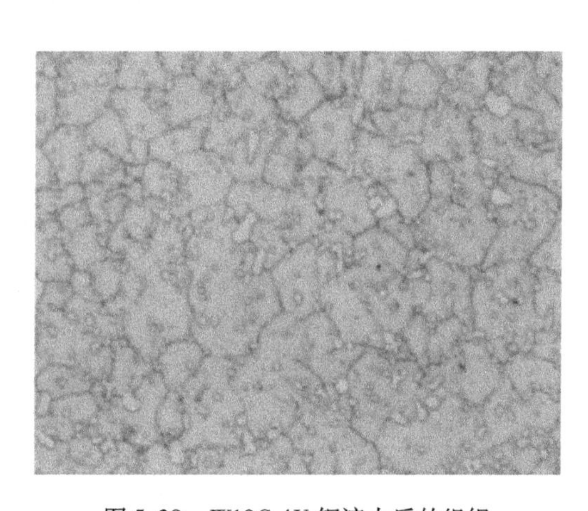

图 5-28 W18Cr4V 钢淬火后的组织

高速钢淬火后，残留奥氏体的量可达 20% ~30%，必须进行多次回火以促使其发生转变。通常在 550 ~570℃进行三次回火。在这个温度范围回火时，一方面从马氏体中沉淀析出细小分散的 W_2C、MoC、VC，形成“弥散硬化”。另一方面从残留奥氏体中析出合金碳化物，降低残留奥氏体中合金的含量，使 *Ms* 点上升，在随后冷却时，残留奥氏体转变成马氏体，产生“二次淬火”。图 5-29 所示是 W18Cr4V 钢的硬度与回火温度的关系。回火后的组织为回火马氏体、合金碳化物及少量的残留奥氏体，如图 5-30 所示。

4）表面处理。为了提高高速钢刀具的寿命，有时经上述处理后还要进行表面处理，如氮碳共渗、蒸汽处理等。经氮碳共渗处理的钢，不仅提高了硬度，还可降低刀具与工件间的摩擦系数和咬合性。刀具寿命可提高 0.5 ~2 倍。

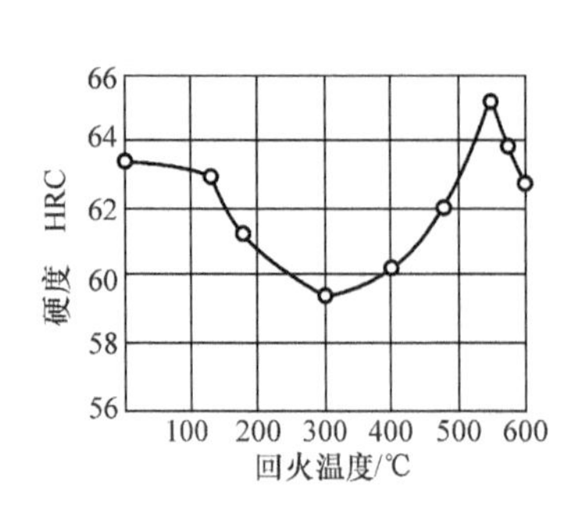

图 5-29 W18Cr4V 钢的硬度与回火温度的关系

图 5-30 W18Cr4V 钢淬火回火后的组织

“蒸汽处理”是指将钢加热至 340～370℃，通入蒸汽，并加热至 550℃保温 1h 左右，使表面形成一层硬而多孔的 Fe_3O_4 薄膜工艺，它可防止切屑黏着，从而提高刀具的耐磨性，使用寿命可提高 20% 左右。

常用高速钢 W18Cr4V、W6Mo5Cr4V2 等的牌号、化学成分、热处理及应用见表 5-21。

此外，表 5-21 还给出了耐冲击工具用钢 5CrW2Si、6CrW2SiV 和轧辊用钢 9Cr2V、9Cr5NiMoV 的牌号、化学成分、热处理及应用。

3. 硬质合金

硬质合金是将特制的高熔点、高硬度的金属碳化物粉末和黏结剂混合，压制成形，再经烧结而成的一种粉末冶金材料。

硬质合金主要用作切削工具。其硬度高（87～93HRA）、热硬性高（可达 1000℃左右）、耐磨性好。与高速钢相比，切削速度提高 4～7 倍，刀具寿命提高 5～8 倍。可切削淬火钢、奥氏体钢等。由于其硬度高、性脆，不能被切削加工。通常制成一定规格的刀片，采用机械或镶焊的方法固定在刀体上。

硬质合金按化学成分可以分为以下几类：

（1）钨钴类硬质合金　钨钴类硬质合金是以 WC 粉末和软的 Co 粉末混合制成的。Co 起黏结作用。牌号以 YG（“硬钴”的汉语拼音字首）表示。例如，YG3 是含 Co 量为 3% 的硬质合金，其余为 WC。随 Co 的含量增加，其韧性提高，但硬度和耐磨性降低。这种合金制造的刀具主要用于加工铸铁、有色金属及塑料等。

（2）钨钴钛类硬质合金　钨钴钛类硬质合金是以 TiC、WC 和 Co 的粉末制成的合金。牌号以 YT（“硬钛”汉语拼音字首）来表示。例如，YT5 表示含 TiC 为 5%，其余为 WC 和 Co。钨钴钛类硬质合金有很高的硬度、热硬性，但抗弯强度与韧性比 YG 类合金低。用这种合金制造的刀具主要用于加工合金钢、耐热钢等。

（3）钢结硬质合金　这是一种新型工具材料，是以 WC、VC、TiC 为硬化相，以高速钢或铝钢等粉末作为黏结剂，用粉末冶金法制成的合金。与前两类硬质合金比，其碳化物粉末的含量少得多。因此，其韧性好，热硬性和耐磨性较低，但比高速钢高。这种合金还可进行冷、热加工及热处理，适合于制造各种形状较复杂的刀具，如麻花钻头、铣刀等，也可制造模具及耐磨件等。

(4) 涂层硬质合金 涂层硬质合金是在高速钢或硬质合金的表面上用气相沉积法涂覆一层耐磨性高的金属化合物，以改善刀具的可加工性。常用的涂覆材料有 TiC、TiN、Al_2O_3、NbC、BN 等，其中以前三者应用最广。TiC 的硬度高（3200HV），耐磨性好，可涂覆于易产生强烈磨损的刀具上；TiN 的硬度比 TiC 低些，但在空气中抗氧化性能好；Al_2O_3 具有高温稳定性，因此，适用于在切削时产生大量热的场合。涂层硬质合金比基底材料具有更好的性能，它的硬度高，耐磨性好，热硬性高，可显著提高刀具的切削速度及使用寿命。

硬质合金按使用领域不同，参照 GB/T 18376《硬质合金牌号》，分为切削工具用硬质合金牌号、地质、矿山工具用硬质合金牌号和耐磨零件用硬质合金牌号三个部分。

其中第 1 部分切削工具用硬质合金牌号按细分使用领域的不同分成 P、M、K、N、S、H 六类。各个类别为满足不同的使用要求，以及根据切削工具用硬质合金材料的耐磨性和韧性的不同，分成若干个组，用 01、10、20 等两位数字表示组号。必要时，可在两个组号之间插入一个补充组号，用 05、15、25 等表示。切削工具用硬质合金各组别的基本成分、力学性能和使用领域见表 5-22。

表 5-22 切削工具用硬质合金各组别的基本成分、力学性能和使用领域

组别		基本成分	力学性能			使用领域
类别	分组号		洛氏硬度 HRA (≥)	维氏硬度 HV_3 (≥)	抗弯强度 /MPa (≥)	
P	01	以 TiC、WC 为基，以 Co（Ni + Mo、Ni + Co）作为黏结剂的合金/涂层合金	92.3	1750	700	长切屑材料的加工，如钢、铸钢、长切削可锻铸铁等的加工
	10		91.7	1680	1200	
	20		91.0	1600	1400	
	30		90.2	1500	1550	
	40		89.5	1400	1750	
M	01	以 WC 为基，以 Co 作为黏结剂，添加少量 TiC（TaC、NbC）的合金/涂层合金	92.3	1730	1200	通用合金，用于不锈钢、铸钢、锰钢、可锻铸铁、合金钢、合金铸铁等的加工
	10		91.0	1600	1350	
	20		90.2	1500	1500	
	30		89.9	1450	1650	
	40		88.9	1300	1800	
K	01	以 WC 为基，以 Co 作为黏结剂，或添加少量 TaC、NbC 的合金/涂层合金	92.3	1750	1350	短切屑材料的加工，如铸铁、冷硬铸铁、短切屑可锻铸铁、灰铸铁等的加工
	10		91.7	1680	1460	
	20		91.0	1600	1550	
	30		89.5	1400	1650	
	40		88.5	1250	1800	
N	01	以 WC 为基，以 Co 作为黏结剂，或添加少量 TaC、NbC 或 CrC 的合金/涂层合金	92.3	1750	1450	有色金属、非金属材料的加工，如铝、镁、塑料、木材等的加工
	10		91.7	1680	1560	
	20		91.0	1600	1650	
	30		90.0	1450	1700	

（续）

组别		基本成分	力学性能			使用领域
类别	分组号		洛氏硬度 HRA (≥)	维氏硬度 HV_3 (≥)	抗弯强度 /MPa (≥)	
S	01	以WC为基，以Co作为黏结剂，或添加少量TaC、NbC或TiC的合金/涂层合金	92.3	1730	1500	耐热和优质合金材料的加工，如耐热钢，含镍、钴、钛的各类合金材料的加工
	10		91.5	1650	1580	
	20		91.0	1600	1650	
	30		90.5	1550	1750	
H	01	以WC为基，以Co作为黏结剂，或添加少量TaC、NbC或TiC的合金/涂层合金	92.3	1730	1000	硬切削材料的加工，如淬硬钢、冷硬铸铁等材料的加工
	10		91.7	1680	1300	
	20		91.0	1600	1650	
	30		90.5	1520	1500	

注：1. 洛氏硬度和维氏硬度中任选一项。

2. 以上数据为非涂层硬质合金要求，涂层产品可按对应的维氏硬度下降30~50。

5.4.3 模具用合金钢

用于制造模具的钢种称为模具用钢。模具用钢包括模具用非合金钢和模具用合金钢两大类，其中模具用非合金钢主要指5.4.1节刃具模具用非合金，还包括SM45、SM50、SM55三类塑料模具用钢；根据GB/T 1299—2014《工模具钢》，模具用合金钢又可以分为冷作模具用钢、热作模具用钢、塑料模具用钢（SM45、SM50、SM55除外）和特殊用途模具用钢四类，由于工作条件不同，其性能要求也有所区别。下面主要介绍前三种主要模具用钢。

1. 冷作模具用钢

冷作模具用钢用于制造使金属在冷态下变形的模具，如冷冲模、冷挤压模、冷镦模、拉丝模和搓丝板等。这类模具在工作时要求具有很高的硬度、强度、良好的耐磨性及足够的韧性。

尺寸小的冷作模具用钢，其性能基本与刃具钢相似，可采用T10、T10A、9SiCr、9Mn2V、CrWMn等。

大型冷作模具必须采用淬透性好、耐磨性高、热处理变形小的钢种，一般采用高碳高铬的Cr12型钢种，如Cr12、Cr12MoV等。Cr12型钢的化学成分、热处理及用途见表5-23。

现以Cr12MoV钢为例，说明其合金元素的作用及工艺路线。

Cr12MoV钢的w_C为1.45%~1.70%，以保证有足够的合金碳化物和部分碳溶入奥氏体中，经相应的热处理后获得高硬度和高耐磨性；Cr主加元素，含量高，可显著提高钢的淬透性，使截面厚度≤400mm的模具在油中可淬透，并形成Cr_7C_3合金碳化物，具有极高的硬度（约1820HV）和耐磨性。这种钢变形量很小，故称为低变形钢。加入V、Mo除可提高钢的淬透性外，还可以改善碳化物偏析，细化晶粒，从而增加钢的强度和韧性。

Cr12MoV钢制作冲孔落料模生产工艺路线为：下料→锻造→退火→机械加工→淬火→回火→精磨或电火花加工→成品。

表 5-23 常用模具用合金钢的牌号、化学成分、热处理及用途

牌号	化学成分（质量分数,%）								退火交货状态的钢材硬度 HBW	试样淬火硬度			应用举例
	C	Si	Mn	Cr	W	Mo	V	Ni		加热温度 /℃	冷却方式	洛氏硬度 HRC（≥）	
Cr12	2.00 ~ 2.30	≤0.40	≤0.40	11.50 ~ 13.00	—	—	—	—	217 ~ 269	950 ~ 1000	油冷	60	各种冷作模具用钢
Cr12MoV	1.45 ~ 1.70	≤0.40	≤0.40	11.00 ~ 12.50	—	0.40 ~ 0.60	0.15 ~ 0.30	—	207 ~ 255	950 ~ 1000	油冷	58	
CrWMn	0.90 ~ 1.05	≤0.40	0.80 ~ 1.10	0.90 ~ 1.20	1.20 ~ 1.60	—	—	—	207 ~ 255	800 ~ 830	油冷	62	
5CrMnMo	0.50 ~ 0.60	0.25 ~ 0.60	1.20 ~ 1.60	0.60 ~ 0.90	—	0.15 ~ 0.30	—	—	197 ~ 241	820 ~ 850	油冷	50	中型热锻模
5CrNiMo	0.50 ~ 0.60	≤0.40	0.50 ~ 0.80	0.50 ~ 0.80	—	0.15 ~ 0.30	—	1.40 ~ 1.80	197 ~ 241	830 ~ 860	油冷	47	大型热锻模
3Cr2W8V	0.30 ~ 0.40	≤0.40	≤0.40	2.20 ~ 2.70	7.50 ~ 9.00	—	0.20 ~ 0.50	—	≤255	1075 ~ 1125	油冷	50	热挤压模、高速锻模、精锻模等
4Cr5MoSiV	0.33 ~ 0.43	0.80 ~ 1.20	0.20 ~ 0.50	4.75 ~ 5.50	—	1.10 ~ 1.60	0.30 ~ 0.60	—	≤229	1014 ~ 1026	油冷	55	
3Cr2Mo	0.28 ~ 0.40	0.20 ~ 0.80	0.60 ~ 1.00	1.40 ~ 2.00	—	0.30 ~ 0.55	—	—	≤235	850 ~ 880	油冷	52	制作塑料模具
4Cr13	0.36 ~ 0.45	≤0.60	≤0.80	12.00 ~ 14.00	—	—	—	≤0.60	≤235	1050 ~ 1100	油冷	50	
9Cr18MoV	0.85 ~ 0.95	≤0.80	≤0.80	17.00 ~ 19.00	—	1.00 ~ 1.30	0.07 ~ 0.12	≤0.60	≤269	1050 ~ 1075	油冷	55	

这种钢类似高速钢（也属于莱氏体钢），也需反复锻造把大块的碳化物打碎。由于其淬透性极高，经锻造空冷后会产生淬火马氏体组织。因此锻造后要缓慢冷却，以免产生裂纹。锻后退火工艺也类似高速钢（850～870℃加热 3～4h，然后在 720～750℃等温 6～8h），退火后硬度不高于 255HBW。经机械加工后再按图 5-31 所示的工艺进行淬火和回火。

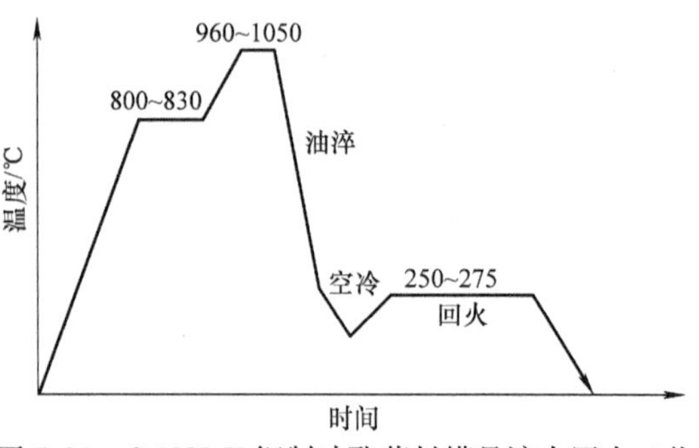

图 5-31 Cr12MoV 钢制冲孔落料模具淬火回火工艺

为提高冷作模具的耐磨性和疲劳强度，常采用化学热处理方法，如碳氮共渗、离子渗氮、氮碳共渗、渗硼等。

2. 热作模具用钢

热作模具用钢用于制造热锻模和热压模。

热作模具在工作时，除承受较大的各种机械应力外，模膛还要受到炽热金属和冷却介质（水、油和空气）的交替作用产生的热应力，易使模膛龟裂，即热疲劳现象。因此，这种钢必须具有如下的性能：

1）具有较高的强度和韧性，并有足够的耐磨性和硬度（40～50HRC）。

2）有良好的抗热疲劳性。

3）有良好的导热性及回火稳定性，以利于始终保持模具良好的强度和韧性。

4）热作模具一般体积大，为保证模具的整体性能均匀一致，还要求有足够的淬透性。

热作模具用钢中一般 $w_C \leqslant 0.5\%$，以保证良好的强度和韧性的配合。加入合金元素 Cr、Ni、Mn、Si 等，可提高钢的淬透性；加入 Mo、W 及 V 等，可提高钢的回火稳定性及减少回火脆性（这种钢要高温回火）。这类钢又常含有较多的 Cr、W 元素等，它们都是缩小奥氏体区的元素，因此在模具受到交替加热和冷却时，组织比较稳定，提高了模具抗疲劳的能力。

常用的热锻模具钢有 5CrMnMo、5CrNiMo 等（后者比前者性能好，常用于大型热锻模），热挤压模由于承受较小冲击，但热强度要求高，通常采用 3Cr2W8V、4Cr5MoSiV 等钢制作。

5CrMnMo、5CrNiMo、3Cr2W8V、4Cr5MoSiV 等牌号常用的热作模具用钢的成分、热处理及用途见图 5-23。

现以 5CrMnMo 钢制扳手热锻模为例，说明其生产工艺路线：下料→锻造→退火→机械加工→淬火→回火→精加工（修型、抛光）。

锻造时必须消除轧制时形成的纤维组织，消除各向异性，锻后缓慢冷却以防止产生裂纹。退火是为消除锻造应力，改善切削性能并细化晶粒等。退火加热温度为 780～800℃，保温 4～5h，然后进行炉冷。

图 5-32 所示为 5CrMnMo 钢热锻模的淬火回火工艺。为了防止开裂，加热前要预热，使其内外温度均匀，冷却前要预冷后油淬，冷却至 *Ms* 点时（不能冷却至室温），取出立刻回火。回火后的组织为回火托氏体或回火索氏体，硬度为 41～44HRC，具有良好的冲击韧度和足够的耐磨性。

3. 塑料模具用钢

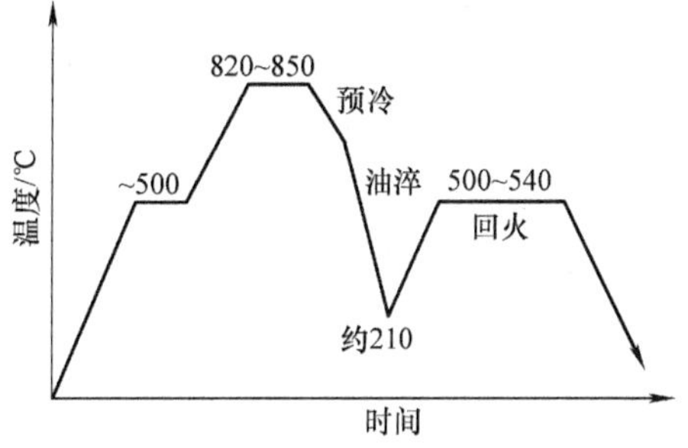

图5-32 5CrMnMo钢淬火回火工艺

塑料制品的成型有注射、注塑、压缩、压塑、挤压、压铸和吹塑等多种方法。塑料模具用钢是一种用于塑料制作的模具钢。塑料模具材料主要以模具钢为主，模具钢的发展推动了工业产品向高级化、多样化、个性化、高附加值的方向发展。世界各国都把模具钢产量统计到合金工具钢中，其产量约占合金工具钢的70% ~80%。

塑料模具钢一般可分为时效硬化型塑料模具钢（含镜面模具钢）、耐蚀型塑料模具钢、渗碳型塑料模具钢、预硬型埋料模具钢（含易切削钢）、调质型塑料模具钢和淬硬型塑料模具钢六个大类。应用较多的是时效硬化型塑料模具钢、渗碳型塑料模具钢和预硬型塑料模具钢。

塑料模具的零部件分为两大类：一类为结构件，包括浇注系统、导向件、顶模板、顶出机构、支承件等；另一类为成型件，包括型腔、型芯、嵌镶件等。其中第一类零件可按机械零件的要求进行强度和结构设计，材料一般选用中低碳素结构钢、合金钢和碳素工具钢。而成型件由于结构复杂，要求工件的尺寸精度高，表面粗糙度值低，接缝密合性好，对模具材料的力学性能、耐磨性及加工工艺都提出了专业要求。

塑料模具对材料在强度和韧度上的要求低于冷作模和热作模，根据其失效形式和工作要求，其基本性能要求归纳为：

（1）足够的耐磨性　由于表面磨损是模具的主要失效形式之一，因此模具应当具有足够的硬度，以保证模具的耐磨性，保证模具的寿命。通常需要选择合适的材料和恰当的热处理方法来满足硬度的要求。但当硬度达到一定值时，硬度对耐磨性的提高作用就不明显。

（2）减少热处理变形影响　由于注塑零件形状往往比较复杂，塑料模具在淬硬后很难加工，有时甚至无法加工。为了提高硬度，必须进行热处理。要采取适当的措施来减低热处理变形的影响，对于必须在热处理后进行加工的模具，应选用热处理变形小的材料。

（3）优良的可加工性能　塑料模具的制造中切削加工成本常占大部分，为了延长切削刀具的使用寿命，保证加工表面质量，要求模具材料具有良好的可加工性，对于预硬性材料，要求淬火后也有好的加工性。

（4）良好的抛光性能和刻蚀性　为获得高品质的塑料制品，模具内型腔的表面必须进行抛光以减小表面粗糙度值，为了保证模具具有良好的电加工性和镜面抛光性，花纹图案刻蚀性，模具钢应当是纯度高，组织细微、均匀、致密，无纤维方向性的材料。

（5）良好的耐蚀性能　注塑PVC或加有阻燃剂等添加剂的塑料制品时，会分解出具有腐蚀性的气体，对模具的表面具有一定的化学腐蚀作用，制作这类模具时，应选用具有一定耐蚀性的钢材。

塑料模具的制作成本中，加工和抛光占到了70% ~80%，因此在选用模具材料时，应在保证模具使用性能要求的同时，尽可能地提高其加工工艺性能。其选用方法可按以下方式进行：

1）根据塑料制品的种类和质量要求选用。

2）根据塑料件的生产批量选用。在其他影响因素确定时，生产批量越小，对模具的耐磨性和使用寿命要求越低。因此，可选用性能指标低的材料。小批量时，可以选用调质合金钢或碳素结构钢。中等批量（30 万～100 万件）时可以选用 3Cr2Mo，5CrNiMnMoVSCa 等，大批量时可以选用 5CrNiMnMoVSCa 等。

3）根据塑料件的尺寸大小及精度要求选用。对大型高精度的注射模，当塑料件生产批量大时，采用预硬化钢，如 3Cr2MnNiMo 等，以防止热处理变形。

4）根据塑料件的复杂程度选用。应充分考虑模具的加工工艺性，尽量选用易切削、热处理变形小、耐磨性好的材料，如 5CrNiMnMoVSCa 等。

3Cr2Mo、4Cr13、9Cr18MoV 等牌号常用的塑料模具用钢的牌号、化学成分、热处理及用途见表 5-23。

5.4.4 量具用合金钢

量具钢是用来制造各种测量工具的钢种，如制作量规、块规、千分尺等。为了保证量具的精确度，制造量具的钢应具有良好的尺寸稳定性、较高的硬度及耐磨性。

量具没有专用钢，前面介绍的工模具钢都可以选用。通常简单量具可选用刃具模具用非合金钢（碳素工具钢）（T10A、T12A 等）制造。高精度量具可采用低合金工模具钢（9SiCr、CrWMn 等）或滚动轴承钢 GCr15 等制造。特别是 CrWMn 钢，由于含 Cr、W、Mn 元素，不仅提高了钢的淬透性，而且还由于淬火后组织中存在有较多的残留奥氏体，减小钢的淬火变形，故称为微变形钢。在腐蚀介质中工作的量具，则可以采用 9Cr18，4Cr13 等不锈钢制造。

量具经淬火和低温回火后，组织为回火马氏体和残留奥氏体。在长期放置和使用过程中，由于组织发生变化，会使量具的尺寸和形状发生变化。为确保量具的精度，提高尺寸和形状的稳定性，通常在淬火后立即进行 $-80℃$ 左右的冰冷处理，使残留奥氏体转变；然后取出进行低温回火；最后经磨削加工后，还要进行去应力回火，使量具的残余应力保证在最小限度。

5.5 特殊性能钢

具有特殊的物理、化学性能的钢称为特殊性能钢。其种类很多，本节仅对机械工程中比较重要的不锈钢、耐热钢、耐磨钢和低温用钢做些简单介绍。常用特殊性能钢主要化学成分、特点及牌号举例见表 5-24。

表 5-24 常用特殊性能钢的主要化学成分特点及牌号举例

钢类		w（C）		主要合金元素	牌号举例
特殊性能钢	不锈钢	低中	≤0.4%	Cr、Ni（大量）	Cr13 型，Cr18Ni9 型
	耐热钢	低中	≤0.4%	Cr、Si、Al、Ni、Mo、V 等	15CrMo，42Cr9Si2，12Cr18Ni9
	耐磨钢	高	0.9%～1.3%	Mn（大量）	ZGMn13
	低温用钢	低	<0.2%	Mn、Ni	16MnDR，10Ni4，06Cr19Ni10

5.5.1 不锈钢

不锈钢是指在空气、酸、碱或盐的水溶液等腐蚀介质中具有高度化学稳定性的钢。不锈钢并不是绝对不腐蚀，只不过腐蚀速度慢一些。在同一介质中，不同种类的不锈钢耐腐蚀能力不同。在不同介质中，同一种不锈钢的腐蚀速度也不一样。因此，掌握各类不锈钢的特点，对于正确选用不锈钢是很重要的。

1. 金属的腐蚀与防腐蚀

金属的腐蚀一般分化学腐蚀和电化学腐蚀两种。化学腐蚀是指金属与外界介质发生纯化学反应而被腐蚀，如钢在高温加热时发生的氧化、脱碳现象就属于化学腐蚀。电化学腐蚀是在腐蚀过程中有电流产生。这类腐蚀现象比较普遍，如金属在电解质溶液中发生的腐蚀现象，钢在室温下的氧化（生锈）等，都属于电化学腐蚀。对不锈钢，最重要的是防止电化学腐蚀。

电化学腐蚀的原理是：把锌板和铜板用导线连接起来，并放在装有电解质的容器内，其回路中便有电子从低电位金属流向高电位金属形成原电池，如图 5-33 所示。通常规定电位较高的电极为阴极，电位较低的电极为阳极。锌板电位较低为阳极，将不断失去电子，出现腐蚀现象，而作为阴极的铜板受到保护。

原电池的电化学腐蚀现象非常广泛。例如，钢中存在的夹杂物、表面局部应力、晶体内的不同相、晶界、偏析等，都会在电解质溶液中产生不同的电极电位，导致钢的电化学腐蚀。图 5-34 所示为几种引起腐蚀的冶金原因。

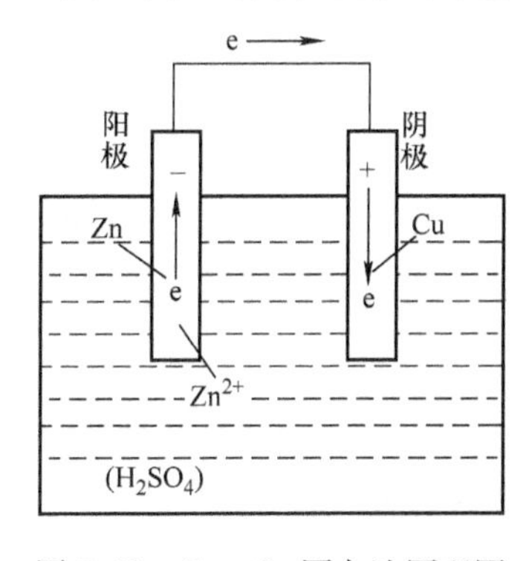

图 5-33 Zn－Cu 原电池原理图

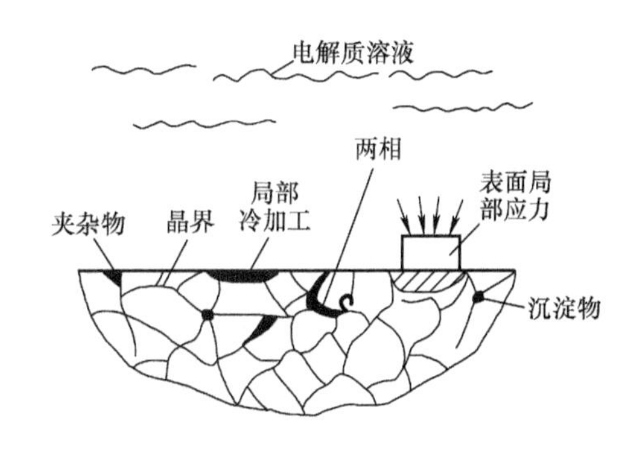

图 5-34 引起腐蚀的冶金原因

由于上述各种因素会造成钢的腐蚀，因此，必须采取有效的措施以提高钢的耐蚀性。

呈单相固溶体组织的钢，可避免原电池的形成。如在不锈钢中同时加入 Cr、Ni，可以获得单相奥氏体组织。如果是双相组织，可加进某些合金元素提高基体的电极电位，力求使两相的电极电位接近，如加入 Cr、Ni 元素可以提高基体的电极电位。实践证明，当铁的 $w_{Cr}>12\%$ 时，其电极电位由 －0.56 V 增至

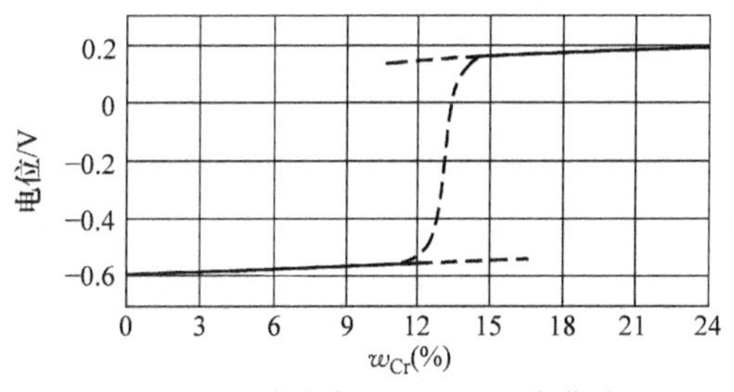

图 5-35 铁铬合金的电极电位曲线

0.2V，如图5-35所示。在金属表面形成致密、连续的氧化膜，也可起到防止腐蚀的作用，如加入Cr、A1等，形成Cr_2O_2、Al_2O_3。

2. 不锈钢的种类、化学成分、热处理及性能

（1）铁素体型不锈钢　典型的铁素体型不锈钢是10Cr17型钢，其$w_C<0.12\%$，w_{Cr}为16%～18%，加热时没有$\alpha \longrightarrow \gamma$的转变，始终为单相铁素体组织，耐蚀性好、塑性好、强度低，不能热处理强化。主要用于制作化工设备的容器、管道等。

（2）马氏体型不锈钢　典型的马氏体型不锈钢为12Cr13、20Cr13等。这类钢中碳的平均质量分数为0.10%～0.45%，随w_C的增加，其强度也增加，但耐蚀性下降。平均w_{Cr}为13%，其主要作用是提高耐蚀性，因为$w_{Cr}>12\%$时，能在阳极区的基体表面形成富Cr的氧化膜，阻止阳极区域发生化学反应（称为钝化现象），并增加基体的电极电位，减慢其电化学腐蚀过程，从而提高耐蚀性。这种钢只有在氧化性介质中（如大气、水蒸气、海水、氧化性酸等）有较好的耐蚀性。

马氏体型不锈钢和铁素体型不锈钢的牌号、化学成分、热处理、性能及用途见表5-24。

（3）奥氏体型不锈钢　最典型的钢种是18－8型镍铬不锈钢。w_{Cr}为18%，其主要作用是增加钢的钝化能力，提高耐蚀性；w_{Ni}为9%，可扩大γ区，使钢在室温下具有单相奥氏体组织。由于Cr与Ni在奥氏体中的共同作用，更进一步地提高了钢的耐蚀性。

这类钢容易在晶界上析出$Cr_{23}C_6$，使晶界w_{Cr}降低，造成晶间腐蚀，所以有时加入Ti、Nb元素以抑制晶间腐蚀的发生。

奥氏体不锈钢需经固溶处理后使用，对于含Ti、Nb元素的奥氏体不锈钢，固溶处理后还要进行稳定化处理。常用的热处理工艺为以下几种：

① 固溶处理。为了保证18－8型不锈钢具有最好的耐蚀性，必须设法使它获得单相奥氏体组织。为此需要进行固溶处理，即将它加热至1050～1150℃，使所有碳化物全部溶于奥氏体，然后水淬快冷，使单相奥氏体组织保留至室温。经固溶处理后其耐蚀性高，塑性、韧性好，强度低。

② 稳定化处理。对于含Ti或Nb的18－8型不锈钢，经固溶处理后还需再进行一次稳定化处理，其目的在于彻底消除晶间腐蚀倾向。稳定化处理的加热温度为850～880℃，保温6h左右，使$(Cr, Fe)_{23}C_6$完全溶解，Ti或Nb的碳化物部分溶解，随后缓慢冷却，使Ti或Nb的碳化物充分析出。经此处理后，碳几乎全部稳定于碳化钛或碳化铌中（稳定处理即由此而得名），而不会再析出$(Cr, Fe)_{23}C_6$，从而提高固溶体中的w_{Cr}，即可提高钢基体的电极电位。

③ 消除内应力。经冷加工或焊接的奥氏体钢，存在残余内应力。为避免发生应力腐蚀，必须对其进行去应力退火。消除冷加工应力的加热温度为300～350℃，消除焊接残余应力的加热温度在850℃以上。

常用的奥氏体不锈钢的牌号化学成分、热处理、力学性能及用途见表5-25。

表 5-25 几种不锈钢的牌号、化学成分、热处理、力学性能及用途

类别	牌号	化学成分（质量分数,%）						热处理/℃				力学性能					应用
		C	Si	Mn	Ni	Cr	其他	退火	固溶处理	淬火	回火	R_m/MPa	R_{eL}/MPa	A（%）	Z（%）	硬度HBW	
奥氏体型	12Cr18Ni9	≤0.15	≤1.00	≤2.00	8.00～10.00	17.00～19.00			1010～1150 快冷			≥520	≥206	≥40	≥60	≤187	硝酸、化工、化肥等工业设备零件
奥氏体型	06Cr19Ni9N	≤0.08	≤1.00	≤2.00	7.00～10.50	18.00～20.00	N：0.10～0.20		1010～1050 快冷			≥649	≥275	≥35	≥50	≤217	硝酸、化工、化肥等工业设备零件
奥氏体型	022Cr19Ni10N	≤0.03	≤1.0	≤2.0	8.50～11.50	17.00～19.00	N：0.12～0.22		1010～1050 快冷			≥549	≥245	≥40	≥50	≤217	作化学、化肥及化纤工业用的耐蚀材料
奥氏体型	06Cr18Ni11Nb	≤0.08	≤1.00	≤2.00	9.00～13.00	17.00～19.00	Nb：0.80～1.10		930～1150 快冷			≥520	≥206	≥40	≥50	≤187	镍铬钢焊芯、耐酸容器等
铁素体型	10Cr17	≤0.12	≤0.75	≤1.00		16.00～18.00		780～850 空、缓				≥400	≥250	≥20	≥50		硝酸工厂设备，如吸水塔、热交换器、酸槽、管道等以及食品厂设备
铁素体型	10Cr17Mo	≤0.12	≤1.00	≤1.00		16.00～18.00	Mo：0.75～1.25	同上									硝酸工厂设备，如吸水塔、热交换器、酸槽、管道等以及食品厂设备
马氏体型	12Cr13	≤0.15	≤1.00	≤1.00	≤0.60	11.50～13.50		800～900 缓冷或约750 快冷		950～1000 油	700～750 快冷	≥600	≥420	≥20	≥60	187	能抗弱腐蚀性介质，能承受冲击载荷的零件，如发电机叶片、水压机阀、结构架、螺栓、螺母等
马氏体型	20Cr13	0.16～0.25	≤1.00	≤1.00	≤0.60	12.00～14.00		800～900 缓冷或约750 快冷		920～980 油	600～750 快冷	≥60	≥450	≥16	≥55	187	能抗弱腐蚀性介质，能承受冲击载荷的零件，如发电机叶片、水压机阀、结构架、螺栓、螺母等
马氏体型	30Cr13	0.26～0.40	≤1.0	≤1.0	≤0.60	12.00～14.00		800～900 缓冷或约750 快冷		920～980 油	300～750 快冷					55HRC	硬度较高的耐蚀、耐磨工具和零件，如医疗工具、量具滚动轴承等
马氏体型	32Cr13Mo	0.28～0.35	≤0.80	≤1.00			Mo：0.50～1.00	800～900 缓冷或约750 快冷		1025～1075 油	200～300 油、水、空						硬度较高的耐蚀、耐磨工具和零件，如医疗工具、量具滚动轴承等

5.5.2 耐热钢

耐热钢是指在高温下具有良好的化学稳定性或较高强度的钢，因此耐热钢包括抗氧化钢和热强钢两种。

1. 抗氧化钢

当金属在高温下与燃烧气体中的 CO_2、H_2O、SO_2等作用发生氧化时，表面氧化膜的结构因温度和金属的化学成分不同而有不同的化学稳定性。若表面氧化膜是一层致密高熔点的氧化膜，则可阻止表面氧化膜层下的金属进一步氧化，从而产生高温抗氧化性。在高温下具有较好的抗氧化性而且具有一定强度的钢称作抗氧化钢，俗称耐热不起皮钢。这类钢是通过向钢中加入 Cr、Si、Al 和 RE 等元素，使钢的表面形成了一层致密的 Cr_2O_3、SiO_2、Al_2O_3等氧化膜。

（1）铁素体型抗氧化钢　这类钢是在铁素体不锈钢的基础上加入适量的 Si、Al 而发展起来的。其特点是抗氧化性强，但高温强度低、焊接性能差、脆性较大。常分为四小类：①低中 Cr 型，如 1Cr3Si、1Cr6Si2Ti，工作温度在 800℃以下；②Cr13 型，如 1Cr13SiAl，工作温度 800 ~ 1000℃；③Cr18 型，如 1Cr18Si2，工作温度 1000℃左右；④Cr25 型，如 1Cr25Si2，工作温度 1050 ~ 1100℃。这类钢主要用于受力不大的炉用构件。

（2）奥氏体型抗氧化钢　这类钢是在奥氏体不锈钢的基础上加入适量的 Si、Al 而发展起来的。其特点是比铁素体型抗氧化钢的热强性高，铸造和焊接性较好。典型钢号有 Cr－Ni 型（如 16Cr25Ni20Si2，工作温度 1100℃）、节 Ni 型（如 22Cr20Mn10Ni2Si2N 及 26Cr18Mn12Si2N，工作温度 850 ~ 1050℃）及无 Cr－Ni 型（如 6Mn28Al9TiRE，工作温度低于 1000℃）。

奥氏体抗氧化钢多在铸态下使用（此时为铸钢，如 ZG40Cr25Ni20Si2），也可制作锻件。

常用的抗氧化钢的化学成分、热处理、力学性能及用途见表 5-26。

表 5-26　常用抗氧化钢的化学成分、热处理、力学性能及用途

钢号	化学成分（质量分数,%）						热处理	室温力学性能			用途（可 1000℃高温下工作）
	C	Si	Mn	Cr	Ni	N		R_m/MPa	R_{eL}/MPa	Z(%)	
26Cr18Mn12Si2N	0.22 ~ 0.33	1.40 ~ 2.20	10.50 ~ 12.50	17.0 ~ 19.0	—	0.22 ~ 0.30	1100 ~ 1150℃固溶处理（快冷）	685	390	45	锅炉吊钩、渗碳炉构件
22Cr20Mn10Ni2-Si2N	0.17 ~ 0.26	1.80 ~ 2.70	8.50 ~ 11.00	18.0 ~ 21.0	2.00 ~ 3.00	0.20 ~ 0.30	同上	635	390	45	
ZG40Cr25Ni20Si2	0.30 ~ 0.50	1.00 ~ 2.50	2.00	24.0 ~ 27.0	19.0 ~ 22.0	—	同上	450	220	—	各种热处理炉、坩埚炉耐热铸件

2. 热强钢

高温工作的金属材料在恒定应力作用下（即使 $< R_e$），随着时间的延长会发生缓慢的塑

性变形，这种现象称为蠕变。其主要原因是高温下金属晶体的晶内缺陷（如位错）的活动能力显著增大，致使晶内滑移和晶界滑动。由于蠕变的发生将使金属零件产生过量的变形，甚至断裂，因此，在高温下工作的金属零件，除必须具备上述的抗氧化性外，还应具备一定的高温强度。在高温下有一定抗氧化能力和较高高温强度以及良好组织稳定性的钢称为热强钢。

通常用蠕变极限和持久强度来评定高温强度。蠕变极限是指试样在一定温度下，经过一定时间后使其残余变形量达到一定数值的应力值。它表征了金属材料在高温下抵抗塑性变形的能力。如 $\sigma_{0.2/100}^{700}$表示金属试样在700℃下经过100h产生0.2%残余变形量的最大应力值。其值越高，则高温下的塑性变形抗力越大，热强性越高。而对于在使用中不考虑变形量大小，只要求在一定应力下具有一定使用寿命的某些金属零件，可用持久强度评定。持久强度是指试样在一定温度下，经过一定时间发生断裂的应力值。它表征了金属材料在高温下抵抗断裂的能力。如 σ_{100000}^{500}表示金属试样在500℃下经过100000h发生断裂的应力值。

热强钢中常加入Cr、Ni、Mo、W、V、Mn等合金元素，用以提高钢的高温强度。Cr可提高钢的再结晶温度，Mo和W溶入固溶体后，既能提高钢的再结晶温度，还能析出较稳定的碳化物，Ni主要促使形成稳定的奥氏体组织，Mn和Ni的作用相似。碳在高温下由于碳化物聚集，使碳对钢的强化作用显著降低，碳还会使钢的塑性、焊接性、抗氧化性降低，因此，耐热钢中 w_C 一般较低。常用的热强钢有珠光体型、马氏体型、奥氏体型等几种，见表5-27。

（1）珠光体耐热钢　这类钢是低、中碳（w_C 为0.10%～0.40%），低合金（总的合金元素含量为3%～5%）耐热钢。常用低碳珠光体耐热钢有15CrMo、12CrMoV等，它们是在正火状态下使用，此两种钢后者比前者抗蠕变性能好。常用中碳珠光体耐热钢有35CrMo、35CrMoV等，它们是在调质状态下使用。低碳珠光体耐热钢适合做锅炉材料，而中碳珠光体耐热钢常用于制造汽轮机转子（主轴、叶轮等）和耐热的紧固件，因此又称紧固件及汽轮机转子用钢。珠光体耐热钢的使用温度为600℃以下。

（2）马氏体耐热钢　马氏体型不锈钢（Cr13型）也作为耐热钢被广泛应用。作为耐热钢使用时，通常在Cr13型钢的基础上加入一定量的Mo、W、V等元素。Mo可溶入铁素体中使其强化，并提高钢的再结晶温度；V可形成细小弥散的碳化物，提高钢的高温强度；W可析出稳定的合金碳化物，显著提高再结晶温度。这些元素都是铁素体形成元素，加入量不宜过多，否则出现脆性相，使材料的韧性和耐热性降低，所以必须控制其含量。

这类钢作为耐热钢使用时，其工作温度不能超过700℃，否则蠕变强度显著下降，所以必须控制在600～650℃。在使用温度下为保持钢的组织和性能的稳定，需经淬火及回火处理，回火温度高于使用温度。Cr13型马氏体耐热钢多用于制造汽轮机叶片等。

（3）奥氏体耐热钢　当工作温度高于650℃时，常采用奥氏体耐热钢。

18－8型奥氏体不锈钢同时也是被广泛使用的奥氏体耐热钢。它的 w_{Cr}高，可提高钢的高温强度和抗氧化性。w_{Ni}高，可形成稳定的奥氏体组织。在700℃左右温度下工作时，长时间受到高应力的作用也不会脆化。

常用的奥氏体耐热钢为12Cr18Ni9Ti、4Cr14Ni14W2Mo等。12Cr18Ni9Ti钢作为耐热钢使用时，要进行固溶处理加时效处理，即固溶处理后再经高于使用温度60～100℃的温度进行时效处理，以进一步稳定组织。

当工作温度达800～1050℃时，可酌情选用镍基、钴基、钼基等高温合金。若工作温度升至1050℃以上，就要使用以高温合金为基的复合材料，甚至要用工程陶瓷。

表 5-27 几种热强钢的牌号、化学成分、热处理、性能及用途

类别	牌号	化学成分（质量分数,%）							热处理/℃	力学性能					用途
		C	Si	Mn	Mo	Ni	Cr	其他		R_m/MPa	R_{eL}/MPa	A(%)	Z(%)	硬度HBW	
珠光体型	15CrMo	0.12～0.18	0.17～0.37	0.40～0.70	0.40～0.55		0.80～1.10		正火：900～950空冷 高回：630～700空冷						≤540℃锅炉受热管子、垫圈等
	12CrMoV	0.08～0.15	0.17～0.37	0.40～0.70	0.25～0.35		0.40～0.60	V：0.15～0.30	正火：960～980空冷 高回：700～760空冷						≤570℃的过热器管、导管等
马氏体型	12Cr13	≤0.15	≤1.0	≤1.0			11.5～13.5		淬火：950～1000油冷 回火：700～750快冷	≥539	≥343	≥25	≥55	≥159	<480℃的汽轮机叶片
	4Cr9Si2	0.35～0.50	2.00～3.00	≤0.7		≤0.60	8.00～10.00		淬火：1020～1040油冷 回火：700～760油冷	≥883	≥588	≥19	≥50		<700℃的发动机排气阀或<900℃的加热炉构件
	4Cr10Si2Mo	0.35～0.45	1.90～2.60	≤0.7	0.70～0.90	≤0.60	9.00～10.50		淬火：1010～1040油冷 回火：700～780油冷	≥883	≥586	≥10	≥35		
奥氏体型	06Cr18Ni9	≤0.08	≤1.00	≤2.00		8.00～10.50	18.00～20.00		固溶处理： 1000～1100快冷	≥520	≥206	≥40	≥60	≤187	<870℃反复加热通用耐氧化钢
	4Cr14Ni13W2Mo	0.40～0.50	≤0.80	≤0.70	0.25～0.40	13.00～15.00	13.00～15.00	W：2.00～2.75	固溶处理： 820～850快冷	≥706	≥314	≥20	≥35	≤248	500～600℃超高参数锅炉和汽轮机零件
铁素体型	10Cr17	≤0.12	≤0.75	≤1.00			16.00～18.00		退火处理： 780～850空、缓冷	≥451	≥206	≥22	≥50	≥183	900℃以下耐氧化部件，散落器，炉用部件，油喷嘴等
	06Cr13Al	≤0.08	≤1.00	≤1.00			11.50～14.50	Al：0.10～0.30	退火处理： 780～850空、缓冷	≥412	≥177	≥20	≥60	≥183	制冷装置、压力容器衬里，蒸气平片、汽轮机叶片和结构架等

5.5.3　耐磨钢

耐磨钢是指在受强烈冲击或摩擦时具有很高的抗磨损能力的钢。目前工业生产中，耐磨钢通常指的是高锰钢。其主要成分特点是高碳、高锰（w_C为0.9%～1.4%、w_{Mn}为10%～15%），有时根据需要还可适量地添加Cr、Ni、Mo等元素。这种钢的机械加工非常困难，一般都是铸造成型。经铸造后缓慢冷却时，在奥氏体晶界处析出碳化物，使钢变脆，耐磨性也差。为了改善其性能，必须将高锰钢加热至1050～1100℃保温，使碳化物全部溶解，然后迅速水冷，形成单相奥氏体组织，这种处理称为水韧处理。经水韧处理的钢硬度并不高，仅为180～220HBW。但当受到激烈的冲击或强大的压力作用时，表层由于塑性变形会使位错密度增加并诱发ε碳化物沿滑移面形成。因此，可明显提高表层的硬度和耐磨性。硬度可达450～550HBW。而心部仍保持软而韧的奥氏体组织，有较高的耐冲击能力。

高锰钢的牌号以ZGMn13表示（ZG为“铸钢”两字汉语拼音的字首），它广泛应用于既要求耐磨又抗激烈冲击的一些零件。例如，破碎机齿板、大型球磨机衬板、挖掘机铲齿、坦克和拖拉机履带及铁轨道岔等。又由于它在受力变形时，吸收大量能量，不易被击穿，因此可制造防弹装甲车板、保险箱板等。

当易磨损件所受的冲击载荷或压力较小时，例如，电力、冶金系统所用的风扇磨煤机的冲击板等，选用ZGMn13制造，显然不能充分发挥材料性能的潜力。目前已研制出一种新钢种ZGMn8，由于它的w_{Mn}低，可降低奥氏体的稳定性，经适当的固溶加时效处理后，能提高硬化速率，在保证足够的冲击韧度的基础上，具有较高的耐磨性。ZGMn8已用来制造某发电厂的风扇磨煤机的冲击板，其使用寿命比ZGMn13提高50%。

5.5.4　低温用钢

低温用钢是指用于制造在低温下（低于0℃，也有认为低于－40℃）工作的零件的钢种。广泛应用于冶金、化工、冷冻设备、海洋工程、液体燃料的制备与储运装置等。

低温用钢中w_C低（<0.2%），含P、S量低，以保证低温冲击韧度，此外加入Mn、Ni、V、Ti、Nb、Al等合金元素，以提高低温韧性，其中Ni的效果最明显，而V、Ti、Nb、Al等元素的加入可细化晶粒以进一步改善低温韧性。低温用钢的晶体结构类型和组织状态对低温韧性的影响很大，面心立方结构（如奥氏体钢、铝、铜等）的低温韧性良好，而体心立方结构（如铁素体）的低温韧性不及面心立方结构，其冷脆现象明显。常用低温用钢钢号、温度等级和组织类型见表5-28。

表5-28　常用低温用钢钢号、温度等级和组织类型

钢号	分类	温度等级/℃	热处理	组织类型
16MnDR 09Mn2VDR，09MnTiCuREDR （Q345E）	低碳镍钢	-40 -70	正火 正火或调质	铁素体类

（续）

钢号	分类	温度等级/℃	热处理	组织类型
10Ni4（ASTM A203—70D）	低碳锰钢	-100	正火或调质	铁素体类
13Ni5		-120~170	正火或调质	
1Ni9（ASTM A533—70A）		-196	调质	
0Cr18Ni9，1Cr18Ni9	奥氏体钢	-253	固溶	奥氏体类
15Mn26A14		-253		
0Cr25Ni20（JIS G4304—1972）		-269		

思 考 题

5-1 碳钢中的常存杂质元素有哪些？它们分别对钢的性能有何影响？

5-2 试比较室温下 T8 钢和 T12 钢的力学性能，并说明原因。

5-3 合金钢与碳钢相比，具有哪些特点？

5-4 合金钢中经常加入的合金元素有哪些？它们对钢的热处理（加热、冷却等）及性能有何影响？

5-5 碳素结构钢、碳素工模具钢、合金结构钢、合金工模具钢、滚动轴承钢的牌号是如何表示的？举例说明。

5-6 试比较 Q235 钢与 Q355 钢的异同。

5-7 指出下列合金钢的类别、成分特点、热处理特点及应用：

20CrMnTi、40Cr、60Si2Mn、9SiCr、Cr12MoV、W18Cr4V、GCr15、5CrMnMo、06Cr18Ni9、ZGMn13。

5-8 拖拉机的变速齿轮，材料为 20CrMnTi，要求齿面硬度 58~64HRC，分析说明采用什么热处理工艺才能达到这一要求？

5-9 有一 ϕ10mm 的杆类零件，受中等交变拉压载荷的作用，要求零件沿截面性能均匀一致，供选材料的钢号有 16Mn、45、40Cr、T12。要求：

1）选择合适的材料。

2）编制简明工艺路线。

3）说明各热处理工序的主要作用。

4）指出最终组织。

5-10 何谓调质钢？为什么调质钢中 w_C 为中碳？

5-11 某机床齿轮选用 45 钢制作，其加工工艺路线如下：下料→锻造→热处理 1→机械加工 1→热处理 2→机械加工 2，试说明各热处理和机械加工的名称。

5-12 高速钢淬火后为什么需要进行三次回火？在 560℃ 回火是否是调质处理？为什么？

5-13 有一块凹模，材料为 Crl2MoV 钢。因材料库下料时搞错了，下成 T12A 钢，试分析：

1）如果按 Cr12MoV 钢进行预备热处理和最终热处理，凹模会产生哪些缺陷？

2）如果预备热处理按 Cr12MoV 钢进行，而最终热处理的淬火按 T12A 钢进行，又会产生哪些缺陷？

5-14 在不锈钢中加入 Cr 的作用是什么？对 w_{Cr} 有何要求？

5-15 w_{Cr} 为 12% 的 Cr12MoV 钢是否属于不锈钢？为什么？

5-16 不锈钢有哪几类？试述其各自热处理特点、性能特点及应用。

5-17 大型冷冲模应具有什么性能特点？常采用什么钢种？试述其成分特点、热处理特点。

5-18 耐磨钢 ZGMn13 为什么具有优良的耐磨性和良好的韧性？

5-19 奥氏体不锈钢和耐磨钢的淬火目的与一般钢的淬火目的有什么不同？

第6章

铸 铁 材 料

章前导读

铸铁是 $w_C>2.11\%$ 的铁碳合金。工业上常用铸铁的 w_C 一般为2.5%～4.0%，此外，铸铁中还有Si、Mn、S、P等元素。

与钢相比，虽然铸铁的力学性能（抗拉强度、塑性、韧性）较低，但由于铸铁具有优良的铸造性能、可加工性、耐磨性、吸振性，以及生产工艺简单、成本低廉等特点，因此被广泛地应用于机械制造、冶金、矿山、石油化工、交通运输、建筑和国防生产部门，典型的应用是制造机床的床身、内燃机气缸、气缸套、曲轴等。另外，通过在铸铁中添加合金元素或实施各种热处理，还可获得耐高温、耐热、耐蚀、耐磨、无磁性等各类特殊性能的铸铁，所以获得广泛的应用。

铸铁材料导读

铸铁之所以具有这些特性，除了因为它具有接近共晶的成分、熔点低、流动性好、易于铸造外，还因为它的 w_C、w_{Si} 高，大部分的碳呈游离的石墨状态存在。

6.1 铸铁的石墨化

1. Fe－Fe_3C 与 Fe－C 双重相图

石墨（Graphite，简写为G）是碳的一种结晶体，具有六方晶格，如图6-1所示。原子呈层状排列，同一层晶面上碳原子间距为1.42Å（$1Å=10^{-10}m$），相互间呈共价键结合，结合力强。层与层之间的距离为3.40Å，原子间呈分子键结合，结合力较弱。因此，石墨结晶形态常易发展为片状，强度、硬度、塑性极低，接近于零。石墨的这些特性很大程度地影响着铸铁的性能。

实践证明，含C、Si较高的铁液在缓慢冷却时，可自液相中直接析出石墨，渗碳体在高温长时间停留也能分解为铁的固溶体和石墨。这表明，渗碳体是一个亚稳定的相，石墨才是稳定相。因此，描述铁碳合金的结晶过程应有两个相图：一个是Fe－Fe_3C 相图，一个是Fe－C（石墨）相图。把两者叠合在一起，如图6-2所示，即为Fe－Fe_3C 与Fe－C（石墨）双重相图。图中实线表示Fe－Fe_3C 相图，部分实线再加上虚线表示Fe－C相图。

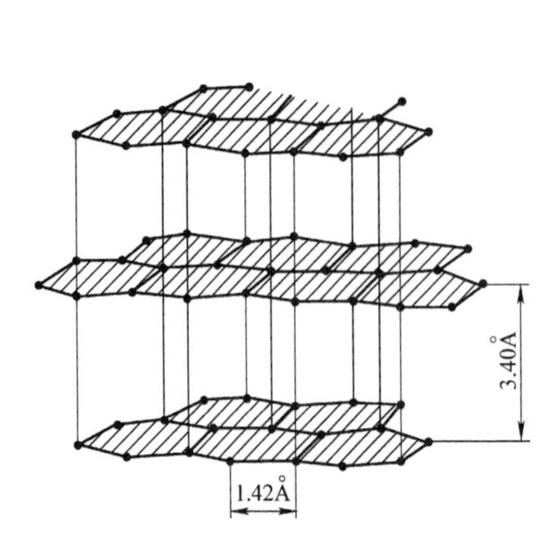

图 6-1　石墨的晶格结构

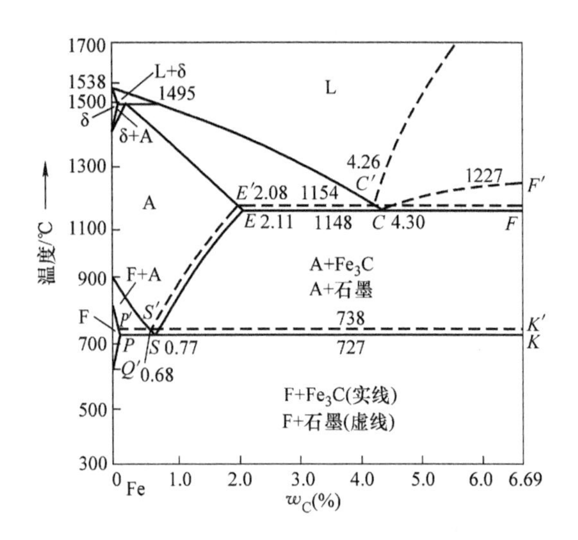

图 6-2　Fe－Fe_3C 与 Fe－C 双重相图

2. 石墨化过程

石墨化过程是指铸铁中析出碳原子形成石墨的过程，也即按 Fe－C 相图结晶的过程，亚共晶铸铁按 Fe－C 相图的结晶过程如图 6-3 所示。过共晶铸铁按 Fe－C 相图结晶过程的示意图如图 6-4 所示。

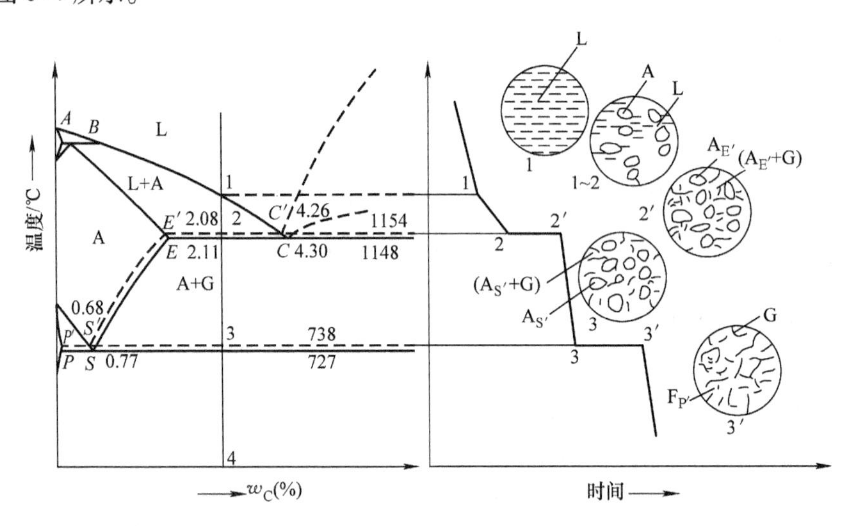

图 6-3　亚共晶铸铁按 Fe－C 相图的结晶过程示意图

可将石墨化过程分为两个阶段。高于共析转变温度的石墨化过程称为石墨化第一阶段。它包括：从过共晶铁液中析出一次石墨，共晶转变中形成共晶石墨，从奥氏体中析出二次石墨，由一次渗碳体和共晶渗碳体分解析出石墨以及由于二次渗碳体分解而析出石墨。低于共析转变温度的石墨化过程称为石墨化的第二阶段。它包括：共析转变过程形成石墨，共析渗碳体分解而形成石墨以及由铁素体中析出石墨。

在铸铁的实际生产中，往往既不是完全按 Fe－Fe_3C 相图结晶凝固，也不是完全按 Fe－C相图结晶凝固，从而使铸铁的组织与性能具有多样性。

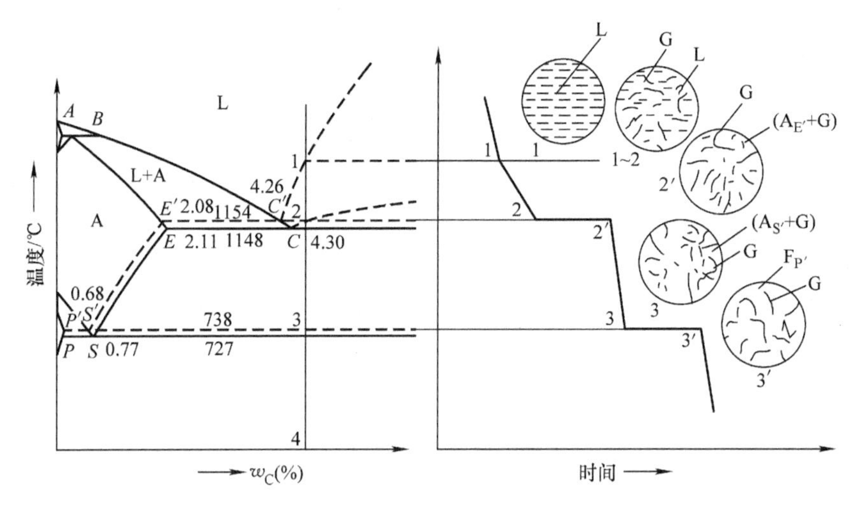

图6-4 过共晶铸铁按Fe－C相图的结晶过程示意图

拓展视频

见证钢铁强国的铁矿石

6.2 铸铁的分类

1. 按铸铁的化学成分分类

铸铁按化学成分可分为普通铸铁和合金铸铁两类。

（1）普通铸铁 普通铸铁也称常用铸铁，是指除S、P、Mn外不含其他合金元素的铸铁，如灰铸铁、可锻铸铁、球墨铸铁和蠕墨铸铁等。

（2）合金铸铁 合金铸铁是在普通铸铁内加入一些合金元素，用以提高某些特殊性能而配制的一种高级铸铁，如各种耐蚀、耐热、耐磨的特殊性能铸铁。

2. 根据铸铁在结晶过程中石墨化程度分类

根据铸铁在结晶过程中石墨化程度的不同，铸铁可分为灰铸铁、白口铸铁和麻口铸铁三大类。

（1）灰铸铁 灰铸铁在第一阶段石墨化得到充分进行，绝大部分的碳都以石墨的形态存在，以Fe_3C形式存在的碳含量不大于0.68%，其断口呈暗灰色。灰铸铁具有良好的可加工性、减摩性、减振性等，而且熔炼的工艺与设备简单，成本低廉，因此，灰铸铁也是最重要的工程材料之一。工业上所用的铸铁绝大部分是属于这类铸铁。

（2）白口铸铁 白口铸铁石墨化过程全部被抑制，完全按照Fe－Fe_3C相图进行结晶，除少量溶入铁素体外，C都是以Fe_3C的形式存在，断口呈银白色。这类铸铁组织中都存在共晶莱氏体，性硬脆，很难切削加工，直接铸成机械零件使用的很少，主要用作炼钢原料。但由于它的耐磨性高，也可铸造出表面有一定深度的白口层，而中心为灰铸铁的铸件（称之为冷硬铸铁件）。冷硬铸铁应用于一些要求耐磨的零件，如轧辊、球磨机的磨球及犁铧等。

（3）麻口铸铁 麻口铸铁在第一阶段石墨化得到部分进行，第二阶段石墨化未能进行，其组织介于上述二者之间，断口呈灰白色，具有较大的硬脆性，工业上也很少应用。

3. 按生产方法和组织性能分类

铸铁按生产方法和组织性能可分为普通灰铸铁、孕育铸铁、可锻铸铁、球墨铸铁和特殊性能铸铁。

（1）普通灰铸铁　普通灰铸铁中的碳大部分或全部以自由状态的片状石墨形式存在，其断口呈暗灰色，有一定的力学性能和良好的可加工性，普遍应用于工业中。

（2）孕育铸铁　孕育铸铁是在灰铸铁基础上，采用“变质处理”而成的，又称为变质铸铁。其强度、塑性和韧性均比一般灰铸铁好得多，组织也较均匀。主要用于制造力学性能要求较高，而截面尺寸变化较大的大型铸件。

（3）可锻铸铁　可锻铸铁是由一定成分的白口铸铁经石墨化退火而成，与灰铸铁相比，具有较高的韧性，又称为韧性铸铁。它并不可以锻造，常用来制造承受冲击载荷的铸件。

（4）球墨铸铁　球墨铸铁简称球铁，它是通过在浇注前往铁液中加入一定量的球化剂和墨化剂，以促进石墨呈球状结晶而获得的。与钢相比，球墨铸铁除塑性、韧性稍低外，其他性能均接近，是兼有钢和铸铁优点的优良材料。

（5）特殊性能铸铁　是一种有某些特性的铸铁，根据用途的不同，可分为耐磨铸铁、耐热铸铁、耐蚀铸铁等，大都属于合金铸铁。

6.3　常用铸铁

常用铸铁的性能除与成分及基体组织有关外，还取决于石墨的形状、大小、数量与分布。因此，常用铸铁又可按石墨的形状分为灰铸铁、可锻铸铁、球墨铸铁和蠕墨铸铁，其石墨形态如图 6-5 所示。

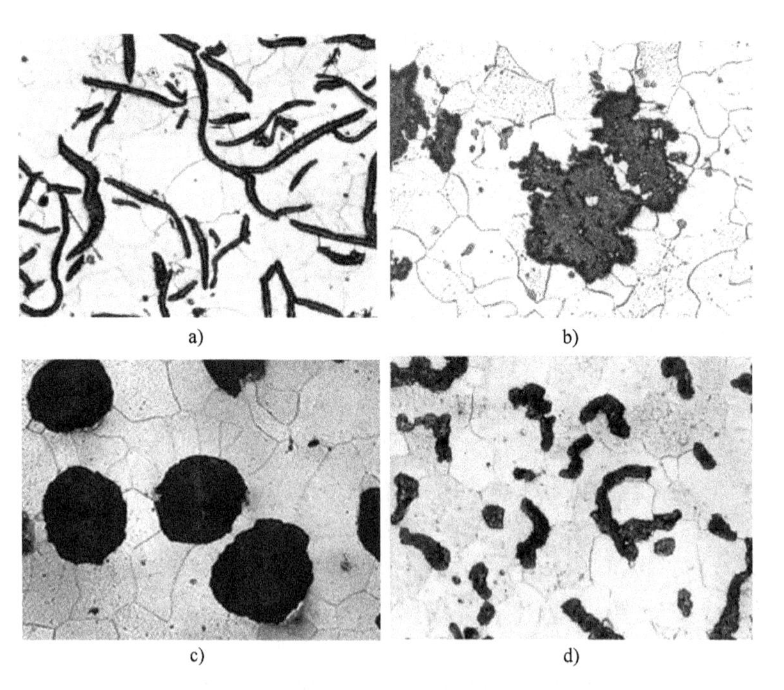

图 6-5　四种常用铸铁的石墨形态示意图

a）灰铸铁　b）可锻铸铁　c）球墨铸铁　d）蠕墨铸铁

6.3.1　灰铸铁

1. 灰铸铁的成分、组织、性能和用途

具有片状石墨的铸铁就是灰铸铁，其显微组织是在不同的基体上分布有片状石墨。其基体则分为三种，分别是铁素体基体、铁素体+珠光体基体、珠光体基体，如图6-6所示。铁素体基体的灰铸铁硬度、强度低（图6-6a）；珠光体基体的灰铸铁强度、硬度较高（图6-6c）；铁素体+珠光体基体灰铸铁（图6-6b），其力学性能介于二者之间。

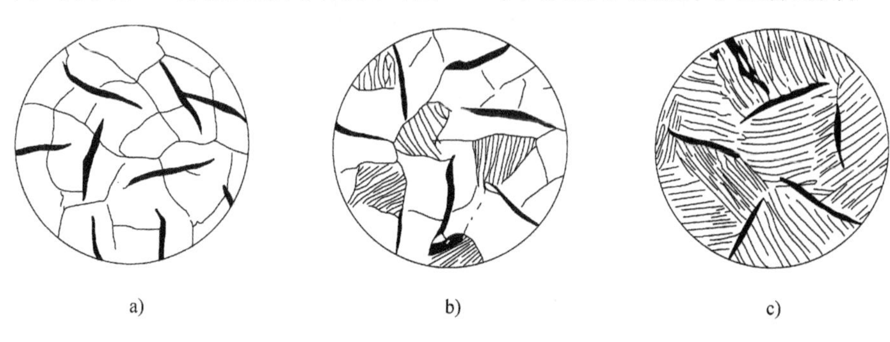

图6-6　灰铸铁的显微组织示意图

a）铁素体基体灰铸铁　b）铁素体+珠光体基体灰铸铁　c）珠光体基体灰铸铁

获得不同基体种类灰铸铁的主要影响因素是铸铁的化学成分和铸铁的冷却速度。

碳和硅是有效地促进石墨化的元素，为了使铸件在浇注后能获得灰铸铁，而同时又不希望含有过多和粗大的片状石墨，通常把成分控制在 $w_C=2.5\% \sim 4.0\%$，$w_{Si}=1\% \sim 2.0\%$，除了C和Si以外，Al、Cu、Ni等元素也会促进石墨化。而S、Mn、Cr等元素则阻止石墨化。尤其是S，它不仅会强烈阻止石墨化，而且会降低铸铁的铸造性能和力学性能，故一般限制 $w_S<0.15\%$。Mn能与S形成MnS，减弱S的有害作用，允许 $0.5\%<w_{Mn}<1.4\%$。P增加铸铁的硬度和脆性，若要求有较高的耐磨性，允许 w_P 适当地增加至0.5%。

铸铁冷却越慢，对石墨化越有利；快速冷却则抑制了石墨化过程。在铸造时，造型材料、铸造工艺都会影响铸件的冷却速度。除此以外，铸件的壁厚，也是影响铸件冷却速度的重要因素。在一般的砂型铸造条件下，铸铁的成分与铸件的壁厚对铸件组织的综合影响如图6-7所示。

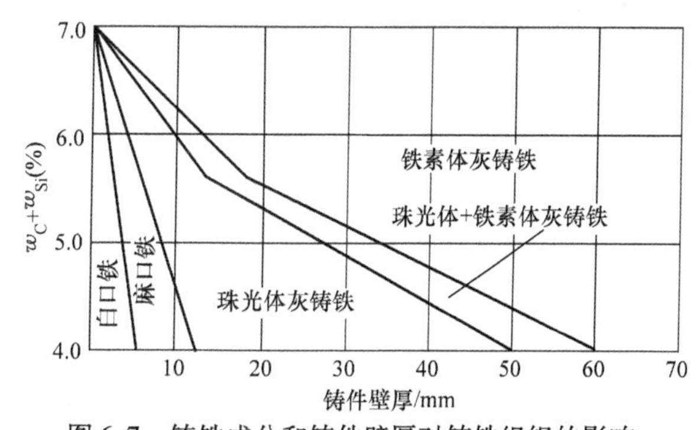

图6-7　铸铁成分和铸件壁厚对铸铁组织的影响

灰铸铁的组织可看作钢的基体加片状石墨。因石墨的强度极低，故可把石墨片看作微裂纹，把灰铸铁看作含有许多微裂纹的钢。裂纹不仅分割了基体，而且在尖端处还会产生应力集中，所以灰铸铁的抗拉强度、塑性和韧性不如钢。石墨片的量越多，尺寸越大，其影响也越大，但石墨片的存在对灰铸铁的抗

压强度影响不大。

由于灰铸铁在凝固冷却过程中析出比体积较大的石墨，从而使灰铸铁的收缩率减小；由于石墨片分割了基体，从而使灰铸铁的切屑容易脆断，故灰铸铁的可加工性良好；由于石墨本身的润滑作用，以及当它从基体中掉落后所遗留下的孔洞具有存油的作用，使灰铸铁有优良的减摩性；由于石墨组织松软，能吸收振动，使灰铸铁具有良好的消振性；又由于石墨片本身相当于许多裂纹，使灰铸铁具有低的缺口敏感性。

由于灰铸铁具有以上一系列的特点，故被广泛地用来制造各种承受压力和要求消振性好的床身、机架、箱体、壳体和经受摩擦的导轨、缸体、活塞环等。

按 GB/T 9439—2010 规定，灰铸铁有八个牌号：HT100、HT150、HT200、H225、HT250、HT275、HT300 和 HT350。HT 表示“灰铁”汉语拼音的字首，后续数字表示最低抗拉强度的值。

上述牌号中最低抗拉强度大于 250MPa（即 HT250 以后）的灰铸铁属于经过孕育处理的孕育铸铁。所谓孕育处理又称为变质处理，是在即将浇注的铁液中加入固态粉粒状的某种合金（称为孕育剂），以改善铸铁力学性能的一种处理工艺。常用的孕育剂有两种：一种为硅类合金，例如，最常用的 $w_{Si}=75\%$ 的硅铁合金，$w_{Si}=60\%\sim65\%$ 和 $w_{Ca}=25\%\sim35\%$ 的硅钙合金等，后者石墨化能力比前者高 1.5～2 倍，但价格较贵；另一类是纯碳类，例如，石墨粉、电极粒等。孕育处理的目的是：①使铁液内同时生成大量均匀分布的非自发晶核，以获得细小均匀的石墨片，并细化基体组织，提高铸铁的强度；②避免铸件边缘及薄断面处出现白口组织，提高断面组织的均匀性。

孕育铸铁具有较高的强度和硬度，可用来制造力学性能要求较高的铸件，如气缸体、气缸套、曲轴、凸轮、机床床身等，尤其是截面尺寸变化较大的铸件。

灰铸铁的牌号、力学性能及应用举例见表 6-1。由表可见，铸件壁厚直接影响力学性能，因此，依据力学性能选择铸铁牌号时，还应考虑铸件壁厚。

表 6-1　灰铸铁的牌号、力学性能及应用举例

牌号	铸件壁厚/mm		抗拉强度 R_m (min) / MPa		布氏硬度 HBW	应用举例
	>	≤	单铸试棒	附铸试棒或样块		
HT100	5	40	100	—	≤170	端盖、外罩、油盘、支架、底板、手轮和重锤等
HT150	5	10	150	—	125～205	端盖、汽轮泵体、轴承座、阀壳、管子及管路附件、手轮；一般机床底座、床身及其他复杂零件，滑座、工作台等
	10	20		—		
	20	40		120		
	40	80		110		
	80	150		100		
	150	300		90		

（续）

牌号	铸件壁厚/mm		抗拉强度 R_m（min）/MPa		布氏硬度HBW	应用举例
	>	≤	单铸试棒	附铸试棒或样块		
HT200	5	10	200	—	180～230	气缸、齿轮、齿条、底架、机件、飞轮、衬筒；一般机床床身及中等压力液压筒、液压泵和阀的壳体等
	10	20		—		
	20	40		170		
	40	80		150		
	80	150		140		
	150	300		130		
HT225	5	10	225	—	170～240	
	10	20		—		
	20	40		190		
	40	80		170		
	80	150		155		
	150	300		145		
HT250	5	10	250	—	180～250	阀壳、液压缸、气缸、联轴器、机体、齿轮、齿轮箱外壳、飞轮、衬筒、凸轮、轴承座等
	10	20		—		
	20	40		210		
	40	80		190		
	80	150		170		
	150	300		160		
HT275	10	20	275	—	190～260	
	20	40		230		
	40	80		205		
	80	150		190		
	150	300		175		
HT300	10	20	300	—	200～275	齿轮、凸轮、车床卡盘、剪床、压力机机身；导板、转塔、自动车床及其他重载荷机床的床身；高压液压筒、液压泵和滑阀的壳体等
	20	40		250		
	40	80		220		
	80	150		210		
	150	300		190		
HT350	10	20	350	—	220～290	
	20	40		290		
	40	80		260		
	80	150		230		
	150	300		210		

2. 灰铸铁的热处理

由于热处理只能改变灰铸铁的基体组织，而不能改变石墨片的形态，故利用热处理来提高灰铸铁力学性能的效果不大，因此，生产中灰铸铁的热处理主要用来消除内应力、改善其可加工性能和提高表面耐磨性。灰铸铁常用的热处理方法有：

（1）消除内应力的退火　铸件在冷却过程中，因各部分的冷却速度不同，会在铸件内产生很大的内应力，有时甚至变形开裂，而且在随后的切削加工之后还会因应力的重新分布而引起变形。所以凡大型或复杂的铸件，或精度要求较高的铸件，在切削加工之前，通常都要进行一次消除内应力的退火，有时甚至在粗加工之后还要进行一次去应力退火。去应力退火的方法是将铸件缓慢升温至500～600℃，经4～8h的保温，再缓慢冷却下来。由于是在共析温度以下进行的退火，故也称为低温退火。经过低温退火，可消除90%以上的内应力。

（2）改善可加工性的退火　铸件的表面、转角处或是薄壁处，由于冷却速度较快，常不免会出现白口组织，致使切削加工难以进行。为了降低硬度，必须进行高温退火。方法是将铸件加热到850～900℃，保温2～5h，使Fe_3C分解，然后随炉缓冷至400～500℃，而后出炉空冷。

（3）表面淬火　有些铸件，如机床导轨的表面，气缸的内壁，需要有较高的硬度和耐磨性，常需表面淬火。常见的表面淬火方法有高频感应淬火、火焰淬火和接触电阻加热淬火。

图6-8所示为接触电阻加热淬火方法的原理示意图。用石墨（或纯铜）滚轮电极和工件紧密接触，通以低压电流，利用电极与工件接触处的电阻将工件表面迅速加热。操作时将电极以一定速度移动，被加热工件的表面由于工件本身的导热而得到迅速的冷却，达到表面淬火的目的。淬火层的深度可达0.20～0.30mm，组织为细马氏体加片状石墨，硬度可达59～61HRC，这种表面淬火方法变形小，设备简单，操作方便，经过这种方法淬火后的机床导轨，工作寿命可提高1.5倍。

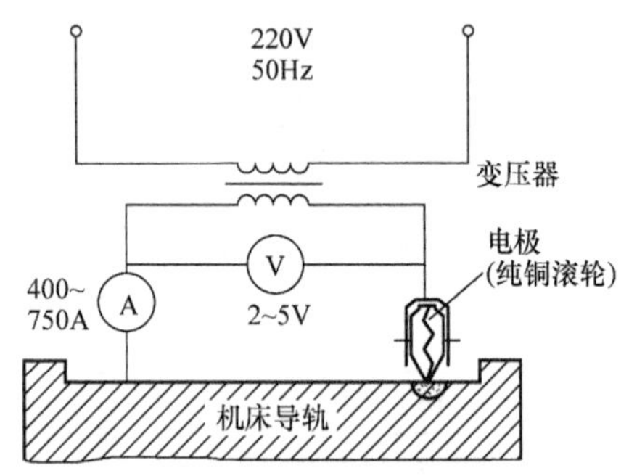

图6-8　接触电阻加热淬火示意图

6.3.2　可锻铸铁

可锻铸铁是将碳、硅含量不高的白口铸铁经高温长时间的石墨化退火而获得的具有团絮状石墨的一种铸铁。若在中性介质中按图6-9所示的工艺曲线退火，第一、第二两个阶段的石墨化过程得到充分进行，则得到黑心铁素体可锻铸铁，其组织为铁素体基体加团絮状石墨，如图6-10a所示。如第二阶段石墨化过程未进行，则得到珠光体可锻铸铁，其组织为珠光体基体加团絮状石墨，如图6-10b所示。若在氧化性介质中退火，在石墨化的同时还伴有脱碳过程，如此，即制得白心可锻铸铁。白心可锻铸铁的显微组织取决于铸件截面尺寸。对小截面，其组织为铁素体、少量团絮状石墨和珠光体；对大截面，铸件表层为铁素体，心部为珠光体、铁素体和石墨。目前，我国白心可锻铸铁应用甚少。

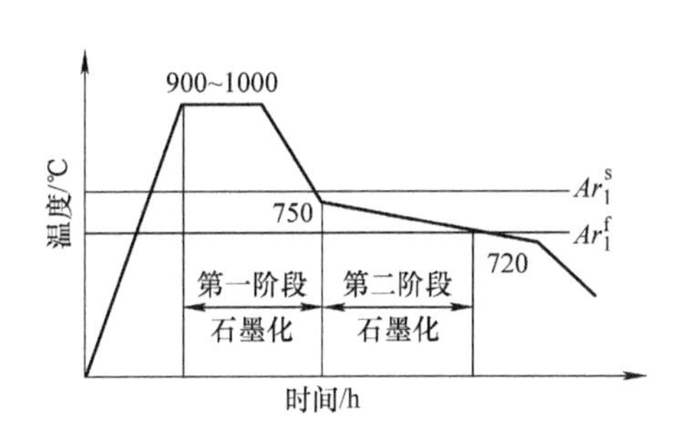

图 6-9　黑心铁素体可锻铸铁退火曲线

（Ar_1^s、Ar_1^f 分别代表冷却时共析转变开始与终了的温度）

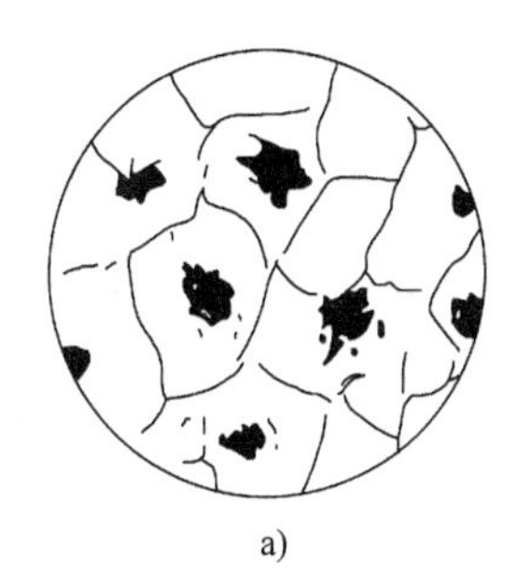

a)

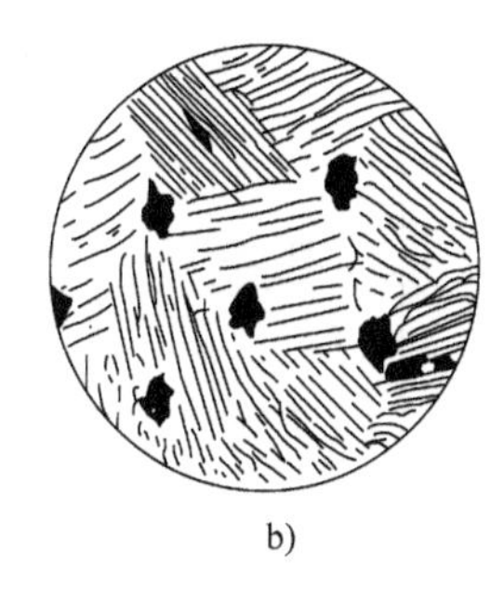

b)

图 6-10　可锻铸铁的显微组织示意图

a）黑心铁素体可锻铸铁　b）珠光体可锻铸铁

按 GB/T 9440—2010 规定，黑心可锻铸铁有五个牌号：KTH275-05，KTH300-06，KTH330-08，KTH350-10，KTH370-12。

珠光体可锻铸铁有七个牌号：KTZ450-06，KTZ500-05，KTZ550-04，KTZ600-03，KTZ650-02，KTZ700-02，KTZ800-01。

白心可锻铸铁有五个牌号：KTB350-04，KTB360-12，KTB400-05，KTB450-07，KTB550-04。

KT 表示可锻铸铁，后续的 H 表示黑心，Z 表示珠光体，B 表示白心。后续的第一组数字表示最低抗拉强度值，后续的第二组数字表示最低断后伸长率值。可锻铸铁的牌号、力学性能及应用见表 6-2。

表 6-2　可锻铸铁的牌号、力学性能及应用举例

名称	牌号	试样直径 d/mm	抗拉强度 R_m(min)/MPa	伸长率 A(min)(%)	布氏硬度 HBW	应用举例
黑心可锻铸铁	KTH275-05	12 或 15	275	5	≤150	弯头、三通等管道配件；低压阀门等
	KTH300-06		300	6		螺钉扳手、犁刀、犁柱、车轮壳等
	KTH330-08		330	8		汽车、拖拉机前后轮壳、减速器壳、转向节、制动器等
	KTH350-10		350	10		
	KTH370-12		370	12		
珠光体可锻铸铁	KTZ 450-06	12 或 15	450	6	150 ~ 200	曲轴、连杆、齿轮、摇臂、凸轮轴、活塞环、轴套、犁刀、耙片、万向接头、棘轮、扳手、转动链条等
	KTZ500-05		500	5	165 ~ 215	
	KTZ 550-04		550	4	180 ~ 230	
	KTZ600-03		600	3	195 ~ 245	
	KTZ 650-02		650	2	210 ~ 260	
	KTZ 700-02		700	2	240 ~ 290	
	KTZ800-01		800	1	270 ~ 320	

（续）

名称	牌号	试样直径 d/mm	抗拉强度 R_m(min)/MPa	伸长率 A(min)(%)	布氏硬度 HBW	应用举例
白心可锻铸铁	KTB350-04	6	270	10	230	适用于铸造壁厚在15mm以下的薄壁铸件和焊接后不需进行热处理的铸件
		9	310	5		
		12	350	4		
		15	360	3		
	KTB 360-12	6	280	-16	200	
		9	320	15		
		12	360	12		
		15	370	7		
	KTB 400-05	6	340	12	220	
		9	360	8		
		12	400	5		
		15	420	4		
	KTB 450-07	6	330	12	220	
		9	400	10		
		12	450	7		
		15	480	4		
	KTB 550-04	6	—	—	250	
		9	490	5		
		12	550	4		
		15	570	3		

可锻铸铁的生产，首先是浇注成白口铸铁件，然后进行石墨化退火。为此，必须使铸铁的成分有较低的碳、硅含量，保证在通常的冷却条件下铸件能获得全部白口，但碳、硅含量也不能太低，否则将使退火时间大大延长，增加生产成本。所以对可锻铸铁的成分有较严格的要求。可锻铸铁的化学成分范围一般为：$w_C=2.2\%\sim2.8\%$，$w_{Si}=1.0\%\sim1.8\%$，$w_{Mn}=0.4\%\sim1.2\%$，$w_P\leqslant0.2\%$，$w_S\leqslant0.18\%$。

由于石墨呈团絮状，大大减轻了石墨对基体的割裂作用，也减轻了石墨片尖端引起的应力集中现象，因此可锻铸铁比灰铸铁强度高、塑性和韧性好。可锻铸铁主要用来制作一些形状复杂，要求塑性较好，韧性较好，抗振、耐腐蚀的薄壁铸件。

但可锻铸铁生产周期长、工艺复杂、成本较高，近年来部分可锻铸铁已被球墨铸铁代替。

6.3.3 球墨铸铁

球墨铸铁是石墨呈球状的铸铁，它是向铁液中加入一定量的球化剂（如Mg、稀土元素等）进行球化处理，并加入少量的孕育剂（硅铁）而制得的。由于球墨铸铁具有优良的力学性能，生产工艺简便，成本低廉，因此近年来获得迅速的发展和广泛的应用。

1. 球墨铸铁的成分、组织、性能和用途

球墨铸铁的显微组织如图 6-11 所示。珠光体球墨铸铁的一般成分为：$w_C=3.6\% \sim 3.8\%$，$w_{Si}=2.0\% \sim 2.8\%$，$w_{Mn}=0.6\% \sim 0.8\%$，$w_p<0.1\%$，$w_S<0.07\%$，$w_{Mg}=0.3\% \sim 0.5\%$，稀土元素质量分数为 $0.02\% \sim 0.04\%$；铁素体球墨铸铁的 w_{Si} 稍高（可达 3.3%），w_{Mn} 稍低（$0.3\% \sim 0.6\%$）。

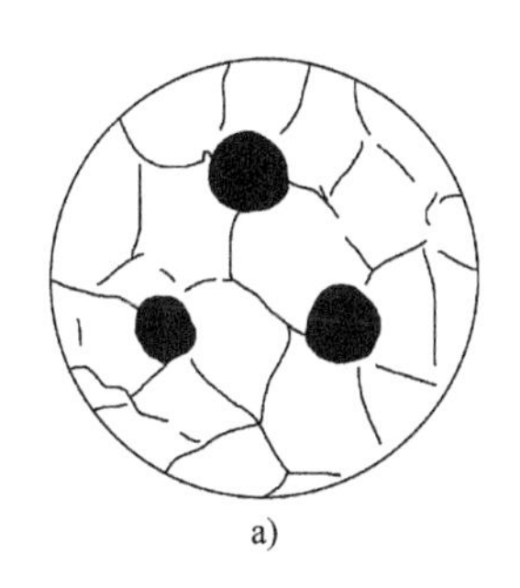
a)

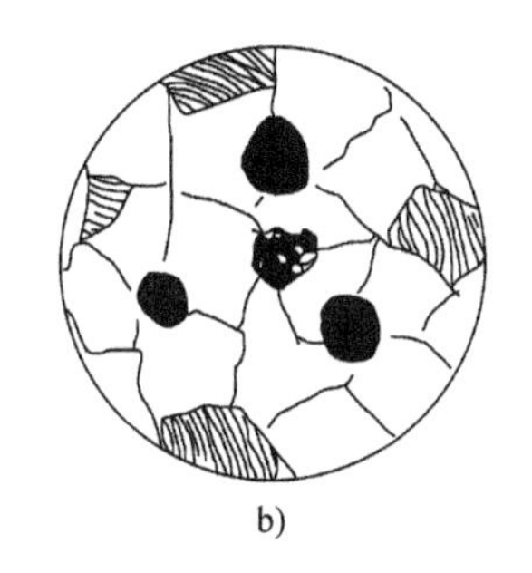
b)

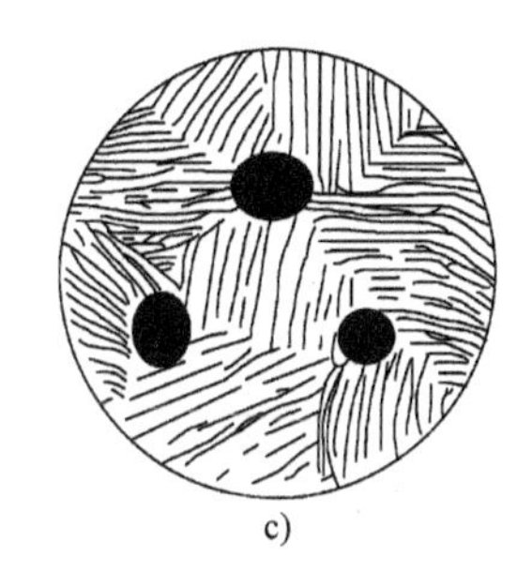
c)

图 6-11 球墨铸铁的显微组织

a）铁素体基体的球墨铸铁 b）珠光体 - 铁素体基体的球墨铸铁 c）珠光体基体的球墨铸铁

球墨铸铁的组织特点是其石墨呈球状，因而石墨分割基体所引起应力集中的作用大为减少。球状石墨的数量越少，越细小，分布越均匀，力学性能便越高。而且同样具有灰铸铁的一系列优点，如良好的铸造性能，减摩性，可加工性及低的缺口敏感性等。它的疲劳强度大致与中碳钢相似，耐磨性甚至还优于表面淬火钢。通过合金化和热处理，还可以获得具有下贝氏体、马氏体、托氏体、索氏体和奥氏体等基体组织，以满足工业生产的需要。例如，珠光体球墨铸铁常用于制造曲轴、连杆、凸轮轴、机床主轴、水压机气缸、缸套、活塞等。铁素体球墨铸铁用于制造压阀、机座、汽车后桥壳等。

根据 GB/T 1348—2019 规定，球墨铸铁的牌号分为单铸和附铸试块两类，按力学性能分为 14 个牌号，以“QT”加两组数字表示。其中 QT 代表球墨铸铁，后续的两组数字分别表示最低抗拉强度值，以及最低断后伸长率的值。

QT350-22L，QT350-22R，QT350-22，QT400-18L，QT400-18R，QT400-18，QT400-15，QT450-10，QT500-7，QT550-5，QT600-3，QT700-2，QT800-2，QT900-2。

球墨铸铁的牌号、力学性能及应用举例见表 6-3。

球墨铸铁的缺点是：凝固时的收缩较大，对原铁液的成分要求较严格，因而对熔炼和铸造工艺的要求较高，此外，它的消振能力不如灰铸铁。

2. 球墨铸铁的热处理

球墨铸铁的热处理原理与钢相似，但由于球墨铸铁中含有较高的 Si 与 C，因而又具有其特点，如球墨铸铁的共析转变温度显著升高，并变成一个相当宽的温度范围。随着 Si 含量的增加，共析转变温度升高，转变温度范围加宽。在这一温度范围内铁素体、奥氏体和石墨三相共存。奥氏体等温转变曲线显著右移，且珠光体和贝氏体转变曲线明显分开，形成两个“鼻子”，这使临界冷却速度降低，淬透性增大，回火稳定性增加。

表 6-3　球墨铸铁的牌号、力学性能及应用举例

牌号	基体	抗拉强度 R_m(min)/MPa	屈服强度 R_{eL}(min)/MPa	伸长率 A(min)(%)	布氏硬度 HBW	应用举例
QT350-22L	F	350	220	22	≤160	犁铧、犁柱，收割机及割草机的导架、差速器壳、护刃器 拖拉机的轮壳、驱动桥壳体、离合器壳、差速器壳、拨叉等
QT350-22R	F	350	220	22	≤160	
QT350-22	F	350	220	22	≤160	
QT400-18L	F	400	240	18	120～175	
QT400-18R	F	400	250	18	120～175	
QT400-18	F	400	250	18	120～175	
QT400-15	F	400	250	15	120～180	
QT450-10	F	450	310	10	160～210	16～64atm（1atm = 101.325kPa）阀门的阀体、阀盖，压缩机上高低压气缸等，铁路垫板、电动机机壳、齿轮箱、飞轮壳等
QT500-7	F+P	500	320	7	170～230	内燃机的液压泵齿轮，汽轮机的中温气缸隔板，铁路机车车辆轴瓦，机器架、传动轴、飞轮、电动机架等
QT550-5	F+P	550	350	5	180～250	
QT600-3	F+P	600	370	3	190～270	内燃机5～4000hp（1hp = 745.7W）柴油机和汽油机的曲轴，部分轻型柴油机和汽油机的凸轮、气缸套、连杆、进排气门座等；农机、具脚踏脱料机齿条、轻载荷齿轮、畜力犁等 部分磨床、铣床、车床的主轴；空氧机、冷冻机、制氧机、泵的轴、缸体、缸套等；矿车轮、起重机大小滚轮等
QT700-2	P	700	420	2	225～305	
QT800-2	P	800	480	2	245～335	
QT900-2	回火马氏体或托氏体+索氏体	900	600	2	280～360	农机上的犁铧、耙片，汽车上的弧齿锥齿轮、转向节、传动轴；内燃机曲轴、凸轮轴等

注：L—低温；R—室温。

球墨铸铁常用的热处理工艺有：

（1）退火

① 消除内应力退火。对于不再进行其他热处理的球墨铸铁，铸造后可进行消除内应力退火。将铸件加热到500～600℃，保温2～8h，然后缓慢冷却。在退火过程中内部组织不发生变化。

② 低温退火。为了使铸态球墨铸铁基体中的珠光体发生 Fe_3C 分解，而获得较高塑性、韧性的铁素体基体的球墨铸铁，可进行低温退火。其方法是：将铸件加热到 700 ~ 760℃，保温 2 ~ 8h，然后随炉冷却至 600℃，出炉空冷。最终组织为铁素体基体上分布着球状石墨。

③ 高温退火。由于球墨铸铁白口倾向较大，在铸态组织内往往存在自由渗碳体。为了使自由渗碳体分解，获得铁素体基体的球墨铸铁件，可进行高温退火。其退火工艺如图 6-12 所示。最终组织为铁素体基体上分布着球状石墨。

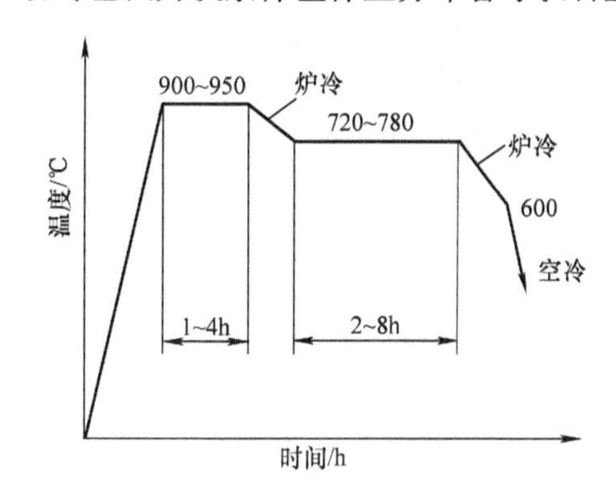

图 6-12 球墨铸铁高温退火工艺

(2) 正火 正火的目的是增加基体中珠光体的数量，提高强度和耐磨性。球墨铸铁的正火可分为高温正火和低温正火。

1) 高温正火。将铸件加热到共析温度范围以上 50 ~ 70℃，当 w_{Si} = 2% ~ 3% 时，一般加热到 880 ~ 920℃，保温 1 ~ 3h，使组织全部奥氏体化，然后出炉空冷。球墨铸铁通过高温正火可获得珠光体型的基体组织。

2) 低温正火。将铸件加热到共析相变温度范围上限以下，一般在 840~880℃，保温 1 ~ 4h，然后出炉空冷。正火后的基体组织为珠光体和铁素体，强度比高温正火略低，但塑性和韧性较高。低温正火要求原始组织中无自由渗碳体，否则影响力学性能。

由于球墨铸铁的导热性差，过冷倾向大，正火（尤其是风冷或喷雾冷却）后有较大内应力，故在正火后还要进行去应力回火，其方法是加热到 550~600℃，保温 3~4h，然后出炉空冷，使内应力基本消除而组织不变。

(3) 调质处理 对于受力复杂、截面大、综合力学性能要求较高的铸件，如连杆、曲轴等，则进行调质处理。调质处理的淬火温度为共析转变温度范围以上 30~50℃，w_{Si} 为 2%~3% 的铸铁淬火温度为 860~900℃。通常用油淬，然后在 550~600℃ 回火，保温 2~4h，最终组织为回火索氏体与球状石墨。

(4) 等温淬火 对于一些要求综合力学性能较高，且外形又较复杂，热处理易变形开裂的零件，如齿轮、凸轮等，可采用等温淬火。其工艺是：加热至 860~900℃，适当保温后，迅速移至 250~300℃ 的盐浴中等温 30 ~ 90min，然后取出空冷，一般不再回火。等温淬火后的组织为下贝氏体加球状石墨。等温淬火是提高球墨铸铁综合力学性能的一个有效办法，但只适用于截面尺寸不大的零件。

6.3.4 蠕墨铸铁

蠕墨铸铁的化学成分与球墨铸铁相似，蠕墨铸铁的生产是在铁液中加入一定量的蠕化剂，蠕化剂主要是稀土镁钛合金、硅铁和硅钙。蠕墨铸铁中的石墨片短而厚，头部较钝、较圆，形似蠕虫，如图 6-13所示。与片状石墨相比，蠕虫状石墨的长径比值明显减小，一般为 2 ~ 10，同时，蠕虫状石墨往往还与球状石墨共存。大多数情况下，蠕墨铸铁组织中的金属基体比较容易得到铁素体基体（其质量分数超过 50%）；当然，若加入 Cu、Ni、Sn 等珠光体稳定元素，可使基体中珠光体的质量分数高达70%，再加上适当的正火处理，珠光体的质量分数还可增加到90%以上。

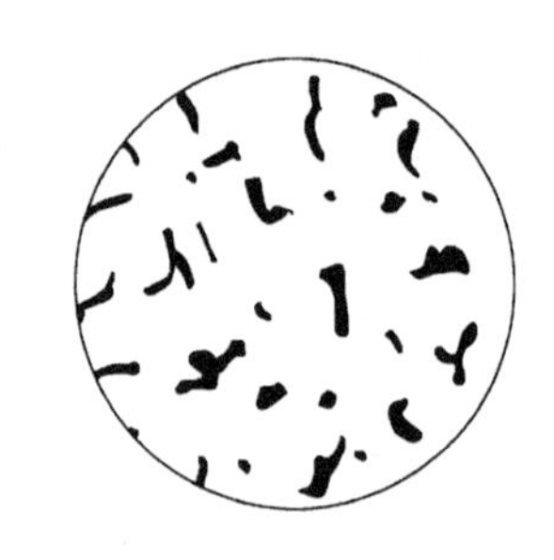
图6-13　蠕墨铸铁中的石墨示意图

蠕墨铸铁的性能特点是：其力学性能介于基体组织相同的优质灰铸铁和球墨铸铁，当化学成分一定时，蠕墨铸铁的抗拉强度、韧性、疲劳强度和耐磨性等都优于灰铸铁，对断面的敏感性也较小；但蠕虫状石墨是相互连接的，使蠕墨铸铁的塑性和韧性比球墨铸铁低，强度接近球墨铸铁；此外，蠕墨铸铁还有优良的抗热疲劳性能、铸造性能、减振性能，其导热性能接近灰铸铁，但优于球墨铸铁。因此，蠕墨铸铁广泛用于制造电动机外壳、柴油机缸盖、机床床身、液压阀、机座、钢锭模等。

按GB/T 26655—2011标准，单铸蠕墨铸铁分为五个牌号：RuT500，RuT450，RuT400，RuT350，RuT300。RuT表示蠕墨铸铁，后续数字表示抗拉强度最小值。常用蠕墨铸铁的牌号、性能及应用举例见表6-4。

表6-4　常用蠕墨铸铁的牌号、性能及应用举例

牌号	抗拉强度 R_m(min)/MPa	屈服强度 R_{eL}(min)/MPa	伸长率 A(min)/%	硬度范围 HBW	蠕化率 (min) (%)	应用举例
RuT420	420	335	0.75	200~280	50	活塞环、气缸套、制动盘、玻璃模具、制动毂、钢珠研磨盘、吸淤泵体等
RuT380	380	300	0.75	193~274		
RuT340	340	270	1.0	170~249		重型机床件、大型龙门铣床横梁、大型齿轮箱体、盖、座、制动毂、飞轮、玻璃模具、起重机卷筒、烧结机滑板等
RuT300	300	240	1.5	140~217		排气管、变速箱体、气缸盖、纺织机零件、液压件、钢锭模、某些小型烧结机篦条等
RuT260	260	195	3	121~197		增压器废气进气壳体，汽车、拖拉机的某些底盘零件等

6.4　合金铸铁

有时对铸铁不仅要求具有一定的力学性能，还要求它具有某些特殊的性能，如耐磨、耐热、耐腐蚀等，这些性能可通过合金化来达到，即所谓合金铸铁。

6.4.1　耐磨铸铁

耐磨铸铁包括在润滑和干摩擦条件下工作的减摩铸铁和抗磨铸铁两大类。

1. 减摩铸铁

减摩铸铁是指在润滑条件下工作的铸铁，如机床导轨、气缸套、活塞环、轴承等。这类铸铁的组织是在软基体上嵌有硬的组成相。例如，细片状珠光体基体的灰铸铁，便是一种较好的减摩铸铁，铁素体是软基体，渗碳体是其中的硬相，使用时铁素体及石墨首先被磨损，形成沟槽，可以贮油，有利于润滑，渗碳体可起支撑作用。

在普通灰铸铁的基础上加入适量的Cu、Mo等，可以强化基体，增加珠光体含量，细化组织，提高耐磨性。加入V、Ti等元素，可形成高硬度的C、N化合物。加入0.4%～0.7%的磷会形成高硬度的磷共晶，加入硼可形成高硬度的硼化物，都可进一步提高耐磨性。

2. 抗磨铸铁

抗磨铸铁是指用在干摩擦及抗磨粒磨损条件下工作的铸铁，这类铸铁往往受到严重的磨损，而且承受很大的载荷，这类铸铁要求有高而均匀的硬度。白口铸铁具有高的硬度，是一种较好的抗磨材料，但是太脆，在受冲击的场合不能胜任。在普通白口铸铁中加入少量的Cr、Mo、Cu、V、B等元素后，在铸铁中形成了合金渗碳体，耐磨性有所提高，但对韧性改进不大。当加入大量的Cr（15%）后，在铸铁中形成马氏体基体，在马氏体基体上分布着团块状的Cr_7C_3。Cr_7C_3具有比Fe_3C更高的硬度，由于呈团块状，对铸铁的韧性有较大的改善，这种铸铁便是有名的高铬白口耐磨铸铁。

近年来我国还研制成功一种具有较高韧性和强度的中锰球墨铸铁，其中w_{Mn}=5%～9%，w_{Si}=3.3%～5.0%，铸态组织为马氏体、奥氏体、碳化物和球状石墨，具有较高的耐磨性。不用贵重的合金元素，可在冲天炉中熔化，因而价格也较便宜，深受用户的欢迎。

6.4.2　耐热铸铁

所谓耐热铸铁是指在高温下具有较好的抗氧化和抗生长性能的铸铁。普通灰铸铁在高温下除了会发生表面氧化外还会发生“生长”。所谓“生长”是指由于氧化性气体沿着石墨片的边界和裂纹渗入铸铁内部所造成的氧化，以及由于Fe_3C分解而发生的石墨化引起铸铁件体积膨胀。为了提高铸铁的耐热性，可向铸铁中加入Si、Al、Cr等元素，使铸铁表面在高温下形成一层致密的氧化膜，如SiO_2、Al_2O_3、Cr_2O_3等，保护内层不被继续氧化。此外，这些元素还会提高铸铁的临界点，使铸铁在使用温度下不发生固态相变，以减少由此而造成的体积变化，以及因此而产生的显微裂纹。为了避免Fe_3C石墨化，耐热铸铁大多采用单相铁素体的基体；又由于球状石墨孤立地分布在铁素体中，则氧化性气体也就不易渗入铸铁内部，故铁素体基体的球墨铸铁具有较好的耐热性能。

6.4.3　耐蚀铸铁

耐蚀铸铁广泛地用于化工部门。提高铸铁耐蚀性主要靠加入大量的Si、Al、Cr、Ni、Cu等合金元素。合金元素的作用是提高铸铁基体组织的电位，使铸铁表面形成一层致密的保护膜，最好是具有单相基体加孤立分布的球状石墨，并尽量减少石墨量。

在我国应用最广泛的是高硅耐蚀铸铁，它的成分是w_C=0.3%～0.5%，w_{Si}=16%～18%，w_{Mn}=0.3%～0.8%，w_P≤0.1%，w_S≤0.07%。这种铸铁在含氧酸中具有良好的耐蚀性，但在碱性介质、盐酸、氢氟酸中，由于表面的SiO_2保护膜遭到破坏，耐蚀性下降。为了改善高硅耐蚀铸铁在碱性介质中的耐蚀性，可向铸铁中加入质量分数为6.5%～8.5%的Cu。

思 考 题

6-1　石墨的存在对铸铁的性能有哪些影响?

6-2　影响铸铁性能的因素有哪些?

6-3　白口铸铁、灰铸铁和钢在成分、组织和性能上有何主要区别?

6-4　灰铸铁的热处理方法有哪些?如何选择?

6-5　可锻铸铁的成分有何特点?如何获得可锻铸铁?写出可锻铸铁性能特点及应用场合。

6-6　何谓球墨铸铁?球墨铸铁的成分和组织有何特点?可进行何种热处理?

6-7　从综合力学性能和工艺性能来比较灰铸铁、球墨铸铁和可锻铸铁。

6-8　减摩铸铁对组织提出什么要求?采取什么措施来达到这些要求?

6-9　耐磨铸铁对组织提出什么要求?采取什么措施来达到这些要求?

6-10　耐热铸铁如何合金化?

6-11　耐蚀铸铁如何合金化?

第7章

有色金属材料

有色金属
材料导读

章前导读

有色金属材料是指除黑色金属材料（铁、铬、锰）之外的金属材料的统称，如铝及铝合金、铜及铜合金、镁及镁合金、轴承合金等。

与黑色金属材料相比，有色金属材料具有比密度小、比强度高等特点，在航空、航天、汽车、机械制造、电力、通信、建筑、家电等绝大部分行业具有广泛的应用。随着现代化工业、农业和科学技术的突飞猛进，有色金属在国民经济发展中的地位越来越重要，它不仅是世界上重要的战略物资，重要的生产资料，而且也是人类生活消费品的重要材料。

拓展视频

世界最大规格 7050
铝合金扁锭

7.1　铝及其合金

铝是一种轻金属，在金属品种中，是仅次于钢铁的第二大类金属。铝具有以下特性：

（1）密度小，比强度高　铝的密度为 2.7g/cm^3，约为铜或铁的 1/3，是轻量化的良好材料；虽然铝的力学性能不如钢铁，但它的比强度高，还可以通过合金化（如添加铜、镁、锰、铬等合金元素）和热处理得到很高的强度，甚至可以和特殊钢媲美。

（2）良好的物理、化学性能　铝具有良好的导热性和导电性，仅次于银、铜、金，约为钢铁的 3~4 倍，室温电导率约为铜的 64%，但按单位质量导电能力计算，铝的导电能力约为铜的 200%；铝具有良好的耐蚀性、耐候性和良好的耐低温性能，铝在温度低时，它的强度增加而且无脆性，因此它是理想的低温装置材料；铝对光、热、电波的反射率高，无磁性，抗核辐射性能好。

（3）良好的塑性和加工性能　铝的延展性优良，易于挤出形状复杂的中空型材，适于拉伸加工及其他各种冷热塑性成形；铝及其合金的表面有氧化膜，呈银白色，相当美观，还可以用着色和喷涂等方法，制造出各种颜色和有光泽的表面。

因此，铝及铝合金在航空、航天、航海、汽车、桥梁、建筑、电气、能源动力、冶金化工、农业排灌、包装防腐、电器家具、日用文体等各个领域都得到了十分广泛的应用。

7.1.1　纯铝

纯铝按纯度可以分为高纯铝和工业纯铝两大类。

1. 高纯铝

高纯铝的 $w_{Al}>99.85\%$，主要用于科学研究、电子工业、化学工业及制造高纯合金、激光材料及一些其他特殊用途。

2. 工业纯铝

工业纯铝的 $w_{Al}=99.00\%\sim99.85\%$，主要用作电工铝，如母线、电线、电缆、电子零件；可用于制作换热器、冷却器、化工设备；制作烟、茶、糖等食品和药物的包装用品，啤酒桶等深冲制品；在建筑上作为屋面板、天棚、间壁墙、吸声和绝热材料，以及制作家庭用具、炊具等。工业纯铝不能热处理强化，可通过冷变形提高强度，唯一的热处理形式是退火。

7.1.2 铝合金

纯铝的强度很低，不适合作为工程结构材料使用。为了提高强度，乃至获得良好的综合性能，向铝中加入适量合金元素，如 Cu、Mg、Si、Zn、Mn、Li 等（主加元素）和 Cr、Ti、Ni、V、B、Re 等（辅加元素），组成铝合金，可通过冷变形（加工硬化）、固溶时效热处理来改善其性能。

根据铝合金的化学成分和生产工艺特点，可将铝合金分为变形铝合金和铸造铝合金两大类。

按铝合金所处相图的位置（图 7-1），化学成分在 *D* 点以左的铝合金，加热至固溶线（*DF* 线）以上温度，可以得到均匀的单相 α 固溶体，塑性好，适于压力成形加工，如锻造、轧制等，称为变形铝合金；化学成分在 *D* 点以右的铝合金，存在共晶组织，塑性较差，不宜压力加工，但流动性好，适宜铸造，称为铸造铝合金。

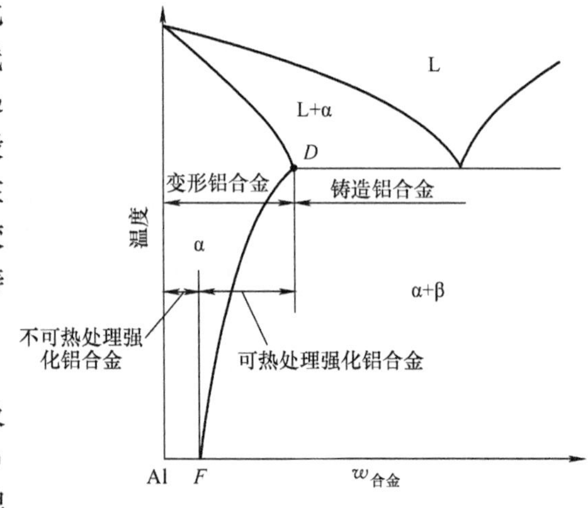

图 7-1 铝合金分类示意图

1. 变形铝合金

我国变形铝合金牌号命名按《变形铝及铝合金牌号表示方法》（GB/T 16474—2011）进行。凡化学成分与变形铝及铝合金国际牌号注册协议组织（简称国际牌号注册组织）命名的合金相同的所有合金，其牌号直接采用国际四位数字体系牌号，未与国际四位数字体系牌号接轨的变形铝合金，采用四位字符牌号（试验铝合金在四位字符牌号前加 ×）命名，并按要求注册化学成分。变形铝合金牌号系列及热处理特点见表 7-1。

（1）纯铝的牌号命名法 GB/T 16474—2011 中规定铝含量不低于 99.00% 时为纯铝，其牌号用 1××× 系列表示。牌号的最后两位数字表示铝的最低质量分数。当铝的最低质量分数精确到 0.01% 时，牌号的最后两位数字就是铝的最低质量分数中小数点后的两位，如 1A99、1A95 表示铝的质量分数分别为 99.99%、99.95%。牌号第二位的字母表示原始纯铝的改型情况。如果第二位字母为 A，则表示为原始纯铝；如果是 B ~ Y 的其他字母，则表示为原始纯铝的改型，与原始纯铝相比，其元素含量略有改变。

（2）铝合金的牌号命名法 铝合金的牌号用2×××~8×××系列表示。牌号的最后两位数字没有特殊意义，仅用来区分同一组中不同的铝合金。牌号第二位的字母表示原始合金的改型情况。如果牌号第二位的字母是 A，则表示为原始合金；如果是 B ~ Y 的其他字母，则表示为原始合金的改型合金。

如图7-1 所示，在变形铝合金中，成分点在 *F* 点以左的合金，组织为单相固溶体，且其溶解度不随温度而变化，不能通过热处理方法强化，称为不可热处理强化的变形铝合金只能在退火或冷作硬化状态下使用；成分在 *F* 点和 *D* 点之间的合金，固溶体的溶解度随着温度而变化，可以通过热处理强化，称为可热处理强化的形变铝合金。变形铝合金牌号表示及热处理特点见表 7-1。

表 7-1 变形铝合金牌号系列及热处理特点

牌号系列	组别	热处理特点
1×××	纯铝（w_{Al}≥99.00%）	不可热处理强化
2×××	以铜为主要合金元素的铝合金	可热处理强化
3×××	以锰为主要合金元素的铝合金	不可热处理强化
4×××	以硅为主要合金元素的铝合金	不可热处理强化，若含 Mg，则可热处理强化
5×××	以镁为主要合金元素的铝合金	不可热处理强化
6×××	以镁和硅为主要合金元素并以 Mg_2Si 相为强化相的铝合金	可热处理强化
7×××	以锌为主要合金元素的铝合金	可热处理强化
8×××	以其他合金元素为主要合金元素的铝合金	可热处理强化
9×××	备用合金组	—

2. 铸造铝合金

铸造铝合金主要有 Al-Si 系、Al-Cu 系、Al-Mg 系、Al-Zn 系四种，其代号分别用 ZL1、ZL2、ZL3、ZL4 加两位数字的顺序号表示；若为铸锭，则在 ZL 后加 D；若为优质，则在代号后加 A；需表示状态时，在合金代号后用短横线连接状态代号；铸造方法代号不写入合金代号中。

（1）Al-Si 系铸造铝合金 Al-Si 系铸造铝合金俗称硅铝明。其中 ZL102 为 Al-Si 二元合金，称为简单硅铝明；其余为 Al-Si 系多元合金，称为复杂硅铝明。铸造铝合金的铸造性能好，密度小，具有优良的耐蚀性、耐热性和焊接性能。简单硅铝明强度较低，不能热处理强化，用于制造形状复杂但强度要求不高的铸件，如汽车机匣、仪表壳体等。复杂硅铝明可通过热处理来强化，常用代号有 ZL101、ZL104、ZL105、ZL109 等，用于制造低、中强度的形状复杂的铸件，如电动机壳体、气缸体、风机叶片、发动机活塞等。

（2）Al-Cu 系铸造铝合金 Al-Cu 系铸造合金具有较高的强度、耐热性，但密度大、耐蚀性差，铸造性能不好。常用代号有 ZL201、ZL202、ZL203 等，主要用于制造较高温度下工作的要求高强度的零件，如内燃机气缸头、增压器导风叶轮等。

（3）Al-Mg 系铸造铝合金 Al-Mg 系铸造铝合金具有较高的强度和良好的耐蚀性，但铸造性能差，耐热性低。常用代号有 ZL301、ZL303 等，主要用于制造在腐蚀介质下工作的、承受一定冲击载荷的、形状较为简单的零件，如舰船配件、氨用泵体等。

（4）Al-Zn 系铸造铝合金　Al-Zn 系铸造铝合金具有较高的强度和良好的铸造性能，但密度大，耐蚀性较差。常用代号有 ZL401、ZL402 等，主要用于制造受力较小、形状复杂的汽车、飞机、仪器零件等。

铸造铝合金牌号表示方法按《铸造有色金属及其合金牌号表示方法》（GB/T 8063—2017）进行。由“ZAl”和主要合金化学元素符号（其中混合稀土元素符号统一用 RE 表示）以及表明合金化元素名义质量分数（%）的数字组成。合金化元素符号按其名义质量分数递减的次序排列，含量相等时，按元素符号字母顺序排列。当需要表明决定合金类别的合金化元素首先列出时，无论其含量多少，该元素符号均应紧置于基体元素符号之后。对杂质限量要求严格、性能高的优质合金，在牌号后面标注大写字母 A 表示优质。例如：

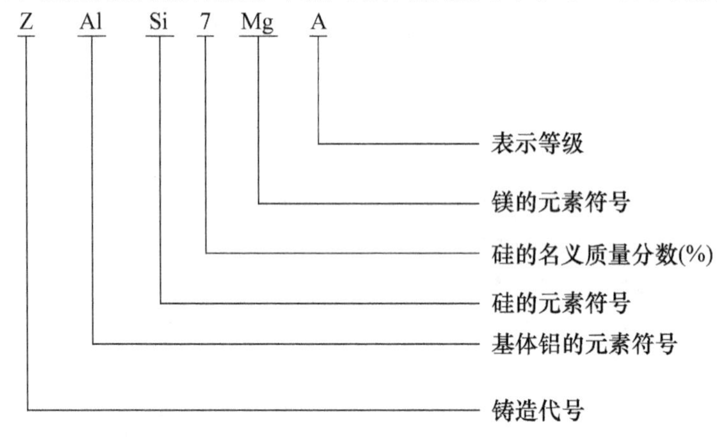

7.1.3　铝合金热处理

退火、淬火和时效是铝合金的基本热处理形式。退火是一种软化处理，其目的是使合金在成分及组织上趋于均匀和稳定，消除加工硬化，恢复合金的塑性。淬火时效则属于强化热处理，目的是提高合金的强度，主要用于可热处理强化的铝合金。

1. 退火

根据生产需求的不同，铝合金退火分为均匀化退火、再结晶退火及低温退火几种形式。

（1）均匀化退火　铸锭在快速冷凝及非平衡结晶条件下，必然存在成分及组织上的不均匀，同时也存在很大的内应力。为了改变这种状况，提高铸锭的热加工工艺性，一般需进行均匀化退火。为促使原子扩散，均匀化退火应选择较高的退火温度，但不得超过合金中低熔点共晶体熔点，一般均匀化退火温度低于该合金熔点 5～40℃，退火时间多在 12～24h 之间。

（2）再结晶退火　再结晶退火是铝合金制品在再结晶温度以上保温一段时间后空冷，获得完全再结晶组织和良好的塑性的退火工艺。在保证材料获得良好的组织及性能条件下，再结晶退火，保温时间不宜过长。对于可热处理强化的铝合金，为防止产生空冷淬火效应，应严格控制其冷却速度。

（3）低温退火　低温退火包括消除内应力退火和部分软化退火两种，主要用于纯铝和非热处理强化铝合金。制定低温退火制度是一项很复杂的工作，不仅要考虑退火温度和保温时间，而且要考虑杂质、合金化程度、冷变形量、中间退火温度和热变形温度的影响。

2. 淬火

铝合金的淬火也称为固溶处理，即通过高温加热，使金属中以第二相形式存在的合金元素尽可能多地溶入固溶体，随后快速冷却，以抑制第二相的析出，从而获得一种过饱和的以铝为基的 α 固溶体，为下一步时效处理做好组织上的准备。

获取过饱和 α 固溶体的前提是合金中的第二相在铝中的溶解度应随温度的增加而明显提高，否则，就达不到固溶处理的目的。以 Al-Cu 合金为例，共晶温度为 548℃，铜在铝中的室温溶解度不足 0.1%，当加热到 548℃，其溶解度则提高到 5.6%。因此，w_{Cu} 在 5.6% 以下的 Al-Cu 合金，加热温度超过其固溶线以后，进入 α 单相区，即第二相 $CuAl_2$ 全部溶入基体，淬火后就可获得单一的过饱和 α 固溶体。主要合金元素在铝中的极限溶解度见表7-2。

表 7-2　主要合金元素在铝中的极限溶解度

元素	Zn	Mg	Cu	Li	Mn	Si	Cr	V	Cd	Ti	Zr	Ca
溶解度	82.2%	17.4%	5.6%	4.2%	1.82%	1.65%	0.72%	0.6%	0.47%	1.15%	0.28%	0.1%

淬火是铝合金最重要和要求最严格的热处理操作，其中关键是选择恰当的淬火加热温度和保证足够的淬火冷却速度，并能严格控制炉温和减少淬火变形。

（1）淬火温度　淬火温度的选定原则是在确保铝合金不发生过烧或晶粒过分长大的情况下尽可能地提高淬火加热温度，以增加 α 固溶体的过饱和度及时效处理后的强度。一般铝合金加热炉要求炉温控制精度在 ±3℃ 以内，同时炉内空气是强制循环的，以保证炉温的均匀性。

铝合金的过烧是由金属内部低熔点组成物，如二元或多元共晶体发生局部熔化造成的。过烧不仅造成合金力学性能的降低，同时对合金的耐蚀性也有严重影响。因此，铝合金一旦发生过烧，将无法消除，合金制品应报废。铝合金的实际过烧温度主要取决于合金成分、杂质含量，同时与合金加工状态也有关系，经过塑性变形加工的制品，其过烧温度高于铸件，变形加工量越大，非平衡低熔点组成物在加热时越容易溶入基体，故实际过烧温度升高。

（2）淬火冷却速度　铝合金淬火时的冷却速度对合金的时效强化能力及耐蚀性有重大影响，2A12 和 7A04 淬火过程中必须确保 α 固溶体不发生分解，特别在 290～420℃ 的温度敏感区，要有足够大的冷却速度。通常规定冷却速度应在 50℃/s 以上，而 7A04 合金，冷却速度则应不低于 170℃/s。

（3）淬火介质　铝合金最常用的淬火介质是水。生产实践表明，淬火时的冷却速度越大，淬火材料或工件的残余应力和残余变形也越大。因此，对于形状简单的小型工件，水温可稍低，一般为 10～30℃，不应超过 40℃。对于形状复杂、壁厚差别较大的工件，为减少淬火变形及开裂，有时水温可提高到 80℃。但必须指出，随着淬火槽水温的升高，一般说来，材料的强度和耐蚀性也相应降低。

3. 时效

时效处理是指将固溶处理后的铝合金在室温或低温加热下保温一定时间，随时间的延长，其强度、硬度显著升高而塑性降低的现象。室温下进行的时效称为自然时效，低温加热下进行的时效称为人工时效。

时效强化效果与加热温度和保温时间有关。温度一定时，随时效时间延长，时效曲线上出现峰值，超过峰值时间，析出相聚集长大，强度下降，称为过时效。随时效温度提高，峰值强度下降，出现峰值的时间提前。以 Al-4% Cu 合金为例，该合金的时效基本过程可以概括为：合金淬火→过饱和 α 固溶体→形成铜原子富集区（GPⅠ区）→铜原子富集区有序化（GPⅡ区）→形成过渡相 θ′→析出平衡相θ（$CuAl_2$）+ 平衡的 α 固溶体。Al-4% Cu 合金的时效硬化曲线如图 7-2 所示。

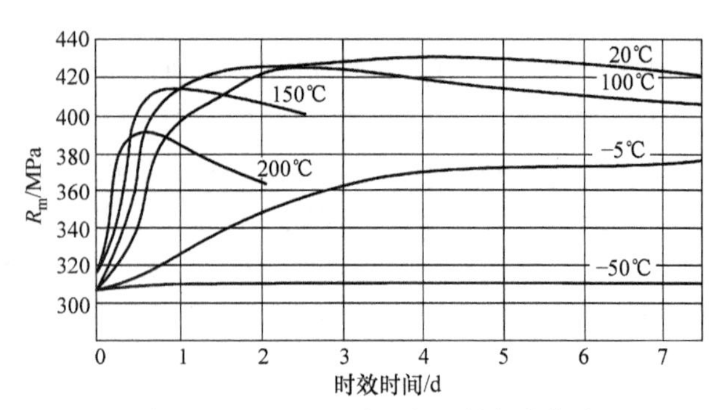

图 7-2　Al-4% Cu 合金的时效硬化曲线

铝合金的强化机理与钢不同，钢主要是通过钢的同素异构转变来强化，铝合金主要是依靠时效过程中时效相的析出来进行强化的。时效的实质是第二相从过饱和固溶体中析出和长大，由于第二相与母相（α 相）的共格程度不同，使母相产生晶格畸变而强化，这种强化称为沉淀强化。

时效强化是发展可热处理强化铝合金的基础，其时效硬化能力与合金成分及热处理制度有直接关系。Al-Si 及 Al-Mn 二元合金，因时效过程中直接析出平衡相，故无沉淀硬化作用，属不可热处理强化铝合金，Al-Mg 系合金虽可形成 GP 区及过渡相 β′，但只有在高镁合金中才有一定的沉淀硬化能力。Al-Cu、Al-Cu-Mg、Al-Mg-Si 及 Al-Zn-Mg-Cu 系合金，其 GP 区及过渡相有较强的沉淀硬化能力，是目前主要可热处理强化的合金系。

7.2　铜及其合金

铜是人类最早使用的金属。早在史前时代，人们就开始采掘露天铜矿，并用获取的铜制造武器、工具和其他器皿，铜的使用对早期人类文明的进步影响深远。自然界中的铜，多数以化合物即铜矿物存在。铜矿物与其他矿物聚合成铜矿石，开采出来的铜矿石，经过选矿而成为含铜品位较高的铜精矿。

7.2.1　纯铜

纯铜密度为 8.96g/cm³，熔点为 1083.4℃，具有面心立方晶格结构，无同素异构转变，无磁性。纯铜的强度不高（R_m = 200～250MPa），塑性好（A = 45%～50%）。冷变形后，强度可达 400～500MPa，但伸长率下降到 5% 以下。采用退火处理可消除铜的加工硬化。纯铜具有优良的导电性和导热性，其导电性仅次于银。铜在大气中耐蚀性良好，暴露在大气中的铜能在表面生成难溶于水、并与基底紧密结合的碱性硫酸铜［即铜绿，$CuSO_4 \cdot 3Cu(OH)_2$］或碱性碳酸铜［$CuCO_3 \cdot Cu(OH)_2$］薄膜，对铜有保护作用，可防止铜继续腐蚀。铜在淡水及蒸汽中耐蚀性能也很好。所以野外架设的大量导线、水管、冷凝管等，均可不另加保护。

铜在海水中的腐蚀速度不大，约为0.05mm/a。纯铜还具有良好的焊接性能。

工业纯铜的牌号用字母T加上序号表示，如T1（>99.95%），T2（>99.9%），T3（>99.7%）等，T后面的数字增加表示纯度降低。

7.2.2　铜合金

在纯铜中加入Zn、Sn、Al、Mn、Ni、Fe、Be、Ti、Zr等合金元素可制成铜合金。铜合金既保持了纯铜优良的特性，又有较高的强度。按化学成分不同，铜合金分为黄铜、白铜、青铜三大类。黄铜是以锌为主要合金元素的铜合金，白铜是以镍为主要合金元素的铜合金，青铜是以除锌、镍外的其他元素为主要合金元素的铜合金。按生产加工方式不同，铜合金又分为压力加工产品（简称加工产品）和铸造产品。除用于导电、装饰和建筑外，铜合金主要在耐磨和耐蚀条件下使用。

1. 黄铜

黄铜是指以铜为基，锌为主要合金元素的铜合金，分为普通黄铜和特殊黄铜。

（1）普通黄铜　Cu-Zn二元合金称为普通黄铜，其加工产品代号表示方法为：H+铜的平均质量分数×100，如H68表示含$w_{Cu}=68\%$的铜锌合金。

普通黄铜中，$w_{Zn}<39\%$的称为单相黄铜，它强度低、塑性好，一般经冷塑性加工成板材、线材、管材等，常用代号有H68、H70、H80，主要用作弹壳和精密仪器；$w_{Zn}=39\%\sim45\%$的称为两相黄铜，它热塑性好，一般热轧成棒材、板材，常用代号有H59、H62等，主要用于制作水管、油管、散热器、螺钉。

黄铜中锌的含量对其力学性能有很大的影响，如图7-3所示。当$w_{Zn}<30\%$时，随着锌含量的增加，R_m和A同时增大；当w_{Zn}在30%左右时，A达最大值，随着锌含量的增加，黄铜塑性急剧下降，而R_m则随着锌含量的增加而增加，当w_{Zn}在45%左右时，R_m值最大。当$w_{Zn}>45\%$时，R_m和A随着锌含量的增加而下降。普通黄铜化学成分及力学性能见表7-3。

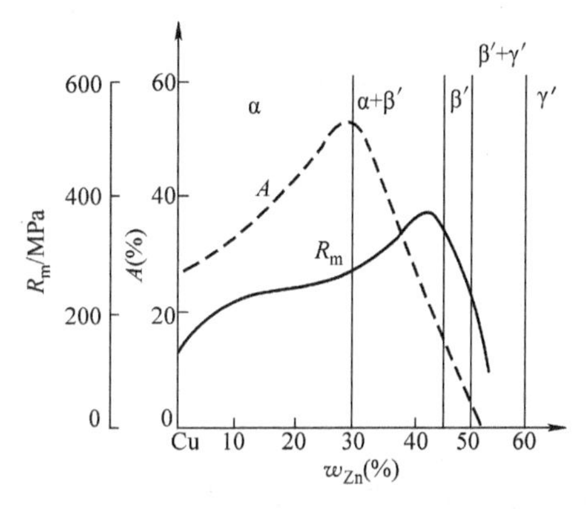

图7-3　黄铜中锌含量与力学性能的关系

表7-3　普通黄铜化学成分及力学性能

代号	化学成分（质量分数,%）		力学性能			
	Cu	Zn	加工状态	R_m/MPa	A（%）	硬度　HBW
H95	95~97	余量	退火	250	35	—
H80	79~81	余量	退火	270	50	—
H68	67~70	余量	退火	300	40	—
H59	57~60	余量	退火	300	25	—
			变形	420	5	103

（2）特殊黄铜　在普通黄铜的基础上加入Al、Si、Pb、Sn、Mn、Fe、Ni等合金元素形

成特殊黄铜，相应称为铝黄铜、硅黄铜、铅黄铜等。这些合金元素的加入都能提高合金的强度，另外 Al、Sn、Mn、Ni 能提高耐蚀性和耐磨性，Mn 能提高耐热性，Si 能改善铸造性能，Pb 能改善切削性能。特殊黄铜加工产品代号表示方法为：H＋主加元素的化学符号及铜的平均质量分数（%）＋各合金元素的平均质量分数（%）。如 HPb59-1 表示含 $w_{Cu}=59\%$、$w_{Pb}=1\%$ 的加工铅黄铜。特殊黄铜常用代号有 HPb59-1、HSn90-1 等，主要用于制造冷凝管、齿轮、螺旋桨、钟表零件等。特殊黄铜主要化学成分及力学性能见表 7-4。

表 7-4　特殊黄铜主要化学成分及力学性能

组别	代号	主要化学成分（质量分数,%）		力学性能（变形）		
		Cu	其他	R_m/MPa	A（%）	HBW
铝黄铜	HAl 77-2	76.0～79.0	Al 1.8～2.6	650	12	170
铅黄铜	HPb 63-3	62.0～65.0	Pb 2.4～3.0	600	5	—
	HPb 60-1	59.0～61.0	Pb 0.6～1.0	610	4	—
锡黄铜	HSn 90-1	88.0～91.0	Sn 0.25～0.7	520	5	148
	HSn 62-1	61.0～63.0	Sn 0.7～1.1	700	4	—
硅黄铜	HSi 65-1.5-3	63.5～66.5	Si 1.0～2.0 Pb 2.5～3.5	600	8	160
锰黄铜	HMn 58-2	57.0～60.0	Mn 1.0～1.2	700	10	175
铁黄铜	HFe 59-1-1	57.0～60.0	Fe 0.6～1.2	700	10	160
镍黄铜	HNi 65-5	64.0～67.0	Ni 5.0～6.5	700	4	—

铸造黄铜的牌号表示方法为：Z＋铜元素符号＋主加元素符号及名义质量分数（%）＋其他元素的化学符号及名义质量分数（%），如 ZCuZn38 表示 $w_{Zn}=38\%$、余量为铜的铸造普通黄铜。

2. 白铜

白铜是指以铜为基，镍为主要合金元素的铜合金，分为简单白铜和特殊白铜，工业上主要用于耐蚀结构和电工仪表。白铜的组织为单相固溶体，不能通过热处理来强化。

简单白铜为 Cu-Ni 二元合金，代号用 B＋Ni 的平均质量分数（w）×100 表示。常用代号有 B5、B19 等。简单白铜具有较高的耐蚀性和抗腐蚀疲劳性能，优良的冷、热加工性能，主要用于制造在蒸汽和海水环境中工作的精密仪器、仪表零件和冷凝器、蒸馏器及热交换器等。

特殊白铜是在 Cu-Ni 二元合金基础上添加 Zn、Mn、Al 等元素形成的，分别称为锌白铜、锰白铜、铝白铜等。特殊白铜代号用 B＋添加元素符号＋Ni 平均质量分数（%）＋添加元素平均质量分数（%）表示，如 BMn40-1.5 表示含 $w_{Ni}=40\%$、$w_{Mn}=1.5\%$ 的锰白铜。常用锌白铜代号有 BZn15-20，它具有很高的耐蚀性、强度和塑性，成本也较低，适用于制造精密仪器、精密机械零件、医疗器械等。锰白铜具有较高的电阻率、热电势和低的电阻温度系数，用于制造低温热电偶、热电偶补偿导线、变阻器和加热器，常用代号有 BMn40-1.5（康铜）、BMn43-0.5（考铜）。

3. 青铜

青铜是指除黄铜、白铜之外的铜合金。根据所加主要合金元素 Sn、Al、Be、Si、Pb 等，青铜分为锡青铜、铝青铜、铍青铜、硅青铜、铅青铜等。加工青铜的代号用Q+主加元素符号及平均质量分数（%）+其他元素平均质量分数（%）表示，如QSn4-3表示含w_{Sn}=4%、w_{Zn}=3%的锡青铜。铸造青铜的牌号表示方法与铸造黄铜相同。

（1）锡青铜　以锡为主加元素的铜合金。锡青铜的力学性能受锡含量的显著影响（图7-4）。w_{Sn}<5%的锡青铜塑性好，适合于进行冷变形加工；w_{Sn}=5%~7%的锡青铜热塑性好，适于进行热加工；w_{Sn}=10%~14%的锡青铜塑性较低，适于作为铸造合金。锡青铜的铸造流动性差，易形成分散缩孔，铸件致密度低，但合金体积收缩率小，适于铸造外形及尺寸要求精确的铸件。

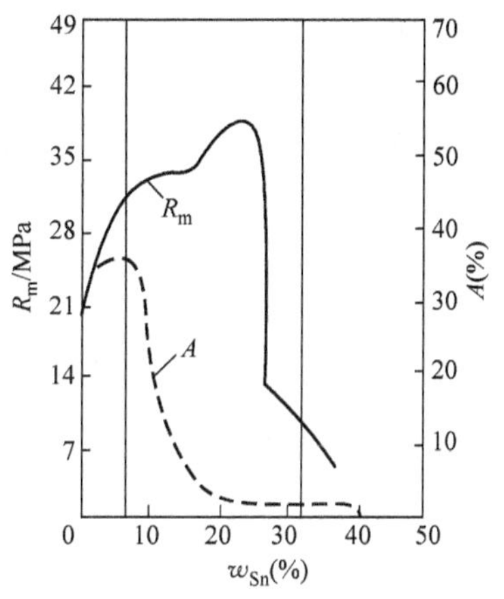

图7-4　锡青铜的力学性能与锡含量的关系

锡青铜具有良好的耐蚀性、减摩性、抗磁性和低温韧性，在大气、海水、蒸汽、淡水及无机盐溶液中的耐蚀性比纯铜和黄铜好，但在亚硫酸钠、酸和氨水中的耐蚀性较差。常用锡青铜有QSn4-3、QSn6.5-0.4、ZCuSn10Pb1等，主要用于制造弹性元件、耐磨零件、抗磁及耐蚀零件，如弹簧、轴承、齿轮、蜗轮、垫圈等。

（2）铝青铜　以铝为主加元素的铜合金。铝青铜的性能也受铝含量的显著影响。铝青铜强度和塑性随铝含量的增加而升高，塑性在w_{Al}为4%左右达最大值，其后下降，而强度在w_{Al}为10%左右达最大值。铝质量分数为5%~7%的铝青铜塑性最好，适于冷加工。w_{Al}>7%~8%后，塑性急剧降低。w_{Al}>12%时铝青铜塑性很差，加工困难。因此，实际应用的铝青铜的铝含量一般在5%~12%之间。

铝青铜的强度、硬度、耐磨性、耐热性、耐蚀性都高于黄铜和锡青铜，但其铸件体积收缩率比锡青铜大，焊接性能差。铝青铜是无锡青铜中应用最广的一种铜合金。常用铝青铜有低铝和高铝两种。低铝青铜如QAl5、QAl7等，具有一定的强度、较高的塑性和耐蚀性，一般在压力加工状态使用，主要用于制造高耐蚀性弹性元件。高铝青铜如QAl9-4、QAl10-4-4等，具有较高的强度、耐磨性、耐蚀性，主要用于制造齿轮、轴承、摩擦片、蜗轮、螺旋桨等。

（3）铍青铜　以铍为主加元素的铜合金。铍青铜是性能最好的一种铜合金，也是唯一可固溶强化的铜合金。它具有很高的强度、弹性、耐磨性、耐蚀性及耐低温性，具有良好的导电、导热性，无磁性，受冲击时不产生火花，还具有良好的冷、热加工和铸造性能。常用代号QBe2、QBe1.9等，主要用于制造重要的精密弹簧、膜片等弹性元件，高速、高温、高压下工作的轴承等耐磨零件，防爆工具等。

7.2.3　铜合金热处理

铜合金常见的热处理形式有均匀化处理、再结晶退火、去应力退火、固溶处理及时效等几种。

1. 均匀化处理

均匀化处理是将铸锭加热到高温下进行较长时间的保温，通过固态中的原子扩散，以消除或减少铸锭中的枝晶偏析和枝晶间非平衡的脆性组织组成物的热处理工艺。这种热处理能使合金具有更均匀的显微组织，从而改善铸锭的塑性和压力加工性能。

铜合金根据其凝固方式的不同，主要可分为窄凝固温度范围的壳状凝固合金和宽凝固温度范围的糊状凝固合金两大类。前者如铝青铜、锰青铜、硅青铜、高锌黄铜等，后者如锡青铜、锡磷青铜、锡锌青铜、铍青铜等。对前一类铜合金来说，由于凝固时的偏析程度小，在大多数情况下，反复冷轧前的中间退火，已可将枝晶偏析消除，因此无须进行均匀化处理。对于后一类铜合金来说，由于凝固时的偏析程度大，特别是锡含量大于8%的锡青铜和锡磷青铜，不但铸锭中存在严重的枝晶偏析，而且枝晶间还有大量非平衡的脆硬δ相（Cu31Sn8）存在，严重地降低了铸锭的塑性和冷态轧制性能，因此在铸锭进行冷态轧制前，有必要进行均匀化处理。

上述第二类铜合金进行均匀化处理时，一般应加热到比普通退火的最高温度约高100℃的温度下进行保温。更高的均匀化处理温度虽然能缩短均匀化处理的时间，但会导致铸锭产生过度的晶粒长大，甚至引起材料局部熔化而过烧，因此不予推荐。均匀化处理的保温时间主要取决于铸锭的形状和尺寸及均匀化处理所用的设备。部分铜合金的均匀化处理工艺见表7-5。

表7-5　部分铜合金的均匀化处理工艺

合金名称	均匀化处理温度/℃	保温时间/h
锡青铜	625～750	1～6
锡磷青铜	625～750	1～6
白铜	750～800	0.5～1
铍青铜	720～800	1～3

2. 再结晶退火

再结晶退火也称完全退火，用于完全消除冷变形引起的加工硬化，使金属材料恢复到冷变形前低强度和高塑性的状态。这种退火既可用于冷变形工序之间的中间退火，也可用于压力加工产品的最终退火。再结晶退火的加热温度和保温时间应使材料在退火过程中足以完成再结晶，同时所产生的新的晶粒组织又不致发生过度的晶粒长大。工业纯铜的再结晶退火温度一般在600℃左右，黄铜的再结晶退火温度一般为600～700℃。

3. 去应力退火

去应力退火主要用于去除铸件、焊接件及冷成形件的内应力，稳定冷变形或焊接件的尺寸与性能，防止工件在切削加工时产生变形。冷变形黄铜、铝青铜、硅青铜，其应力腐蚀破裂倾向严重，必须进行去应力退火。铜合金去应力退火温度比再结晶退火温度低30～100℃，一般为230～300℃，成分复杂的铜合金温度稍高，一般为300～350℃。保温时间一般为30～60min。

4. 固溶处理及时效

铜合金固溶处理的目的是获得成分均匀的过饱和固溶体，并通过随后的时效处理获得强化效果。有些合金（如铍青铜、硅青铜等）固溶处理可提高其塑性，便于进行冷变形加工。复杂铝青铜固溶处理后可获得类马氏体组织。

铜合金固溶处理必须严格控制炉温。温度过高会使合金晶粒粗大，严重氧化和过烧，变脆。温度过低，固溶不充分，又会影响随后的时效强化。炉温精度应该控制在 ±5℃ 以内，加热后一般采用水冷。铜合金时效一般采用人工时效或热加工后直接人工时效。铍青铜弹簧材料的固溶处理和时效规范见表 7-6。已经时效处理的，为了消除某种原因而产生的内应力，还需要进行再时效（温度比前段略低）。温度控制精度也要求更高，一般不超出 ±3℃ 的范围。

表 7-6　铍青铜弹簧材料的固溶处理和时效规范

材料牌号	固溶处理（淬火）		时效处理（回火）	
	温度/℃	时间/h	温度/℃	时间/h
QBe1.7	790 ±5	视零件大小、多少而定	320 ~ 330	2 ~ 3
QBe1.9	790 ±5		320 ~ 330	
QBe2	780 ±5		320 ±5	

7.3　轴承合金

轴承合金又称轴瓦合金，是制造滑动轴承中的轴瓦及内衬的材料。如图 7-5 所示，轴瓦及内衬通常附着于轴承座壳内，起减摩作用，同时承受旋转轴颈施加的周期性载荷。因此，轴承合金应具有如下性能：

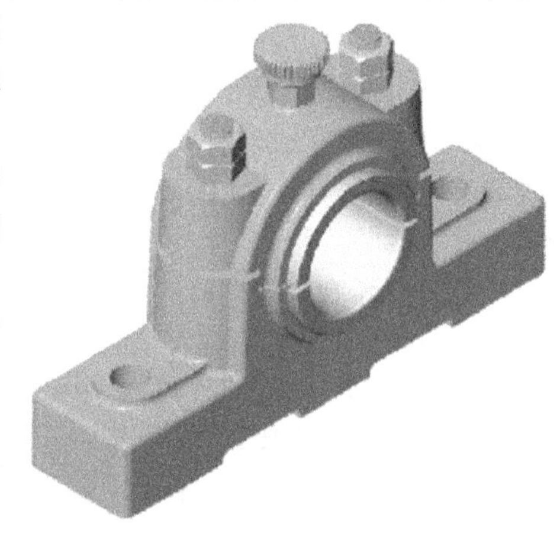

图 7-5　滑动轴承

1）良好的减摩性能。要求由轴承合金制成的轴瓦与轴之间的摩擦系数要小，并有良好的可润滑性能。

2）有一定的抗压强度和硬度，能承受转动着的轴施加的压力；但硬度不宜过高，以免磨损轴颈。

3）塑性和冲击韧度良好，以便能承受振动和冲击载荷，使轴和轴承配合良好。

4）表面性能好。即有良好的抗咬合性、顺应性和嵌藏性。

5）有良好的导热性、耐蚀性和小的线胀系数。

常用的有锡基轴承合金、铅基轴承合金、铜基轴承合金、铝基轴承合金等。

1. 锡基轴承合金（锡基巴氏合金）

锡基轴承合金是以锡为基体元素，加入锑、铜等元素组成的 Sn-Sb-Cu 系软基体硬质点合金。软基体是锑溶于锡的 α 固溶体，硬质点是以 SnSb 化合物为基的 β 固溶体。显微组织如图 7-6 所示。这种合金摩擦系数小，塑性和导热性好，是优良的减摩材料，常用作重要的轴承，如汽轮机、发动机、压气机等巨型机器的高速轴承。它的主要缺点是疲劳强度较低，且锡较稀缺，故这种轴承合金价格较高。

2. 铅基轴承合金（铅基巴氏合金）

铅基轴承合金是以铅、锑为基体的合金，是 Pb-Sb-Sn-Cu 系软基体硬质点合金。软基体是α+β共晶体（α是Sb溶入Pb中的固溶体，β是Pb溶入Sb中的固溶体），硬质点为β相、SnSb和Cu_3Sn。铅基轴承合金的显微组织如图7-7所示。铅基轴承合金的强度、塑性、韧性及导热性、耐蚀性均比锡基合金低，且摩擦系数较大；但价格较便宜。因此，铅基轴承合金常用来制造承受中、低载荷的中速轴承，如汽车、拖拉机的曲轴、连杆轴承及电动机轴承。

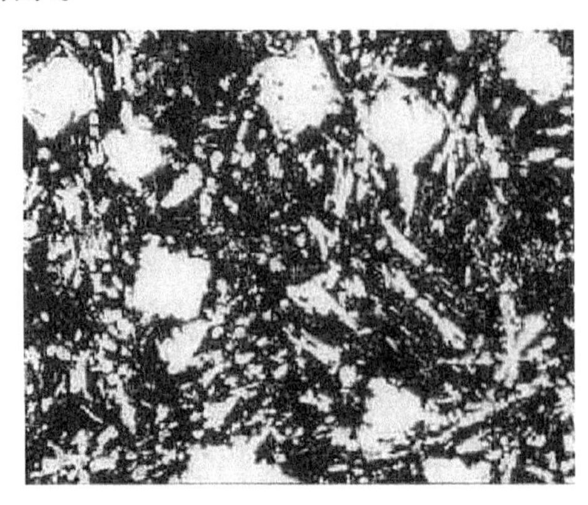

图7-6　ZChSnSb11-6铸造锡基轴承合金显微组织

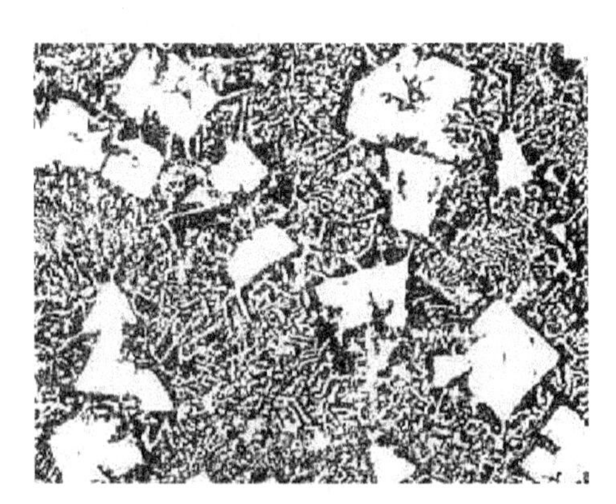

图7-7　ZPbSb16Sn16Cu2铸造铅基轴承合金显微组织[（α+β）共晶基体+方块状SnSb+针状Cu_3Sn]

需要说明的是，无论是锡基还是铅基轴承合金，它们的强度都比较低（R_m = 60 ~ 90MPa），不能承受大的压力，故须将其镶铸在钢的轴瓦（一般为08钢冲压成形）上，形成一层薄而均匀的内衬，才能发挥作用。这种工艺称为“挂衬”，挂衬后就形成所谓双金属轴承。

3. 铜基轴承合金

铜基轴承合金主要有锡青铜、铅青铜等。

（1）锡青铜　常用的有ZCuSn10P1与ZCuSn5Pb5Zn5等。

ZCuSn10P1的组织由软的基体（α固溶体）及硬质点（β相及化合物Cu_3P）构成。组织中存在较多的分散缩孔，有利于储存润滑油。这种合金能承受较大的载荷，广泛用于中等速度及承受较大的静载荷的轴承。例如，电动机、泵、金属切削机床轴承。锡青铜可直接制成轴瓦，但与其配合的轴颈应具有较高的硬度（300 ~ 400HBW）。

（2）铅青铜　常用的是ZCuPb30。铜与铅在固态下互不溶解。铅青铜的显微组织是由硬的基体（铜）上均布着大量软的质点（铅）构成的。与巴氏合金相比，该合金具有高的疲劳强度和承载能力，同时还有高的导热性（约为锡基巴氏合金的6倍）和低的摩擦系数，并可在较高温度（如250℃）下工作。铅青铜适宜制造高速、高压下工作的轴承，如航空发动机、高速柴油机及其他高速机器的主轴承。铅青铜的强度较低（R_m = 60MPa），因此也需要在轴瓦上挂衬，制成双金属轴承。

4. 铝基轴承合金

铝基轴承合金是一种新型减摩材料。常用的铝基轴承合金是以铝为基体元素，锡为主加元素组成的合金。其组织是在硬基体（铝）上均匀分布着软质点（锡）。这类合金价格低廉、密度小、导热性好、疲劳强度高、耐蚀性好，但其线膨胀系数大，易咬合。

我国已逐步用铝基轴承合金代替巴氏合金和铜基轴承合金，目前使用的铝基轴承合金有

ZAlSn20Cu 和 ZAlSn6Cu1Ni1 两种。

此外，常用的铜基轴承合金还有铝青铜（ZCuAl10Fe3）等。各种轴承合金的性能见表 7-7。

表 7-7　各种轴承合金的性能

种类	抗咬合性	磨合性	耐蚀性	耐疲劳性	硬度 HBW	轴颈处硬度 HBW	最大允许压力/MPa	最高允许温度/℃
锡基巴氏合金	优	优	优	劣	20～30	150	600～1000	150
铅基巴氏合金	优	优	中	劣	15～30	150	600～800	150
锡青铜	中	劣	优	优	50～100	300～400	700～2000	200
铅青铜	中	差	差	良	40～80	300	2000～3200	220～250
铝基合金	劣	中	优	良	45～50	300	2000～2800	100～150
铸铁	差	劣	优	优	160～180	200～250	300～600	150

7.4　其他有色金属及其合金

7.4.1　钛及其合金

钛及钛合金具有密度小、比强度高、耐高温、耐腐蚀、良好的低温韧性以及与人体有很好的“相容性”等优点，被认为是 21 世纪的重要材料，被广泛用于各个领域，如人工髋臼（图 7-8）等。

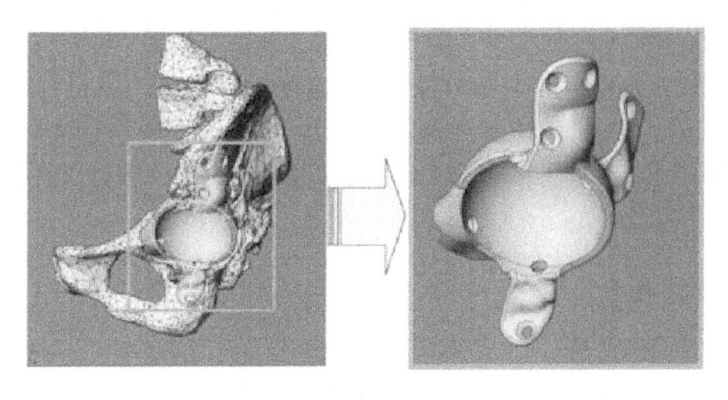

图 7-8　钛合金人工髋臼

钛的熔点为 1668℃，固态时具有同素异构体，低于 882.5℃时呈密排六方晶格结构，称为 α-Ti；882.5℃以上呈体心立方晶格结构，称为 β-Ti。室温下钛合金有三种基体组织，钛合金也就分为以下三类：α 钛合金，β 钛合金和 α + β 钛合金。我国分别以 TA、TB、TC 表示。

（1）α 钛合金　α 钛合金是由 α 相固溶体组成的单相合金，组织稳定，耐磨性高于纯钛，抗氧化能力强。在 500～600℃的温度下，仍保持其强度和抗蠕变性能，但不能进行热处理强化，室温强度不高。

（2）β钛合金　β钛合金是由β相固溶体组成的单相合金，未热处理即具有较高的强度，淬火、时效后合金得到进一步强化，室温强度可达1372～1666MPa；但热稳定性较差，不宜在高温下使用。

（3）α+β钛合金　α+β钛合金是双相合金，具有良好的综合性能，组织稳定性好，有良好的韧性、塑性和高温变形性能，能较好地进行热压力加工，能进行淬火、时效使合金强化。热处理后的强度约比退火状态提高50%～100%；高温强度高，可在400～500℃的温度下长期工作，其热稳定性次于α钛合金。

三种钛合金中最常用的是α钛合金和α+β钛合金；α钛合金的可加工性最好，α+β钛合金次之，β钛合金最差。

钛合金常用的热处理方法有退火、淬火和时效处理。

（1）退火　退火是为了消除内应力，提高塑性和组织稳定性，以获得较好的综合性能。通常α合金和（α+β）合金退火温度选在（α+β）→β相转变点以下120～200℃。

1）去应力退火：去应力退火目的是消除或减少加工过程中产生的残余应力，防止在一些腐蚀环境中的化学侵蚀和减少变形。退火温度一般为450～650℃，保温1～4h，空冷。

2）再结晶退火：再结晶退火目的是消除加工硬化。纯钛的退火温度一般采用550～690℃，钛合金退火温度一般采用750～800℃，保温1～3h，空冷。

（2）淬火和时效　淬火和时效目的是提高钛合金的强度。

α钛合金和稳定的β钛合金一般不进行淬火和时效处理，在生产中只进行退火。α+β钛合金和含有少量α相的亚稳β钛合金可以通过淬火和时效处理使合金进一步强化。

钛合金的淬火处理是将钛合金加热到α+β两相区的上部范围然后快速冷却，淬火后部分α相保留下来，细小的β相转变为亚稳β相或马氏体相α′（β稳定化元素在α-Ti中的过饱和固溶体）。时效处理时，亚稳相分解，得到细小的α相和β相混合物，弥散分布在基体上，达到使合金强化的目的。如果淬火时加热到β单相区，β晶粒极易长大，时效处理后韧性很低。钛合金的淬火温度一般为760～950℃，保温50～60min，水冷，时效处理温度一般为450～550℃，时间为几小时至几十小时。

此外，为了满足工件的特殊要求，工业上还采用双重退火、等温退火、β热处理、形变热处理等金属热处理工艺。

7.4.2　镁及其合金

镁及镁合金具有密度小、比强度大、弹性模量低、线收缩率小、加工成形性好、阻尼性好、消震性能好、导热性好等优点，在航空、汽车、家电、计算机等领域具有良好的应用前景。而且镁合金是非磁性屏蔽材料，电磁屏蔽性能好，抗电磁波干扰能力强，可用于手机通信等领域。图7-9所示为相机镁合金机身骨架。

镁的熔点为650℃，和铝相近；镁的密度很低，仅为1.738g/cm^3，是钢铁的2/9，铝合金的2/3，是最轻的结构合金。镁的化学性能活跃，为了提高镁的稳定性，改变金属镁的性能，使之满足实际要求，通常在镁中加入一些合金元素形成镁合金。工业镁合金主要添加Mn、Al、Zn、Zr和RE等合金元素，形成Mg-Mn，Mg-Al-Mn，Mg-Al-Zn-Mn，Mg-Zr，Mg-Zn-Zr，Mg-RE-Zr，Mg-Ag-RE-Zr和Mg-Y-RE-Zr等合金系列。

镁合金一般可分为含 Al 和不含 Al 镁合金。Al 含量几乎相同的 Mg-Al、Mg-Al-Zn、Mg-Al-Zn-Mn 系合金，在铸造状态下硬度值也基本相同。与含 Ag 和 Cd 的合金相比，Mg-Zn-Zr 合金的硬度较低。通常不含 Al 的镁合金一般都用 Zr 作为晶粒细化剂（Mg-Mn 除外），故可分为含 Zr 和不含 Zr 镁合金。按产品形态也可分为铸造合金和变形合金，其中变形合金又可以分为挤压合金和轧制合金。

图 7-9　相机镁合金机身骨架

我国镁合金新牌号中前两个字母代表两种主要的合金元素，如 A、K、M、Z、E、H 分别表示 Al、Zr、Mn、Zn、稀土和 Th，其后的两位数字表示元素的质量分数，最后的字母表示该合金成分经过微量调整。

7.4.3　锌及其合金

锌是一种外观呈银白色的金属，密度为 7.14g/cm^3，熔点为 419.5℃。在室温下，性较脆；100～150℃时，变软；超过 200℃后，又变脆。锌是第四种“常见”的金属，仅次于铁、铝及铜。锌具有优良的耐大气腐蚀性能，在常温下表面易生成一层保护膜，主要用于钢材和钢结构件的表面镀层；锌能与多种有色金属形成合金，如 Cu-Zn 构成黄铜，Cu-Sn-Zn 形成青铜，Cu-Zn-Sn-Pb 用作耐磨合金等；锌还被制成锌粉，用于湿法冶金的还原过程，以去除溶液中较正电位的金属离子，超细锌粉用于喷涂等。

锌基合金熔点低，流动性好，可以压铸形状复杂、薄壁的精密件，铸件表面光滑；有很好的常温力学性能和耐磨性，易熔焊、钎焊、塑性加工；可进行表面处理，在大气中具有良好的耐蚀性能；废料便于回收和重熔，广泛用于航空工业和汽车工业。但锌及其合金密度大，蠕变强度低，易发生自然时效而引起尺寸变化。图 7-10 所示为锌合金拉手。

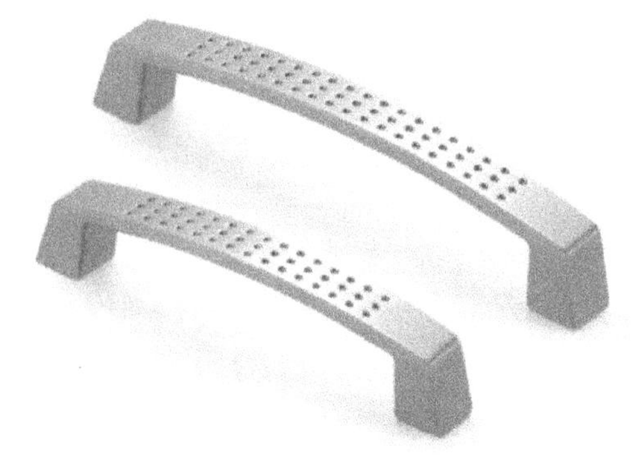
图 7-10　锌合金拉手

按成分不同，锌合金可分为 Zn-Al 系、Zn-Cu系、Zn-Pb 系和 Zn-Pb-Al 系。Zn-Al 系合金一般含有少量的 Cu、Mg，以提高其强度和改善其耐蚀性；Zn-Cu 合金一般还含有 Ti，也称 Zn-Cu-Ti 系合金，该合金是抗蠕变合金，有时为进一步改善抗蠕变性能也加入少量 Cr；Zn-Pb 系合金一般用于冲制电池壳，并可制成各种小五金及体育运动器材等；Zn-Pb-Al 系合金用于镀锌行业。近些年有些镀锌行业人员主张去掉 Al，单纯使用 Zn-Pb 合金。

按加工方式不同，锌合金主要分为三类，铸造合金、变形合金和热镀锌合金。铸造合金又分为压力铸造合金、重力铸造合金等。其中，Zn-Al 合金和 Zn-Cu-Ti 合金既可直接铸造，又可进行变形加工。Zn-Al 合金因其具有超塑性曾引起人们的广泛关注。

按性能和用途不同，锌合金可以分为抗蠕变锌合金、超塑性锌合金、阻尼锌合金、模具锌合金、耐磨锌合金、防腐锌合金和结构锌合金等。

思 考 题

7-1 简述纯铝及各类铝合金的牌号表示方法、性能特点及应用。

7-2 变形铝合金与铸造铝合金在成分选择上和组织上有什么不同?

7-3 为什么防锈铝不能通过热处理强化?

7-4 铝合金的变质处理和灰铸铁的孕育处理有何异同之处?

7-5 简述纯铜及各类铜合金的牌号表示方法、性能特点及应用。

7-6 轴承合金是用来制造什么的? 其应具备的性能有哪些? 常用的轴承合金有哪几类?

7-7 简述锡基、铅基轴承合金的性能特点及应用场合。

7-8 金属材料的减摩性和耐磨性有何区别? 它们对金属组织和性能要求有何不同?

第8章

非金属材料

章前导读

非金属材料指由非金属元素或化合物构成的材料，包括以无机物为主体的玻璃、陶瓷、石墨、岩石，以及以有机物为主体的木材、塑料、橡胶等。非金属材料一般由晶体或非晶体组成，无金属光泽，是热和电的不良导体（碳除外），由于其在质量、比强度、物理化学和一些特殊性能方面具有金属材料所不及的优异性能，同时具有资源丰富、产品制造效率高的特点，从而在近代工业中的应用领域不断扩大，成为当代材料体系中的一个重要组成部分。

非金属材料导读

8.1 高分子材料

8.1.1 概述

1. 高分子化合物的组成

高分子材料是由若干原子按一定规律重复地连接而成的长链分子材料，长链分子的最大伸直长度可达毫米级，其分子量一般大于5000。高分子材料按来源可分为天然高分子（天然橡胶、蚕丝、皮革、木材等）和合成高分子化合物（塑料、橡胶等）。合成高分子化合物是由一种或几种单体（简单结构的低分子化合物）聚合而成的，因此高分子化合物又称为高聚物或聚合物。如聚乙烯分子就是由单体乙烯经聚合反应连接而成的，其结构如下：

$$n\ (CH_2{=}CH_2) \longrightarrow \left[CH_2 - CH_2 \right]_n$$

乙烯　　　　　　　　聚乙烯

高分子化合物的化学组成一般并不复杂，是由重复连接的结构单元组成的，这种重复连接的结构单元称为“链节”，如聚乙烯中的$\left[CH_2-CH_2 \right]$。大分子链之间存在的相互作用力使链节连接起来，其连接方式决定了高分子化合物的性能。

2. 高分子化合物的结构

高分子化合物的结构可分为大分子链（或高分子链）结构和聚集态结构。

（1）大分子链结构

1）大分子链的化学组成。不是所有元素都能结合成链状大分子，只有B、C、N、O、Si、P、S、As等元素才能组成大分子链，大分子链的组成不同，高聚物的性能也不同。

2）大分子链的形状。大分子链的几何形状主要分线型、支化型和体型（网型或交联型）三种，如图 8-1 所示。

① 线型分子链。各链节以共价键连接成线型长链，像一根长线，通常呈卷曲或团状。

② 支化型分子链。在线型大分子主链的两侧有许多长短不一的小支链。

③ 体型分子链。大分子链之间通过支链或化学键连接成一个三维空间网状大分子。

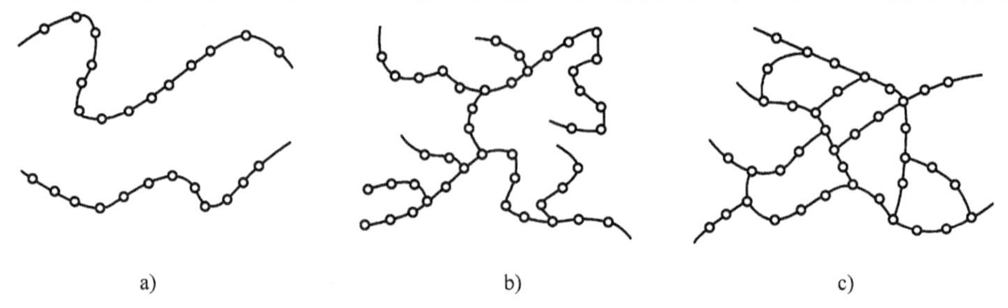

图 8-1　大分子链的几何形状

a）线型分子链　b）支化型分子链　c）体型分子链

具有线型和支化型分子链结构的聚合物称为线型聚合物，具有较高的弹性和热塑性，可反复使用，如热塑性塑料。具有体型分子链结构的聚合物称为体型聚合物，具有较好的耐热性、难溶性、强度和热固性，但弹性、塑性低，易老化，不可反复使用，如热固性塑料。

结构不规整或链间结合力较弱的聚合物（如聚氯乙烯）难以结晶，一般为不定型态。无定型聚合物在一定的载荷和受力速度下，于不同温度可呈现玻璃态、高弹态和黏流态三种力学状态（图 8-2）。玻璃态到高弹态的转变温度称玻璃化温度（T_g），是一般塑料使用的上限温度，橡胶使用的下限温度。从高弹态到黏流态的转变温度称为黏流温度（T_f），是聚合物加工成型的重要参数，一般在这个温度上注射成型。

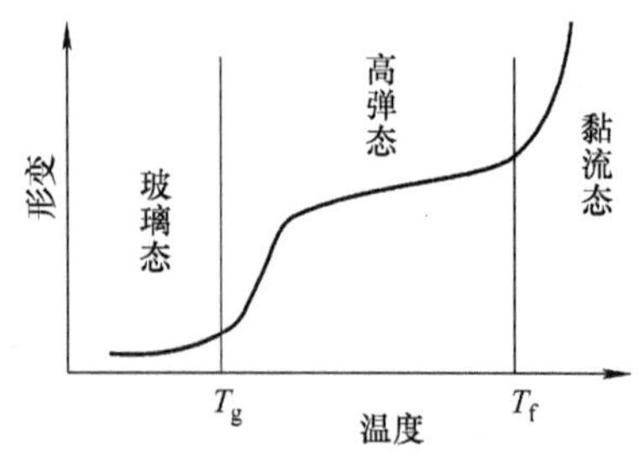

图 8-2　线型非晶态高聚物的温度 - 形变曲线

（2）高分子化合物的聚集态结构　聚合物的聚集态结构是指在分子间力作用下大分子链相互聚集所形成的几何排列和堆砌方式，一般可分为晶态、非晶态、液晶态、取向态等。

1）晶态结构。线型聚合物固化时可以结晶，但由于分子链运动较困难，不可能完全结晶。所以晶态聚合物实际为晶区（分子有规律排列）和非晶区（分子无规律排列）两相结构，一般结晶度（晶区所占有的质量分数）只有 50% ~85%，特殊情况可达到98%。在结晶聚合物中，晶区与非晶区相互穿插，紧密相连，一个大分子链可以同时穿过许多晶区和非晶区。

2）非晶态结构。聚合物凝固时，分子不能规则排列，呈长程无序、近程有序状态。非晶态聚合物分子链的活动能力大，弹性和塑性较好。由于其聚集态结构是均相的，因而材料各个方向的性能相同。

3）液晶态。液晶态是介于晶态和液态之间的热力学稳定态相。其物理状态为液体，又具有晶体的有序性。液晶有许多特殊的性质，如有些液晶具有灵敏的电响应特性和光学特性，广泛应用于显示技术中。刚性聚合物溶致性液晶具有高浓度、低黏度和低剪切应力下的高度取向的特性，利用该特性进行纺丝可制成高强度的纤维，如芳纶纤维。

4）取向态结构。取向态结构是指在外力作用下，卷曲的大分子链沿外力方向平行排列而形成的定向结构。有单轴（一个方向）和双轴（相互垂直的两个方向）两种取向。取向后聚合物呈现明显的各向异性，材料的强度大大增加。取向对聚合物的光学性质、热性质等也会产生影响。

3. 高分子化合物的分类

高分子化合物的种类很多，性能各异。常见的分类方法有：

1）按聚合物的来源可分为天然聚合物和合成聚合物。

2）按聚合物所制成材料的性能和用途可分为塑料、橡胶、纤维、胶黏剂和涂料等。

3）按聚合物的热行为可分为热塑性塑料和热固性塑料。

4）按主链结构可分为碳链、杂链和元素有机聚合物。碳链聚合物的大分子主链完全由碳原子组成；杂链聚合物大分子主链中除碳原子外，还有氧、氮、硫等原子；元素有机聚合物大分子主链中没有碳原子，主要由硅、硼、氧、氮、硫等原子组成，侧基由有机基团组成。

4. 高分子材料的改性方法

（1）填充改性　在高聚物中加入有机或无机填料，使高分子材料的硬度、耐磨性、热性能等得到改善。不同的填料具有不同的作用，常用的填料有碳酸钙、云母、石棉、炭黑、石墨、二硫化钼等。

（2）增强改性　在高聚物中加入增强材料，显著提高高分子材料的强度。增强材料有尼龙纤维、玻璃纤维、碳纤维、硼纤维、碳化硅纤维、炭黑、碳酸钙等。

（3）共混改性　将两种或两种以上的高聚物均匀混在一起，形成具有较高性能的聚合物共混物。

（4）化学改性　用化学反应的方法改变高聚物的化学组成与结构，从而提高高分子材料的性能。

8.1.2　常用高分子材料

1. 塑料

（1）塑料的组成及分类

1）塑料的组成。塑料是以合成树脂为主要成分，添加能改善性能的填充剂、增塑剂、稳定剂、润滑剂、固化剂、发泡剂、着色剂、阻燃剂、防老化剂等制成的高分子材料。添加剂的使用根据塑料的种类和性能要求而定。图8-3所示为已配置好并染色可供成型用的塑料原材料（俗称塑料粒子）。

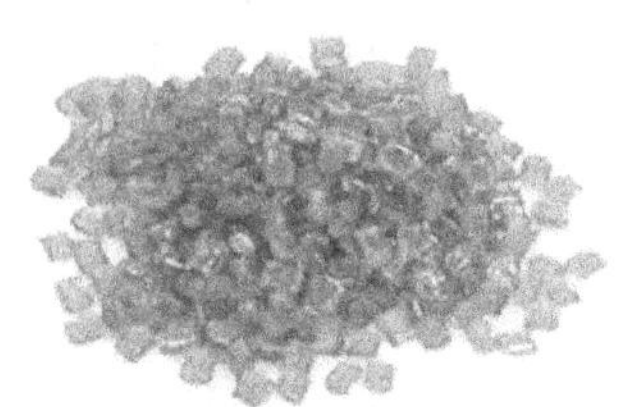

图8-3　塑料原材料

① 树脂。树脂是分子质量不固定的，在常温下呈固态、半固态或流动态的有机物质，在塑料中也起黏接各组分的作用，占塑料的40%～100%，如聚乙烯、尼龙、聚氯乙烯、聚酰胺、酚醛树脂等。大多数塑料以所用树脂命名。

② 填充剂。填充剂用来改善塑料的某些性能。常用填充剂有云母粉、石墨粉、炭粉、氧化铝粉、木屑、玻璃纤维、碳纤维等。

③ 增塑剂。用来增加树脂的塑性和柔韧性。常用增塑剂有甲酸酯类、磷酸酯类、氯化石蜡等。

④ 稳定剂。稳定剂包括热稳定剂和光稳定剂。常用热稳定剂有硬脂酸盐、环氧化合物和铅的化合物等。光稳定剂有炭黑、氧化锌等遮光剂，水杨酸酯类、二苯甲酮类等紫外线吸收剂，金属络化物类猝灭剂和受阻胺类自由基捕获剂。

⑤ 润滑剂。润滑剂用来防止塑料粘在模具或其他设备上。常用润滑剂有硬脂酸、盐类等。

⑥ 固化剂。固化剂是能将高分子化合物由线型结构转变为体型交联结构的物质，如六次甲基四胺、过氧化二苯甲酰等。

⑦ 发泡剂。发泡剂是受热时会分解释放出气体的有机化合物，用于制备泡沫塑料等。常用发泡剂为偶氮二甲酰胺。

2）塑料的分类。常用分类方法有以下两种：

① 按塑料受热时的性质不同，分为热塑性塑料和热固性塑料。

a. 热塑性塑料受热时软化或熔融，冷却后硬化，并可反复多次进行。它包括聚乙烯、聚氯乙烯、聚苯乙烯、聚丙烯、聚酰胺、聚甲醛、聚碳酸酯、聚苯醚、聚砜、聚四氟乙烯等。

b. 热固性塑料在加热、加压并经过一定时间后即固化为不溶、不熔的坚硬制品，不可再生。常用热固性塑料有酚醛树脂、环氧树脂、氨基树脂、呋喃树脂、有机硅树脂等。

② 按塑料的功能和用途不同，分为通用塑料、工程塑料和特种塑料。

a. 通用塑料是指产量大、用途广、价格低的塑料。主要包括聚乙烯、聚氯乙烯、聚苯乙烯、聚丙烯、酚醛塑料、氨基塑料等，产量占塑料总产量的75%以上。

b. 工程塑料是指具有较高性能，能用于制造机械零件和工程构件的塑料。主要有聚酰胺、ABS、聚甲醛、聚碳酸酯、聚砜、聚四氟乙烯、聚甲基丙烯酸甲酯、环氧树脂等。

c. 特种塑料是指具有特殊性能的塑料，如导电塑料、导磁塑料、感光塑料等。

（2）塑料的性能　塑料最大的特点是具有可塑性和可调性。所谓可塑性，就是通过简单的成型工艺，利用模具可以制造出所需要的各种不同形状的塑料制品。可调性是指在生产过程中可以通过变换工艺、改变配方，制造出不同性能的塑料。塑料的其他性能分述如下：

1）力学性能。

① 强度与刚度。塑料的强度、刚度较差，其拉伸强度一般低于100MPa，且受温度的影响较大；塑料的刚度仅为钢的1/10 。但由于塑料的密度小，只有钢的1/8～1/4（多数在$1g/cm^3$左右），所以其比强度比一些金属高。

② 断裂。由于内部结构不均一，含有许多微裂纹，造成应力集中，使裂纹容易很快发展。某些高聚物在一定的介质中，在小应力下即可断裂，称为环境应力断裂。

③ 韧性。用冲击强度表示。各类高聚物的冲击强度相差很大，脆性高聚物的冲击强度值一般都小于$0.2J/cm^2$，韧性高聚物的冲击强度值一般都大于$0.9J/cm^2$。

④ 蠕变与应力松弛。塑料在外力作用下，在应力保持恒定的条件下，变形随时间的延续而慢慢增加，这种现象称为蠕变。例如，架空的电线套管会慢慢变弯，这就是蠕变。蠕变会导致应力松弛，如塑料管接头、密封圈经一定时间的使用后，会由于应力松弛导致泄漏。

⑤ 减摩性和耐磨性。许多塑料的摩擦系数低，如聚四氟乙烯、尼龙、聚甲醛、聚碳酸酯等都具有小的摩擦系数，因此塑料具有良好的减摩性；同时塑料具有自润滑性，在无润滑或少润滑摩擦的条件下，其减摩性好于金属，工程上用这类塑料来制造轴承、轴套、衬套、丝杠螺母等摩擦、磨损件。

⑥ 老化及防止。塑料在长期存放和使用过程中，由于受光、热、氧、机械力、化学介

质和微生物等因素的长期作用，性能逐渐变差，如变硬、变脆、变色，直到失去使用价值的过程称为老化。老化的主要原因是在外界因素作用下，大分子链的结构发生交联或裂解。

防止老化的措施主要有以下方法：

a. 对高聚物改性，改变大分子的结构，提高其稳定性。

b. 进行表面处理，在材料表面镀上一层金属或喷涂一层耐老化涂料，隔绝材料与外界的接触。

c. 加入各种稳定剂，如热稳定剂、抗氧化剂等。

2）物理性能。

① 密度。塑料的密度为0.9～2.2g/cm³，仅相当于钢密度的1/7～1/4。若在塑料中加入发泡剂后，泡沫塑料的密度仅为0.02～0.2g/cm³。

② 电性能。高聚物内原子间以共价键相连，没有自由电子和离子，因此介电常数小，介电损耗低，所以塑料具有良好的电绝缘性。聚四氟乙烯、聚乙烯、聚丙烯、聚苯乙烯等塑料可作为高频绝缘材料；聚碳酸酯、聚氯乙烯、聚酰胺、聚甲基丙烯酸甲酯、酚醛、氨基塑料等可作为中频及低频绝缘材料。

③ 热性能。高聚物在受热过程中，大分子链和链段容易产生运动，因此其耐热性较差，大多数塑料只能在100℃以下使用，只有极少数塑料（如聚四氟乙烯、有机硅塑料）可在250℃左右长期使用。由于高聚物内部无自由电子，因此具有低的导热性能，是良好的绝热材料。塑料线膨胀系数大，一般为钢的3～10倍，因而塑料零件的尺寸不稳定，常因受热膨胀产生过量变形而引起开裂、松动、脱落。

④ 减振性。塑料具良好的减振性和消声性，用塑料制作零件可减小机器工作时的振动和噪声。

3）化学性能。因为高聚物大分子链以共价键结合，没有自由电子，因此不发生电化学反应，也不易与其他物质发生化学反应。所以大多数塑料具有较高的化学稳定性，能耐大气、水、酸、碱、油的腐蚀，因此工程塑料能制作化工设备及在腐蚀介质中工作的零件。

（3）塑料带来的环境问题。虽然塑料的应用与发展给人们的生活带来方便，但随着废旧塑料的急剧增加，也带来了环境问题。由于大量废旧塑料被任意丢弃或长期堆积，且大多数塑料在自然环境中难以分解，不仅破坏环境的美观性，更重要的是会破坏土壤结构，污染河流、海洋和地下水，破坏生态平衡。废弃的塑料被家畜、家禽、野生动物等误食会危害其生长、生存。这些由废旧塑料造成的环境污染称为“白色污染”。治理“白色污染”的措施除了要尽量合理使用塑料制品外，还要大力推行塑料制品回收再利用，以及研制和推广可降解塑料等。

（4）塑料的成型及加工方法简介

1）成型方法。塑料的成型方法很多，常用的有注射、挤出、吹塑、浇注、模压成型等。根据所用的材料及制品的要求选用不同的成型方法。

① 注射成型，又称注塑成型。将塑料原料在注射机料筒内加热熔化，通过推杆或螺杆向前推压至喷嘴，迅速注入封闭模具内，冷却后即得塑料制品。注射成型主要用于热塑性塑料，也可用于流动性较大的热固性塑料，能生产形状复杂、薄壁、有金属或非金属嵌件的塑料制品。

② 挤出成型，又称挤塑成型。塑料原料在挤出机内受热熔化的同时通过螺杆向前推压

至机头，通过不同形状和结构的口模连续挤出，获得不同形状的型材，如管、棒、带、丝、板及各种异型材，还可用于电线、电缆的塑料包覆等。挤出成型主要用于热塑性塑料。

③ 吹塑成型。熔融态的塑料坯通过挤出机或注射机挤出后，置于模具内，用压缩空气将此坯料吹胀，使其紧贴模具内壁成型而获得塑料瓶等中空制品。

④ 浇注成型。在液态树脂中加入适量固化剂，然后浇入模具型腔中，在常压或低压及常温或适当加热条件下固化成型。此法主要用于生产大型制品，设备简单，但生产率低。

⑤ 模压成型。将塑料原料放入成型模加热熔化，通过压力机对模具加压，使塑料充满整个型腔，同时发生交联反应而固化，脱模后即得压塑制品。模压成型主要用于热固性塑料，适用于形状复杂或带有复杂嵌件的制品，但生产率低。

2）加工方法。塑料制品可以进行二次加工，主要方法有机械加工、焊接、粘接、表面喷涂、电镀、镀膜、彩印等。

塑料可进行各种机械加工，由于塑料强度低，弹性大，导热性差，塑料切削加工时刀刃应锋利，刀具的前角与后角要大，速度要高，切削量要小，装夹不宜过紧，冷却要充分。

（5）常用塑料　常用塑料的性能见表 8-1。图 8-4 所示为采用工程塑料制造的一些产品。

表 8-1　常用塑料的性能

类别	名称	代号	性能			
			密度/g·cm^{-3}	拉伸强度/MPa	缺口冲击强度/J·cm^{-2}	使用温度/℃
热塑性塑料	聚乙烯	PE	0.9～0.96	3.9～38	>0.2	-70～100
	聚氯乙烯	PVC	1.16～1.58	10～50	0.3～1.1	-15～55
	聚苯乙烯	PS	1.04～1.10	50～80	1.37～2.06	-30～75
	聚丙烯	PP	0.90～0.915	40～49	0.5～1.07	-35～120
	聚酰胺	PA	1.05～1.36	47～120	0.3～2.68	< 100
	聚甲醛	POM	1.41～1.43	58～75	0.65～0.88	-40～100
	聚碳酸酯	PC	1.18～1.2	65～70	6.5～8.5	-100～130
	聚砜	PSF	1.24～1.6	70～84	0.69～0.79	-100～160
	共聚丙烯腈-丁二烯-苯乙烯	ABS	1.05～1.08	21～63	0.6～5.3	-40～90
	聚四氟乙烯	PTFE	2.1～2.2	15～28	1.6	-180～260
	聚甲基丙烯酸甲酯	PMMA	1.17～1.2	50～77	0.16～0.27	-60～80
热固性塑料	酚醛树脂	PF	1.37～1.46	35～62	0.05～0.82	< 140
	环氧树脂	EP	1.11～2.1	28～137	0.44～0.5	-89～155

1）聚乙烯。聚乙烯无毒、无味、无臭，呈半透明状。聚乙烯强度较低，耐热性不高，易燃烧，抗老化性能较差，具有良好的耐化学腐蚀性，除强氧化剂外与大多数药品都不发生作用。具有优良的电绝缘性能，特别是高频绝缘，吸水率很低。根据密度可分为低密度聚乙烯（LDPE）和高密度聚乙烯（HDPE）。HDPE 的各项性能都优于 LDPE。

图 8-4　用工程塑料制造的产品

LDPE 主要用制造日用品、薄膜、软质包装材料、层压纸、层压板、电线电缆包覆等。HDPE 主要用作硬质包装材料、化工管道、储槽、阀门、高频电缆绝缘层、各种异型材、衬套、小负荷齿轮、轴承等。

2）聚氯乙烯。聚氯乙烯具有较高的机械强度、较大的刚度、良好的电绝缘性、良好的耐化学腐蚀性，能溶于四氢呋喃和环已酮等有机溶剂，具有阻燃性；但热稳定性较差，使用温度较低，介电常数、介电损耗较高。根据增塑剂用量的不同可分为硬质和软质聚氯乙烯。

硬质聚氯乙烯主要用于工业管道系统、给排水系统、板件、管件、建筑及家居用防火材料，化工防腐设备及各种机械零件。软质聚氯乙烯主要用于薄膜、人造革、墙纸、电线电缆包覆及软管等。

3）聚苯乙烯。聚苯乙烯是无毒、无味、无臭、无色的透明状固体。吸水性低，电绝缘性优良，介电损耗极小；耐化学腐蚀性优良，但不耐苯、汽油等有机溶剂；机械强度较低，硬度高，脆性大，不耐冲击，耐热性差，易燃。

聚苯乙烯主要用于日用品、装潢材料、包装及工业制品，如仪器仪表外壳、灯罩、光学零件、装饰件、透明模型、玩具、化工储酸槽、包装及管道的保温层、冷冻绝缘层等。

4）聚丙烯。聚丙烯是无毒、无味、无臭、半透明蜡状固体，密度小，力学性能高于聚乙烯，耐热性良好，化学稳定性好，但不耐芳香族和氯化烃溶剂，耐寒性差，易老化。

聚丙烯主要用于生产化工管道、容器、医疗器械、家用电器部件、家具、薄膜、绳缆、丝织网、电线电缆包覆等，以及汽车及机械零部件，如车门、转向盘、齿轮、接头等。

5）聚酰胺。聚酰胺又称为尼龙或锦纶。具有较高的强度和韧性，耐磨性和自润滑性好，摩擦系数低。具有较好的电绝缘性，良好的耐油、耐溶剂性，良好的阻燃性。但吸水性高，线膨胀系数大，耐热性不高。不同种类的尼龙性能有差异。

聚酰胺主要用于制造机械、化工、电气零部件，如轴承、齿轮、凸轮、泵叶轮、高压密封圈、阀门零件、包装材料、输油管、储油容器、丝织品及汽车保险杠、门窗手柄等。

6）聚甲醛。聚甲醛具有较高的强度、硬度、刚度、韧性、耐磨性和自润滑性，耐疲劳性能高，吸水性低，摩擦系数小，耐化学品腐蚀性好，电绝缘性能良好，但热稳定性差，易燃。聚甲醛具有较高的综合性能，因此可以用来替代一些金属和尼龙。

聚甲醛主要用于制造轴承、齿轮、凸轮、叶轮、垫圈、法兰、活塞环、导轨、阀门零件、仪表外壳、化工容器、汽车部件等，特别适用于无润滑的轴承、齿轮等。

7）聚碳酸酯。聚碳酸酯是无毒、无味、无臭、微黄的透明状物体。具有优良的耐热性和冲击强度，耐低温性好，尺寸稳定性高，绝缘性良好，吸水性低，透光率高，阻燃性好，但化学稳定性差，耐磨性和抗疲劳性较差，容易产生应力腐蚀开裂。

聚碳酸酯广泛用于制造轴承、齿轮、蜗轮、蜗杆、凸轮、透镜、挡风玻璃、防弹玻璃、防护罩、仪表零件、设备外壳、绝缘零件、医疗器械等。

8）聚砜。聚砜具有优良的耐热性，蠕变抗力高，尺寸稳定性好，电绝缘性能优良，耐热老化性能和耐低温性能也很好。聚砜耐化学腐蚀性能较好，但不耐某些有机极性溶剂。

聚砜主要用于制造高强度、耐热、抗蠕变的结构零件，耐腐蚀零件及电气绝缘件，如齿轮、凸轮、仪表壳罩、电路板、家用电器部件、医疗器具等。

9）ABS塑料。ABS塑料由丙烯腈（A）-丁二烯（B）-苯乙烯（S）三种单体共聚而成。丙烯腈能提高强度、硬度、耐热性和耐蚀性，丁二烯能提高韧性，苯乙烯能提高电性能和成型加工性能，不同的组分可获得不同的性能。ABS塑料具有较好的抗冲击性能、尺寸稳定性和耐磨性，成型性好，不易燃，耐蚀性好，但不耐酮、醛、酯、氯代烃类溶剂。

ABS 塑料主要用于制造电器外壳，汽车部件，轻载齿轮、轴承，各类容器、管道等。

10）聚四氟乙烯。聚四氟乙烯是氟塑料中的一种。聚四氟乙烯具有优良的化学稳定性，除熔融态金属钠和氟外，不受任何腐蚀介质的腐蚀。耐热性、耐寒性和电绝缘性能优良，热稳定性高，耐候性好，吸水性低，摩擦系数小，但强度低，尺寸稳定性差。

聚四氟乙烯主要用于制造减摩密封零件，如垫圈、密封圈、活塞环等；用于化工耐腐蚀零件，如管道、阀门、内衬、过滤器等；绝缘材料，如电子仪器、高频电缆、线圈等的绝缘，印制电路板底板等；医疗方面，如代用血管、人工心肺装置、消毒保护器等。

11）聚甲基丙烯酸甲酯。聚甲基丙烯酸甲酯又称有机玻璃，和无机硅玻璃相比具有较高的强度和韧性。有机玻璃具有优良的光学性能，透光率比普通硅玻璃好；优良的电绝缘性，是良好的高频绝缘材料；耐化学腐蚀性好，但溶于芳烃、氯代烃等有机溶剂。耐候性好，热导率低，但硬度低，表面易擦伤，耐磨性差，耐热性不高。

主要用于制造飞机、汽车的窗玻璃和罩盖，光学镜片，仪表外壳，装饰品，广告牌，灯罩，光学纤维，透明模型，标本，医疗器械等。

12）聚酰亚胺塑料。聚酰亚胺塑料是耐热性最高的塑料，使用温度为 $-180\sim260$℃。强度高，抗蠕变性、减摩性及电绝缘性都优良，耐辐射，不燃烧，但有缺口敏感性，不耐碱和强酸。聚酰亚胺塑料主要用于制造高温自润滑轴承、轴套、齿轮、密封圈、活塞环等，低温零件，防辐射材料，漆包线、印制电路板底板与其他绝缘材料，黏接剂等。

13）酚醛塑料。酚醛塑料是以酚醛树脂为基，加入填料及其他添加剂而制成。酚醛塑料具有一定的机械强度和硬度，良好的耐热性、耐磨性、耐蚀性及电绝缘性，热导率低。

根据填料不同，酚醛塑料分为粉状、纤维状、层状塑料。以木粉为原料的酚醛塑料粉又称胶木粉或电木粉，价格低廉，但性脆、耐光性差，用于制造手柄、瓶盖、电话及收音机外壳、灯头、开关、插座等。以云母粉、石英粉、玻璃纤维为填料的塑料粉可用来制造电闸刀、电子管插座、汽车点火器等。以石棉为填料的塑料粉可用于制造电炉、电熨斗等设备上的耐热绝缘部件。以玻璃布、石棉布等为填料的层状塑料可用于制造轴承、齿轮、带轮、各种壳体等。

14）环氧塑料。环氧塑料是以环氧树脂为基，加入填料及其他添加剂而制成。环氧树脂的强度较高，成型性好，具有良好的耐热性、耐蚀性、尺寸稳定性，优良的电绝缘性能。环氧塑料主要用于仪表构件、塑料模具、精密量具、电子元件的密封和固定、黏合剂、复合材料等。

15）氨基塑料。氨基塑料硬度高，耐磨性和耐蚀性良好，具有优良的电绝缘性和耐电弧性，不易燃。有粉状和层压塑料。氨基塑料粉又称电玉粉，制品无毒、无臭。氨基塑料主要用于制造家用及工业器皿、各种装饰材料、家具材料、密封件、传动带、开关、插头、隔热吸声材料、胶黏剂等。

16）有机硅塑料。有机硅塑料具有优良的耐热性和电绝缘性，吸水性低，抗辐射，但强度低。有机硅塑料主要用于电气、电子元件和线圈的灌封和固定，耐热零件、绝缘零件、耐热绝缘漆、高温黏合剂、密封件、医用材料等。

（6）典型塑料零件的选材

1）一般结构件。一般结构件主要要求一定的机械强度和耐热性，一般选用价廉、成型性好的塑料，如聚乙烯、聚氯乙烯、聚苯乙烯、聚丙烯、ABS 等；常与热水蒸气接触或稍大壳体要求较高刚度的零件可选用聚碳酸酯、聚砜等，要求透明的零件可选用有机玻璃、聚苯乙烯或聚碳酸酯等；要求表面镀铬处理的零件可选用 ABS 等。

2）摩擦传动零件。对齿轮、蜗轮、凸轮等受力较大的零件，可选用尼龙、聚甲醛、聚碳酸酯、增强聚丙烯等。对轴承、导轨、活塞环等受力较小、要求摩擦系数小、自润滑性好的零件，可选用聚甲醛、聚四氟乙烯填充聚甲醛、尼龙 1010 等。

3）电器零件。对于工频低压条件下的电器元件，可选用酚醛塑料、氨基塑料、环氧塑料等。对于高压电器可选用交联聚乙烯、聚碳酸酯、氟塑料、环氧塑料等。对于高频电器可选用氟塑料、有机硅塑料、聚砜、聚苯醚、聚酰亚胺等。

2. 橡胶

橡胶是具有高弹性的高分子材料，它在较小的载荷下就能产生很大的变形，当载荷去除后又能很快恢复原状，是常用的弹性材料、密封材料、传动材料、防振和减振材料。

（1）橡胶的分类　按其来源不同可分为天然橡胶与合成橡胶两类。天然橡胶是橡胶树的液状乳汁经采集和适当加工而成，天然橡胶的主要化学成分是聚异戊二烯；合成橡胶主要成分是合成高分子物质，其品种较多，丁苯橡胶和顺丁橡胶是较常用的合成橡胶。

按其用途可分为通用橡胶和特种橡胶。通用橡胶的用量一般较大，主要用于制作轮胎、输送带、胶管、胶板等，主要品种有丁苯橡胶、氯丁橡胶、乙丙橡胶等；特种橡胶主要用于高温、低温、酸、碱、油和辐射介质条件下的橡胶制品，主要有丁腈橡胶、硅橡胶、氟橡胶等。图 8-5 所示为橡胶制品。

图 8-5　橡胶制品

（2）橡胶的组成　橡胶是以生胶为主要成分，添加各种配合剂和增强材料制成的。

1）生胶。生胶是指无配合剂、未经硫化的橡胶。按原料来源有天然橡胶和合成橡胶。

2）配合剂。配合剂用来改善橡胶的某些性能。常用配合剂有硫化剂、硫化促进剂、活化剂、填充剂、增塑剂、防老化剂、着色剂等。

① 硫化剂。硫化剂用来使生胶的结构由线型转变为交联体型结构，从而使生胶变成具有一定强度、韧性、高弹性的硫化胶。常用硫化剂有硫磺和含硫化合物、有机过氧化物、胺类化合物、树脂类化合物、金属氧化物等。

② 硫化促进剂。硫化促进剂作用是缩短硫化时间，降低硫化温度，改善橡胶性能。常用硫化促进剂有二硫化氨基甲酸盐、黄原酸盐类、噻唑类、硫脲类和部分醛类及醛胺类等有机物。

③ 活化剂。活化剂用来提高硫化促进剂的作用。常用活化剂有氧化锌、氧化镁、硬脂酸等。

④ 填充剂。填充剂用来提高橡胶的强度，改善工艺性能和降低成本。能提高性能的填充剂称为补强剂，如炭黑、二氧化硅、氧化锌、氧化镁等；用于减少橡胶用量而降低成本的填充剂有滑石粉、硫酸钡等。

⑤ 增塑剂。增塑剂用来增加橡胶的塑性和柔韧性。常用增塑剂有石油系列、煤油系列

和松焦油系列，如凡士林、石蜡、硬脂酸等。

⑥ 防老化剂。防止橡胶制品在受光、热、介质的作用时出现变硬、变脆，提高使用寿命，主要加入石蜡、密蜡或其他比橡胶更易氧化的物质，在橡胶表面形成稳定的氧化膜，抵抗氧的侵蚀。

3）增强材料。增强材料的作用是提高橡胶的力学性能，如强度、硬度、耐磨性和刚度等。常用的增强材料是各种纤维织物、金属丝及编织物。如在传送带、胶管中加入帆布、细线，在轮胎中加入钢丝等。

（3）橡胶的性能

1）极好的弹性。轻度交联的高聚物在玻璃化温度以上时具有典型的高弹性，即变形大，弹性模量小，而且弹性随温度的升高而增大。橡胶的主要组分是具有高弹性高分子物质，是典型的高弹性材料，在受到较小力作用下能产生很大的变形（变形量在 100% ~ 1000%），取消外力后又能恢复原状，这是橡胶区别于其他物质的主要标志。

2）很高的可挠性、伸长率，良好的耐磨性、电绝缘性、耐蚀性、隔声、吸振以及与其他物质的黏接性等。

（4）橡胶的成型加工工艺简介　橡胶的成型加工一般包括塑炼、混炼、压延与压出、成型、硫化五个工序。

1）塑炼。生胶具有很高的弹性，难以加工。塑炼是生胶在机械或化学作用下，部分橡胶长分子链被切断，相对分子质量降低，塑性增加的过程。通常在炼胶机中进行。

2）混炼是将生胶和配合剂混合均匀的过程。混炼的加料顺序是：塑炼胶、防老剂、填充剂、增塑剂、硫化剂及硫化促进剂等。混炼时要注意严格控制温度和时间。

3）压延与压出。混炼胶通过压延与压出等工艺，可以制成一定形状的橡胶半成品。

4）成型是把橡胶半成品通过粘贴、压合等方法制成成品形状的过程。

5）硫化是胶料大分子结构由线型转变为交联体型结构的过程。硫化后即得制品。

（5）常用橡胶及其应用　橡胶主要用于制作轮胎；密封元件（旋转轴密封、管道接口密封）；各种胶管（输送水、油、气、酸、碱）；减振、防振件（机座减振垫片、汽车底盘橡胶弹簧）；传动件（如 V 带、传动滚子）；运输胶带；电线、电缆和电工绝缘材料；制动件等。通用橡胶价格较低，用量较大，其中丁苯橡胶是产量和用量最大的品种，占橡胶总产量的 60% ~70%，顺丁橡胶的发展较快；特种橡胶的价格较高，主要用于要求耐寒、耐热、耐腐蚀等场合。常用橡胶的性能见表 8-2。

表 8-2　常用橡胶的性能

名称代号	性能			名称代号	性能		
	密度/$g\cdot cm^{-3}$	抗拉强度/MPa	使用温度/℃		密度/$g\cdot cm^{-3}$	抗拉强度/MPa	使用温度/℃
天然橡胶（NR）	0.90 ~ 0.95	25 ~ 30	−55 ~ 70	丁腈橡胶（NBR）	0.96 ~ 1.20	15 ~ 30	−10 ~ 120
丁苯橡胶（SBR）	0.92 ~ 0.94	15 ~ 20	−45 ~ 100	聚氨酯橡胶（UR）	1.09 ~ 1.30	20 ~ 35	−30 ~ 70
丁基橡胶（IIR）	0.91 ~ 0.93	17 ~ 21	−40 ~ 130	氟橡胶（FBM）	1.80 ~ 1.85	20 ~ 22	−10 ~ 280
顺丁橡胶（BR）	0.91 ~ 0.94	18 ~ 25	−70 ~ 100	硅橡胶（Q）	0.95 ~ 1.40	4 ~ 10	−100 ~ 250
氯丁橡胶（CR）	1.15 ~ 1.30	25 ~ 27	−40 ~ 120	聚硫橡胶（PSR）	1.35 ~ 1.41	9 ~ 15	−10 ~ 70
乙丙橡胶（EPDM）	0.86 ~ 0.87	15 ~ 25	−50 ~ 130				

1）天然橡胶。天然橡胶是由橡胶树上流出的乳胶提炼而成。天然橡胶具有较好的综合性能，拉伸强度高于一般合成橡胶，弹性高，具有良好的耐磨性、耐寒性和工艺性能，电绝缘性好，价格低廉。但耐热性差，不耐臭氧、油，易老化。

天然橡胶广泛用于制造轮胎、输送带、减振制品、胶管、胶鞋及其他通用制品。

2）丁苯橡胶。丁苯橡胶是用量最大的合成橡胶，由丁二烯和苯乙烯共聚而成。耐磨性高，透气性小，耐臭氧性、耐老化性、耐热性比天然橡胶好，介电性、耐蚀性和天然橡胶相近，但生胶强度差，加工性能差。主要品种有丁苯-10、丁苯-30、丁苯-50，其中数字越大，苯乙烯含量越高，橡胶密度越大，弹性和耐寒性越低，但耐磨性、耐蚀性和耐热性提高。丁苯橡胶可与天然橡胶及其他橡胶混用，可以部分或全部替代天然橡胶，主要用于制造轮胎、胶板、胶布、胶鞋及其他通用制品，不适用于制造高速轮胎。

3）丁基橡胶。丁基橡胶是由异丁烯和少量异戊二烯低温共聚而成。丁基橡胶气密性极好，耐老化性、耐热性和电绝缘性均较高，耐水性好，耐酸、碱，具有很好的抗多次重复弯曲的性能。但强度低，加工性差，硫化慢，易燃，不耐辐射，不耐油，对烃类溶剂的抵抗力差。丁基橡胶主要用于制造内胎、外胎以及化工衬里，绝缘材料，防振动、防撞击材料等。

4）顺丁橡胶。顺丁橡胶是顺式1,4-聚丁二烯橡胶的简称，是丁二烯在特定催化剂作用下，由溶液聚合而制得。顺丁橡胶弹性和耐寒性优良，耐磨性好，在交变压力作用下内耗低。但拉伸强度较低，加工性能和耐老化性较差，与油亲和性好。顺丁橡胶一般与天然橡胶和丁苯橡胶混合使用，用于制造耐寒制品、减振制品、轮胎。

5）氯丁橡胶。氯丁橡胶是由氯丁二烯以乳液聚合法制成的。氯丁橡胶物理、力学性能良好，耐油耐溶剂性和耐老化性良好，耐燃性好，电绝缘性差，加工时易粘辊、粘模，相对成本较高。氯丁橡胶主要用于制造电缆护套、胶管、胶带、胶黏剂、门窗嵌条、一般橡胶制品。

6）乙丙橡胶。乙丙橡胶是由乙烯和丙烯（EPM）和少量共轭二烯（EPDM）共聚而制得的。乙丙橡胶具有优异的耐老化性，耐候性、耐臭氧性、耐水性、化学稳定性、耐热、耐寒性，弹性、绝缘性能高，比密度小，但拉伸强度较差，耐油性差，不易硫化。乙丙橡胶主要用于制造电线电缆护套、胶管、胶带、汽车配件、车辆密封条、防水胶板及其他通用制品。

7）丁腈橡胶。丁腈橡胶由丁二烯与丙烯腈共聚而成。丁腈橡胶耐油性、耐热性好，气密性与耐水性较好，耐老化性好，耐磨性接近天然橡胶。耐寒性、耐臭氧性差，硬度高，不易加工。丁腈橡胶主要用于制造各种耐油密封制品，例如，耐油胶管、燃料桶、液压泵密封圈、耐油胶黏剂、油罐衬里等。

8）聚氨酯橡胶。聚氨酯橡胶是氨基甲酸酯橡胶的简称。聚氨酯橡胶耐磨性高于其他各类橡胶，拉伸强度最高，弹性高，耐油、耐溶剂性优良。耐热、耐水、耐酸碱性差。主要用于制造胶轮、实心轮胎、齿轮带及胶辊、液压密封圈、鞋底、冲压模具材料。

9）氟橡胶。氟橡胶是主链或侧链上含有氟原子的橡胶的总称。氟橡胶具有优良的耐热性能，耐酸、碱、油及各种强腐蚀性介质的侵蚀，具有良好的介电性能和耐大气老化性能，但耐低温性能差，加工性差。氟橡胶主要用于制造飞行器中的胶管、垫片、密封圈、燃烧箱衬里等，耐腐蚀的衣服和手套以及涂料、黏合剂等。

10）硅橡胶。硅橡胶由硅氧烷聚合而成。硅橡胶耐高温及低温性能突出，化学惰性大，电绝缘性优良，耐老化性能好，但强度较低，价格较贵。硅橡胶主要用于制造耐高低温密封绝缘制品、印膜材料、医用制品等。

11）聚硫橡胶。聚硫橡胶是甲醛或二氯化合物和多硫化钠的缩聚产物。聚硫橡胶耐各种介质腐蚀的性能优良，耐老化性好，但强度很低，变形大。聚硫橡胶主要用于制造油箱和建筑密封腻子。

3. 合成纤维

纤维是指长度比直径大许多倍，具有一定柔韧性的纤细物质。合成纤维是由合成高分子化合物加工制成的纤维。

（1）合成纤维的分类　合成纤维的品种很多，根据大分子主链的化学组成，可分为杂链纤维和碳链纤维。

杂链纤维有聚酰胺纤维（锦纶）、聚酯纤维（涤纶）、聚氨酯弹性纤维、聚脲纤维、聚甲醛纤维、聚酰亚胺纤维等。碳链纤维有聚丙烯腈纤维（腈纶）、聚乙烯醇纤维（维尼纶）、聚氯乙烯纤维（氯纶）、聚丙烯纤维（丙纶）、聚乙烯纤维、聚四氟乙烯纤维等。最主要的是锦纶、涤纶和腈纶三大类。图 8-6 所示为国庆 70 周年阅兵中，我军士兵穿戴的采用合成纤维为主要原料制造的作训服、防弹衣和防弹头盔。

图 8-6　采用合成纤维制造的作训服、防弹衣和防弹头盔

（2）纤维的加工工艺简介　纤维加工过程包括纺丝液的制备、纺丝及初生纤维的后加工等过程。

1）纺丝液制备。将高聚物用溶剂溶解或加热熔融成黏稠的液体（纺丝液）。

2）纺丝。将纺丝液用纺丝泵连续、定量、均匀地从喷丝头小孔压出，形成的黏液经凝固或冷凝成纤维。纺丝方法很多，有熔融法、溶液法、干湿法、液晶法、冻胶法、相分离法、反应法、裂膜法、乳液法及喷射法等。

3）后加工。纺丝制出的纤维不能直接用于纺织加工，必须进行一系列的加工处理。短纤维的后加工包括集束、牵伸、水洗、上油、干燥、热定型、卷曲、切断、打包等工序。长纤维的后加工包括拉伸、加捻、复捻、热定型、络丝、分级、包装等工序。锦纶和涤纶长丝经特殊的变形热处理，可得到富有弹性的弹力丝。弹力丝加工方法主要为假捻法。腈纶短纤维经特殊处理后可得到蓬松柔软、保暖性好的膨体纱。

（3）常用合成纤维

1）锦纶纤维。锦纶纤维强度高，耐磨性好，耐冲击性好，弹性高，耐疲劳性能好，密度小，耐腐蚀，染色性好，但弹性模量小，耐热性和耐光性较差。主要用于生产工业用布、轮胎帘子线、传动带、帐篷、绳索、渔网、降落伞、航空航天飞行服等军用物品。品种主要有锦纶-6（尼龙-6）、锦纶-66（尼龙-66）。

2）涤纶纤维。涤纶纤维耐热性好，弹性模量、强度高，冲击强度高，耐疲劳性好，耐磨性仅次于锦纶纤维，耐光性仅次于腈纶纤维，好于锦纶纤维；但染色性差，吸水性低，织物易起球。主要用于生产电动机绝缘材料、运输带、传送带、输送石油软管、水龙带、绳索、工业用布、滤布、轮胎帘子线、渔网、人造血管等。

3）腈纶纤维。腈纶纤维弹性模量仅次于涤纶纤维，比锦纶纤维高2~3倍，耐光性与耐候性仅次于氟纤维，耐热性能较好，能耐酸、氧化剂、有机溶剂，但耐碱性差。染色性和纺丝性能较差。腈纶纤维蓬松柔软，保暖性好，广泛用来生产羊毛混纺及纺织品，还可用于制造帆布、帐篷及制备碳纤维等。

4）维尼纶。维尼纶吸水性大，强度较高，耐化学腐蚀、耐光及耐虫蛀等性能都很好，但耐热水性不够好，弹性较差，染色性较差。主要用于生产绳缆、渔网、帆布、滤布、自行车或拖拉机轮胎帘子线、输送带、运输盖布、炮衣。

5）丙纶。丙纶密度为$0.91g/cm^3$，是合成纤维中最低的，吸水性很低，耐磨性接近于锦纶纤维，具有良好的耐蚀性，特别对无机酸、碱有显著的稳定性，绝缘性好，但耐光性及染色性差，耐热性不高。主要用于生产混纺衣料、绳索、滤布、填充材料、帆布、包装袋等。

6）氯纶纤维。氯纶耐磨性、弹性、耐化学腐蚀性、耐光性、保暖性都很好，不燃烧，绝缘性好，但耐热性和染色性较差。主要用于制造针织品、衣料、毛毯、地毯、绳索、滤布、帐篷、绝缘布等。

7）芳纶纤维。芳纶纤维是芳香族聚酰胺纤维的商品名称，国外名为Kevlar。常用品种有Kevlar-29（芳纶1414）和Kevlar-49（芳纶14）等。Kevlar-49性能比Kevlar-29好，强度高，密度小，刚度非常好，弹性模量很高。耐寒、耐热、耐辐射、耐疲劳、耐腐蚀。主要用作生产高强度复合材料的增强材料，广泛用作防弹衣、飞机、船体的结构材料。

4. 胶黏剂

胶黏剂是能把两个固体表面黏接在一起，并且在胶接面处具有足够强度的物质。胶接在日常生活和工业生产中应用广泛，包括在飞机制造中，胶接用于金属、蜂窝结构及复合材料的连接，波音737胶接面积达到$400m^2$，不仅解决了一些不宜采用机械连接的问题，还可减少飞机质量和铆钉的使用。图8-7所示为采用胶接的飞机部件。

胶黏剂是以各种树脂、橡胶、淀粉等为基体材料，添加各种辅料而制成的。常用辅料有增塑剂、固化剂、填料、溶剂、稳定剂、稀释剂、偶联剂、色料等。

（1）胶接原理　胶接是指同质或异质物体表面用胶黏剂连接在一起的技术，具有应力分布连续，质量轻，可密封，多数工艺温度低等特点。胶结特别适用于不同材质、不同厚度、超薄规格和复杂构件的连接。聚合物之间，聚合物与非金属或金属之间，金属与金属和金属与非金属之间的胶接等都存在聚合物基料与不同材料之间界面胶接问题。胶结是综合性强，影响因素复杂的一类技术，而现有的胶接理论都是从某一方面出发来阐述其原理，所以至今没有全面唯一的理论。把固体对胶黏剂的吸附看成是胶接主要原因的理论，称为胶接的吸附理论。该理论认为黏接力的主要来源是粘接体系的分子作用力，即范德化引力和氢键

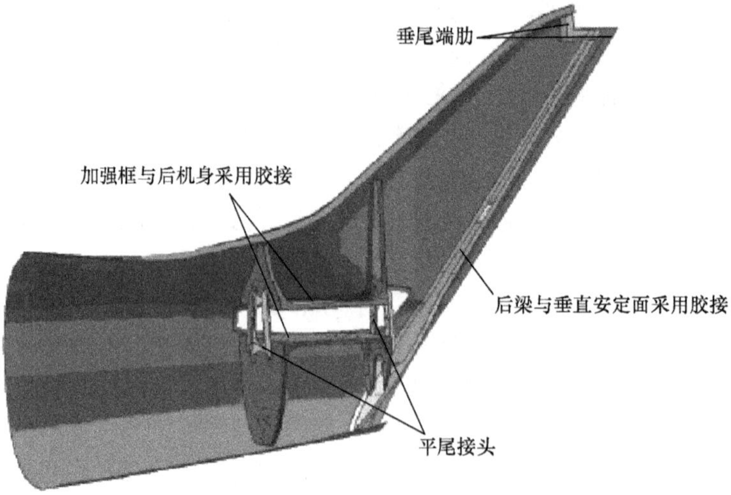

图 8-7 采用胶接的飞机部件

力。当胶黏剂与被粘物分子间的距离达到 5 ~ 10Å（1Å = 10^{-10}m）时，界面分子之间便产生相互吸引力，使分子间的距离进一步缩短到处于最大稳定状态。

根据计算，由于范德华力的作用，当两个理想的平面相距为 10Å 时，它们之间的引力强度可达 10 ~ 1000MPa；当距离为 3 ~ 4Å 时，可达 100 ~ 1000MPa。这个数值远远超过现代最好的结构胶黏剂所能达到的强度。因此，有人认为计算值是假定两个理想平面紧密接触，接触很好，即胶黏剂对黏接界面充分润湿，并保证界面层上各对分子间的作用同时遭到破坏。胶黏剂的极性太高，有时候会严重妨碍湿润过程的进行而降低黏接力。分子间作用力是提供黏接力的因素，但不是唯一因素。在某些特殊情况下，其他因素也能起主导作用。

胶接的力学性能除与使用的胶接剂有关外，还与胶接材料、接头的形式、表面处理及胶接工艺等因素密切相关。

（2）胶黏剂的分类　胶黏剂按基体材料的分类见表 8-3。

表 8-3　胶黏剂按基体材料分类

天然胶黏剂	动物胶	皮胶、骨胶等
	植物胶	淀粉、松香、酪素胶等
	矿物胶	沥青、地蜡、硫磺等
合成胶黏剂	热固性树脂类	酚醛、环氧，聚氨酯、丙烯酸酯等
	热塑性树脂类	聚乙烯醇缩醛、聚乙酸乙烯酯、聚丙烯、聚酰胺、过氯乙烯等
	橡胶类	丁腈、氯丁、聚硫等
	混合型	环氧 - 酚醛、环氧 - 丁腈、酚醛 - 缩醛、酚醛 - 丁腈、丙烯酸酯 - 聚氨酯等

（3）常用胶黏剂

1）环氧树脂胶黏剂。具有很高的黏接力（超过其他胶黏剂），而且操作简便，不需外力即可黏接；有良好的耐酸、碱、油及有机溶剂的性能，但环氧胶固化后胶层较脆。改性的环氧树脂胶，如环氧 - 聚硫、环氧 - 丁腈，具有较高的韧性，环氧 - 酚醛具有较高的耐热性，环氧-缩醛具有较高的韧性和耐热性。胶接拉伸强度可达30MPa，使用温度<150℃。

环氧树脂胶黏剂对金属、玻璃、陶瓷、塑料、橡胶、混凝土等均具有较好的黏接能力，常用于以上物品之间的黏接和修补，也可用于竹木和皮革、织物、纤维之间的黏接。

2）酚醛树脂胶黏剂。具有较强的黏接能力，耐高温，但韧性低，剥离强度差。酚醛树脂胶主要用于木材、胶合板、泡沫塑料等，也可用于胶接金属、陶瓷。

改性的酚醛-丁腈胶可在-60~150℃使用，胶接拉伸强度可达1.5MPa，广泛用于机器、汽车、飞机结构部件的胶接，也可用于胶接金属、玻璃、陶瓷、塑料等材料。改性的酚醛-缩醛胶具有较好的胶接强度和耐热性，主要用于金属、玻璃、陶瓷、塑料的胶接，也可用于玻璃纤维层压板的胶接。

3）聚氨酯树脂胶黏剂。聚氨酯树脂胶初黏接力大，常温触压即可固化，有利于黏接大面积柔软材料及难以加压的工件。耐低温性能很好，在-250℃以下仍能保持较高的剥离强度，可达4.5MPa，而且其剪切强度随着温度下降而显著提高。但聚氨酯树脂胶毒性大，固化时间长，耐热性不高，易与水反应。聚氨酯树脂胶不但对金属、玻璃、陶瓷、橡胶、木材、皮革和极性塑料有很强的黏接力，对非极性的材料如聚苯乙烯等也有很高的黏接力，故以上物品之间的黏接都可采用这种胶，特别是超低温工件的黏接。

4）α-氰基丙烯酸酯胶黏剂。α-氰基丙烯酸酯胶具有透明性好、黏度低、黏接速度极快等特点，使用很方便。但它不耐水，性脆，耐低温性和耐久性较差，有一定气味。α-氰基丙烯酸酯胶广泛用于金属、陶瓷、玻璃及大多数塑料和橡胶制品的黏接及日常修理。市场上销售的501胶和502胶就属于这类胶黏剂，胶接拉伸强度约为22MPa。

5）氯丁橡胶胶黏剂。氯丁橡胶胶黏剂具有良好的弹性和柔韧性，初粘力强；但强度较低，耐热性不高，贮存稳定性较差，耐寒性不佳，溶剂有毒。氯丁橡胶胶黏剂使用方便，价格低廉，广泛用于橡胶与橡胶、金属、纤维、木材、塑料之间的黏接。胶接拉伸强度约为2.5MPa。

6）聚醋酸乙烯乳液胶黏剂，即白胶。无毒、黏度小、价格低、不燃。但耐水性和耐热性较差。主要用于胶接木材、纤维、纸张、皮革、混凝土、瓷砖等。胶接拉伸强度约为17MPa。

5. 涂料

涂料是一种特殊的液态物质，它可涂覆到物体的表面上，固化后形成一层连续致密的保护膜或特殊功能膜。涂料可以使被防护的材料表面避免外力碰伤、摩擦，水分、酸碱性气体等的侵蚀；涂料对制品还起装饰或标志的作用，使制品表面美观；涂料还具有某些特殊功能，如电绝缘、导电、防止微生物的附着、抗紫外线、抗红外线、吸收雷达波、杀菌等。图8-8所示为机器人在给汽车车身喷漆。

图8-8　汽车车身喷漆

(1) 涂料的组成　涂料一般由成膜物质和稀释剂两大部分组成。成膜物质又可分为主要、次要和辅助成膜物质。

1）黏结剂。黏结剂是涂料的主要成膜物质，它决定了涂层的性质。常用黏结剂有酚醛树脂、环氧树脂、聚氨酯、有机硅等。

2）颜料。颜料是次要成膜物质。它除了能使涂料着色，还能提高涂膜的强度、耐磨性、耐久性和防锈能力。常用颜料有钛白粉、氧化锌、炭黑、氧化铁红、铁黑、铁黄、铁蓝、三氧化二铬、甲苯胺红、肽氰蓝、耐晒黄、红丹、锌铬黄、磷酸锌、荧光颜料等。

3）溶剂。溶剂用于稀释涂料，便于加工，干结后挥发。常用溶剂有苯、二甲苯、松节油、乙醇、丙酮、环己酮、汽油、煤油等。

4）辅助成膜物质。辅助成膜物质有催干剂、增塑剂、固化剂、稳定剂、润湿剂等。

（2）常用涂料

1）酚醛树脂涂料。常用的酚醛树脂涂料有清漆、绝缘漆、耐酸漆、地板漆等。

2）环氧树脂涂料。环氧树脂涂料是以环氧树脂为黏结剂的一种涂料，具有很强的附着力，涂层易于清洁，抗细菌、耐水、耐溶剂和耐化学药品，有很好的耐磨性。玻璃纤维增强的无溶剂环氧涂料，具有优良的耐化学药品性、抗菌性、耐冲击性、耐磨性和耐热性，用于外墙及地板装饰。无溶剂型环氧磁漆抗流挂性好，不收缩、有良好的化学性能、耐磨，无缩孔。

3）氨基树脂涂料。氨基树脂涂料的主要品种为氨基醇酸烘漆。漆膜烘干后色泽丰满，耐磨、不燃、绝缘，有较好耐候性及化学稳定性。可用于汽车、自行车、缝纫机、仪器仪表、电冰箱、家用电器、医疗机械等的表面涂覆。

4）醇酸树脂涂料。醇酸树脂涂料是以醇酸树脂为基料，加入植物油类而制成的涂料。醇酸树脂涂料涂层柔软、附着力强、光泽好、硬度大和耐候性好，可用于金属制品及木制品上。木制品一般选用自干性长油度醇酸清漆；船舶、桥梁使用长油度醇酸磁漆；汽车、机电产品使用中油度醇酸漆；光学仪表多使用无光、半光醇酸漆。

5）丙烯酸树脂涂料。丙烯酸树脂涂料是由丙烯酸或甲基丙烯酸酯类、胺类、酰胺类单体聚合而成，可制成热塑性和热固性两大类涂料。丙烯酸涂料具有优良的综合性能，如耐久性、透明性、稳定性，能调节得到不同硬度、柔韧度和其他要求的性能。丙烯酸树脂涂料可做成溶剂型、水型、粉末型以及光敏型等多种涂料，用于汽车、飞机、电子、造纸、纺织、金属、塑料和木材等的保护和装饰。

6）聚氨酯涂料。聚氨酯涂料具有良好的物理和力学性能、防腐蚀性能，能室温固化，也可以加热固化，有良好的电绝缘性能，可和多种树脂配制成各种类型的涂料。

聚氨酯改性油涂料宜做木器漆及地板漆，但贮藏稳定性差，价格贵；湿固化聚氨酯涂料（单组分）用作金属及混凝土表面的防腐涂料，宜在高温环境中使用，也常用作油罐、油管、油槽内部涂料；封闭型聚氨酯涂料（单组分）用作绝缘漆、耐火漆；水溶性的聚氨酯乳胶涂料有良好的耐磨性和耐蚀性，对颜料有极好的分散性，用于涂覆船舰甲板、飞机外壳等。

7）新型涂料。

① 水性涂料。水性涂料是以水代替涂料中的有机溶剂，因而在安全、低成本、无毒性以及无环境污染等方面都很有竞争优势。目前已形成一个多品种、多性能、多用途的体系。其中以水溶性树脂涂料和乳胶涂料为主。

② 高固体分涂料。高固体分涂料具有涂膜丰满、一次涂装涂层厚、溶剂少、贮存运输方便、对环境污染小等特点。主要品种有氨基醇酸系、聚氨酯基系、环氧树脂系、丙烯酸聚

氨酯系等，用于家用电器、机械、电动机、汽车等的涂装。

③ 粉末涂料。粉末涂料具有工序简单、节能、无环境污染、生产效率高等特点。主要用于家用电器、仪器仪表、汽车部件、输油管道等金属器件涂装。目前应用较多的是环氧树脂、聚酯、环氧树脂 - 聚酯混合物、聚氨酯和丙烯酸树脂等热固性粉末涂料。

④ 光敏涂料。光敏涂料具有固化速度快、生产效率高、无溶剂、污染小等特点。特别适用于不能受热的材料，主要用于木器、家具、纸张、塑料、皮革、食品罐头等装饰性涂装。

⑤ 功能性涂料。除保护和装饰这两个基本功能外，还具有其他特殊功能的涂料称为功能性涂料或特种涂料。功能性涂料按其功能和用途可分为六大类：

a. 机械功能涂料：包括防碎裂、润滑、可剥、隔声防振、弹性涂料等。

b. 电、磁功能涂料：包括电绝缘、导电和磁性涂料等。

c. 热功能涂料：包括耐高温、防火、示温、烧蚀、隔热涂料等。

d. 光学功能涂料：包括发光、荧光、太阳能吸收、伪装涂料等。

e. 生物功能涂科：包括防霉、防污、防虫涂料等。

f. 界面功能涂料：包括防雾、防水涂料等。

拓展视频

多元的陶瓷

8.2　陶瓷材料

8.2.1　概述

陶瓷是无机非金属材料的统称。无机非金属材料是除有机高分子材料和金属材料以外的所有材料，包括以某些元素的氧化物、碳化物、氮化物、卤素化合物、硼化物以及硅酸盐、铝酸盐、磷酸盐、硼酸盐等物质组成的材料。

1. 陶瓷材料的概念

传统的陶瓷材料是以天然的岩石、矿物、黏土、石英、长石等硅酸盐类材料为原料制成的。黏土是颗粒非常小的（$<2\mu m$）可塑的硅酸铝盐，除了铝外，黏土还包含少量镁、铁、钠、钾和钙，一般由硅酸盐矿物在地球表面风化后形成。石英主要成分是 SiO_2；长石是一种含有钙、钠、钾的铝硅酸盐矿物，也是地壳中最常见的矿物。现代陶瓷其原料不再是单纯的天然矿物材料，而是扩大到了人工化合物（Al_2O_3、SiO_2、ZrO_2等）。现代陶瓷是采用人工合成的高纯度无机化合物为原料，在严格控制的条件下经成型、烧结和其他处理而制成具有微细结晶组织的无机材料。它具有一系列优越的物理、化学和生物性能，其应用范围是传统陶瓷远远不能相比的，这类陶瓷又称为特种陶瓷或精细陶瓷。

2. 陶瓷材料的分类

（1）按化学成分分类

1）氧化物陶瓷：有 Al_2O_3、SiO_2、ZrO_2、MgO、CaO、BeO、Cr_2O_3、CeO_2、ThO_2等。

2）碳化物陶瓷：有 SiC、B_4C、WC、TiC 等。

3）氮化物陶瓷：有 Si_3N_4、AlN、TiN、BN 等。新型氮化物陶瓷有 C_3N_4等。

4）硼化物陶瓷：有 TiB_2、ZrB_2等。应用不广，主要作为其他陶瓷的第二相或添加剂。

5）复合陶瓷、金属陶瓷和纤维增强陶瓷等：有 $3Al_2O_3 \cdot 2SiO_2$（莫来石）、$MgAl_2O_3$（尖晶石）、$CaSiO_3$、$ZrSiO_4$、$BaTiO_3$、$PbZrTiO_3$、$BaZrO_3$、$CaTiO_3$等。

（2）按原料分类　可分为普通陶瓷（硅酸盐材料）和特种陶瓷（人工合成材料）。特种陶瓷按化学成分也分为氧化物陶瓷、碳化物陶瓷、氮化物陶瓷、硼化物陶瓷、金属陶瓷、纤维增强陶瓷等。

（3）按用途和性能分类　按用途可分为日用陶瓷、结构陶瓷和功能陶瓷等。按性能可分为高强度陶瓷、高温陶瓷、耐磨陶瓷、耐酸陶瓷、压电陶瓷、光学陶瓷、半导体陶瓷、磁性陶瓷、生物陶瓷等。

8.2.2　陶瓷材料的结构和性能

1. 陶瓷材料的结构

陶瓷材料是多相多晶材料，一般由晶相、玻璃相和气相组成。图 8-9 所示为做绝缘电器装置的普通电瓷显微组织，这是一种普通陶瓷的典型组织，由晶相（莫来石、石英）、玻璃相和气相组成。其中晶相为白色点状的一次莫来石，白色针状为二次莫来石，白色大块状为残留石英，圆形的黑洞为气孔，大量的暗黑色的基体为玻璃相。陶瓷显微结构是由原料、组成相和制造工艺所决定的。

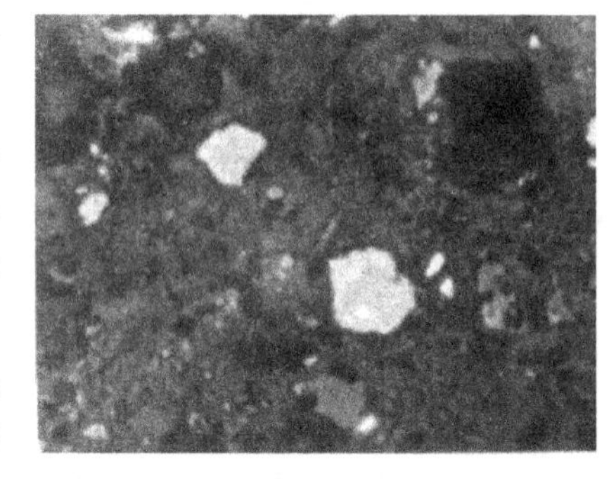

图 8-9　普通电瓷的显微组织（1200×）

（1）晶相　晶相是陶瓷材料的主要组成相，是化合物或固溶体。晶相分为主晶相、次晶相和第三晶相等，主晶相对陶瓷材料的性能起决定性作用。陶瓷中的晶相主要有硅酸盐、氧化物、非氧化物三种。硅酸盐的基本结构是硅氧四面体（SiO_4），四个氧离子构成四面体，硅离子位于四面体间隙中，四面体之间的连接方式不同，构成不同结构的硅酸盐，如岛状、链状、层状、立体网状等。大多数氧化物的结构是氧离子密堆的立方和六方结构，金属离子位于其八面体或四面体间隙中。

（2）玻璃相　玻璃相是一种低熔点的非晶态固相。它的作用是黏接晶相，填充晶相间的空隙，提高致密度，降低烧结温度，抑制晶粒长大等。玻璃相的组成随坯料组成、分散度、烧结时间以及炉（窑）内气氛的不同而变化。玻璃相会降低陶瓷的强度、耐热耐火性和绝缘性。故陶瓷中玻璃相的体积分数一般为 20%～40%。

（3）气相（气孔）　气孔是指陶瓷孔隙中的气体。陶瓷的性能受气孔的含量、形状、分布等的影响。气孔会降低陶瓷的强度，增大介电损耗，降低绝缘性，降低致密度，提高绝热性和抗振性。气孔对功能陶瓷的光、电、磁等性能也会产生影响。普通陶瓷的气孔率为 5%～10%（体积分数），特种陶瓷和功能陶瓷为 5% 以下。

2. 陶瓷材料的性能

（1）力学性能　陶瓷材料具有极高的硬度和优良的耐磨性，其硬度一般为 1000～5000HV，而淬火钢一般不超过 800HV。陶瓷的弹性模量高，刚度大，是各种材料中最高的。由于晶界的存在，陶瓷的实际强度比理论值要低得多，其强度和应力状态有密切关系。陶瓷的抗拉强度很低；抗弯强度稍高；抗压强度很高，一般比抗拉强度高 10 倍。陶瓷的塑性、韧性低，脆性大，在室温下几乎没有塑性。

（2）物理化学性能　陶瓷的熔点很高，大多在 2000℃以上，因此具有很高的耐热性能。陶瓷的线膨胀系数小，导热性和抗热振性都较差，受热冲击时容易破裂。陶瓷的化学稳定性高，抗氧化性优良，对酸、碱、盐具有良好的耐蚀性。陶瓷具有各种电学性能，大多数陶瓷具有高电阻率，少数陶瓷具有半导体性质。许多陶瓷具有特殊的性能，如光学性能、电磁性能等。

8.2.3　陶瓷的生产工艺与粉末冶金

陶瓷的生产工艺一般为原料配制、坯料成形、制品烧结和后加工处理四个阶段。粉末冶金与陶瓷的生产工艺类似，是一种用金属粉末（或掺入部分非金属粉末）制备原材料，经压制成形后，再烧结而制成零件的方法，因此粉末冶金可看成是陶瓷生产工艺在冶金中的应用。

1. 陶瓷生产与粉末冶金生产的工艺

（1）原料配制　原料配制包括粉末制取、配料、混料、制成坯料等步骤。粉末制取是指通过机械、物理及化学的方法制备粉末。机械法有球磨法、雾化法等，物理化学法有还原法、电解法、化学置换法等。粉末的形状、粒度、纯度以及混料混合的均匀程度都会对产品的质量产生显著影响。一般粉末越细、越纯、越均匀，产品的性能越好。

生成的坯料根据成形方法有可塑泥料、浆料和粉料等。粉料中通常要加入一些成形剂和增塑剂，如汽油橡胶溶液和石蜡等。

（2）坯料成形　将坯料装入模具内，通过一定方法制成具有一定形状、尺寸和密度的生坯。生坯含水较多，强度不高，需进行干燥。

成形方法有可塑成形、注浆成形、压制成形等。压制成形又有干压成形、热压成形、注射成形、冷等静压成形、热等静压成形、爆炸成形等。成形方法的选择主要取决于制品的形状和性能要求及粉末自身的性质。

（3）制品烧结　烧结是将干燥后的生坯加热到高温，通过一系列的物理化学变化，获得要求的性能的方法。烧结方法有常压烧结、热压烧结、反应烧结、气氛加压烧结和热等静压烧结等。

普通陶瓷烧结一般在窑炉中常压下进行。特种陶瓷和粉末冶金的烧结一般在通保护气氛的高温炉或真空炉中进行。

（4）后加工处理　陶瓷制品烧结后一般可不再加工，如要求高精度则可研磨加工。

有些粉末冶金制品在烧结后还要进行加工处理，如冷挤压、热处理、浸油、机械加工。

2. 粉末冶金材料

粉末冶金材料包括金属材料及合金、陶瓷材料及复合材料等，按用途可分为机器零件材料、工具材料、高温材料、电工材料、磁性材料等。图 8-10 所示为采用粉末冶金制造的零件。

（1）粉末冶金机器零件材料　机器零件材料包括减摩材料、结构材料、多孔材料和摩擦材料等。

1）减摩材料。减摩材料按润滑条件可分为铁基、铜基含油轴承材料，铜铅钢背双金属复合材料，金属塑料材料，固体润滑轴承材料等。用于制造滑动轴承、垫圈、球头座、密封圈等。

图 8-10　采用粉末冶金制造的零件

2）结构材料。结构材料以碳钢粉或合金钢粉为主要原料，用粉末冶金工艺制造结构零件的材料。用粉料能直接压制成形状、尺寸精度、表面粗糙度等都符合要求的零件，具有少、无切削加工的特点。制品还可通过热处理来提高性能。结构材料用于制造汽车发动机、变速器、农机具、电动工具等的齿轮、凸轮轴、连杆、轴承、衬套、垫圈、离合器等。图 8-11所示为陶瓷材料制造的滚动轴承。

3）多孔材料。多孔材料主要有青铜、不锈钢、镍等制成的粉末冶金多孔材料，广泛用于机械、冶金、化工、医药和食品等工业部门，用于过滤、分离、催化、阻尼、渗透、气流分配、热交换等方面。

4）摩擦材料。摩擦材料有铜基、铁基等金属类及碳基、塑胶基、石棉塑料基等有机物类。用于汽车、重型机械，以及飞机中制造制动片、离合器片、变速器摩擦片等。图 8-12所示为陶瓷材料制造的制动盘等零件。

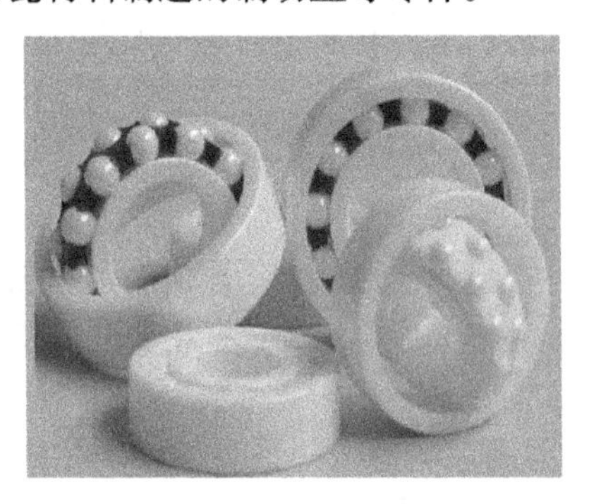

图 8-11　陶瓷材料制造的滚动轴承

图 8-12　陶瓷材料制造的制动盘等零件

（2）粉末冶金工具材料　粉末冶金工具材料包括各种硬质合金、粉末高速钢、精细陶瓷（特种陶瓷）和金刚石－金属复合材料等。

硬质合金是以难熔的金属碳化物（WC、TiC、TaC 等）为基体加入适量金属或合金粉末（如 Co、Ni、高速钢等）为黏接相而制成的，具有金属性质的粉末冶金材料。硬质合金分为金属陶瓷硬质合金、碳化铬硬质合金、钢结硬质合金等。

1）金属陶瓷硬质合金。金属陶瓷硬质合金是以 WC、TiC、TaC 为基体，以 Co 粉为黏接相形成的硬质合金。通常所说的硬质合金即为金属陶瓷硬质合金。硬质合金具有高的硬度、热硬性和耐磨性。常温硬度为 83～93HRA，1000℃时硬度为 650～850HV。具有高的抗压强度和弹性模量，抗弯强度较高，但冲击韧度低，脆性大，导热性差。

硬质合金按成分可分为三大类，参见相关国家标准（GB/T 2075—2007）及第 5 章

表5-22。

① 钨钴类硬质合金由WC和Co组成，有些牌号也加少量TaC、VC等。用YG+钴的质量分数（%）表示。常用代号有YG3、YG6、YG8等（新标准对应为K01、K20、K30）。如YG6表示 $w_{Co}=6\%$，其余为WC的钨钴类硬质合金。这类合金具有较高的强度和韧性，主要用于制造刀具、模具、量具、耐磨零件等。其刀具主要用来切削脆性材料，如铸铁和有色金属等。

② 钨钴钛类硬质合金由WC、TiC和Co组成，用YT+TiC的质量分数（%）表示，常用代号有YT5、YT15、YT30等。这类合金具有较高的硬度、耐磨性和热硬性。但强度和韧性低于钨钴类合金。其刀具主要用来切削韧性材料，如各种钢。

③ 钨钴钛钽类硬质合金由WC、TiC、TaC（或NbC）和Co组成。用YW+顺序号表示，如YW1、YW2等。这类合金热硬性高，性能介于YG类和YT类之间。其刀具可用来加工各种钢，又可加工铸铁和有色金属，因此又称为万能硬质合金。

由TiC、WC、Ni、Mo组成的TiC基硬质合金，具有较高的热硬性和抗高温氧化性。用于钢材精加工的高速切削刀具。

通过调整合金成分、控制组织结构及表面涂层等方法，研制了许多新牌号，如YC12、YS30、YD15等，用于淬火钢、高锰钢、不锈钢和高强度钢等的切削刀具。

2）碳化铬硬质合金。碳化铬硬质合金是以 Cr_3C_2 为基体（或加入少量WC），以Ni或Ni基合金为黏接相形成的硬质合金。它具有极高的抗高温氧化性，加热到1100℃以上仅表面变色。具有高的耐磨性和耐蚀性，但强度较低（加磷和碳化钨可提高强度）。碳化铬硬质合金用YLN及YLWN+Ni的质量分数（%）表示，如YLN15、YLWN15等。碳化铬硬质合金可用于电真空玻璃器皿成形模、铜材热挤压模、燃油喷嘴、油井阀阀球、轴承、机械密封摩擦副等。

3）钢结硬质合金。钢结硬质合金是以WC或TiC为硬质相，以合金钢粉为黏接相（质量分数50%以上）而形成的硬质合金。钢结硬质合金和钢一样可以进行锻造、焊接、热处理和机械加工。淬火后硬度可达62～73HRC。其刀具的寿命与YG类硬质合金差不多，比合金工具钢高得多。钢结硬质合金用于制造麻花钻、铣刀等形状复杂的刀具及模具和耐磨零件，典型牌号有YE65、YE50等。

8.2.4　常用陶瓷材料

1. 工程结构陶瓷

（1）普通陶瓷　普通陶瓷是指以黏土、长石、石英等为原料烧结而成的陶瓷。这类陶瓷质地坚硬、不氧化、耐腐蚀、不导电、成本低，但强度较低，耐热性及绝缘性不如其他陶瓷。

普通日用陶瓷有长石质瓷、绢云母质瓷、日用滑石质瓷和骨质瓷等，主要用于制造日用器皿和瓷器。普通工业陶瓷有建筑陶瓷、电工陶瓷、化工陶瓷等。电工陶瓷主要用于制造隔电、连接用绝缘器件等。化工陶瓷主要用于化学、石油化工、食品、制药工业中，制造实验器皿、耐蚀容器、反应塔、管道等。

(2) 特种陶瓷

1) 氧化铝陶瓷。氧化铝陶瓷又称为高铝陶瓷，主要成分为 Al_2O_3，含有少量 SiO_2。根据 Al_2O_3含量可分为刚玉－莫来瓷（75 瓷，$w_{Al_2O_3}=75\%$）和刚玉瓷（95 瓷，99 瓷）。

氧化铝陶瓷的强度高于普通陶瓷，硬度很高，耐磨性很好，耐高温，可在 1600℃高温下长期工作，具有良好的耐蚀性和绝缘性能，在高频下的电绝缘性能尤为突出。氧化铝陶瓷的韧性低，脆性大，抗热振性差。氧化铝陶瓷还具有光学特性和离子导电特性。

氧化铝陶瓷可用于制造装饰瓷，内燃机的火花塞，电路基板，管座，石油化工泵的密封环，机轴套，导纱器，喷嘴，火箭、导弹的导流罩，切削工具，模具，磨料，轴承，人造宝石，耐火材料，坩埚，炉管，热电偶保护套管等；此外，氧化铝陶瓷还可用于制造人工骨骼、透光材料、激光振荡元件、微波整流罩、太阳能电池材料和蓄电池材料等。

透明氧化铝陶瓷为光学陶瓷。由于光波具有抗电磁干扰的能力，用光传播信息比用电子传播迅速、稳定得多，发展光学陶瓷有非常重要的意义。透明氧化铝陶瓷又称为烧结白刚玉，其中 Al_2O_3的纯度在 99.5% 以上。为了更好地消除气孔，提高透明度，可在真空下烧结。图 8-13 所示为烧成后未经磨制和腐蚀，在显微镜下观察到的透明氧化铝的原始表面显微组织。由于 Al_2O_3 纯度很高，气孔极少，可以清楚地看到氧化铝晶粒的大小和晶界的状况等。

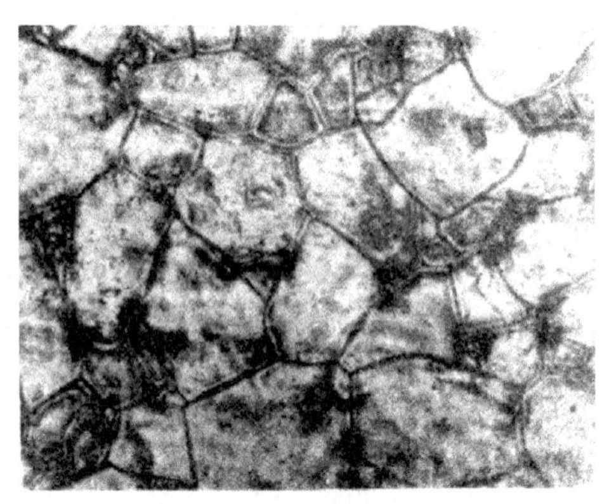

图 8-13　透明氧化铝的原始表面显微组织（1200×）

2) 氧化锆陶瓷。ZrO_2有三种晶体结构：立方结构（c 相）、四方结构（t 相）和单斜结构（m 相）。氧化锆陶瓷热导率小，化学稳定性好，耐蚀性好，可用于制作高温绝缘材料、耐火材料，如熔炼铂和铑等金属的坩埚、喷嘴、阀芯、密封器件等。氧化锆陶瓷硬度高，可用于制造切削刀具、模具、剪刀、高尔夫球棍头等。ZrO_2具有敏感特性，可用于制造气敏元件，还可作为高温燃料电池固体电解隔膜、钢液测氧探头等。

在 ZrO_2中加入适量的 MgO、Y_2O_3、CaO 等氧化物后，可以显著提高氧化锆陶瓷的强度和韧性，所形成的陶瓷称为氧化锆增韧陶瓷，如含 MgO 的 Mg－PSZ，含 Y_2O_3的 Y－TZP 和 TZP－Al_2O_3复合陶瓷。PSZ 为部分稳定氧化锆，TZP 为四方多晶氧化锆。氧化锆增韧陶瓷可以用来制造发动机的气缸内衬、推杆、连杆、活塞帽、阀座、凸轮、轴承等。

3) 氧化镁、氧化钙、氧化铍陶瓷。MgO、CaO 陶瓷耐金属碱性熔渣腐蚀性好，热稳定性差。MgO 高温易挥发，CaO 易水化。MgO、CaO 陶瓷可用于制造坩埚，热电偶保护套管、炉衬材料等。BeO 具有优良的导热性，热稳定性高，具有消散高温辐射的能力，但强度不高。可用于制造真空陶瓷、高频电炉的坩埚，有高温绝缘要求的电子元件和核反应堆用陶瓷。

4) 碳化硅陶瓷。碳化硅陶瓷是以 SiC 为主要成分的陶瓷。碳化硅陶瓷按制造方法分为反应烧结陶瓷、热压烧结陶瓷和常压烧结陶瓷。碳化硅陶瓷具有很高的高温强度，在 1400℃时抗弯强度仍保持在 500～600MPa，工作温度可达 1700℃。它具有很好的热稳定性、抗蠕变性、耐磨性、耐蚀性，良好的导热性、耐辐射性。

碳化硅陶瓷可用于石油化工、钢铁、机械、电子、原子能等工业中，如用于制造火箭尾喷管喷嘴、浇注金属的浇道口、轴承、轴套、密封阀片、轧钢用导轮、内燃机器件、热变换器、热电偶保护套管、炉管、反射屏、核燃料包封材料等。

5）氮化硅陶瓷。氮化硅陶瓷是以 Si_3N_4 为主要成分的陶瓷。根据制作方法可分为热压烧结陶瓷和反应烧结陶瓷。氮化硅陶瓷具有很高的硬度，摩擦系数小，耐磨性好，抗热振性大大高于其他陶瓷。它具有优良的化学稳定性，能耐除氢氟酸、氢氧化钠外的其他酸和碱性溶液的腐蚀，以及抗熔融金属的侵蚀。它还具有优良的绝缘性能。

热压烧结氮化硅陶瓷的强度、韧性都高于反应烧结氮化硅陶瓷，主要用于制造形状简单、精度要求不高的零件，如切削刀具、高温轴承等。反应烧结氮化硅陶瓷用于制造形状复杂、精度要求高的零件，用于要求耐磨、耐蚀、耐热、绝缘等的场合，如泵密封环、热电偶保护套管、高温轴承、电热塞、增压器转子、缸套、活塞顶、电磁泵管道和阀门等。氮化硅陶瓷还是制造新型陶瓷发动机的重要材料。

6）氮化硼（BN）陶瓷。氮化硼陶瓷分为低压型和高压型两种。

① 低压型 BN 为六方晶系，结构与石墨相似，又称为白石墨。其硬度较低，具有自润滑性，具有良好的高温绝缘性、耐热性、导热性，化学稳定性好。用于生产耐热润滑剂、高温轴承、高温容器、坩埚、热电偶套管、散热绝缘材料、玻璃制品成形模等。

② 高压型 BN 为立方晶系，硬度接近金刚石，用于制造磨料和金属切削刀具。

7）氮化铝陶瓷。氮化铝陶瓷主要用于半导体基板材料，坩埚、保护管等耐热材料，树脂基复合材料中的高导热填料，红外线与雷达波的透过材料等。

8）莫来石陶瓷。莫来石陶瓷是主晶相为莫来石的陶瓷的总称。莫来石为铝硅酸盐在高温下生成的矿物（$3Al_2O_3$-$2SiO_2$），莫来石陶瓷具有高的高温强度和良好的抗蠕变性能、低的热导率。高纯莫来石陶瓷韧性较低，不宜作为高温结构材料，主要用于制造 1000℃ 以上高温氧化气氛下工作的长喷嘴、炉管及热电偶套管。

为提高莫来石陶瓷的韧性，加入 ZrO_2 形成氧化锆增韧莫来石（ZTM），或加入 SiC 颗粒、晶须形成复相陶瓷。ZTM 具有较高的强度和韧性，可作为刀具材料或绝热发动机的某些零部件。

9）赛隆（Sialon）陶瓷。赛隆陶瓷是在 Si_3N_4 中添加一定量的 Al_2O_3、MgO、Y_2O_3 等氧化物形成的一种新型陶瓷。它具有很高的强度，优异的化学稳定性和耐磨性，抗热振性好。赛隆陶瓷主要用于制造切削刀具，金属挤压模内衬，或与金属材料组成摩擦副，或用于制造汽车上的针形阀、底盘定位销等。

一些陶瓷材料的性能见表 8-4。

表 8-4　陶瓷材料的性能

类别	材料	性能				
		密度/$g \cdot cm^{-3}$	抗弯强度/MPa	抗拉强度/MPa	抗压强度/MPa	断裂韧度/$MPa \cdot m^{1/2}$
普通陶瓷	普通工业陶瓷	2.2~2.5	65~85	26~36	460~680	—
	化工陶瓷	2.1~2.3	30~60	7~12	80~140	0.98~1.47
特种陶瓷	氧化铝陶瓷	3.2~3.9	250~490	140~150	1200~2500	4.5
	氧化镁陶瓷	3.0~3.6	160~280	60~98.5	780	—
	氧化铍陶瓷	2.9	150~200	97~130	800~1620	—

（续）

类别	材料		性能				
			密度/g·cm^{-3}	抗弯强度/MPa	抗拉强度/MPa	抗压强度/MPa	断裂韧度/MPa·m$^{1/2}$
特种陶瓷	立方氧化锆陶瓷		5.6	180	148.5	2100	2.4
	氮化硅陶瓷	反应烧结	2.20～2.27	200～340	141	1200	2.0～3.0
		热压烧结	3.25～3.35	900～1200	150～275	—	7.0～8.0
	碳化硅陶瓷	反应烧结	3.08～3.14	530～700	—	—	3.4～4.3
		热压烧结	3.17～3.32	500～1100	—	—	—
	氮化硼陶瓷		2.15～2.3	53～109	110	233～315	—
	Y－TZP 陶瓷		5.94～6.10	1000	1570	—	10～15.3
	Y－PSZ 陶瓷		5.00	1400	—	—	9
	莫来石陶瓷		2.79～2.88	128～147	58.8～78.5	687～883	2.45～3.43
	赛隆陶瓷		3.10～3.18	1000	—	—	5～7

2. 功能陶瓷

具有热、电、声、光、磁、化学、生物等功能的陶瓷称为功能陶瓷。功能陶瓷大致可分为电功能陶瓷、磁功能陶瓷、光功能陶瓷、生化功能陶瓷等。

（1）铁电陶瓷　有些陶瓷的晶粒排列是不规则的，但在外电场的作用下，不同取向的电畴开始转向电场方向，材料出现自发极化，在电场方向呈现一定的电场强度，这类陶瓷称为铁电陶瓷。广泛应用的铁电材料有钛酸钡、钛酸铅、锆酸铅等。

铁电陶瓷应用最多的是铁电陶瓷电容器，还可用于制造压电元件、热释电元件、电光元件、电热器件等。把铁氧体粉末与橡胶或塑料混炼形成橡胶磁铁、塑料磁铁，可用于制造磁性封条、磁性传动带及玩具等。

（2）压电陶瓷　铁电陶瓷在外加电场作用下出现宏观的压电效应，这样的陶瓷材料，称为压电陶瓷。目前所用的压电陶瓷主要有钛酸钡、钛酸铅、锆酸铅、锆钛酸铅等。

压电陶瓷在工业、国防及日常生活中的应用十分广泛，如压电换能器、压电马达、压电变压器、电声转换器件等。利用压电效应将机械能转换为电能或把电能转换为机械能的元件称为换能器。

压电陶瓷制作的压电陀螺，可用来保证航天器、人造卫星的既定方位和航线，灵敏度高，可靠性好。利用压电陶瓷的逆压电效应，在高驱动电场下产生高强度超声波。以压电陶瓷产生的超声波为动力被广泛用于超声清洗、超声乳化、超声焊接、超声打孔等方面。超声医疗诊断技术是压电陶瓷超声换能器的另一成功应用。压电陶瓷也广泛用于日常生活中，如压电陶瓷电子打火机，压电陶瓷蜂鸣器等。

（3）铁氧体磁性材料　铁氧体是一种非金属磁性材料，又称为磁性陶瓷。

永磁铁氧体材料是指材料被磁化后不易退磁，而能长期保留磁性的一种铁氧体材料。目前使用的永磁铁氧体主要有钡铁氧体和锶铁氧体。

永磁铁氧体在工业、农业、医疗等领域中有非常广泛的应用。汽车上的刮雨器、通风器、玻璃窗升降器等用的电动机，农业喷雾器、玩具马达、选矿机、仪表、示波管、扬声器、助听器、录音磁头等各种电声器件及各种电子仪表控制器件都使用了永磁铁氧体材料。

(4) 矩磁铁氧体材料 矩磁铁氧体材料是指具有矩形磁滞回线、矫顽力较小的铁氧体材料。常用的矩磁铁氧体有镁锰铁氧体 $Mg-MnFe_2O_4$和锂锰铁氧体 $Li-MnFe_2O_4$等。

矩磁铁氧体主要用于电子计算机、自动控制和远程控制等尖端科学技术中，作为记忆元件（如计算机中的存储器)、逻辑元件、开关元件（如自动控制设备中的无触点继电器)、磁放大器的磁光存储器和磁声存储器。利用矩磁性材料做成的这些元件具有可靠性高、体积小、速度快、寿命长，关闭电源后不会丢失所保存的信息，耐振动、维护简单、成本低廉等优点。

(5) 压磁铁氧体材料 压磁铁氧体材料是指具有磁致伸缩效应的铁氧体材料。目前应用的压磁铁氧体材料主要为镍锌铁氧体，也有镍铜、镍铜锌和镍镁铁氧体。

压磁铁氧体在外加磁场中能发生长度变化，因而在交变场中能产生机械振动，利用这一特性，可以将电磁能转变为机械能。压磁铁氧体在超声工程方面可用于制作超声波发声器、接收器、探伤器、焊接机等；在水声器件方面可用于声呐、回声探测仪等；在电信器件中可用于制作滤波器、稳额器、振荡器等，在计算机中可用于制作各类存储器。此外，利用压磁铁氧体的热磁效应，还可作为热敏元件，用于自动电饭锅、汽车用热敏器件等。

(6) 半导体陶瓷 陶瓷材料可以通过掺杂或者使化学计量比偏离而造成晶格缺陷等方法获得半导特性。半导体陶瓷的导电性随环境而变化。

1）热敏半导体陶瓷。热敏陶瓷是一类电阻率随温度发生明显变化的陶瓷。热敏陶瓷分为电阻随温度升高而增大的正温度系数（PTC）热敏陶瓷，电阻随温度的升高而减小的负温度系数（NTC）热敏陶瓷，电阻在某特定温度范围内急剧变化的临界温度（CTR）热敏陶瓷和线性阻温特性热敏陶瓷四大类。

① PTC 热敏陶瓷电阻器有以 $BaTiO_3$为基体材料制作的热敏电阻器和以氧化钒 V_2O_3为基体材料制作的大功率热敏电阻器两类。PTC 热敏电阻可用于温度检测与控制、过电流/过电压/过热保护器、电动机起动开关及彩色电视机中的自动消磁线路等。

② NTC 热敏电阻陶瓷有低温型、中温型及高温型陶瓷三大类。NTC 热敏电阻可用于各种取暖设备、家用电器制品、工业设备、汽车排气、喷气发动机、热反应器的温度异常报警等。

③ CTR 热敏陶瓷具有在特定温度附近发生电阻剧变的特性，可用于电路的过热保护和火灾报警等方面。CTR 热敏电阻在剧变温度附近的电压峰值有很大变化，可用于制造各种灵敏温度报警器。

2）光敏半导体陶瓷。半导体陶瓷在光的照射下，能够产生光电导效应、光生伏特效应和光电发射效应等。半导体在光线照射下产生光生载流子使电导率增加的现象称为光电导效应。利用光电导效应检测光强度的光敏元件称作光电导探测器或光敏电阻。光敏半导体陶瓷主要用于制造光敏电阻和太阳能电池。常用的用于制造光敏电阻的光敏材料有 CdS、CdSe 和 PbS 等。

3）气敏半导体陶瓷 气敏半导体陶瓷表面吸附气体分子时，半导体的电导率将随半导体类型和气体分子种类的不同而变化。SnO_2系是最常用的气敏半导体陶瓷，它具有灵敏度高，可检测微量低浓度气体，检测设备简单，物理化学稳定性好，结构简单、可靠性高等特点。如 SnO_2系气敏元件已广泛用于制造家用石油液化气的漏气报警器，生产用探测报警器和自动排风扇等。ZrO_2气敏陶瓷主要用于氧气的检测，如用于汽车氧传感器，通过输出信号来调节空燃比为某固定值，从而起到净化排气和节能的作用。

（7）氧化锆固体电解质陶瓷　ZrO_2中加入CaO、Y_2O_3等后，提供了氧离子扩散的通道，所以称为氧离子导体。氧化锆固体电解质陶瓷主要用于氧敏传感器和高温燃料电池的固体电解质。

（8）生物陶瓷　氧化铝陶瓷和氧化锆陶瓷与生物肌体有较好的相容性，耐蚀性和耐磨性能都较好，因此常被用于生物体中承受载荷部位的矫形整修，如人造骨骼、牙齿等。

功能陶瓷也能制成薄膜，称为陶瓷薄膜，如用于水过滤，处理有害气体、农药、表面活性剂、染料等。

思　考　题

8-1　简述高聚物大分子链的结构特点及液晶态性质的特点。

8-2　简述高分子化合物的力学性能和物理化学性能特点。

8-3　什么是高聚物的老化？如何防止老化？高聚物改性方法有哪些？

8-4　为什么垂直吊挂重物的橡皮筋长度会随时间延长而逐渐伸长？为什么连接管道的法兰盘高分子材料密封圈长时间工作后会发生渗漏？

8-5　什么是“白色污染”？简述常用塑料的种类、性能特点及应用。

8-6　用塑料制造轴承，应选用什么材料？选用依据是什么？

8-7　简述常用橡胶的种类、性能特点及应用。橡胶的成形加工经过哪些工序？

8-8　简述常用合成纤维及胶黏剂的种类、性能特点及应用。

8-9　制约高分子材料大量广泛应用的因素是什么？通过哪些途径可进一步提高其性能、扩大其使用范围？

8-10　简述废旧塑料回收再生的途径和意义。

8-11　陶瓷材料的显微组织结构包括哪三相？它们对陶瓷的性能有何影响？

8-12　简述陶瓷和粉末冶金的生产工艺。

8-13　简述陶瓷材料的种类、性能特点及应用。

8-14　简述硬质合金的种类、性能特点及应用。

8-15　讨论高温陶瓷结构材料替代高温金属材料的可行性。

8-16　比较T10A、W6Mo5Cr4V2、YG8刀具材料在使用状态的组织和主要性能特点。

8-17　说明陶瓷刀具材料应用的发展现状。

第9章

复合材料

章前导读

复合材料是指由两种以上在物理和化学上不同的物质结合起来而得到的一种多相固体材料，它既保留原组分材料的特性，又具有原单一组分材料所无法获得的或更优异的特性。

随着航空航天、机械、电子、化工、核能、通信等工业的发展，对材料的一些性能要求越来越高，如高比强度、耐高温、耐疲劳、耐腐蚀等，单一的金属或非金属材料已无法满足要求，需要采用复合技术，把一些具有不同性能的材料复合起来，成为复合材料，以满足这些性能要求。复合材料早在几千年前就已经出现，如泥加秸秆混合后做的墙等，自然界中也存在许多天然复合材料，如竹子、木材、骨骼等。但现代复合材料的概念主要是指经人工复合而成的材料。

复合材料导读

复合材料的优点很多。

① 可改善或克服组成材料的弱点，充分发挥它们的优点。例如，玻璃和树脂的韧性和强度都不高，可是它们组合成的复合材料（玻璃钢）却有很高的强度和韧性，而且自重很轻。

拓展视频

风力发电

② 可按照构件的结构和受力要求，给出预定的、分布合理的配套性能，进行材料的最佳设计。例如，用缠绕法制造玻璃钢容器或火箭的发动机外壳时，使玻璃纤维的方向与主应力的方向一致时，可将该方向上的强度提高到树脂的20倍以上，最大限度地发挥材料的潜力，并减轻构件的自重。

③ 可创造单一材料不易具备的性能或功能。例如，由两层塑料中间加一层铜片所构成的复合材料，具有导电和隔热的双重作用，而这一功能是单一材料无法实现的。所以，复合材料开拓了一条创新材料研究与应用的新途径。图9-1所示为复合材料制造的风力发电机叶片。

图9-1　复合材料制造的风力发电机叶片

9.1 复合材料的组成和分类

1. 复合材料的组成

复合材料是多相体系，通常分成两个基本组成相：一个相是连续相，称为基体相，主要起黏接和固定作用；另一个相是分散相，称为增强相，主要起承受载荷作用。此外，基体相和增强相之间的界面特性对复合材料的性能也有很大影响。

2. 复合材料的分类

复合材料的种类很多，通常根据以下三种方法进行分类。

（1）按基体材料分类　可分为树脂基（又称为聚合物基，如塑料基、橡胶基等）复合材料、金属基（如铝基、铜基、钛基等）复合材料、陶瓷基复合材料、碳/碳基和水泥基复合材料等。

（2）按增强相的种类和形态分类　可分为纤维增强复合材料、颗粒增强复合材料、层叠复合材料、骨架复合材料以及涂层复合材料等。纤维增强复合材料又有长纤维或连续纤维复合材料、短纤维或晶须复合材料等，如纤维增强塑料、纤维增强橡胶、纤维增强金属、纤维增强陶瓷等。颗粒增强复合材料又有纯颗粒增强复合材料和弥散增强复合材料。主要复合材料结构如图9-2所示。

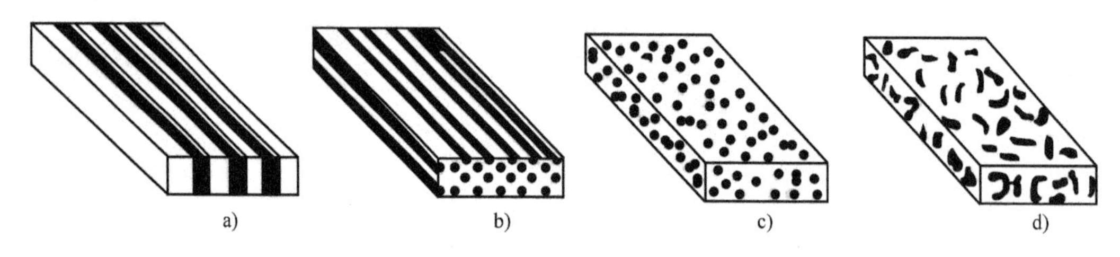

图9-2　复合材料结构示意图

a）层叠复合材料　b）连续纤维增强复合材料　c）颗粒增强复合材料　d）短纤维增强复合材料

（3）按复合材料的性能分类　可分为结构复合材料和功能复合材料。如树脂基、金属基、陶瓷基、碳/碳基和水泥基复合材料等都属于结构复合材料。功能复合材料具有独特的物理性质，有换能、阻尼吸声、导电导磁、屏蔽功能复合材料等。

3. 复合材料的表示方法

复合材料的表示方法是将所用增强相和基体相的商品名称同时列出，并在两者之间加“/”分开，如碳纤维/环氧树脂，碳纤维是增强相，环氧树脂是基体相。

4. 复合材料的性能

复合材料的性能主要取决于基体相和增强相的性能、两相的比例、两相间界面的性质和增强相几何特征。复合材料既保持了组成材料各自的最佳特性，又有单一材料无法比拟的综合性能。

（1）力学性能

1）疲劳性能。纤维增强复合材料具有较小的缺口敏感性，其纤维和基体间的界面能有效地阻止疲劳裂纹的扩展，因此具有较高的疲劳极限。而且纤维增强复合材料有大量独立的纤维，受载后如有少数纤维断裂，载荷会迅速重新分布到其他纤维上，不会产生突然破坏，断裂安全性好。

2）高温性能。大多数纤维增强复合材料具有良好的高温强度、高温弹性模量和抗蠕变性能。如 SiC 纤维增强铝基复合材料在 400℃时仍有与室温相差不大的强度和弹性模量，而此时铝合金的弹性模量几乎为零，强度也从室温时的 500MPa 降低到 50MPa。

3）减振性能。由于构件的自振频率与材料比模量的平方根成正比，复合材料的比模量高，因此其自振频率也高，在一般工作条件下不宜发生共振。又因为复合材料界面是非均质多相体系，有较高的吸振能力，所以阻尼特性也好。此外，许多树脂基、金属基、陶瓷基复合材料还具有良好的耐磨性、减摩性等。

4）比强度和比模量。复合材料具有比其他材料都高的比强度和比模量，尤其是碳纤维/环氧树脂复合材料。常用金属材料与复合材料的性能比较见表 9-1。

表 9-1 常用金属材料与复合材料的性能比较

材料		性能				
		密度/$g\cdot cm^{-3}$	抗拉强度/MPa	弹性模量/GPa	比强度/$10^5N\cdot m\cdot kg^{-1}$	比模量/$10^6\ N\cdot m\cdot kg^{-1}$
金属材料	钢	7.8	1020	210	1.29	27
	铝合金	2.8	470	75	1.68	26.8
	钛合金	4.5	1000	110	2.22	24.4
复合材料	碳纤维/环氧树脂	1.45	1500	140	10.34	97
	碳化硅纤维/环氧树脂	2.2	1090	102	4.96	46.4
	硼纤维/环氧树脂	2.1	1344	206	6.4	98
	硼纤维/铝	2.65	1000	200	3.78	75
	玻璃钢	2.0	1040	40	5.2	20

（2）物理、化学性能 复合材料的密度低，线膨胀系数小。一些复合材料具有导电、导热、压电效应、换能、吸收电磁波等特殊性能，有些复合材料还具有良好的耐热性、耐蚀性和化学稳定性。

9.2 增强材料及复合增强原理

9.2.1 增强材料

1. 纤维、晶须增强材料

常用的纤维增强材料有玻璃纤维、碳（石墨）纤维、硼纤维、碳化硅纤维、芳纶（凯夫拉）纤维、石棉纤维、氧化铝纤维、晶须等。

（1）玻璃纤维。玻璃纤维由熔融的玻璃经拉丝而成，可制成连续纤维和短纤维。玻璃纤维具有不吸水、不燃烧、尺寸稳定、隔热、吸声、绝缘、能透过电磁波等特性，有良好的耐蚀性，除氢氟酸、浓碱、浓磷酸外，对其他溶剂有良好的化学稳定性。其缺点是脆性大，耐磨性差。由于其制取方便，价格便宜，是应用最多的增强纤维。

（2）碳（石墨）纤维。碳纤维是将有机纤维（如聚丙烯腈纤维、沥青纤维、棉纤维等）在惰性气氛中经高温碳化而制成的纤维。经石墨化处理的碳纤维又称为石墨纤维。碳纤维的比强度和比模量高，在无氧条件下2500℃时弹性模量也不降低。它的耐热性、耐寒性好，线膨胀系数小、热导率高、导电性好。石墨纤维的耐热性、导电性比碳纤维好，而且还有自润滑性。碳纤维化学稳定性高，能耐浓盐酸、硫酸、磷酸、苯、丙酮等介质浸蚀。其缺点是脆性大，易氧化，与基体结合力差。

（3）硼纤维。硼纤维是用三氯化硼和氢气混合在高温下将硼沉积到钨丝上制得的一种复合纤维。硼纤维具有高强度、高弹性模量、高耐热性，在无氧条件下1000℃时弹性模量也不降低，还具有良好的抗氧化性和耐蚀性。其缺点是直径较粗、伸长率低、生产工艺复杂、成本高。

（4）芳纶纤维。芳纶纤维最大的特点是比强度和比模量高，韧性好，具有优良的抗疲劳性、耐蚀性、绝缘性和可加工性，且价格便宜。

（5）碳化硅纤维。碳化硅纤维突出的优点是具有优良的高温强度，主要用于增强金属和陶瓷。它以钨丝或碳纤维作为纤芯，通过气相沉积法而制得；或用聚碳硅烷纺纱，烧结制得。

（6）石棉纤维。石棉纤维是天然多晶质无机矿物纤维，主要有温石棉、青石棉和铁石棉。其中以温石棉用量最大。石棉具有耐酸、耐热、保温、不导电等特性。石棉应用的主要问题是粉尘大，对人体有害。

（7）氧化铝纤维。氧化铝纤维用有机物烧成法制成，它与金属基复合的材料可用常规金属加工方法制备。

（8）晶须。晶须是直径为几个微米的单晶体，具有很高的强度。常用的有碳化硅、氧化铝、氮化硅等，但由于价格昂贵，其使用受到限制。

（9）其他纤维增强材料。棉、麻等天然纤维和尼龙，涤纶等合成纤维及它们的织物都可作为增强材料，但性能较差，只能用于一般要求的复合材料。常用增强材料的性能比较见表9-2。

表9-2　常用增强材料的性能比较

材料	性能				
	密度/ $g \cdot cm^{-3}$	抗拉强度/ MPa	弹性模量/ GPa	比强度/ $10^5 N \cdot m \cdot kg^{-1}$	比模量/ $10^6 N \cdot m \cdot kg^{-1}$
无碱玻璃纤维	2.55	3400	71	13.3	28
高强度碳纤维	1.76	3530	230	20.06	130.68
高弹性模量碳纤维	1.81	2740	392	15.14	216.57
硼纤维	2.36	2750	382	11.65	161.86
碳化硅纤维	2.55	2800	200	10.98	78.43
芳纶纤维 Kevlar-49	1.44	3620	125	25.14	86.8
钢丝	7.74	4200	200	5.43	25.84
氧化铝纤维	3.20	2600	250	8.13	78.13
α-SiC 晶须	3.22	13300	392	41.3	121.74
温石棉纤维	2.5	620	—	2.48	—

2. 颗粒增强材料

颗粒增强材料主要是各种陶瓷材料颗粒，如 Al_2O_3、SiC、WC、TiC、Si_3N_4、B_4C 及石墨等。另外氧化锌、碳酸钙、氧化铝、石墨等粉末增强材料一般作为填料用于塑料和橡胶制品。

9.2.2　复合增强原理

1. 颗粒增强复合材料的复合增强原理

纯颗粒增强复合材料颗粒尺寸大于0.1μm。在这种复合材料中，颗粒不是通过阻碍位错的运动而是通过限制颗粒邻近基体的运动来达到强化基体的目的的。因此，复合材料所受载荷并非完全由基体承担，增强颗粒也承受部分载荷。复合材料的性能受颗粒大小的影响，颗粒尺寸小，增强效果好；颗粒与基体间的结合力越大，增强的效果越明显。颗粒增强复合材料的性能与增强体和基体的相对量及各组成物性能密切相关。

弥散增强复合材料颗粒尺寸小于0.1μm，主要是氧化物。这些弥散于金属或合金基体中的颗粒，能有效地阻碍位错的运动，从而产生显著的强化作用。其复合强化机理与合金的沉淀强化机理类似，基体是承受载荷的主体。所不同的是，合金的沉淀强化弥散相质点是借助于相变而产生的，当超过一定温度时会粗化甚至重溶，导致合金高温强度降低；而弥散增强复合材料中颗粒随温度的升高仍可保持其原有尺寸，因此其增强效果在高温下可维持较长的时间，使复合材料的抗蠕变性能明显优于所用的基体金属或合金。弥散增强颗粒的尺寸、形状、体积分数以及同基体的结合力都会影响增强的效果。

2. 纤维增强复合材料的复合增强原理

对纤维增强复合材料，基体材料将复合材料所受外载荷通过一定的方式传递并分布给增强纤维，增强纤维承担大部分外力，基体主要提供塑性和韧性。纤维处于基体之中，相互隔离，表面受基体保护，不易损伤，受载时也不易产生裂纹。当部分纤维产生裂纹时，基体能阻止裂纹迅速扩展并改变裂纹扩展方向，将载荷迅速重新分布到其他纤维上，从而提高了材料的强韧性。纤维增强复合材料的性能，既取决于基体和纤维的性能及相对数量，也与二者之间的结合状态及纤维在基体中的排列方式等因素有关。增强纤维在基体中的排列方式有连续纤维单向排列、长纤维正交排列、长纤维交叉排列、短纤维混杂排列等。

9.3　常用复合材料

9.3.1　树脂基复合材料

树脂基复合材料又称聚合物基复合材料，各类增强改性或填充改性的塑料和橡胶都属于树脂基复合材料。

1. 树脂基复合材料的成型

（1）预浸料　预浸料是将树脂浸到纤维或纤维织物上，通过一定处理制成的增强塑料的半成品。按增强材料的纺织形式有预浸带、预浸布、无纬布之分。为保证使用时具有合适的黏度、凝胶时间等工艺性能，预浸料一般在 -18℃下存储。

（2）成型方法　树脂基复合材料的成型方法很多，主要的有以下几种：

1）手糊成型。手糊成型是在成型模具上，用手工一边刷树脂，一边铺增强纤维或纤维织物，然后成型固化的方法。所用树脂主要为不饱和聚酯和环氧树脂。手糊成型法设备简单，操作简便，但制品的形状和尺寸不稳定，劳动条件差，适于船体、罐体、外壳等小型制品。

2）喷射成型。喷射成型是将切断的增强纤维和树脂、固化剂均匀混合后，以一定的压力喷射到成型模具表面，然后成型固化的方法。该法成型周期短，可实现自动化生产。适用于制造复杂的、精度高的制品，如大、中型船体制品。

3）热压罐成型。热压罐成型是将预浸料叠层铺设并密封在袋中抽真空，然后放入热压罐低压成型固化的方法。主要用于制造高性能的大型复合材料制品，如航空航天结构件。

4）模压成型。模压成型是将浸渍纤维放入成型模具内，加热加压而成型固化的方法。所用树脂主要为热固性树脂。适合于大批量生产尺寸精确的高性能短纤维增强制品。

5）缠绕成型。缠绕成型是将浸渍纤维束或预浸料按一定的规律用设备（如数控缠绕机）连续均匀缠绕在芯模表面，然后成型固化的方法。这是制造回转体形状制品的基本方法。

6）拉挤成型。拉挤成型是将浸渍纤维在拉挤条件下连续通过模具，同时成型固化的方法。可直接制成管、棒、槽和工字梁等型材。该法质量好、效率高，适合大批量生产。

2. 常用树脂基复合材料

（1）玻璃纤维增强塑料　俗称玻璃钢，根据树脂的性质可分为热固性玻璃钢和热塑性玻璃钢。

1）热固性玻璃钢。玻璃纤维的体积分数为 60%~70%，常用基体树脂有环氧、酚醛、聚酯和有机硅等。其优点是密度小，强度高，耐蚀性好，绝缘性好，绝热性好，吸水性低，防磁，电磁波穿透性好，易于加工成型。其缺点是弹性模量低（只有结构钢的 1/10~1/5），刚性差，耐热性不够高，只能在 300℃以下使用。为了提高性能，可对树脂进行改性，例如，用环氧-酚醛树脂混溶或有机硅-酚醛树脂混溶。

2）热塑性玻璃钢。玻璃纤维的体积分数占 20%~40%，常用基体树脂有尼龙、聚乙烯、聚苯乙烯、聚碳酸酯等。其强度低于热固性玻璃钢，但具有较高韧性、良好的低温性能及低线膨胀系数。

玻璃钢主要用于制造要求自重轻的受力构件和要求无磁性、绝缘、耐腐蚀的零件。例如，制造雷达罩、发动机冷却风扇叶轮、燃料箱等；在船舶工业中用于制造轻型船、艇及船艇的各种配件；因玻璃钢无磁性，用其制造的扫雷艇可避免水雷的袭击；在车辆工业中用于制造汽车、机车、拖拉机车身的某些部件；在电机电器工业中制造各种绝缘零件、电器外壳等；在石油化工工业中代替不锈钢制作耐酸、耐碱、耐油的容器、管道等。玻璃纤维增强尼龙可代替有色金属制造轴承、齿轮等零件。

（2）碳纤维增强树脂　基体材料主要有环氧、聚酯、聚酰亚胺树脂等，也新开发了许多热塑性树脂。碳纤维增强树脂具有低密度、高比强度和高比模量，还具有优良的抗疲劳性能，减摩、耐磨性、耐蚀性和耐热性，但碳纤维与基体结合力低，垂直纤维方向的强度和刚度低。

碳纤维增强树脂主要用于航空航天工业中制造飞机机身、机翼、螺旋桨、卫星壳体等；在汽车工业中用于制造汽车覆盖件等；在机械制造工业中制造结构件，在化学工业中制造管道、容器等；还可以制造纺织机梭子、笔记本计算机外壳和网球拍、赛车车架等体育用品。

图9-3所示为我国自行研制的C919大型客机，其雷达罩、机翼前后缘、活动翼面、翼身整流罩、后机身、尾翼等部件均采用了碳纤维增强树脂等复合材料制造，用量达到机体结构质量的11.5%。但比例还不够高，波音787和空客A350所用复合材料占飞机结构质量的比例已分别达到50%、53%，C919机身蒙皮还是用铝锂合金，波音787和空客A350已采用碳纤维增强树脂制造。

a)

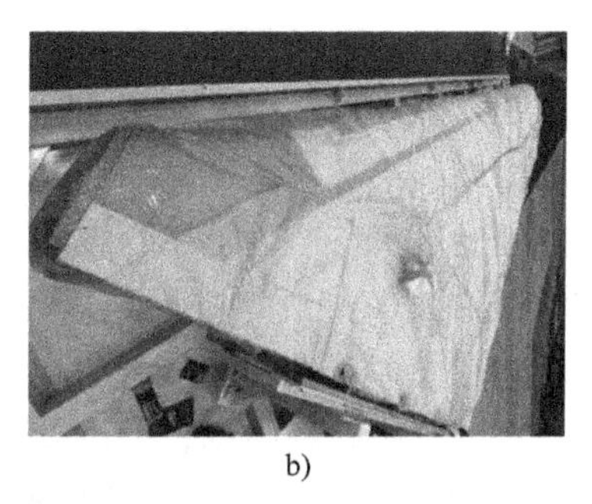
b)

图9-3　我国自行研制的C919大型客机

a）C919大型客机　b）复合材料制造的C919垂直尾翼

机身、机翼用的复合材料是碳纤维增强树脂，或称为树脂基碳纤维复合材料。碳纤维是由聚丙烯腈纤维（PAN）经过氧化→碳化→表面处理→上浆→成卷而成，直径为5~10μm，长度可超过5700m。这里的聚丙烯腈纤维，是专门用来制造碳纤维的，又称为原丝或前体。一般两份原丝生产一份碳纤维。一根丝束中包含的碳纤维数量用“K”表示，1K=1000根，飞机结构使用最多的是12K、24K。在1315℃碳化的纤维，含有93%~95%的碳元素。拉伸模量为266~327GPa。在1900~2480℃的温度下石墨化的纤维，含有99%以上的碳元素，拉伸模量为300~700GPa。飞机上使用的复合材料有多种形态，例如，制造机身用的预浸平纹布，首先用碳纤维织成一定宽度（如150mm）平纹布，再浸渍基材树脂（所用树脂、添加剂及生产工艺均严格保密），在浸渍布的一面加隔离布后成卷（半成品）供下一步做零部件使用。预浸料一般在-18℃的温度下存储，机身、机翼零件做出后，还要放入密封的热压罐固化9~10h。热压罐需能装下整个机身、机翼，所以体积庞大，制造和使用成本都很高，如波音公司制造了一个长为36.5m，宽为6.5m，质量为544t的世界上最大的热压罐。

（3）硼纤维增强塑料　基体材料主要有环氧、聚酰亚胺树脂等。具有高的抗拉强度、比强度和比模量，良好的耐热性，但各向异性明显，纵向与横向力学性能相差很大，难于加工，成本昂贵。主要用于航空航天工业中要求高刚度的结构件，如飞机机身、机翼等。

（4）芳纶纤维增强塑料　基体材料主要有环氧、聚乙烯、聚碳酸酯、聚酯树脂等。常用的是芳纶纤维/环氧树脂复合材料，它具有较高的抗拉强度、较大的伸长率、高的比模量、优良的疲劳抗力和减振性，其耐冲击性超过碳纤维增强塑料，疲劳抗力高于玻璃钢和铝合金，但抗压强度和层间抗剪强度较低。主要用于飞机机身、机翼、发动机整流罩、火箭发动机外壳、防腐蚀容器、轻型船艇、运动器械等。

（5）石棉纤维增强塑料　基体材料主要有酚醛、尼龙、聚丙烯树脂等。具有良好的化学稳定性和电绝缘性能。主要用于汽车制动件、阀门、导管、密封件、化工耐腐蚀件、隔热件、电绝缘件、导弹火箭耐热件等。

（6）碳化硅增强塑料　碳化硅增强塑料是碳化硅纤维与环氧树脂组成的复合材料。具有高的比强度和比模量，主要用于宇航器上的结构件，还可用于制作飞机机翼、门、降落传动装置箱等。

（7）橡胶基复合材料　包括纤维增强橡胶和粒子增强橡胶。

1）纤维增强橡胶。常用增强纤维有天然纤维、人造纤维、合成纤维、玻璃纤维、金属丝等。纤维增强橡胶制品主要有轮胎、传送带、橡胶管、橡胶布等。这些制品除了要具有轻质、高强度的性能外，还必须柔软和具有较高的弹性。纤维增强橡胶的制备过程与一般橡胶制品的制备过程相近。

增强轮胎的增强层通常由缓冲层和胎体帘布层构成，缓冲层由玻璃纤维帘子线或合成纤维帘子线构成，胎体帘布层由尼龙纤维、聚酯纤维或石棉纤维纺成的帘子线或钢丝增强橡胶构成。纤维增强橡胶V带的增强层位于传送带中上部，增强层有帘布、线绳、钢丝等，主要承受传动时的牵引力。增强橡胶管的增强层通常用各种纤维材料或金属材料制成，压力较低的一般采用各种纤维材料增强，强度要求较高的一般采用金属材料增强。

2）粒子增强橡胶。橡胶中所使用的补强剂，如二氧化硅、氧化锌、活性碳酸钙等，使橡胶的强度、韧性、撕裂强度和耐磨性都显著提高。

9.3.2　金属基复合材料

与树脂基复合材料相比，金属基复合材料具有强度高、弹性模量高、耐磨性好、冲击韧性好，耐热性、导热性、导电性好，不易燃、不吸潮、尺寸稳定、不老化等优点，但存在密度较大、成本较高、部分材料工艺复杂的缺点。

1. 金属基复合材料的制造方法

（1）热压扩散法　热压扩散法是将金属与增强体按顺序放于模具中，在接近基体金属熔点的温度下加压，通过金属与增强体界面原子间的相互扩散结合在一起而制成复合材料的方法，常用于连续粗纤维与金属的复合。

（2）液态渗透法　液态渗透法是将熔化的金属液体渗入增强体而制成复合材料的方法，常用挤压铸造法来实现。主要用于批量生产纤维增强低熔点金属基复合材料。

（3）喷涂沉积法　喷涂沉积法是将液态金属和增强颗粒一起喷射到沉积器上而制成复合材料的方法。该法生产效率高，材料均匀致密。

（4）粉末冶金法　该法在第8章中已作介绍，此处不再重复。

2. 纤维及晶须增强金属基复合材料

常用的长纤维增强材料有硼纤维、碳（石墨）纤维、氧化铝纤维、碳化硅纤维（单丝、单束）等，配合的基体金属有铝及其合金、钛及其合金、镁及其合金、铜合金、铅合金、高温合金及金属间化合物等。常用的短纤维及晶须增强材料有氧化铝纤维、氮化硅纤维，增强晶须有氧化铝晶须（Al_2O_{3w}）、碳化硅晶须（SiC_w）、氮化硅晶须等，配合的基体金属有铝、钛、镁等。

（1）纤维增强铝（或铝合金）基复合材料　纤维增强铝（或铝合金）基复合材料包括以下几种。

1）硼纤维增强铝基复合材料。基体材料有纯铝、变形铝合金、铸造铝合金等，具有很高的比强度、比模量，优异的疲劳性能，良好的耐蚀性能，其比强度高于钛合金，主要用于航天飞机蒙皮、大型壁板、长梁、加强肋、航空发动机叶片、导弹构件等。

2）碳纤维增强铝基复合材料。由碳（石墨）纤维与纯铝、变形铝合金、铸造铝合金组成。这种复合材料具有高比强度、高比模量，高温强度好，减摩性和导电性好等优点。缺点是复合工艺较困难，易产生电化学腐蚀。主要用于制造航空航天器天线、支架、油箱，飞机蒙皮、螺旋桨、涡轮发动机的压气机叶片，蓄电池极板等，也可用于制造汽车发动机零件（如活塞、气缸头等）和滑动轴承等。

3）碳化硅纤维、晶须增强铝基复合材料。碳化硅纤维增强铝基复合材料（SiC/Al）具有高的比强度、比模量和高硬度，用于制造飞机机身结构件、导弹构件及汽车发动机的活塞、连杆等零件。碳化硅晶须增强铝基复合材料（SiC_w/Al）具有良好的综合性能，易于二次加工，用于航空航天的结构件。

4）氧化铝纤维、晶须增强铝基复合材料。主要用于制造汽车发动机活塞等。

（2）纤维增强钛合金基复合材料　增强纤维主要有碳化硅纤维与硼纤维，基体材料主要为Ti-6Al-4V钛合金，具有低密度、高强度、高模量、高耐热性、低线膨胀系数等优点，适用于制造高强度、高刚度的航空航天用结构件。

（3）纤维增强镁（或镁合金）基复合材料　纤维增强镁（或镁合金）基复合材料具有高的比强度、比模量，低的线膨胀系数，尺寸稳定性好，适于制造航空航天器中尺寸要求严格的零件。

（4）碳（石墨）纤维增强铜（或铜合金）基复合材料　碳（石墨）纤维增强铜（或铜合金）基复合材料除具有一定的强度、刚度外，还具有导电、导热性好，线膨胀系数小，摩擦系数小，磨损率低等许多优异的性能。主要作为功能材料使用，如制造电动机的电刷、大功率半导体中的硅片电极托板、集成电路的散热板，还可用于制造滑动轴承、机车滑块等。

（5）纤维增强高温合金基复合材料　纤维增强高温合金基复合材料具有较高的强度、抗蠕变性、抗冲击性及耐热疲劳性。研究较多的有钨丝增强镍基复合材料、碳化硅增强金属间化合物（如Ti_3Al、Ni_3Al）基复合材料。

3. 颗粒增强金属基复合材料

常用增强颗粒有碳化硅、氧化铝、碳化钛等，基体金属有铝、钛、镁及其合金以及金属化合物等。硬质合金就是一种典型的颗粒增强金属基复合材料。

（1）碳化硅颗粒增强铝基复合材料（SiC_p/Al）　这是一种性能优异的复合材料，其比强度与钛合金相近，比模量略高于钛合金，还具有良好的耐磨性。可用来制造汽车零部件，如发动机缸套、衬套、活塞、活塞环、连杆、制动片、驱动轴等；航空航天用结构件，如卫星支架、结构连接件等。还可用来制造火箭、导弹构件等。

（2）颗粒增强高温合金基复合材料　基体材料有钛基和金属间化合物基。典型材料为TiC/Ti-6Al-4V复合材料，其强度、弹性及抗蠕变性都较高，使用温度高达500℃，可用于制造导弹壳体、尾翼和发动机零部件等。

9.3.3 陶瓷基复合材料

陶瓷具有耐高温、耐磨、耐腐蚀、高抗压强度、高弹性模量等优点，但脆性大、抗弯强度低。用纤维、晶须、颗粒与陶瓷制成复合材料，可提高其强韧性。部分陶瓷材料与陶瓷基复合材料的性能比较见表9-3。由表可见，增强的陶瓷基复合材料抗弯强度和断裂韧度都大大提高，陶瓷基复合材料的增强纤维主要有碳纤维、氧化铝纤维、碳化硅纤维以及金属纤维等，尤其以碳化硅纤维增强效果最为显著。陶瓷基复合材料具有比强度和比模量高、韧性好的特点，因此除了陶瓷的用途外，还可用作切削刀具，在军事和空间技术领域也有很好的应用前景。

表9-3　部分陶瓷材料与陶瓷基复合材料的性能比较

材料	抗弯强度/MPa	断裂韧度/MPa · $m^{1/2}$
SiO_2	62	1.1
SiC/SiO_2	825	17.6
Si_3N_4（反应烧结）	340	3.0
SiC_w/Si_3N_4	800	7.0
SiC（反应烧结）	530	4.3
SiC/SiC	750	25.0
TiC_p/SiC	586	7.15
Al_2O_3	490	4.5
SiC/Al_2O_3	790	8.8

9.3.4 其他类型复合材料

1. 夹层复合材料

夹层复合材料是一种由上下两块薄面板和芯材构成的复合材料。面板材料有铝合金板、钛合金板、不锈钢板、高温合金板、玻璃纤维增强塑料、碳纤维增强塑料等。芯材有轻木、泡沫塑料、泡沫玻璃、泡沫陶瓷、波纹板、铝蜂窝、玻璃纤维增强塑料、芳纶纤维增强塑料等。面板和芯材的选择主要根据使用温度和性能要求而定。面板和芯材之间通常采用胶黏接，芯层有一层、两层或多层。在航空航天结构件中普遍应用蜂窝夹层结构复合材料。

夹层复合材料密度小，具有较高的比强度和比刚度，可实现结构轻量化，提高疲劳性能。不同的材料有不同的性能，如玻璃纤维增强塑料芯具有良好的透波性和绝缘性，泡沫塑料芯具有良好的绝热、隔声性能，泡沫陶瓷芯具有良好的耐高温、防火性能。

2. 碳/碳复合材料

碳/碳复合材料（C/C复合材料）是指用碳（或石墨）纤维增强碳基体所制成的复合材料。碳基体是用热固性树脂或沥青的裂解碳或烃类经化学气相沉积（CVD）的沉积碳制成的。碳/碳复合材料主要有碳纤维增强碳（C–C），石墨纤维增强碳（Gr–C），石墨纤维增强石墨（Gr-Gr）三类。

C/C 复合材料特有的优点是具有优良的高温力学性能，据测强度可以保持到 2000℃，在很宽广的温度范围内对常遇到的化学腐蚀物具有化学稳定性。C/C 复合材料还具有多孔性、吸水性、高耐磨性、高热导率及良好的耐烧蚀性。·

碳/碳复合材料可用于航空航天工业，如导弹头和航天飞机机翼前缘，火箭和喷气飞机发动机后燃烧室的喷管用高温材料，航空涡扇发动机机匣和风扇叶片，高速飞机用制动盘等。碳/碳复合材料还可用于制造超塑性成型工艺的热锻压模具，粉末冶金中的热压模具，原子反应堆中氦冷却反应器的热交换器，涡轮压气机中的叶片和涡轮盘热密封件。碳/碳复合材料具有极好的生物相容性，即与血液、软组织和骨骼能相容而且具有高的比强度和可曲性，可制成许多生物体整型植入材料，如人工牙齿、人工骨骼及关节等。

最新研究的用 SiC 部分置换碳基体的混合基［C/(C+SiC)］复合材料，和 C/C 复合材料相比具有更高的抗剪强度和抗氧化能力，将可能成为 C/C 复合材料的发展方向。

3. 功能复合材料

功能复合材料是具有特殊物理性能的复合材料。目前得到发展和应用的主要有压电型功能复合材料、吸收屏蔽型复合材料（也称隐身复合材料）、自控发热功能复合材料、导电功能复合材料、导磁功能复合材料、密封功能复合材料等。

思 考 题

9-1 什么是复合材料？它有哪些种类？复合材料的性能有什么特点？

9-2 分别列举一种颗粒增强和纤维增强复合材料，说明两种增强原理的区别。

9-3 增强材料有哪些？在聚合物基和金属基复合材料中，常用的基体材料有哪些？

9-4 简述玻璃钢、碳纤维增强塑料等常用纤维增强塑料的性能特点及应用。

9-5 简述常用纤维增强金属基复合材料的性能特点及应用。

9-6 简述夹层复合材料、C/C 复合材料的性能特点及应用。

9-7 为什么说复合材料是轻量化结构材料的主要发展方向之一？

第10章 新型工程材料

章前导读

新型工程材料导读

新型工程材料是人们制造过程中按照既有目的设计制造出来的，并非原存在于自然。新型工程材料具有高新性能，能满足尖端设备制造需要。它由军事需要、经济需要所推动，其开发与利用联系比以往的材料更加紧密。新型工程材料更加注重生态环境，关注资源协调性。

10.1 梯度功能材料

梯度功能材料（Functionally Gradient Materials，FGM），也称为倾斜功能材料，它是相对均质材料而言的。梯度功能材料早已存在于自然界中。日本东北大学高桥研究所对海螺壳体的组织观察发现，在贝壳极薄的横断面中其组织呈极其圆滑的梯度变化，这种梯度变化的组织特征正是海螺壳体能耐外界的强烈冲击且轻质高强的秘密所在。

一般复合材料中分散相为均匀分布，整体材料的性能是统一的。但在有些情况下，人们常常希望同一件材料的两侧具有不同性质或功能，又希望不同性能的两侧结合得完美，避免在苛刻的使用条件下因性能不匹配而发生破坏。以航天飞机的推进系统中最有代表性的超声速燃烧冲压式发动机为例，燃烧气体的温度要超过2000K，对燃烧室内壁产生强烈的热冲击；另一方面，燃烧室壁的另一侧又要经受作为燃料的液氢的冷却作用。因此，燃烧室内壁一侧要承受极高的温度，接触液氢的一侧又要承受极低的温度，一般的均质复合材料显然难以满足这一要求。于是，人们想到将金属和陶瓷联合起来使用，制作陶瓷涂层或在金属表面覆合陶瓷（相应称为涂层材料和复合材料），用陶瓷去对付高温，用金属来对付低温。然而，用传统技术将金属和陶瓷结合起来时，由于二者的界面热力学特性匹配不好，将会在金属和陶瓷之间的界面上产生很大的热应力而导致界面处开裂或使陶瓷层剥落，以致引起重大安全事故。基于此类情形，人们提出了梯度功能材料的新设想：根据具体要求，选择使用两种具有不同性能的材料，通过连续地改变两种材料的组成和结构，使其内部界面消失，从而得到功能相应于组成和结构的变化而缓变的一种非均质材料，以减小单纯复合之结合部位性能不匹配因素的影响。以上述航天飞机燃烧室壁为例，在承受高温的一侧配置耐高温的陶瓷，用以耐热隔热，在液氢冷却的一侧则配置导热性和强韧性良好的金属，并使两侧间的金属、陶瓷、纤维和空隙等分散相的相对比例以及微观结构呈一定的梯度分布，从而消除了传统的金属陶瓷涂层或复合之结合部位的界面。通过控制材料组成和结构的梯度使材料线膨胀系数协调一致，抑制热应力。这样，材料的机械强度和耐热性能将从材料的一侧向另一侧连续地变化，并使内部产生的热应力最小，从而同时起到耐热和缓和热应力的作用。

梯度功能材料与常规均质、涂层（复合）工程材料在结构和性能上的区别如图 10-1 所示。梯度功能材料就是针对材料两侧不同甚至相反的使用工况，调整其内部结构和性能，使之两侧与不同的工况条件相适应，并使之在厚度方向上呈现连续的梯度变化，从而达到组织结构的合理配置、热应力最小、耐磨与强韧的协调及造价最低等目的。它克服了常规均质材料及涂层、复合材料的局限性，在材料科学领域具有广阔的应用前景。

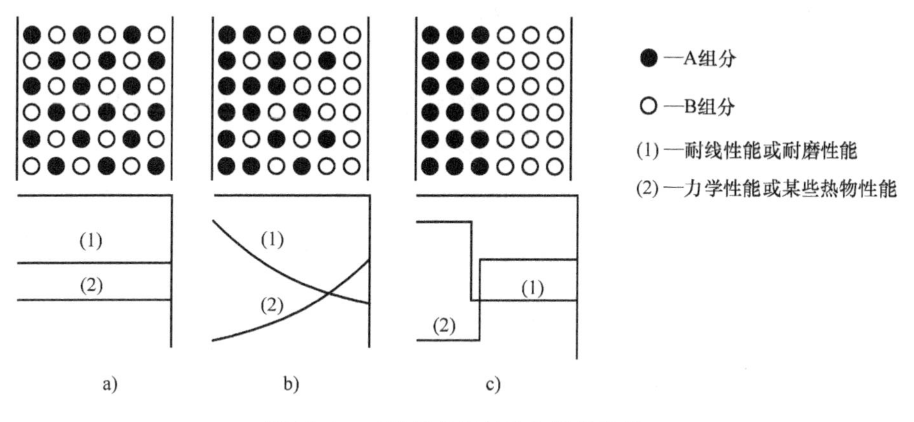

图 10-1　三种材料的结构和性能特征

a）均质材料　b）梯度功能材料　c）涂层或复合材料

10.1.1　梯度功能材料的制备

梯度功能材料的性能取决于体系组分选择及内部结构的合理设计，而且必须采取有效的制备技术来保证材料的设计。已开发的梯度材料制备方法介绍如下。

（1）气相合成法　气相合成法分为物理气相沉积法（PVD 法）、化学气相沉积法（CVD 法）和物理化学气相沉积法（PVD-CVD 法）。这些方法的基本特点是通过控制反应气体的组成和流量，使金属、半金属和陶瓷组成连续地变化，从而在基板上沉积出组织致密、组成倾斜变化的梯度功能材料。日本材料研究者用 PVD 法合成了 Ti-TiC、Ti-TiN 等梯度功能材料；用 CVD 法合成了厚度为 0.42mm 的 C-SiC，C-TiC 等梯度功能材料。

（2）等离子喷涂法　等离子喷涂法采用多套独立或一套可调组分的喷涂装置，精确控制等离子喷涂成分来合成梯度功能材料。采用该法需对喷涂比例、喷涂压力、喷射速度及颗粒粒度等参量进行严格控制，现已制备出 ZrO-Ni-Cr 等梯度功能材料。

（3）颗粒梯度排列法　颗粒梯度排列法又分为颗粒直接填充法及薄膜叠层法。前者将不同混合比的颗粒在成形时呈梯度分布，再压制烧结。后者是在金属及陶瓷粉中掺微量胶黏剂等，制成泥浆并脱除气泡压成薄膜，将这些不同成分和结构的薄膜进行叠层、烧结，通过控制和调节原料粉末的粒度分布和烧结收缩的均匀性，可获得良好热应力缓和特性的梯度功能材料。

（4）自蔓延高温合成法（SHS）　自蔓延高温合成法利用粉末间化学放热反应产生的

热量和反应的自传播性将材料烧结和合成。现已制备出 Al-TiB_2、Cu-TiB_2、Ni-TiC 等体系的平板及圆柱状梯度功能材料。

此外，还有离心铸造法、液膜直接合成法、薄膜浸渗成形法、共晶结合法等制备方法。

10.1.2 梯度功能材料的应用

虽然梯度功能材料的最先研制目标是获得缓和热应力型超耐热材料，如用于火箭燃烧器、飞机涡轮发动机、高效燃气轮机等的超耐热结构件中，其耐热性、复用性和可靠性是以往使用的陶瓷涂层复合材料无法比拟的。但从梯度功能的概念出发，通过金属、陶瓷、塑料、金属间化合物等不同物质的巧妙梯度复合，梯度功能材料在核能、电子、光学、化学、电磁学、生物医学乃至日常生活领域也都有着巨大的潜在应用前景，见表 10-1。

表 10-1 梯度功能材料的应用及预期效果

工业领域	应用范围	预期效果
核能工程	核反应第一层壁及周边材料、电绝缘材料、等离子体测控用窗口材料	耐放射性、耐热应力，电器绝缘性，透光性
光学工程	高性能激光器组、大口径光学透镜、光盘	高性能光学产品
生物医学工程	人造牙、人造骨骼、人工关节、人造脏器	良好的生物相容性和可靠性
传感器	声呐、超声波诊断装置、与固定件一体化的传感器	测量精度高、适应恶劣的使用环境
电子工程	电磁体、永久磁铁、超声波振子、陶瓷振荡器、Si-化合物的半导体混合集成电路、长寿命加热器	质量轻、体积小、性能好
化工及其他民用领域	功能性高分子膜、催化剂燃料电池、纸、纤维、衣服、建材	

10.2 纳米材料

纳米材料（Nanometer Material）是指尺度为 1～100nm 的超微粒，经压制、烧结或溅射而成的凝聚态固体。纳米材料以其异乎寻常的特性引起了材料界的广泛关注。例如，纳米铁材料的断裂应力比一般 Fe 材料高 12 倍；气体通过纳米材料的扩散速度比通过一般材料的扩散速度快几千倍；纳米相的 Cu 比普通的 Cu 坚固 5 倍，而且硬度随颗粒尺寸的减小而增大；纳米相材料的颜色和其他特性随它们的组成颗粒的不同而异；纳米陶瓷材料具有塑性或超塑性等。

纳米粒子属于原子簇与宏观物体交界的过渡区域，该系统既非典型的微观系统，也非典型的宏观系统，具有一系列新异的特性。当小颗粒尺寸进入纳米量级时，其本身和由它构成的纳米固体主要具有如下三个方面的效应，并由此派生出传统固体不具备的许多特殊性质。

1. 尺寸效应

当超微粒子的尺寸与光波波长、德布罗意波长以及超导态的相干长度或透射深度等物理特征尺寸相当或更小时，周期性的边界条件将被破坏，声、光、电磁、热力学等特性均会呈现新的尺寸效应。例如，蒸气压增大、熔点降低，光吸收显著增加并产生吸收峰的等离子共振频移，磁有序态向磁无序态转变、超导相向正常相转变等。

2. 表面与界面效应

纳米微粒尺寸小，表面大，位于表面的原子占相当大的比例。随着粒径减小，表面急剧变大，引起表面原子数迅速增加。例如，粒径为10nm时，比表面积为$90m^2/g$；粒径为5nm时，比表面积为$180m^2/g$；粒径小到2nm时，比表面积猛增到$459m^2/g$。这样高的比表面积，使处于表面的原子数越来越多，大大增强了纳米粒子的活性。例如，金属的纳米粒子在空气中会燃烧，无机材料的纳米粒子暴露在大气中会吸附气体，并与气体进行反应。

3. 量子尺寸效应

量子尺寸效应在微电子学和光电子学中一直占有显赫的地位，根据这一效应已经设计出许多具有优越特性的器件。半导体的能带结构在半导体器件设计中非常重要，随着半导体颗粒尺寸的减小，价带和导带之间的能隙有增大的趋势，这就使得即便是同一种材料，它的光吸收或者发光带的特征波长也不同。试验发现，随着颗粒尺寸的减小，发光的颜色从红色到绿色到蓝色变化，即发光带的波长由690nm移向480nm。把随着颗粒尺寸减小，能隙加宽发生蓝移的现象称为量子尺寸效应。一般来说，导致纳米微粒的磁、光、声、热、电及超导电性与宏观特性显著不同的效应称为量子尺寸效应。

上述三种效应是纳米微粒与纳米固体的基本特性。它使纳米微粒和纳米固体显现出许多奇异的物理、化学性质，出现一些“反常现象”。例如，金属为导体，但纳米金属微粒在低温下，由于量子尺寸效应会呈现绝缘性；一般钛酸铅、钛酸钡和钛酸锶等是典型铁电体，但当尺寸进入纳米数量级时就会变成顺电体；铁磁性物质进入纳米尺寸，由于多磁畴变成单磁畴，显示出极高的矫顽力；当粒径为十几纳米的氮化硅微粒组成纳米陶瓷时，已不具有典型共价键特征，界面键结构出现部分极性，在交流电下电阻变小等。

10.2.1　纳米材料的制备

1. 惰性气体淀积法

当金属晶粒尺寸为纳米量级时，由于具有很高的表面能，极容易氧化，所以制备过程中采取惰性气体（如He，Ar）保护是必要的。制备在蒸发系统中进行，将原始材料在约1kPa的惰性气氛中蒸发，蒸发出来的原子与He原子相互碰撞，降低了动能，在温度处于77K的冷阱上沉积下来，形成尺寸为数纳米的疏松粉末。

2. 还原法

用金属元素的酸溶液，以柠檬酸钠为还原剂迅速混合溶液，并还原成具有纳米尺寸的金属颗粒，形成悬浮液，为了防止纳米微粒的长大，加入分散剂，最后去除水分，就得到含有超微细金属颗粒构成的纳米材料薄膜。

3. 化学气相沉积法

射频等离子体技术采用射频场频率为1020MHz，以H_2稀释的SiH_4为气源，在射频电磁场作用下，使SiH_4经过离解、激发、电离以及表面反应等过程，在衬底表面生长成纳米硅薄膜。采用激光增强等离子体技术，在激光作用下分解高度稀释的SiH_4气体，产生等离子体，然后沉积生长出纳米薄膜。

10.2.2 常见纳米材料及其应用

1. 纳米陶瓷材料

传统的陶瓷材料通常是脆性材料，因而限制了其应用领域。但是，纳米陶瓷材料在常温下却表现出很好的韧性和延展性能。中国科学院上海硅酸盐研究所的研究发现，TiO_2 和 Si_3N_4 纳米陶瓷材料在室温下存在超塑性行为。

陶瓷材料的超塑性对界面数量的要求有一个临界范围。界面数量太少，没有超塑性，这是因为此时颗粒大，大颗粒很容易成为应力集中的位置，并为孔洞的形成提供条件。界面数量过多虽然可能出现超塑性，但材料强度将下降，也不能成为超塑性材料。最新的研究表明，陶瓷材料出现超塑性时的临界颗粒尺寸范围为200~500nm。

2. 纳米金属材料

纳米金属材料的优点是不仅具有高的强度，而且具有高的韧性，这一直是金属材料学家追求的目标。纳米金属材料的显著特点之一是熔点极低，如纳米银粉的熔点低于100℃，这不仅使得在低温条件下将纳米金属烧结成合金产品成为现实，而且有望将一般不可互溶的金属烧结成合金，制作诸如质量轻、韧性高的“超流”钢等特种合金。纳米金属材料将广泛用于制造诸如速度快、容量高的原子开关与分子逻辑器件，以及制造可编程分子机器等。

3. 纳米复合材料

由单相微粒构成的固体称为纳米相材料。若每个纳米微粒本身由两相构成（一种相弥散于另一种相中），则相应的纳米材料称为纳米复合材料。纳米复合材料的涉及面较宽，大致包括三种类型：第一种是0－0型复合，即不同成分、不同相或者不同种类的纳米粒子复合而成的纳米固体；第二种是0－3型复合，即把纳米粒子分散到常规的三维固体中，用这种方法获得的纳米复合材料因其性能的优异而成为当今纳米复合材料科学研究的热点之一；第三种是0－2型复合，即把纳米粒子分散到二维的薄膜材料中，可分为均匀弥散和非均匀弥散两大类。

将金属、铁氧体等纳米颗粒与聚合物复合形成0－3型复合材料和多层结构的复合材料，能吸收和衰减电磁波和声波，减少反射和散射，这在电磁隐形和声隐形方面有重要的应用。此外，聚合物的超细颗粒在润滑剂、高级涂料、人工肾脏、多种传感器及多功能电极材料方面均有重要作用。在Fe的超微颗粒（UFP）外面覆盖一层厚为5~20nm的聚合物后，可以固定大量蛋白质或酶，以控制生物反应，这在生物技术、酶工程中大有用处。

4. 纳米磁性材料

纳米磁性材料可用作磁流体及磁记录介质材料。在强磁性纳米粒子外包裹一层长链的表面活性剂，使其稳定地弥散在基液中形成胶体，即得到磁流体。这种磁流体可以用于旋转轴的密封。优点是完全密封、无泄漏、无磨损、不发热，轴承寿命长，不污染环境，构造简单等，主要用于防尘密封和真空密封等高精尖设备及航天器等。另外，将 Fe_3O_4 磁流体注入音圈空隙就成为磁液扬声器，具有提高扬声器的效率、减少互调失真和谐波失真、提高音质等优点。

磁性纳米微粒由于尺寸小，具有单磁畴结构、矫顽力高的特性，用它制成的磁记录介质材料不仅音质、图像好，信噪比大，而且记录密度比 γ-Fe_2O_3 高10倍。此外超顺磁性的强磁性纳米颗粒还可以制成磁性液体，广泛用于电声器件、阻尼器件、旋转密封、润滑、选矿等领域。

5. 纳米催化材料

纳米颗粒还是一种极好的催化剂。Ni 或 Cu-Zn 化合物的纳米颗粒对某些有机化合物的氢化反应是极好的催化剂，可替代昂贵的 Pt 或 Pd。纳米铂黑催化剂可以使乙烯的氧化反应温度从 600℃降到室温，而超细的 Fe、Ni、γ-Fe_2O_3 混合轻烧结体可代替贵金属作为汽车尾气净化的催化剂。

6. 纳米半导体材料

将 Si、有机硅、GaAs 等半导体材料配制成纳米相材料，具有许多优异的性能，如纳米半导体中的量子隧道效应可使电子输送反常，使某些材料的电导率显著降低，而其热导率也随颗粒尺寸的减小而下降，甚至出现负值。这些特性将在大规模集成电路器件、薄膜晶体管选择性气体传感器，光电器件及其他应用领域发挥重要的作用。纳米金属颗粒以晶格形式沉积在 Si 表面，可构成高效半导体电子元件或高密度信息存储材料。

10.3　形状记忆合金

材料在某一温度下受外力作用而变形，当外力去除后，仍保持其变形后的形状，但当温度上升到某一定值，材料会自动恢复到变形前原有的形状，似乎对以前的形状保持记忆，这种材料被称为形状记忆合金（Shape Memory Alloy）。

形状记忆合金与普通金属的变形及恢复不同。普通金属材料，当变形在弹性范围内时，去除载荷后可以恢复到原来的形状，当变形超过弹性范围后，再去除载荷时，材料会发生永久变形。如在其后加热，这部分的变形并不会清除。而形状记忆合金在变形超过弹性范围，去除载荷后也会发生残留变形，但这部分残留变形在其后加热到某一温度时即会消除而恢复到原来形状。有的形状记忆合金，当变形超过弹性范围后，在某一程度内，当去除载荷后，它能缓慢返回原形，这种现象称为超弹性（Super-Elasticity）或伪弹性。如铜铝镍合金就是一种超弹性合金，当伸长率超过 20%（大于弹性极限）后，一旦去除载荷又可恢复原形。

由于形状记忆合金正、逆变化时产生的力很大，乃至形状变化量也很大，所以可作为发动机进风口的连接器。当发动机超过一定温度时，连接器使进风口的风扇连接到旋转轴上输送冷风，达到起动控制的目的。此外，还可以用来作为温度安全阀和截止阀等。在军事和航天事业上，记忆合金可以做成大型抛物面天线，在马氏体状态下变成很小的体积，当发射到卫星轨道上以后，天线在太阳照射下温度升高，自动张开，这样便于携带。

医学上使用的形状记忆合金主要是 Ni - Ti 合金，它可以埋入机体内作为移植材料，在生物体内部作为固定折断骨骼的销和进行内固定接骨的接骨板。一旦植入生物体内，由于体内温度使其收缩，使断骨处紧紧相接，或用来顺直脊柱的弯曲。在内科方面，可将 Ni - Ti 丝插入血管，由体温使其恢复到母相形状，消除血栓，使 95% 的凝血块不流向心脏。用记忆合金制成的肌纤维与弹性体薄膜心室相配合，可以模仿心室收缩运动，制造人工心脏。在牙科方面，另一种使用最普及的形状记忆合金是牙齿矫正线，依靠固定在牙齿上的托架的金属线的弹力来矫正排列不整齐的牙齿，具有矫正范围大、不必经常更换金属线，异物感觉小等优点，已大量应用于临床。在整形外科方面，有使用超弹性医疗带捆扎骨头的病例。

10.4 非晶态合金

非晶态合金（Amorphous Alloy）又称为金属玻璃，非晶态合金外观上和金属材料没有任何区别，其结构形态却类似于玻璃，这种杂乱的原子排列状态赋予其一系列特性。

1. 高强度

一些非晶态合金的抗拉强度可达到3920MPa，维氏硬度可大于9800HV，为相应的晶态合金的5~10倍。特别是弹性模量和断裂强度之比，一般晶态合金约为几百，表明材料抗断裂潜力未完全发挥，而非晶态合金只有50左右。

由于非晶态合金内部原子交错排列，因此它的撕裂能较高，虽然伸长率很低，但它在压缩变形时，压缩率可达40%，轧制压缩率可达50%。

2. 优良的软磁性

非晶态合金有高的磁导率和饱和磁感应强度，低的矫顽力和磁损耗。目前使用的硅钢、铁-镍合金或铁氧体均为晶态，所以具有磁性各向异性的相互干扰特征，导致磁导率下降，磁损耗大。而软磁合金在这些方面就比较好。目前比较成熟的非晶态软磁合金主要有铁基、铁-镍基和钴基三大类。

3. 高耐蚀性

在中性盐和酸性溶液中，非晶态合金的耐蚀性优于不锈钢。Fe-Cr基非晶态合金在10% $FeCl_3 \cdot 10H_2O$ 中几乎完全不受腐蚀，而各种成分不锈钢则都有不同程度的斑蚀，在Fe-Cr基非晶态合金中Cr的质量分数约为10%，并不含Ni，可大大节约Ni。

由于非晶态合金为非晶态结构，显微组织均匀，不含位错、晶界等缺陷，因此，腐蚀液“无缝可钻”。同时非晶态结构合金自身的活性很高，能够在表面上迅速形成均匀的钝化膜。

4. 超导电性

目前金属超导材料Nb_3Ge，其超导零电阻温度$T_c=23.2K$。现有的许多超导材料有一个很大的缺点，即质脆、不易加工。1975年，杜威兹发现La-Au非晶态合金具有超导性，之后又发现许多非晶态合金具有超导性，只是超导转变温度T_c比较低。而与晶体材料相比较，非晶态合金有两个有利因素，其一非晶态合金本身可制成带状，而且韧性高，弯曲半径小，可以避免加工；其二由于非晶态的化学成分变化范围大，这为寻求新的超导材料，提高T_c提供了更多的途径。

利用非晶态合金的高强度、高韧性，以及工艺上可以制成条（带）或薄片的性质，目前已用它来制作轮胎、传送带、水泥制品及高压管道的增强纤维，还可用来制成各种切削刀具和保安刀片。

用非晶态合金纤维代替硼纤维和碳纤维制造复合材料，可进一步提高复合材料的适应性。硼纤维和碳纤维复合材料的安装孔附近易产生裂纹，而非晶态合金具有高强度，且具有塑性变形能力，可以防止裂纹的产生和扩展，非晶态合金纤维正在用于飞机构架和发动机元件的研制中。含Cr非晶态合金由于耐腐蚀和点蚀，特别是在氯化物和硫酸盐中的耐蚀性大大超过不锈钢，获得了“超不锈钢”的名称，可以用于海洋和生物医学方面，如制造海上军用飞机电缆、鱼雷、化学滤器、反应容器等。

10.5 阻尼合金

阻尼合金（Damped Alloy）又称防振合金，它不是通过结构方式去缓和振动和噪声，而是利用金属本身具有的衰减能去消除振动和噪声的发生源。

按金属学原理，可将阻尼合金减振或吸声的机理分为复相型、强磁性型、位错型和孪晶型四类。

（1）复相型　在高韧性的基体中，有软的第二相析出，在基体和第二相界面上，容易发生塑性流动或黏性流动，外界的振动或声波可以在这些流动中消耗，于是声音被吸收。

（2）强磁性型　磁性体的内部被划分成由磁壁包围的称为磁畴的小单元，在磁场的作用下，磁畴壁开始移动，如果产生正应变，则称为磁致伸缩效应。如从外部对这类材料施加应力时，材料吸收能量，导致磁壁移动，则称为磁致伸缩逆效应。当应力完全去除后，磁壁也不能完全恢复原状。这种能量的耗损类型为强磁性型。

（3）位错型　这类材料中位错运动引起的能量损耗成为减振的主要原因。合金的高阻尼是由在外力作用下位错的不可逆移动以及在滑移时位错的相互作用引起的。

（4）孪晶型　在热弹性马氏体中，马氏体晶核生成后随温度下降而长大，随温度上升而收缩。在这个过程中产生孪晶界的移动，这种孪晶界的移动性可以吸声。

阻尼合金可按机制分为四类：①复相型阻尼合金，主要有Fe-C-Si系、Al-Zn系，优点是可以在高温下使用；②强磁性型阻尼合金，主要有Fe-Ni系、Fe-Cr系、Fe-Cr-Al系、Fe-Cr-Al-Mg系、Fe-Cr-Mo系等，为了使磁畴壁易于移动，需要经特殊热处理使晶粒粗大化，因此，热处理费用昂贵，在其后加工时又可能产生晶内缺陷和晶粒细化，使阻尼性能变差，但这种类型的阻尼合金具有可以在居里点温度下使用的优点，缺点是在磁场中静载荷下阻尼性能有明显下降；③位错型阻尼合金，主要有Mg-Zr系、Mg-Mg2Ni系，该类阻尼合金可在低应力下使用，此时位错就能脱离，并具有价格低的优点，但当温度高于150℃时，材料会发生应变时效，导致阻尼性能明显下降；④孪晶型阻尼合金，主要有Mn-Cu系、Mn-Cu-Al系、Cu-Al-Ni系，Cu-Zn-Al系、Ni-Ti合金等，其中后三者为形状记忆合金。孪晶型阻尼合金在高于Ms点以上不能使用，但通过合金化和热处理可使Ms点温度提高。作为阻尼合金的主角，孪晶型阻尼合金目前最引人注目。

阻尼合金可用于火箭、导弹、喷气式飞机的控制盘或导航仪等精密仪器及发动机罩，汽轮机叶片等发动机部件；汽车车体、制动装置、发动机转动部件、变速器、空气净化器；桥梁、削岩机、钢梯等土木建筑部件；冲压机、链式搬运机的导链机或各式齿轮等机械工程零部件；车轮、铁轨等铁路部件；船舶用发动机的旋转部件、推进器等，以及空调、洗衣机、变压器用防噪声罩和音响设备中的喇叭、电唱机转盘轴、各种螺钉等家用电器零件，还有打字机、穿孔机等办公机器。

10.6 未来新型工程材料的发展

目前，新材料产业主要包括以下六大领域：

1）特种金属功能材料，即具有独特的声、光、电、热、磁等性能的金属材料。

2）高端金属结构材料，即比传统金属结构材料具有更高的强度、韧性和耐高温、耐腐蚀等性能的金属材料。

3）先进高分子材料，即具有相对独特物理化学性能，适宜在特殊领域或特定环境下应用的人工合成高分子新材料。

4）新型无机非金属材料，即在传统无机非金属材料基础上新出现的具有耐磨、耐腐蚀，光、电等特殊性能的材料。

拓展视频

稀土资源

5）高性能复合材料，即由两种或两种以上异质、异型、异性材料（一种作为基体，其他作为增强体）复合而成的具有特殊功能和结构的新型材料。

6）前沿新材料，即当前以基础研究为主，未来市场前景广阔，代表新材料科技发展方向，具有重要引领作用的材料。

思 考 题

10-1 什么是梯度功能材料？简述梯度功能材料的应用前景。

10-2 为什么纳米陶瓷材料会具有超塑性？

10-3 利用形状记忆合金的记忆效应设计一个玩具或装置，并写出设计过程。

10-4 举例说明阻尼合金在生活中的应用。

第11章

工程材料的选用

章前导读

材料的选用是产品设计与制造过程中重要的基础环节。材料的选用具有普遍性，不仅应用在研发新产品中，同时体现在改进或更新现有产品材料，提高产品的各种功能、降低成本等方面。

选材的核心问题是在技术和经济合理的前提下，保证材料的使用性能与零件（产品）的设计功能相适应。选材的重要保证是要正确进行零件的失效分析，正确掌握材料的选用原则。

掌握各类工程材料的特性，正确选用材料及加工方法是对所有从事产品设计与制造的技术人员的基本要求。

工程材料的选用导读

11.1 零件失效分析

任何零件均具有一定的设计功能或寿命，如在载荷、温度、介质等作用下保持一定的几何形状和尺寸，实现规定的机械运动、传递力和能等。零件在使用过程中若失去原有的设计功能，无法正常工作，即为失效。失效分三种情况：①零件完全破坏，不能继续工作；②严重损伤，继续工作不安全；③虽能安全工作，但不能完成设计功能。零件的失效，特别是那些事先没有明显征兆的失效，往往会带来巨大的损失，甚至导致重大的事故。因此，零件失效分析非常重要。

失效分析的目的是分析零件的失效原因，并提出相应的防止和改进措施，以避免同类失效现象的重复发生。既可以对使用中失效的零件进行失效分析，也可以在设计、选材阶段，根据零件的工作条件预先对零件进行潜在失效模式分析。失效分析已成为零件设计、选材、制造、使用及质量控制的重要依据。

11.1.1 零件失效的基本形式

零件失效形式多种多样，根据零件的工作条件及失效特点，将其分为三大类：

1. 过量变形失效

过量变形失效是指零件在工作过程中产生超过允许的变形量而导致整个机械设备无法正常工作，或者虽能正常工作但产品质量严重下降的现象。主要包括过量弹性变形失效和过量塑性变形失效。例如，镗床镗杆的刚度不足，发生过量的弹性变形，就会产生“让刀”现象，使被加工件出现形状误差；高压容器的紧固螺栓发生过量塑性变形而伸长，从而导致容器渗漏。

2. 断裂失效

断裂是零件最危险的失效模式，是指零件在工作过程中完全断裂而导致整个机械设备无法工作的现象。

（1）韧性断裂　韧性断裂是指零件在断裂前有明显塑性变形的失效。这是一种有先兆的断裂，易防范，危险性小。如起重链环断裂、拉伸试样的缩颈现象等。

（2）低应力脆断　低应力脆断最为危险，是指零件所受工作应力远低于屈服极限，在无明显塑性变形的情况下而产生的突然断裂的失效。常发生在有尖锐缺口或裂纹的高强度低韧性材料中，特别是在低温或冲击载荷下最容易发生。

（3）疲劳断裂　疲劳断裂是指零件在交变应力作用下，经过一定的周期后出现的断裂失效。齿轮、轴等常发生疲劳断裂。

（4）蠕变断裂　蠕变断裂是指零件在温度与应力共同作用下，缓慢地产生塑性变形（蠕变）而最后导致材料断裂的失效。例如，锅炉管道高温长期运行后的“爆管”现象等。

3. 表面损伤失效

表面损伤失效是指零件因表面损伤而造成机械设备无法正常工作或失去精度的现象。主要包括磨损失效、接触疲劳失效和腐蚀失效等。切削刀具、模具等常出现磨损失效；齿轮、滚动轴承等常出现接触疲劳失效。

零件的失效可以由一种方式引起，也可以是多种方式同时作用的结果，但一般总有一种方式起主导作用。例如，轴失效可以是疲劳断裂，也可以是过量弹性变形，究竟以什么形式失效，取决于具体条件下零件的最低抗力。

11.1.2　零件失效的原因

零件失效的原因很多，主要分为设计、材料、加工和安装使用四个方面。

1. 设计

零件的结构或形状设计不合理容易引起失效。如存在尖角、尖锐缺口或过渡圆角太小等，易导致较大的应力集中。此外，对零件的工件条件估计错误，如对工作中的过载估计不足，也容易造成零件失效。

2. 材料

材料选用不当或材料本身的缺陷是材料方面导致零件失效的两个主要原因。设计时一般以材料的抗拉强度和屈服强度等常规性能指标为依据，而这些指标有时并不能正确反映材料失效类型的失效抗力；或所选材料的性能指标值不符合要求，而导致失效。另外，材料本身常见的气孔、疏松、夹杂物、缩孔等冶金缺陷都可能降低材料的总强度，而导致零件的失效。

3. 加工

零件加工成形过程中，由于采用的工艺不正确，可能造成种种缺陷，如切削加工中表面粗糙度值过大、刀痕较深、磨削裂纹等；热处理不良造成过热、脱碳、淬火裂纹等。这些缺陷都是造成零件过早失效的原因。

4. 安装使用

零件安装时配合不当、维修不及时或不当，操作违反规程均可导致零件在使用中失效。

11.2　选用材料的一般原则

1. 使用性能原则

使用性能是材料满足使用需要所必备的性能，包括材料的力学性能、物理性能、化学性能等，是选用材料最主要的原则。不同零件所要求的使用性能是不同的，即使是同一个零件，有时不同部位所要求的性能也是不同的。因此，选材之前要分析零件的工作条件、失效形式，准确判断零件所要求的使用性能，然后再确定所选材料的主要性能指标及具体数值并进行选材。

工作条件包括：零件受力情况，如载荷类型（静载荷、交变载荷、冲击载荷）、载荷形式（拉伸、压缩、扭转、剪切、弯曲或组合作用）、载荷大小及分布情况（均匀分布或有较大的局部应力集中）等；零件工作环境（温度和介质），温度情况如低温、常温、高温或变温等，介质情况如有无腐蚀、核辐照、积垢或摩擦作用等；零件特殊性能要求，如电性能、磁性能、热性能等。

零件失效形式有过量变形、断裂、表面损伤等。机械零件失效原因有多种，在实际生产中，零件失效往往是设计、材料、加工、安装使用等几个因素综合作用的结果。

通常情况下，零件所要求的使用性能主要是材料的力学性能，其性能参数与零件的尺寸参数配合构成零件的承载能力。几种典型零件的工作条件、失效形式及力学性能指标见表11-1。

表11-1　几种典型零件的工作条件、失效形式及力学性能指标

零件名称	工作条件	载荷性质	主要失效形式	力学性能指标
紧固螺栓	拉伸、剪切应力	静载	过量变形、断裂	强度、塑性、疲劳强度
传动轴	交变弯曲、扭转应力；冲击载荷；颈部摩擦	循环、冲击	疲劳断裂、过量变形、轴颈磨损	综合力学性能；屈服强度、疲劳强度；轴颈硬度
传动齿轮	交变弯曲及接触压应力；冲击载荷；齿面强烈摩擦	循环、冲击	接触疲劳（麻点）、磨损、断齿	表面高硬度及疲劳强度；心部较高强度、韧性
弹簧	交变弯曲、扭转应力；冲击与振动	交变、冲击	疲劳断裂、弹性失稳	弹性极限、屈服强度、疲劳强度
滚动轴承	点接触下的交变应力、滚动摩擦	交变	磨损、疲劳断裂	抗压强度、疲劳强度、硬度
冷作模具	复杂应力	交变、冲击	磨损、脆断	高硬度、高强度、足够的韧性

2. 工艺性原则

材料的工艺性能表示材料加工的难易程度。任何零件都是由材料通过一定的加工工艺制造出来的，因此，材料工艺性能的好坏也是选材时必须考虑的问题。所选材料应具有好的工艺性能，才可以方便、经济地得到合格的零件。

金属材料的工艺性能主要包括铸造性能、锻造性能、焊接性能、可加工性及热处理性能。对形状比较复杂、尺寸较大的零件，一般采用铸造或焊接成形，所选材料应具有良好的铸造性能或焊接性能，在结构上也要适应铸造或焊接的要求。对冲压、挤压等冷变形成形零件，所选材料应具有较高的塑性，并要考虑变形对材料力学性能的影响。对于切削加工的零件，应主要考虑材料的可加工性能。

有时候，材料的工艺性能会是选材的主要因素。例如，汽车发动机箱体零件，它的使用性能要求不高，很多金属材料均能满足要求，但因箱体内腔结构复杂，宜用铸件。为了方便、经济地铸出箱体，应选用铸造性能较好的材料，如铸铁或铸造铝合金。再如螺栓、螺钉、螺母等受力不大但用量极大的普通标准紧固件，一般加工时采用自动机床大量生产，因此应主要考虑材料的可加工性能，宜选用易切削钢制造。在根据工艺性能原则选材时，应有整体的、全局的观点，要全面考虑其加工工艺路线及其涉及的所有工艺的工艺性能。

3. 经济性原则

在满足使用性能要求和保证加工质量的前提下，还需考虑材料的经济性。所谓经济性原则，主要是指选择价格便宜、加工成本低的材料，其中材料成本问题是经济性原则的核心。应尽量选用价格低廉、货源充足、加工方便、总成本低的材料，而且应尽量减少所选用材料的品种、规格，以简化供应、保管工作。

此外，还应考虑零件的寿命及维修费用。如机器中的关键零件，其质量好坏直接影响整台机器的使用寿命，应该把材料的使用性能放在首要位置。这时选用性能好的材料，虽然价格较高，但可以延长使用寿命，降低维修费用，反而是经济的。另外，还要注意生产所用材料的能源消耗，尽量选用耗能低的材料。

11.3 材料选择的一般过程

材料的选择是一个比较复杂的决策问题，目前还没有一种确定最佳方案的精确方法。它需要设计者熟悉零件的工作条件和失效形式，掌握有关的工程材料理论及应用知识、机械加工工艺知识以及较丰富的生产实践经验。通过具体分析，进行必要的试验和选材方案对比，最后确定合理的选材方案。图 11-1 所示为机械零件选材的一般过程。

需要注意的是：材料的性能参数与加工处理时试样的尺寸有关。零件所要求的力学性能数据，不能简单地同材料手册中的数值完全等同相待，必须考虑加工、处理后的状态，根据尺寸效应（或质量效应）对其进行适当的修正。

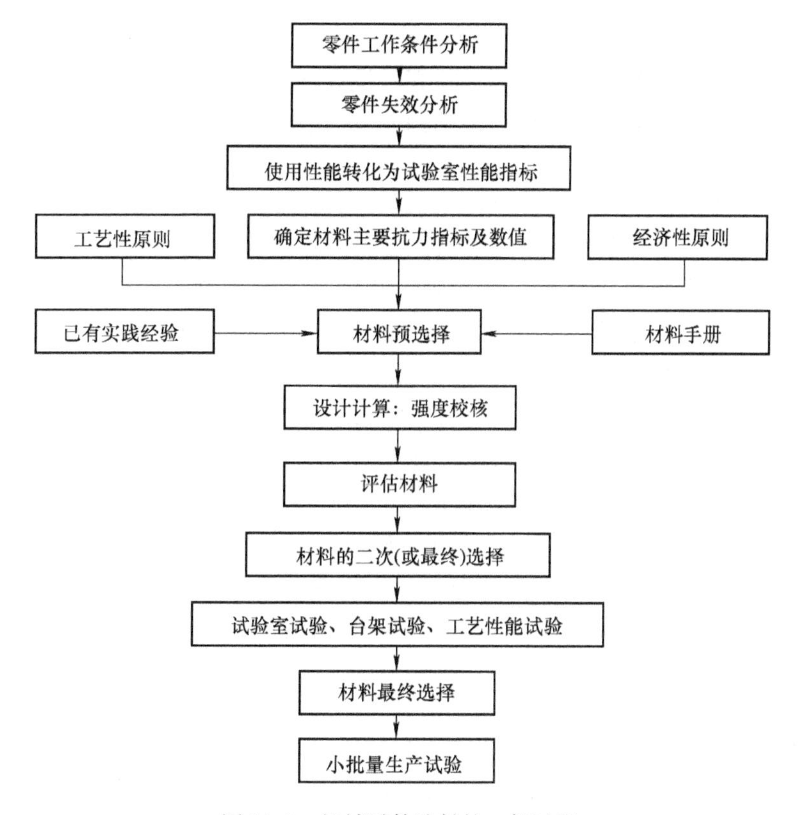

图 11-1 机械零件选材的一般过程

拓展视频

新中国第一台煤矿液压支架

11.4 典型零件的选材及工艺分析

11.4.1 轴类零件

轴是各种机器中最基本且关键的零件，主要作用是支撑回转零件（如齿轮、带轮、凸轮等），并传递运动和动力。机床的主轴、花键轴、变速轴、丝杠，内燃机的曲轴、连杆，及汽车的传动轴、半轴等都属于轴类零件。

1. 工作条件、主要失效形式与性能要求

（1）工作条件 轴在工作过程，承受交变扭转载荷、弯曲载荷或拉、压载荷的作用，轴颈处承受较大的摩擦。此外，多数轴在工作过程中通常要承受一定的过载和冲击。

（2）失效形式 根据工作特点，轴类零件的失效形式主要有疲劳断裂、过量变形、过量磨损失效等。此外，有时还可能发生振动或腐蚀失效。

（3）性能要求

1）良好的综合力学性能，即强度和塑性、韧性良好的配合，以防过量变形及过载和冲击载荷下的折断或扭断。

2）高的疲劳强度，防止疲劳断裂。

3）局部具有良好的耐磨性，防止轴颈、花键等处的过度磨损。

2. 材料选择

轴类零件一般按照强度、刚度计算进行零件设计与选材，同时需要考虑材料的冲击韧度和表面耐磨性。常选用碳素结构钢或合金结构钢，一般以锻件或轧制型材为毛坯，有时可选用球墨铸铁等。

（1）低速、轻载等受力较小、不重要的轴　主要考虑刚度，如心轴、联轴节、拉杆、螺栓等。可选用 Q235、Q275 等普通碳素钢，这类钢通常不进行热处理。

（2）受中等载荷而且精度要求一般的轴类零件　主要考虑强度和耐磨性，如曲轴、连杆、普通机床主轴等。常用优质中碳结构钢，如 35、40、45、50 钢，其中 45 钢应用最多。一般要进行正火或调质处理。要求轴颈等处耐磨时，还要进行局部表面淬火和低温回火。

（3）受较重交变载荷、冲击载荷、强烈摩擦或要求精度高的轴　应选用合金钢，如汽车、拖拉机、柴油机的轴。常用的有 20Cr、20CrMnTi、40MnB、40Cr、40CrNi 等钢。根据合金钢的种类及轴的性能，应采用调质、表面淬火、渗碳、氮化、淬火、低温回火等热处理。当轴的精度要求极高时，可选用 38CrMoAlA 调质后再进行渗氮处理。

（4）形状复杂不便加工且综合力学性能要求中等的中、小内燃机的曲轴等　可选用球墨铸铁，其热处理方法主要是退火、正火、调质及表面淬火等。

3. 典型轴类零件的加工工艺路线

（1）机床主轴　大多数机床主轴承受中等弯曲和扭转复合交变载荷作用，中等转速并承受一定冲击载荷，要求具有一定的综合力学性能，同时对耐磨性有一定要求。其主要失效形式为因过量磨损而丧失精度，其次是疲劳断裂。一般选用 45 钢制造，经调质处理后，对轴颈及锥孔处再进行表面淬火、低温回火。当机床主轴所受载荷较大时，可选用 40Cr 钢制造。

图 11-2 所示为车床主轴，选用 45 钢，整体调质处理后硬度为 220～250HBW，轴颈及锥孔处表面淬火及低温回火后硬度为 52～58HRC。

其加工工艺路线为：下料→锻造→正火→粗加工→调质→半精加工→局部表面淬火＋低温回火→磨削。

正火可改善锻造组织，调整硬度，改善可加工性能；调质可得到较高的综合力学性能和疲劳强度，调质后获得的组织为回火索氏体；轴颈部位经局部表面淬火可提高轴颈部位的硬度、耐磨性及抗疲劳性能，低温回火主要是消除淬火应力，淬火＋低温回火后工件表层组织为回火马氏体。

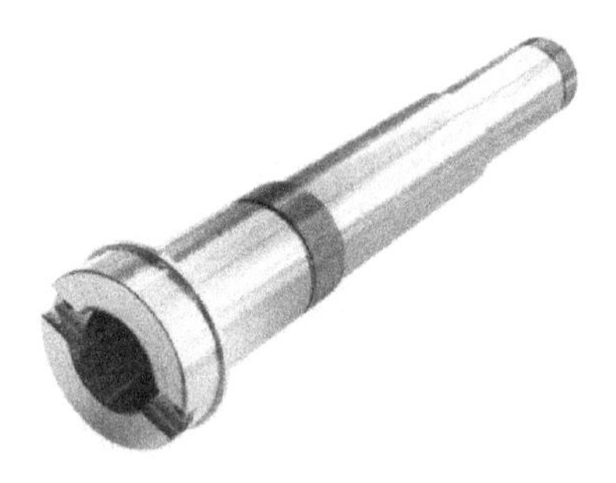

图 11-2　车床主轴

耐冲击的轴类零件可选用 20CrMnTi 等渗碳钢制作，其加工工艺路线为：下料→锻造→正火→粗加工→半精加工→渗碳→表面淬火＋低温回火→磨削。

渗碳可使轴表面具有高硬度、高耐磨性和高的疲劳性能，而心部保持良好的强韧性。热处理后工件表层组织为高碳回火马氏体，心部组织为低碳回火马氏体。

当轴的精度、尺寸稳定性与耐磨性要求都很高时，如精密镗床的主轴，可选用 38CrMoAlA，经调质后再进行渗氮处理，其加工工艺路线为：下料→锻造→正火→粗加工→调质→半精加工→去应力回火→粗磨→渗氮→精磨。

不同工作条件下常用机床主轴的选材及热处理方法见表 11-2。

表 11-2　不同工作条件下常用机床主轴的选材及热处理方法

轴的工作条件	举　例	材　料	热处理方法	性能要求
（1）在滚动轴承中运转 （2）低、中等载荷，中、低转速 （3）精度要求不高 （4）稍有冲击载荷	一般车床主轴	45	调质	220～250HBW
（1）在滚动轴承中运转 （2）低或中等载荷，转速稍高 （3）精度要求不太高	龙门铣床、立式铣床、立式车床、摇臂钻床主轴	45	调质后局部表面淬火＋低温回火	心部：220～250HBW 表面：52～58HRC
（1）在滚动轴承中运转 （2）中等载荷，转速较高 （3）精度要求较高 （4）中等冲击和疲劳载荷	滚齿机主轴、组合机床主轴	40Cr 40MnB	调质后局部表面淬火＋低温回火	心部：220～250HBW 表面：52～58HRC
（1）在滑动轴承中运转 （2）重载荷，高转速 （3）高冲击和疲劳载荷	转塔车床、齿轮磨床、插齿机；重型齿轮铣床等主轴	20CrMnTi	渗碳后淬火＋低温回火	心部：35～45HRC 表面：58～64HRC
（1）在滑动轴承中运转 （2）重载荷，高转速 （3）精度要求很高	高精度磨床主轴；精密镗床主轴	38CrMoAlA	调质后表面渗氮	心部：250～280HBW 表面：≥850HV

（2）内燃机曲轴　曲轴是内燃机中非常重要而且形状复杂的零件之一，如图 11-3 所示。它在工作时受到气缸中周期性变化的气体压力、曲轴连杆机构的惯性力、扭转和弯曲应力及扭转振动和冲击力的作用，此外曲轴颈与轴承间有较大的滑动摩擦作用。实践证明：曲轴的主要失效形式是疲劳断裂和轴颈严重磨损，尤其以前者为重；曲轴的冲击韧度不需要很高。因此曲轴材料应具有高强度，一定的冲击韧度，足够的弯曲强度、扭转疲劳强度和刚度，轴颈处要求有高硬度和耐磨性。

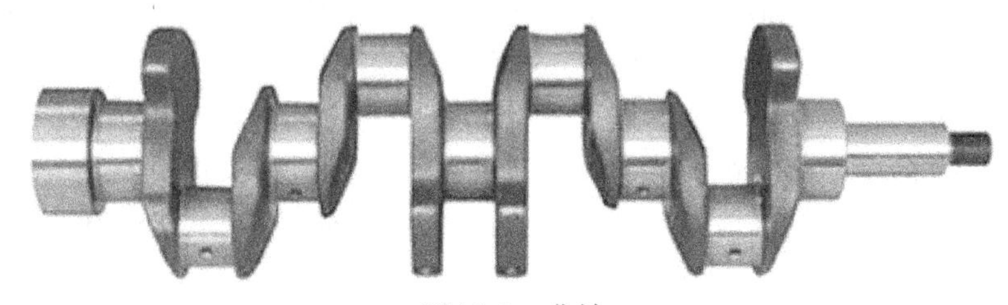

图 11-3　曲轴

曲轴分为锻钢曲轴和球墨铸铁曲轴两类。锻钢曲轴，采用优质中碳钢和中碳合金钢，如 45、40Cr 钢等。与锻钢曲轴相比，球墨铸铁曲轴（如 QT600-3、QT700-2 等）的刚度和耐磨性不低，且具有缺口敏感性低，减振减摩、铸造性能和可加工性等比较好，工艺简单且生产成本低等优点。大截面曲轴多用合金钢制造，这是由于大截面球墨铸铁球化困难，易产生畸变石墨，使性能降低。近年来国内越来越多地采用球墨铸铁（如 QT700-2）来代替锻钢作为曲轴的材料，一般内燃机、柴油机曲轴均选择球墨铸铁制造。

球墨铸铁QT700-2曲轴的加工工艺路线一般为：铸造→高温正火→去应力退火→切削加工→轴颈气体渗氮。

高温正火（950℃）是为获得细珠光体组织，提高强度；去应力退火（560℃）可消除正火时产生的内应力；轴颈处气体渗氮可提高轴颈表面的硬度及耐磨性。

11.4.2 齿轮类零件

齿轮是各类机械和仪表中应用极广泛的零件，其主要作用是传递力矩、改变运动速度或方向，有些齿轮仅起分度定位作用，受力不大。不同齿轮的转速、大小、齿形、工作环境有很大差别，因此齿轮的选材及热处理方法多种多样。

1. 工作条件、主要失效形式及性能要求

（1）工作条件　齿轮的关键工作部位是齿根部与齿面。由于传递转矩，齿根部承受较大的交变弯曲应力；同时，起动、换挡或啮合不均匀时，齿根部还要承受一定的冲击载荷。齿轮啮合时，齿面间以相互滑动与滚动的形式接触，齿面承受很大的接触应力及强烈的摩擦。

（2）主要失效形式　齿轮的失效形式主要是齿根折断和齿面损伤。齿根折断包括交变弯曲应力引起的疲劳断裂和冲击过载导致的崩齿与开裂；齿面损伤包括交变接触应力引起的接触疲劳（麻点剥落）和强烈摩擦导致的过度磨损。

（3）性能要求

1）高的弯曲疲劳强度，防止轮齿疲劳断裂。

2）足够的齿轮心部强韧性，以防止轮齿受冲击过载断裂。

3）足够高的齿面接触疲劳强度和高硬度、高耐磨性，防止齿面损伤。

2. 材料选择

适于制造齿轮的材料很多，选材时应全面考虑齿轮的具体工作条件与要求，如载荷的性质与大小、传动方式的类型与传动速度的高低、齿轮的形状与尺寸、工作精度的要求等。

多数情况下齿轮选用钢（锻钢或铸钢）制造。对于受力不大、在无润滑条件下工作的齿轮，可选用塑料（如尼龙、聚碳酸酯等）来制作。一般开式齿轮多用铸铁材料制造。根据齿轮的性能要求，齿轮大量采用表面强化处理：要求较低时，进行表面淬火强化；要求高时，采用表面化学热处理（渗碳、渗氮等）强化。

（1）低速齿轮　低速、轻载或中载、无冲击或冲击较小的不重要齿轮，如减速箱中齿轮、机床等机械设备中不重要的齿轮，可选用Q275等普通碳素钢进行正火热处理；或用40、45、50等中碳钢进行正火或调质等热处理。正火硬度为160～200HBW，调质硬度一般为200～250HBW。负荷稍大，可选用40Cr调质后使用，齿面硬度达200～300HBW。

对于要求很低的齿轮，可用普通碳素结构钢制造，正火处理。对于某些受力不大、无冲击、润滑不良的低速运转齿轮，还可选用灰铸铁（HT200、HT250、HT350等）或球墨铸铁（QT600-3、QT500-7等）制造，既可满足使用性能和工艺性能要求，制造成本又低。

（2）中速齿轮　中速、中载、承受一定冲击载荷的齿轮，如普通变速箱中齿轮和机床中的大多数齿轮，可选用40、45、40Cr、40MnB、42CrMo等中碳钢或合金调质钢。这类钢通常通过正火或调质处理来保证齿轮心部强韧性，再进行表面淬火+低温回火来保证齿轮表面的硬度、疲劳极限和耐磨性。调质钢齿轮齿面硬度不高，心部韧性也不够高。

（3）高速齿轮　高速、中载和重载、受冲击和受大冲击的齿轮，如汽车和拖拉机变速器齿轮、柴油机燃油泵齿轮、内燃机车动力牵引齿轮等，速度较高，载荷也较大，承受较大冲击，一般可选用20、20Cr、20CrMnTi、20CrNi3、18CrNi4WA等低碳和低碳合金渗碳钢，经渗碳及淬火处理制成。渗碳齿轮具有高表面硬度和高耐磨性、高的弯曲疲劳极限和接触疲劳极限，心部具有足够高的强韧性，其综合力学性能优于调质钢齿轮。

（4）高速、精密齿轮　载荷较小且平稳的高速或精密齿轮，如精密机床、数控机床的传动齿轮，可选35CrMo、38CrMoAlA等氮化钢，经调质处理后再表面渗氮处理，齿面硬度高达850~1200HV（相当于65~70HRC），力学性能优良，变形微小。

（5）特殊齿轮

1）形状复杂、尺寸较大（$>\phi400$mm）的齿轮，不便锻造成形，应选用ZG310－570、ZG340－640等铸钢。一般性能要求不高、低速的铸钢齿轮可在退火或正火处理后使用，如果耐磨性要求较高，可进行表面淬火＋低温回火。

2）仪表仪器中或接触腐蚀介质的齿轮，可选用一些耐腐蚀和耐磨的黄铜、铝青铜、硅青铜、锡青铜等有色金属材料制造。硬铝和超硬铝可用于制造质量轻的齿轮。

3）仪表、玩具等中的轻载、无润滑条件下工作的小型齿轮，可以选用工程塑料制造，常用的有尼龙、聚甲醛、聚碳酸酯等。工程塑料具有耐蚀、质量轻、噪声小，生产率高等优点。

不同工作条件下齿轮类零件的选材及热处理方法见表11-3。

表11-3　不同工作条件下齿轮类零件的选材及热处理方法

齿轮的工作条件	举　例	材　料	热处理方法	性能要求
低速、轻载或中载、无冲击或冲击较小，不重要的齿轮	不重要的变速箱中的齿轮	Q275	正火	150~180HBW
		45	正火	160~200HBW
中速、中载、受一定冲击载荷	普通变速箱中的齿轮、机床中的大多数齿轮	45	调质后高频感应淬火＋低温回火	40~45HRC
		40Cr 40MnB		45~50HRC
高速、中载或重载、受冲击或大冲击	汽车变速器齿轮、拖拉机传动齿轮	20CrMnTi	渗碳后淬火＋低温回火	58~64HRC
高速、重载、高精密	高精度磨床主轴；精密镗床主轴	38CrMoAlA	调质后表面渗氮	≥850HV

3. 典型齿轮的加工工艺路线

（1）机床齿轮　一般说来，机床齿轮工作时受力不大、转速中等、运转平稳、无强烈冲击，工作条件相对较好，对齿轮心部强度和韧性的要求不太高，一般选用中碳钢（40、45钢等）制造。经正火或调质处理后进行表面淬火＋低温回火，齿面硬度可达52HRC，齿心硬度为220~250HBW，可满足性能要求。对部分性能要求较高的机床齿轮，可选用40Cr、40MnB等中碳合金钢，齿面硬度可提高到58HRC，心部强度和韧性也有所改善。

图11-4所示为CA6140普通车床用齿轮，选用45钢，其加工工艺路线为：下料→锻造→正火→粗加工→调质→半精加工→表面淬火＋低温回火→精磨。

正火处理可使组织均匀化，消除锻造应力，调整硬度，改善可加工性能；调质处理可使齿轮具有良好的综合力学性能，提高齿轮心部的强度和韧性，使齿轮能承受较大的弯曲应力和冲击载荷，并减小淬火变形；表面淬火可提高齿轮表面的硬度和耐磨性，提高齿面接触疲劳强度；低温回火的作用主要是消除淬火应力，防止产生磨削裂纹和提高齿轮的抗冲击能力。调质后获得的组织为回火索氏体，淬火+低温回火后工件表层组织为回火马氏体。

图 11-4　普通车床齿轮

（2）汽车、拖拉机齿轮　汽车、拖拉机齿轮的工作条件比机床齿轮恶劣，特别是主传动系统中的齿轮，如图 11-5所示。它们高速运转、受力较大，且起动、制动及变速时频繁受到强烈冲击，对材料的耐磨性、疲劳性能、心部强度和冲击韧度等都有更高的要求，用中碳钢表面淬火已难保证使用性能。通常可选用 20Cr、20CrMnTi、20MnVB 等合金渗碳钢，经渗碳、淬火+低温回火使用，其齿面硬度为 58～62HRC，心部硬度 35～45HRC。为了进一步提高齿轮的耐用性，渗碳、淬火及回火后，还可采用喷丸处理来增大齿面表层压应力。

以 20CrMnTi 作为齿轮材料的加工工艺路线为：下料→锻造→正火→粗、半精加工→渗碳→淬火+低温回火→喷丸→磨削。

正火可使组织均匀，消除锻造应力，调整硬度，改善可加工性能；渗碳可提高齿面的碳含量；淬火可提高齿面硬度，提高齿面耐磨性和疲劳强度；低温回火可消除淬火应力，防止磨削裂纹，提高冲击抗力；喷丸处理可提高齿面硬度，增加表面残余压应力，从而提高接触疲劳强度。热处理后工件表层组织为高碳回火马氏体，心部组织为低碳回火马氏体。

图 11-5　汽车变速器齿轮

11.4.3　箱体类零件

箱体类零件是机器中的骨架，主要用来支撑轴和齿轮（带轮）等，并保证轴和齿轮（带轮）等的正确位置和相互协调运动，如图 11-6 所示。常见的有机床床头箱、变速箱、进给箱、溜板箱及内燃机的缸体、缸盖等。这类零件一般形状复杂、体积较大，具有中空、壁薄的特点，箱体壁上多有尺寸精度和几何公差要求较高的轴承支撑孔及各种用于安装定位的螺纹孔、销孔等。毛坯大多用铸造方法成形，有些可用焊接方法成形。

图 11-6　发动机箱体

1. 工作条件、主要失效形式和性能要求

（1）工作条件　机器上各个部件的重量都是由箱体和支撑件承担，因此箱体主要受压应力，部分受拉应力。此外，箱体还要承受各零件工作时的动载作用力及稳定在机架或基础上的紧固力。

（2）主要失效形式　箱体类零件失效形式主要有变形失效、断裂失效、磨损失效及振动过大。变形失效大多是由于箱体零件铸造或热处理工艺不当，造成尺寸、形状精度达不到设计要求以及承载力不够而产生过量弹性、塑性变形；断裂失效是由于箱体零件的结构设计不合理或铸件工艺不当造成内应力过大而导致某些薄弱部位开裂；磨损失效是由于箱体零件中某些支撑部位的硬度不够而造成磨损较快；振动过大多与箱体轴承孔的尺寸和形状精度、磨损及材料本身的吸振性能有关。

（3）性能要求　根据箱体类零件的功能及负荷情况，对其所用材料的性能要求是：足够的强度和刚度、良好的减振性、较高的耐磨性和尺寸稳定性。因其多是铸造毛坯经机械加工而成形，故还要求材料具有良好的铸造性能和可加工性能。

2. 材料选择及热处理要求

箱体类零件的首选材料是普通灰铸铁，也有采用 Al-Si 系铸造铝合金材料。铸铁的弹性模量高、价格便宜，铸造工艺性能很好，还有较好的吸振、耐磨、自润滑等优点，因此结构复杂、受力不大、主要承受静载荷的箱体、支撑件一般都采用灰铸铁。例如，金属切削机床中的各种箱体、支架。承受较高应力时可选用珠光体基体灰铸铁。汽车和拖拉机的后桥壳体承受的应力较高，还承受一定的冲击载荷，可选用韧性较好的可锻铸铁或球墨铸铁。

如果受力较大，对强度和韧性有较高要求，如轧钢机、大型锻压机的机身、汽轮机机壳等，需选用 ZG270-500 等铸钢件。因铸钢的铸造性能较差，一般铸钢件壁厚较大，形体笨重。如冲击不大，但要求自重轻、导热性好的箱体，则可采用铸造铝合金生产，如柴油机喷油泵壳体、汽车、摩托车发动机和变速箱的壳体。铝合金材料壳体常采用压铸生产，不仅具有生产效率高、零件表面光洁和尺寸精度高等优点，还可使车辆轻量化，减少油耗，有利于环保，图 11-7 所示为铸造铝合金压铸成型的汽车变速器壳体。而要求强度较高及耐蚀性较好时可选用铜合金。如果要求重量轻、耐腐蚀、绝缘绝热，则塑料是比较适合的选材对象。体积及载荷较大、结构形状简单、生产批量较小的箱体，可选用 Q235、16Mn 和 20 钢型材焊接成形。部分常见箱体、壳体类零件的选材情况（见表 11-4）。

图 11-7　汽车铝合金变速器壳体

表 11-4　部分常见箱体、壳体类零件的选材情况

代表性零件	使用性能要求	材料种类及牌号	热处理及其他
机床床身、轴承座、齿轮箱、缸体、缸盖、变速器壳体、离合器壳体	刚度、强度、尺寸稳定性	灰铸铁 HT200 铝合金 ZAlSi9Cu3	时效处理 （铸铁）
机床座、工作台	刚度、强度、尺寸稳定性	灰铸铁 HT150	时效处理
齿轮箱、联轴器、阀壳体	刚度、强度、尺寸稳定性	灰铸铁 HT250	去应力退火
差速器壳体、减速器壳、后桥壳体	刚度、强度、韧性、耐蚀性	球墨铸铁 QT400-15 铝合金 ZAlSi2Cu1Mg	退火 （铸铁）
承力支架、箱体底座	刚度、强度、耐冲击性	铸钢 ZG270－500	正火
支架、挡板、盖、罩、壳	刚度、强度	Q235、20、16Mn 钢板	不进行热处理
车辆驾驶室、车厢	刚度	08 钢板	冲压成形

3. 铸铁箱体支撑类零件的加工工艺路线

箱体类零件的加工工艺路线一般为：铸造→人工时效（或自然时效）→切削加工。

箱体类零件尺寸较大、结构复杂，铸造后形成较大的内应力，使用期间会发生缓慢变形。因此，箱体类零件毛坯（如机床床身），在加工前必须长期放置（自然时效）或进行去应力退火（人工时效）。

11.4.4 外壳类零件

在机械和电子产品零件中，还有许多外壳类零件，如汽车车身（覆盖件）、微型计算机和手机外壳等，金属件多采用冲压成型，塑料件多采用注射成型。以轿车保险杠为例，如图 11-8 所示。汽车保险杠具有安全保护、装饰车辆以及改善车辆空气动力学特性等作用。在汽车发生低速碰撞事故时，能起到缓冲作用，保护前后车体；在与行人发生事故时，可以起到一定的保护行人的作用。因此，汽车保险杠对于材料的要求十分严格，而采用塑料制造保险杠则能满足性能和制造工艺上的要求。

图 11-8　轿车保险杠

汽车保险杠除应具有足够的强度和刚度来满足汽车具有较强的抗碰撞能力，还应具有相当的缓冲和吸收能量的能力，以减弱碰撞的冲击力。保险杠材料种类较多，轿车主要采用改性 PP 和 PP/玻璃纤维复合材料。

（1）改性 PP 材料　改性 PP 材料主要采用聚丙烯/EPDM（三元乙丙橡胶）共混改性能，以改善聚丙烯的低温韧性，提高其耐冲击性，并降低了生产成本，满足汽车保险杠对抗弯强度和冲击强度的要求。改性 PP 保险杠是国产汽车保险杠主流材料，丰田、通用、奥迪和大众等品牌汽车的保险杠都是由改性 PP 材料制成的。塑料保险杠一般通过注射成型机注射成型，其成型过程如下：

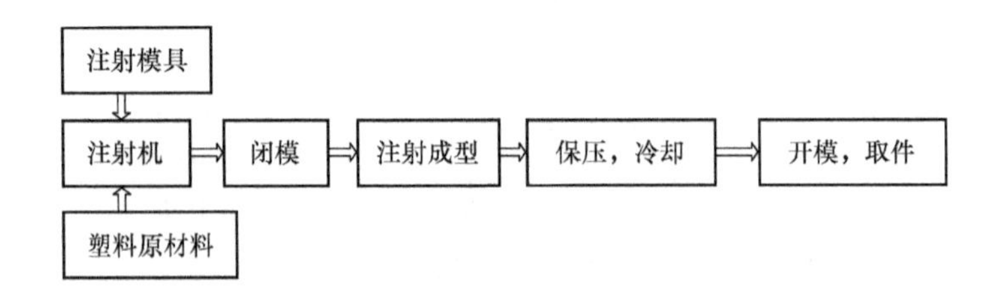

（2）PP/玻璃纤维复合材料保险杠　PP/玻璃纤维复合材料是将 PP 与玻璃纤维按比例混合，然后经过双螺杆挤出机挤出造粒得到的。纤维作为一种增强 PP 的材料，能大幅提高复合材料的刚性和强度。PP/玻璃纤维复合材料保险杠可通过注塑设备注射成型，也可压制成型，一般用在高档汽车，如奔驰 S 系列、宝马等保险杠采用了压制成型工艺生产。

11.4.5　弹簧类零件

弹簧是一种重要的机械零件，它的基本作用是利用材料的弹性和弹簧本身的结构特点，在载荷作用下产生变形时，把机械功或动能转变为形变能；在恢复变形时，把形变能转变为动能或机械功。弹簧按形状分主要有螺旋弹簧、板弹簧、片弹簧和蜗卷弹簧等。

弹簧工作过程中，在外力作用下产生压缩、拉伸、扭转时，将承受弯曲应力或扭转应力；缓冲、减振或复原用的弹簧，将承受交变应力和冲击载荷的作用；某些特殊弹簧受到腐蚀介质和高温的作用。弹簧表现出的失效形式主要有：过载引起的塑性变形、交变应力作用下的疲劳断裂、本身缺陷导致的快速脆性断裂，腐蚀和高温引起的腐蚀断裂及应力松弛等现象。

因此，弹簧材料应具有高的弹性极限和屈强比，较高的疲劳强度，良好的材质和表面质量，某些弹簧还需要良好的耐蚀性和耐热性。

虽然金属材料和非金属材料（如塑料、橡胶）都可以用来制造弹簧，但是，由于金属材料的成形性好，容易制造，工作可靠，在生产中多选用弹性极限高的金属材料来制造，主要有碳素弹簧钢和合金弹簧钢。具体选材时需考虑弹簧的工作条件和使用性能要求。

（1）小截面、工作温度不高、不太重要的弹簧　如汽车、拖拉机、机车车辆的小型弹簧等，可选用碳素弹簧钢（典型钢种有65、70、75钢）。其优点是原料丰富、价格便宜；缺点是淬透性差，抗应力松弛性较低及耐热性差等。

（2）中、小型低应力弹簧　如扁簧、发条、减振器及离合器簧片等，可选用锰弹簧合金钢（典型钢种为65Mn）。这类钢的淬透性和强度高于碳素弹簧钢，脱碳倾向较小，但过热倾向较大。

（3）中载或重载弹簧　如汽车板簧或火车螺旋弹簧等，可选用锰硅弹簧钢（典型钢种为60Si2Mn、55SiMnMo等）。这类弹簧承受很大的交变应力和冲击载荷的作用，需要高的疲劳强度和屈服强度。

（4）耐腐蚀介质中使用的弹簧　可用不锈钢制造。黄铜、青铜，甚至橡胶、塑料也通常用于制造电器、仪表弹簧及在腐蚀介质中工作的弹性元件。

11.4.6　材料选择趋势

当今，人类赖以生存的生态环境越来越恶劣，人类面临着新的生存威胁。经济、社会与自然之间应走和谐、协调、可持续发展道路，才能符合人类的长远利益。材料作为人类社会生存的物质基础，在保护和发展环境方面起着重要的先导作用，是实施全面、协调、可持续发展战略的基础。这就要求工程技术人员在材料的研究开发、选择应用过程中，不能再单一满足生产要求，更需要考虑对环境的影响以及资源再利用等相关问题。

1. 选择绿色材料

绿色材料是指在原材料选取、产品制造、使用或再循环以及废料处理等环节中，应选择对地球环境负荷最小和有利于人类健康的材料。在其生产、使用、报废及回收处理再利用过程中，绿色材料或成品能节约资源和能源，保护生态环境和劳动者本身，易回收且再生循环利用率高。

2. 尽量选用不加涂、镀层的原材料

现代产品设计中为了美观、耐蚀等目的，大量使用涂、镀材料。这不仅给产品报废后的材料回收、利用带来了困难，而且大部分涂料本身有毒，其涂、镀工艺过程也给环境带来了极大的污染。

3. 选择能自然分解并为自然界吸收的材料

报废产品若不易分解且难以为自然界吸收，将对环境产生极大的污染。最典型的例子是塑料包装材料对环境造成的严重污染。为了避免这些问题，可降解材料应运而生，特别是在餐具行业得到广泛应用。

4. 选用易回收再生的材料

废弃材料若易于回收、再生，既可减轻环境污染，又有利于资源的再利用，同时可节约能源、减少废弃垃圾占地，具有明显的社会和经济效益。如金属制品通常在废弃后可以经处理后作为新原料，重新制成产品使用。

思 考 题

11-1 什么是零件的失效？零件的失效形式有哪些？分析零件失效的主要目的是什么？

11-2 零件选材的一般原则是什么？

11-3 “在满足零件使用性能和工艺性能的前提下，材料价格越低越好”这句话是否正确？为什么？

11-4 试述零件选材的一般步骤？

11-5 为什么汽车变速器齿轮多采用渗碳钢，而机床变速器齿轮多采用调质钢来制造，其主要原因是什么？

附　录

常用力学性能符号及铝合金牌号

附表1　常用力学性能名称和符号新旧标准对照

GB/T 228.1—2010		GB/T 228—2002		GB/T 228—1987	
性能名称	符号	性能名称	符号	性能名称	符号
—	—	—	—	屈服点	σ_s
上屈服强度	R_{eH}	上屈服强度	R_{eH}	上屈服点	σ_{sU}
下屈服强度	R_{eL}	下屈服强度	R_{eL}	下屈服点	σ_{sL}
规定残余延伸强度	R_r	规定残余延伸强度	R_r	规定残余伸长应力	σ_r
规定塑性延伸强度	R_p	规定非比例延伸强度	R_p	规定非比例伸长应力	σ_p
抗拉强度	R_m	抗拉强度	R_m	抗拉强度	σ_b
断后伸长率	A	断后伸长率	A	断后伸长率	δ
断面收缩率	Z	断面收缩率	Z	断面收缩率	ψ

附表2　布氏硬度压头和符号新旧标准对照

国标版次	GB/T 231.1—2018 GB/T 231.1—2009 GB/T 231.1—2002	GB/T 231—1984
压头	硬质合金球	钢球或硬质合金球
硬度符号	HBW	HBW 或 HBS
表达方法示例	以 GB/T 231.1—2018 为例 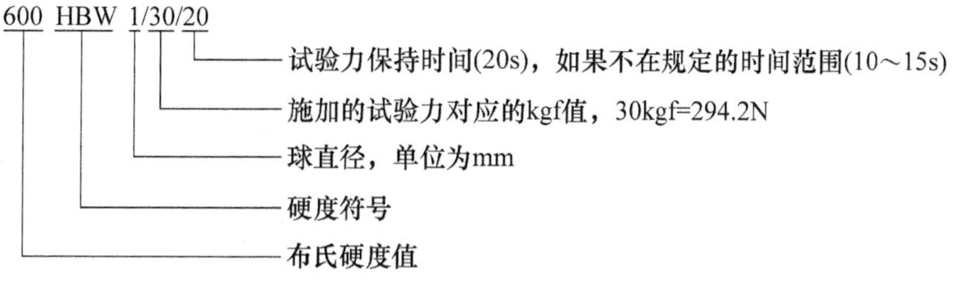	

附表 3　洛氏硬度新旧标准对照

国标版次	GB/T 230.1—2018	GB/T 230.1—2009	GB/T 230.1—2004	GB/T 230—1991
压头	金刚石圆锥或碳化钨合金球形压头（钢球压头仅在 HR30TSm 和 HR15TSm 时使用）	金刚石圆锥或硬质合金球形压头	硬质合金球或钢球	金刚石圆锥或钢球
表达方法示例	以 GB/T 230.1—2018 为例 70 HR 30T W W：使用球形压头的类型，W = 碳化钨合金 30T：洛氏标尺符号 HR：洛氏硬度符号 70：洛氏硬度值			

注：1. GB/T 230 的以前版本允许使用钢球压头，并加后缀 S 表示。

2. HR30TSm 和 HR15TSm 中，使用大写 S 和小写 m 来表明使用钢球压头和金刚石试样支撑。

附表 4　变形铝及铝合金新旧牌号对照

组别	GB/T 16474—2011	GB/T 340—1976
纯铝（铝含量不小于 99.00%）	1×××（纯铝）	L×（工业纯铝）
以铜为主要合金元素的铝合金	2×××（铜铝合金）	LY××（硬铝合金） LD××（锻铝合金）
以锰为主要合金元素的铝合金	3×××（铝锰合金）	LF××（防锈铝合金）
以硅为主要合金元素的铝合金	4×××（铝硅合金）	LT××（特殊铝合金）
以镁为主要合金元素的铝合金	5×××（铝镁合金）	LF××（防锈铝合金）
以镁和硅为主要合金元素的铝合金	6×××（铝镁硅合金）	LD××（锻铝合金）
以锌为主要合金元素的铝合金	7×××（铝锌合金）	LC××（超硬铝合金）
以其他合金为主要合金元素的铝合金	8×××（铝+其他元素）	
备用合金组	9×××（备用合金）	

注：按用途分的硬钎焊铝合金（LQ××）不再列入新的材料类别中。

附表5　国内外常用铝及铝合金牌号对照

类别	中国	美国	英国	日本	法国	德国	俄罗斯
	GB	ASTM	BS	JIS	NF	DIN	ГОСТ
工业纯铝	1A99	1199				Al99.99R	A99
	1A97					Al99.98R	A97
	1A95						A95
	1A80		1080（1A）	1080	1080A	Al99.90	A8
	1A50	1050	1050（1B）	1050	1050A	Al99.50	A5
防锈铝	5A02	5052	NS4	5052	5052	AlMg2.5	AMg
	5A03		NS5				AMg3
	5A05	5056	NB6	5056		AlMg5	AMg5V
	5A30	5456	NG61	5556	5957		
硬铝	2A01	2036		2117	2117	AlCu2.5Mg0	D18
	2A11		HF15	2017	2017S	AlCuMg1	D1
	2A12	2124		2024	2024	AlCuMg2	D16AVTV
	2B16	2319					
锻铝	2A80			2N01			AK4
	2A90	2218		2018			AK2
	2A14	2014		2014	2014	AlCuSiMn	AK8
超硬铝	7A09	7175		7075	7075	AlZnMgCu1	V95P
铸造铝合金	ZAlSi7Mn	356.2	LM25	AC4C		G－AlSi7Mg	
	ZAlSi12	413.2	LM6	AC3A	A－S12	G－Al12	AL2
	ZAlSi5Cu1Mg	355.2					AL5
	ZAlSi2Cu2Mg1	413.0		AC8A		G－Al12（Cu）	
	ZAlCu5Mn						AL19
	ZAlCu5MnCdVA	201.0					
	ZAlMg10	520.2	LM10		AG11	G－AlMg10	AL8
	ZAlMg5Si					G－AlMg5Si	AL13

附表6　变形铝及铝合金状态代号

代号	状态名称
O1	高温退火后慢速冷却
O2	形变热处理
O3	均匀化
H1	加工硬化
H2	加工硬化＋不完全退火
H3	加工硬化＋稳定化处理
H4	加工硬化＋涂漆处理

（续）

代号	状态名称
T1	高温成型＋自然时效
T2	高温成型＋冷加工＋自然时效
T3	固溶处理＋冷加工＋自然时效
T4	固溶处理＋自然时效
T5	高温成型＋人工时效
T6	固溶处理＋人工时效
T7	固溶处理＋过时效
T8	固溶处理＋冷加工＋人工时效
T9	固溶处理＋人工时效＋冷加工
T10	高温成型＋冷加工＋人工时效

参考文献

[1] KONG D J, YE C D. Effects of laser heat treatment on the fracture morphologies of ×80 pipeline steel welded joints by stress corrosion [J]. International Journal of Minerals Metallurgy and Materials, 2014, 21 (9): 898-905.

[2] PANDE K N, PESHWE D R, Anupama Kumar. Effect of the Cryogenic Treatment on Polyamide and Optimization of Its Parameters for the Enhancement of Wear Performance [J]. Trans Indian Inst Met. 2012, 65 (3): 313-319.

[3] 陈鼎，刘芳. 深冷处理对低碳钢组织与性能的影响 [J]. 金属热处理，2010，33 (9)：66-69.

[4] 陈锐，罗新民. 钢件的淬火热处理变形与控制 [J]. 热处理技术与装备，2006，27 (1)：18-22.

[5] 陈文革，沈宏芳，丁秉钧. 深冷处理对 W-Cu 合金组织与性能的影响 [J]. 金属热处理，2005，30 (4)：28-31.

[6] 陈曦. 工程材料 [M]. 武汉：武汉理工大学出版社，2010.

[7] 陈振华，姜勇. 深冷处理对 WC-Co 硬质合金组织和性能的影响 [J]. 材料热处理学报，2011，32 (7)：26-30.

[8] 崔占全，孙振国. 工程材料 [M]. 3 版. 北京：机械工业出版社，2013.

[9] 戴枝荣，张远明. 工程材料及机械制造基础（Ⅰ）：工程材料 [M]. 3 版. 北京：高等教育出版社，2014.

[10] 董金阳. 钢的热处理产生缺陷原因分析与研究 [J]. 湖南农机，2014 (5)：112-113.

[11] 董金阳. 钢件的淬火热处理变形与控制 [J]. 湖南农机，2014，41 (4)：92-93.

[12] 高红霞. 材料成形技术 [M]. 北京：中国轻工业出版社，2011.

[13] 高红霞. 机械工程材料 [M]. 北京：机械工业出版社，2017.

[14] 戈晓岚，招玉春. 机械工程材料 [M]. 2 版. 北京：北京大学出版社，2013.

[15] 戈晓岚，赵占西. 工程材料及其成形基础 [M]. 北京：高等教育出版社，2012.

[16] 何三华. 钢的热处理本质分析 [J]. 中国教育技术装备，2012 (28)：123-124.

[17] 贺毅，向军，胡志华，等. 工程材料 [M]. 2 版. 成都：西南交通大学出版社，2015.

[18] 黄晓艳，翁柠，陈锋. 金属材料常用力学性能的规范表达 [J]. 金属热处理，2013 (8)：140-143.

[19] 蒋涛，雷新荣，吴红丹，等. 热处理工艺对碳钢硬度的影响 [J]. 热加工工艺，2011，40 (4)：167-168.

[20] 雷廷权. 钢的形变热处理 [M]. 北京：机械工业出版社，1979.

[21] 梁耀能. 机械工程材料 [M]. 2 版. 广州：华南理工大学出版社，2011.

[22] 刘新佳，姜世航，姜银方. 工程材料 [M]. 2 版. 北京：化学工业出版社，2013.

[23] 刘志盈. 变形铝及铝合金新的牌号与状态表示方法 [J]. 宇航材料工艺，2009 (6)：77-79.

[24] 刘宗昌，王海燕. 奥氏体形成机制 [J]. 热处理，2009，24 (6)：13-18.

[25] 马柏生，张国瀚. 高速钢的快速球化退火 [J]. 金属热处理，1987 (7)：57-59.

[26] 倪红军，吕毅，刘红梅，等. 一种提高 3D 打印高分子材料零件性能的处理方法：201410287115.3 [P]. 2014-11-05.

[27] 倪红军，吕毅，汪兴兴，等. 深冷处理对切坯钢丝组织和性能的影响 [J]. 热加工工艺，2016.

[28] 裴雄俭. 热处理缺陷的避免 [J]. 机械管理开发，2005 (1)：61-62.

[29] 邱家发，陈洪梅. 浅谈钢的热处理技术 [J]. 企业导报，2013 (1)：282.

[30] 申荣华. 工程材料及其成形技术基础 [M]. 2 版. 北京：北京大学出版社，2013.

[31] 孙刚，于晗，田俊收，等. 工程材料及热处理 [M]. 北京：冶金工业出版社，2012.

[32] 孙光，侯海龙. 钢在热处理中加热速度的确定 [J]. 黑龙江冶金，2014 (4)：29-30.

[33] 王章忠，张祖凤. 硬质聚氨酯泡沫塑料芯材与夹层结构的研究 [J]. 机械工程材料，2004，28 (1)：44-46.

[34] 王章忠. 机械工程材料 [M]. 3 版. 北京: 机械工业出版社, 2019.
[35] 王章忠. 新型冲压用钢的开发与展望 [J]. 机械工程材料, 2003, 27 (3): 45-46.
[36] 王正品, 李炳, 要玉宏. 工程材料 [M]. 2 版. 北京: 机械工业出版社, 2021.
[37] 吴培桂, 陈莹莹, 张光钧. 绿色热处理工艺——激光热处理 [J]. 金属热处理, 2010, 35 (12): 29-33.
[38] 伍强, 徐兰英, 王晓军, 等. 工程材料 [M]. 北京: 化学工业出版社, 2011.
[39] 席光兰. 钢中贝氏体组织控制工艺研究 [D]. 兰州: 兰州理工大学, 2006.
[40] 徐自立, 夏露. 工程材料 [M]. 2 版. 武汉: 华中科技大学出版社, 2020.
[41] 徐祖耀. 钢热处理的新工艺 [J]. 热处理, 2007, 22 (1): 1-11.
[42] 杨凌平, 李冰伦, 唐丽萍. 模具热处理缺陷分析及预防 [J]. 模具工业, 2001 (7): 48-51.
[43] 杨瑞成, 郭铁明, 陈奎, 等. 工程材料 [M]. 北京: 科学出版社, 2012.
[44] 余洪波. 工具钢热处理盐浴综述 [J]. 电子工艺技术, 2004, 25 (3): 126-130.
[45] 徐跃, 张新平. 工程材料及热成形技术 [M]. 2 版. 北京: 国防工业出版社, 2015.
[46] 朱启惠, 赵德寅. 合金渗碳钢件锻造余热等温正火原理研究 [J]. 金属热处理, 1997 (3): 5-8.
[47] 朱晓东, 孙艳. 淬火介质与淬火加热保温时间对 45 钢硬度及组织的影响 [J]. 成都大学学报: 自然科学版, 2013, 32 (4): 399-402.
[48] 朱张校, 姚可夫. 工程材料 [M]. 5 版. 北京: 清华大学出版社, 2011.
[49] 朱张校, 姚可夫. 工程材料习题与辅导 [M]. 5 版. 北京: 清华大学出版社, 2011.
[50] 朱征. 工程材料 [M]. 2 版. 北京: 国防工业出版社, 2011.
[51] 庄其仁, 张文珍, 吕凤萍. 模具表面的激光热处理研究 [J]. 中国激光, 2002, 29 (3): 271-276.
[52] 孙玉福. 实用工程材料手册 [M]. 北京: 机械工业出版社. 2014.
[53] 方昆凡. 机械工程材料 [M]. 2 版. 北京: 化学工业出版社, 2020.
[54] 齐宝森, 张刚, 肖桂勇. 机械工程材料 [M]. 4 版. 哈尔滨: 哈尔滨工业大学出版社, 2018.
[55] 徐婷, 刘斌. 机械工程材料 [M]. 北京: 国防工业出版社, 2017.
[56] 高为国, 钟利萍. 机械工程材料 [M]. 3 版. 长沙: 中南大学出版社, 2018.
[57] 丁海民, 储开宇. 工程材料 [M]. 北京: 中国电力出版社, 2020.
[58] 闫康平, 吉华, 罗春晖. 工程材料 [M]. 北京: 化学工业出版社, 2017.
[59] 陈希章, 薛伟. 工程材料及成型技术基础 [M]. 北京: 科学出版社, 2016.
[60] 黄凯, 廖秋慧, 陈杰. 汽车保险杠专用复合材料及其成型工艺研究进展 [J]. 合成树脂及塑料, 2017, 34 (5): 87-91.
[61] 邓飞, 刘晓阳, 王金业, 等. 3D 打印技术发展及塑性材料创新应用 [J]. 塑料工业, 2019, 47 (6): 8-13.
[62] 梁晓静, 于晓燕. 3D 打印用高分子材料及其复合材料的研究进展 [J]. 高分子通报, 2018 (4): 27-35.
[63] 杨专. 新型材料的多路绝缘耐压性能测试试验研究 [J]. 机械设计与制造工程, 2019, 48 (10): 79-82.
[64] 尹朝朝, 张莉芹, 胡锋, 等. 马氏体亚结构对 F690 超厚板表层强韧性能的影响 [J]. 钢铁, 2021, 56 (7): 129-138.
[65] 卢德宏, 蒋业华. 构型陶瓷/钢铁耐磨复合材料研究进展 [J]. 精密成形工程, 2021, 13 (3): 40-48.
[66] GAVEL D J, ADEMA A, STEL J V D, et al. A comparative study of pellets, sinter and mixed ferrous burden behaviour under simulated blast furnace conditions [J]. Ironmaking & Steelmaking, 2021, 48 (4): 359-369.